上岗轻松学

数码维修工程师鉴定指导中心 组织编写

图解 变频器技术快速入门

主　编　韩雪涛
副主编　吴　瑛　韩广兴

机 械 工 业 出 版 社

本书完全遵循国家职业技能标准和电工领域的实际岗位需求，在内容编排上充分考虑变频器技术特点和技能应用，按照学习习惯和难易程度将变频器实用技能划分为8个章节，即：变频器的功能应用和结构特点、变频电路中的主要部件、变频电路的结构形式和工作原理、变频器的安装与连接训练、变频器的操作与调试训练、变频器的检测与代换训练、变频电路在制冷设备中的应用、变频电路在工业设备中的应用。

学习者可以看着学、看着做、跟着练，通过“图文互动”的全新模式，轻松、快速地掌握变频技术应用技能。

书中大量的演示图解、操作案例以及实用数据可以供学习者在日后的工作中方便、快捷地查询使用。另外，本书还附赠面值为50积分的学习卡，读者可以凭此卡登录数码维修工程师的官方网站获得超值服务。

本书是电工的必备用书，还可供从事电工电子行业生产、调试、维修的技术人员和业余爱好者学习参考。

图书在版编目（CIP）数据

图解变频器技术快速入门/韩雪涛主编；数码维修工程师鉴定指导中心组织编写. — 北京 ：机械工业出版社，2016. 6(2024. 7重印)
（上岗轻松学）
ISBN 978-7-111-53755-7

Ⅰ. ①图… Ⅱ. ①韩… ②数… Ⅲ. ①变频器－图解 Ⅳ. ①TN773-64

中国版本图书馆CIP数据核字(2016)第103823号

机械工业出版社（北京市百万庄大街22号　邮政编码100037）
策划编辑：陈玉芝　责任编辑：王振国
责任校对：张晓蓉　责任印制：常天培

固安县铭成印刷有限公司印刷

2024年7月第1版第4次印刷
184mm×260mm・13.75印张・260千字
标准书号：ISBN 978-7-111-53755-7
定价：59.80元

电话服务　　网络服务
客服电话：010-88361066　机 工 官 网：www.cmpbook.com
010-88379833　机 工 官 博：weibo.com/cmp1952
010-68326294　金 书 网：www.golden-book.com

机工教育服务网：www.cmpedu.com

编 委 会

主　编　韩雪涛

副主编　吴　瑛　韩广兴

参　编　梁　明　宋明芳　周文静　安　颖

　　　　张丽梅　唐秀鸯　张湘萍　吴　玮

　　　　高瑞征　周　洋　吴鹏飞　吴惠英

　　　　韩雪冬　王露君　高冬冬　王　丹

前 言

变频器实用技能是电工电子领域必不可少的一项专项、专业、基础、实用技能。该项技能的岗位需求非常广泛。随着技术的飞速发展以及市场竞争的日益加剧，越来越多的人认识到掌握变频器实用技能的重要性，学习者更加注重掌握变频器的技术特点，变频控制电路的设计应用及变频器安装、调试、维护等实用操作技能。然而，目前市场上很多相关的图书仍延续传统的编写模式，不仅严重影响学习的时效性，而且在实用性上也大打折扣。

针对这种情况，为使电工快速掌握变频技术及应用，以应对岗位发展的需求，本书对变频器的结构原理、功能应用及实用变频控制电路进行了全新的梳理和整合，结合岗位培训的特色，根据国家职业技能标准要求组织编写构架，力求打造出具有全新学习理念的变频器技术入门图书。

在编写理念方面

本书将国家职业技能标准与行业培训特色相融合，以市场需求为导向，以直接指导就业作为图书编写的目标，注重实用性和知识性的融合，将学习技能作为本书的核心理念。书中的知识内容完全为技能服务，知识内容以实用、够用为主。全书突出操作，强化训练，让学习者阅读图书时不是在单纯地学习内容，而是在练习技能。

在编写形式方面

本书突破传统图书的编排和表述方式，引入了多媒体表现手法，采用双色图解的方式向学习者演示变频器实用技能，将传统意义上的以“读”为主变成以“看”为主，力求用生动的图例演示取代枯燥的文字叙述，使学习者通过二维平面图、三维结构图、演示操作图、实物效果图等多种图解方式直观地获取实用技能中的关键环节和知识要点。本书力求在最大程度上丰富纸质载体的表现力，充分调动学习者的学习兴趣，达到最佳的学习效果。

在内容结构方面

本书在结构的编排上，充分考虑当前市场的需求和读者的情况，结合实际岗位培训的经验对变频器实用技能进行全新的章节设置；内容的选取以实用为原则，案例的选择严格按照上岗从业的需求展开，确保内容符合实际工作的需要；知识性内容在注重系统性的同时以够用为原则，明确知识为技能服务，确保图书的内容符合市场需要，具备很强的实用性。

在专业能力方面

本书编委会由行业专家、高级技师、资深多媒体工程师和一线教师组成，编委会成员除具备丰富的专业知识外，还具备丰富的教学实践经验和图书编写经验。

为确保图书的行业导向和专业品质，特聘请原信息产业部职业技能鉴定指导中心资深专家韩广兴担任顾问，亲自指导，使本书充分以市场需求和社会就业需求为导向，确保图书内容符合职业技能鉴定标准，达到规范性就业的目的。

在增值服务方面

为了更好地满足读者的需求，达到最佳的学习效果，本书得到了数码维修工程师鉴定指导中心的大力支持，除提供免费的专业技术咨询外，还附赠面值为50积分的数码维修工程师远程培训基金（培训基金以“学习卡”的形式提供）。读者可凭借学习卡登录数码维修工程师的官方网站（www.chinadse.org）获得超值技术服务。该网站提供最新的行业信息，大量的视频教学资源、图样、技术手册等学习资料以及技术论坛。用户凭借学习卡可随时了解最新的数码维修工程师考核培训信息，知晓电子、电气领域的业界动态，实现远程在线视频学习，下载需要的图样、技术手册等学习资料。此外，读者还可通过该网站的技术交流平台进行技术交流与咨询。

本书由韩雪涛任主编，吴瑛、韩广兴任副主编，梁明、宋明芳、周文静、安颖、张丽梅、唐秀鸯、王露君、张湘萍、吴鹏飞、韩雪冬、吴玮、高瑞征、吴惠英、王丹、周洋、高冬冬参加编写。

读者通过学习与实践还可参加相关资质的国家职业资格或工程师资格认证，可获得相应等级的国家职业资格证书或数码维修工程师资格证书。如果读者在学习和考核认证方面有什么问题，可通过以下方式与我们联系。

数码维修工程师鉴定指导中心
网址：http://www.chinadse.org
联系电话：022-83718162/83715667/13114807267
E-mail:chinadse@163.com
地址：天津市南开区榕苑路4号天发科技园8-1-401
邮编：300384

希望本书的出版能够帮助读者快速掌握变频器技术，同时欢迎广大读者给我们提出宝贵建议！如书中存在问题，可发邮件至cyztian@126.com与编辑联系！

编　者

目录

第1章　变频器的功能应用和结构特点

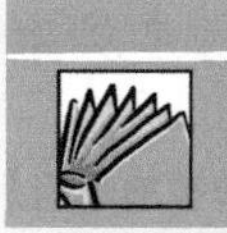

1.1 变频器的功能应用

变频器是一种利用逆变电路的方式将工频电源（恒频恒压电源）变成频率和电压可变的变频电源，进而对电动机进行调速控制的电器装置。

目前，大多节能型智能化数控系统中都采用变频器作为重要的起动和控制设备，与相关电气部件按控制要求安装在系统硬件控制箱（柜）中。

【变频器及变频控制箱（柜）】

1.1.1 变频器的功能特点

变频器主要用于需要调整转速的设备中，既可以改变输出电压，又可以改变频率（即可改变电动机的转速）。

【变频器的功能应用】

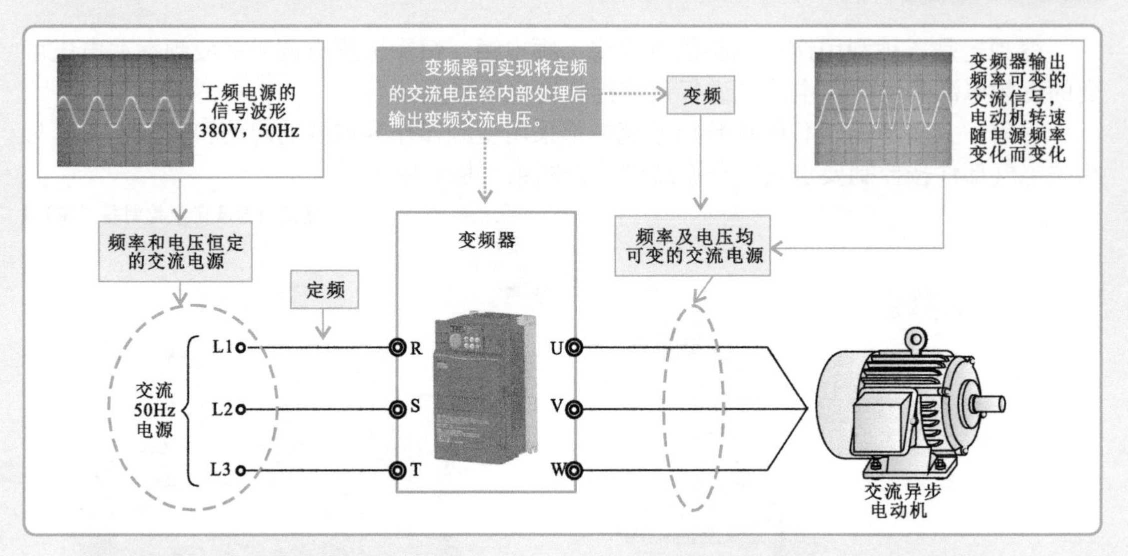

变频器是一种集起停控制、变频调速、显示及按键设置功能、保护功能等于一体的电动机控制装置。

1. 变频器的软起动功能

变频器具备最基本的软起动功能，可实现被控负载电动机的起动电流从零开始，最大值也不超过额定电流的150%，减轻了对电网的冲击和对供电容量的要求。

【电动机在硬起动、变频器起动两种起动方式中其起动电流、转速上升状态的比较】

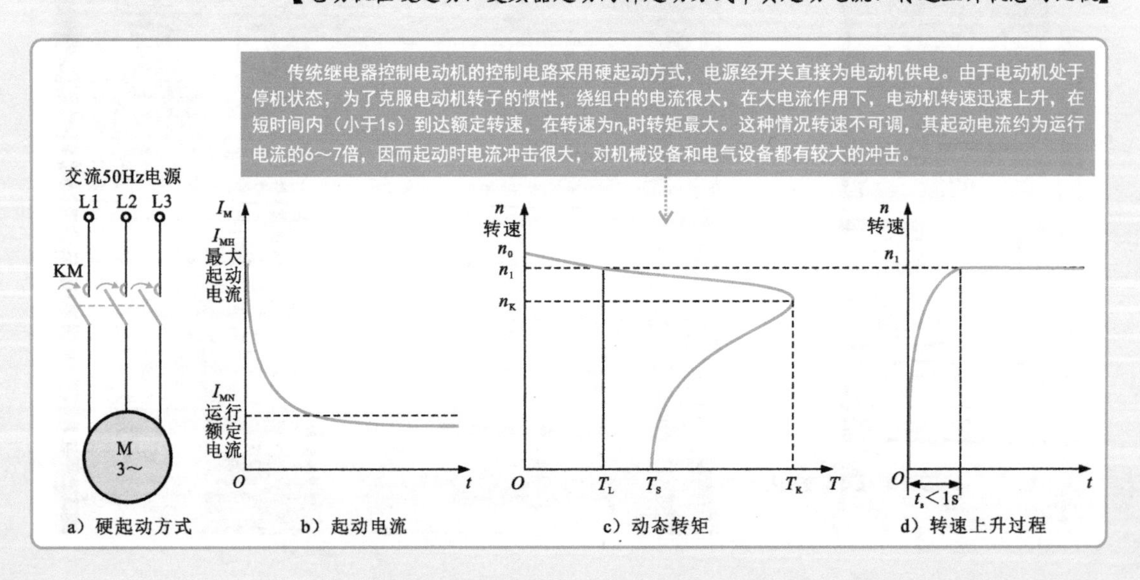

a）硬起动方式　b）起动电流　c）动态转矩　d）转速上升过程

【电动机在硬起动、变频器起动两种起动方式中其起动电流、转速上升状态的比较（续）】

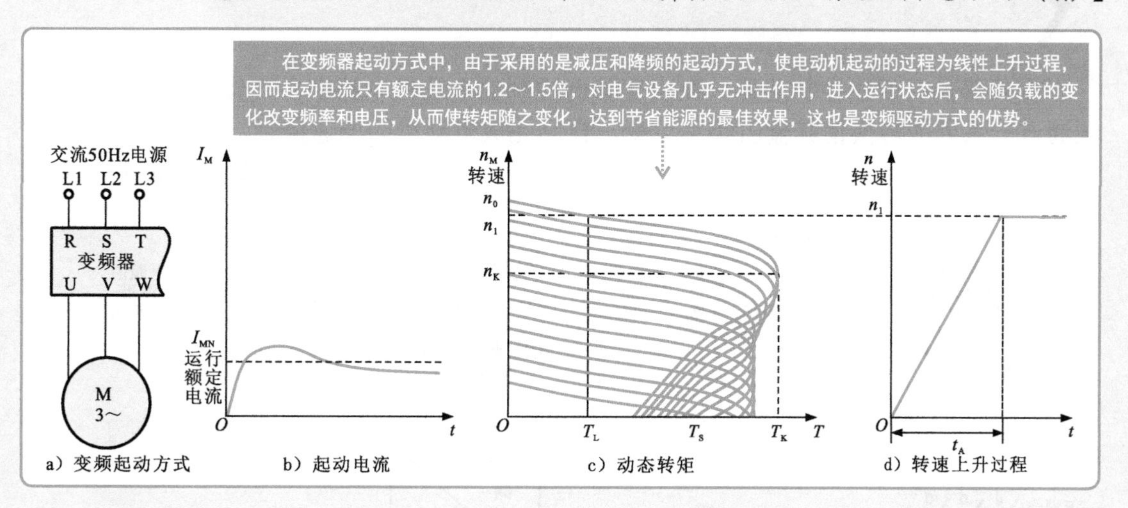

a）变频起动方式　b）起动电流　c）动态转矩　d）转速上升过程

特别提醒

电动机硬起动会对电网造成严重的冲击，而且还会对电网容量要求过高，起动产生的大电流和振动时对相关零部件（挡板和阀门）的损害极大，对设备、管路的使用寿命极为不利。而使用变频节能装置后，利用变频器的软起动功能将使起动电流从零开始，最大值也不超过额定电流，减轻了对电网的冲击和对供电容量的要求，延长了设备（阀门）的使用寿命，节省了设备的维护费用。

传统的大中型电动机的硬起动方式通有Y-△减压起动、电阻器减压起动、自耦减压起动等多种方式。其中常见的电动机Y-△减压起动是指先由电路控制电动机定子绕组连接成Y联结方式进入减压运行状态，待电动机转速达到一定值后，再由电路控制定子绕组换接成△联结。

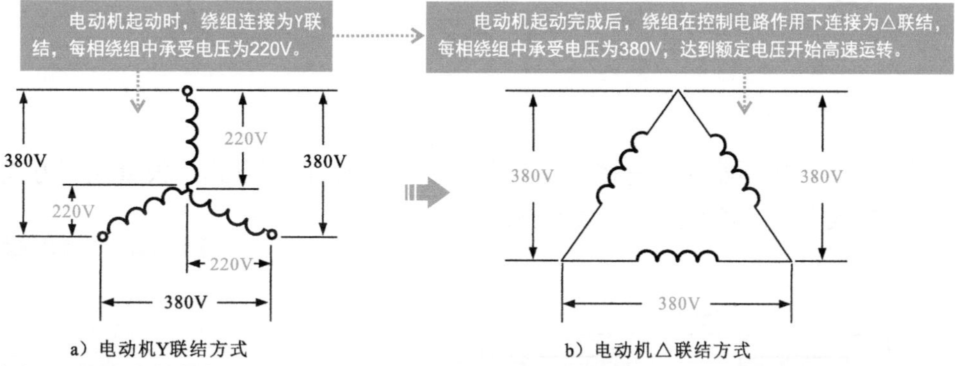

a）电动机Y联结方式　b）电动机△联结方式

电动机电阻器减压起动时各相绕组所承受的电压值见下图。这种传统的减压起动方式可以减小电动机起动时的起动电流，但当电动机转为额定电压下运转时，即电动机绕组上的电压由较低的电压上升到全电压，电动机的转矩会有一个跳跃，不平滑，因此电动机的每次起动或停机控制都会对电网以及机械设备有一定的冲击。

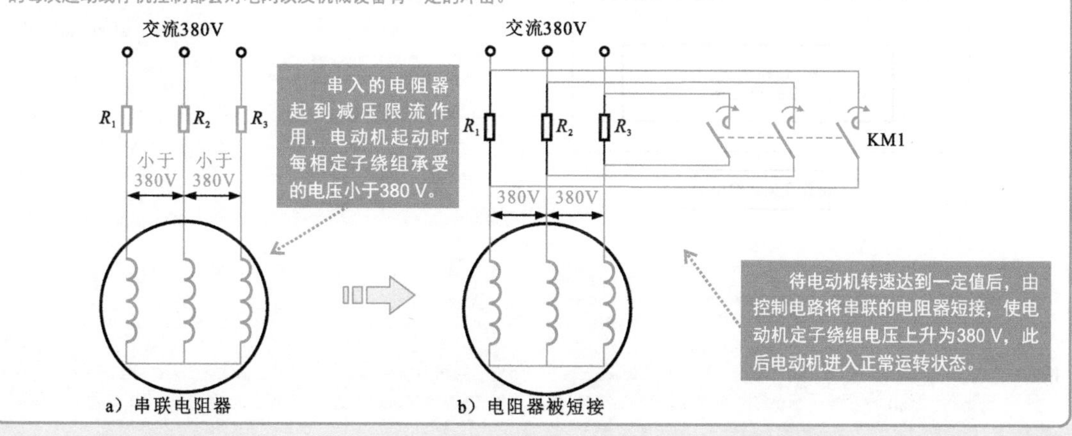

a）串联电阻器　b）电阻器被短接

2. 变频器具有突出的变频调速功能

变频器具有调速控制功能。在由变频器控制的电动机电路中，变频器可以将工频电源通过一系列的转换使其输出频率可变，自动完成电动机的调速控制。

【变频器的变频调速功能】

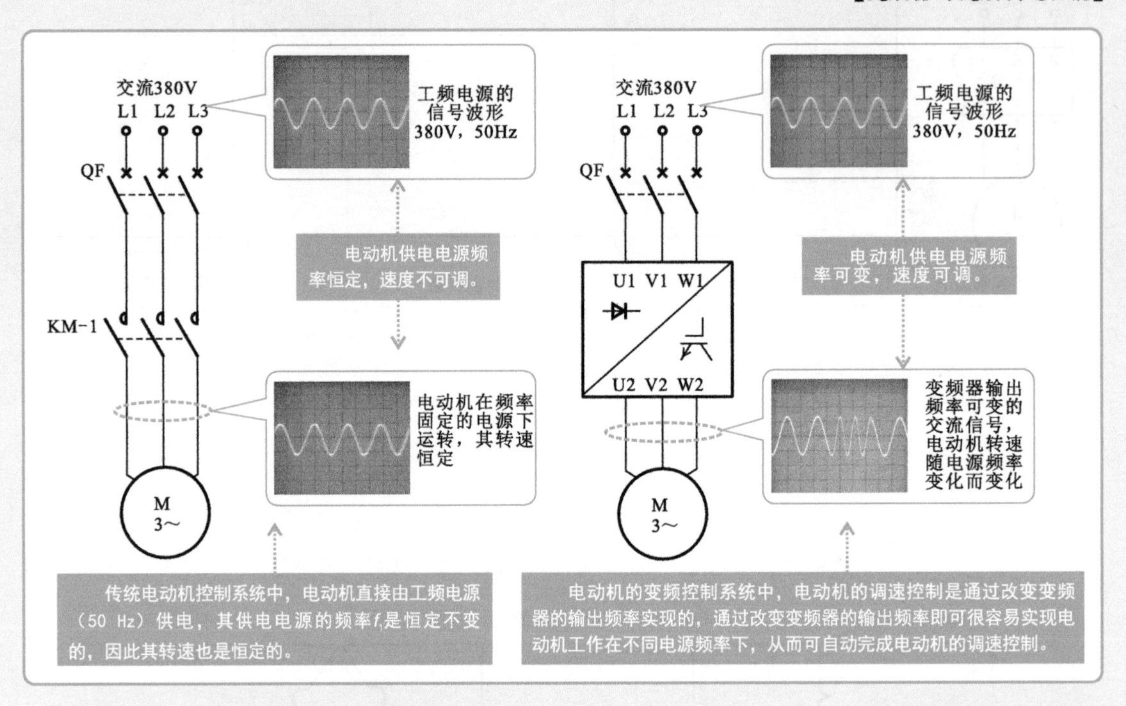

目前，多数变频器的调速控制主要有压/频（U/f）控制方式、矢量控制方式、直接转矩控制方式和转差频率控制方式四种。

【变频器的变频调速控制方式】

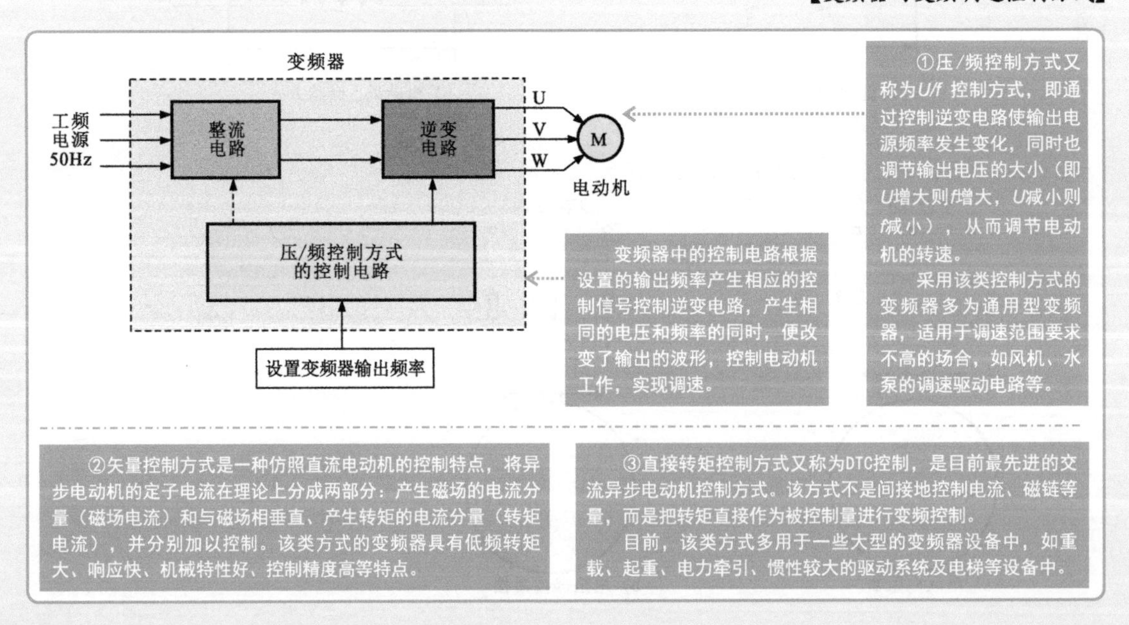

【变频器的变频调速控制方式（续）】

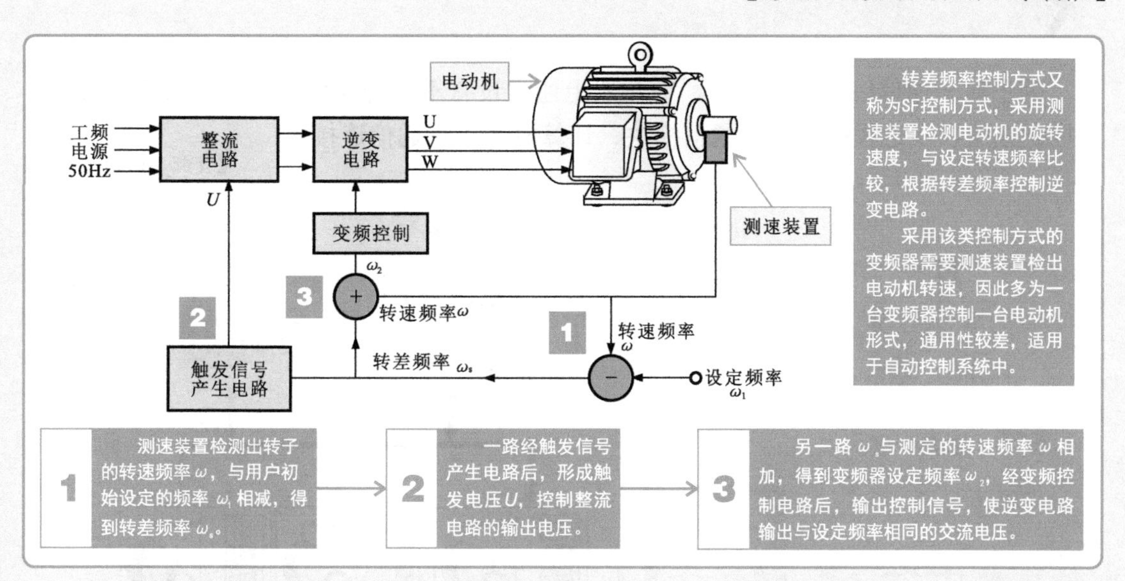

转差频率控制方式又称为SF控制方式，采用测速装置检测电动机的旋转速度，与设定转速频率比较，根据转差频率控制逆变电路。

采用该类控制方式的变频器需要测速装置检出电动机转速，因此多为一台变频器控制一台电动机形式，通用性较差，适用于自动控制系统中。

1　测速装置检测出转子的转速频率ω，与用户初始设定的频率ω_1相减，得到转差频率ω_s。

2　一路经触发信号产生电路后，形成触发电压U，控制整流电路的输出电压。

3　另一路ω_s与测定的转速频率ω相加，得到变频器设定频率ω_2，经变频控制电路后，输出控制信号，使逆变电路输出与设定频率相同的交流电压。

特别提醒

交流电动机转速的计算公式为

$$n=\frac{60f}{p}$$

其中，n为电动机转速，f为电源频率、p为电动机磁极对数（由电动机内部结构决定），可以看到，电动机的转速与电源频率成正比。

在普通电动机供电及控制电路中，电动机直接由工频电源（50Hz）供电，即其供电电源的频率f是恒定不变的，例如，若当交流电动机磁极对数p =2时，可知其在工频电源下的转速为

$$n=\frac{60f}{p}=\frac{60\times50\text{Hz}}{2}=1500\text{r/min}$$

由变频器控制的电动机电路中，变频器可以将工频电源通过一系列的转换使输出频率可变，从而可自动完成电动机的调速控制。

在使用变频器对电动机进行调速控制时，变频器输出的频率和电压可从低频低压加速至额定的频率和额定的电压，或从额定的频率和额定的电压减速至低频低压，而加/减时的快慢可以由用户选择加/减速方式进行设定，即改变上升或下降频率，其基本原则是，在电动机的起动电流允许的条件下，尽可能缩短加/减速时间。

例如，三菱FR-A700通用型变频器的加/减速方式有直线加/减速、S曲线加/减速A、S曲线加/减速B和齿隙补偿四种。

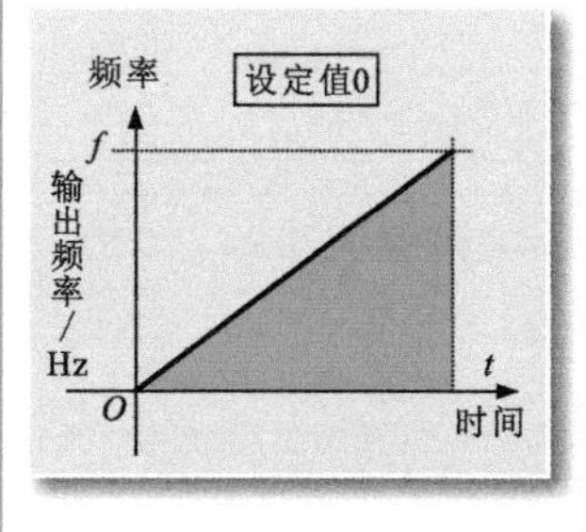

直线加/减速是指频率与时间按一定比例变化（该变频器中的设定值为“0”）。在变频器运行模式下，改变频率时，为不使电动机及变频器突然加/减速，使其输出频率按线性变化，达到设定频率。

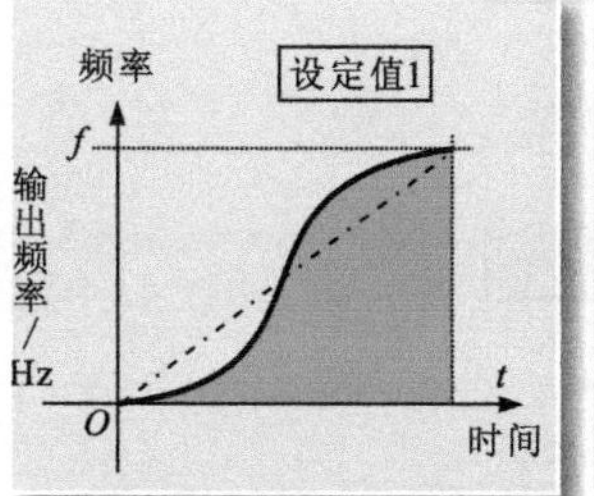

S曲线加/减速A方式（该变频器中其设定值为“1”）一般用于需要在基准频率以上的高速范围内短时间加/减速的场合。

比较常见如工作机械主轴电动机的驱动系统。

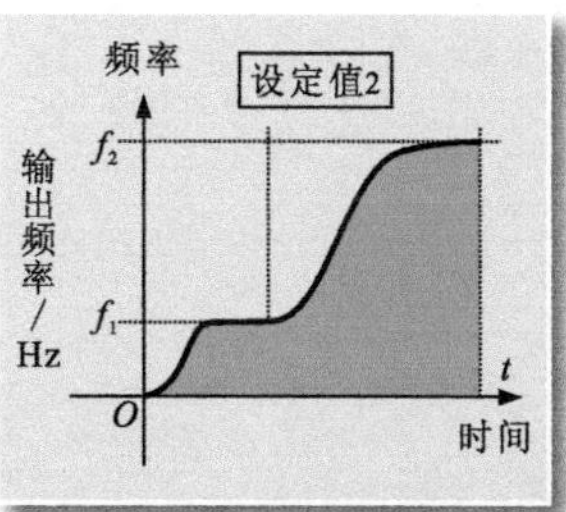

S曲线加/减速B方式从f_2（当前频率）到f_1（目标频率）提供一个S形加/减曲线，具有缓和加/减速时的振动效果，可防止负载冲击力过大，适用运输机械等，如传送运输类负载设备中，避免货物在运送过程滑动。

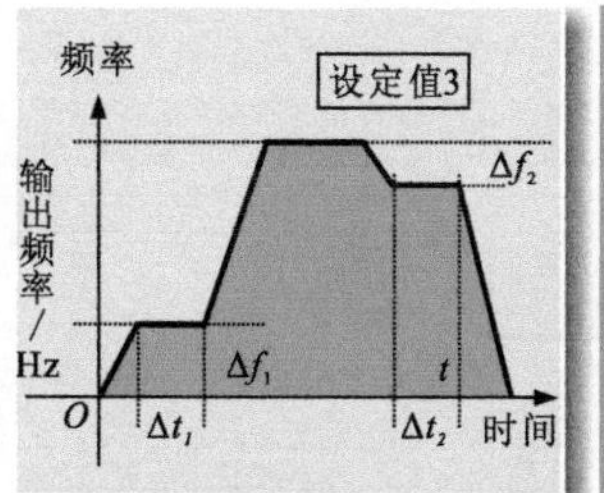

齿隙补偿方式（该变频器中的设定值为“3”）是指为了避免齿隙，在加/减速时暂时中断加/减速的方式。

齿隙是指电动机在切换旋转方向时或从定速运行转换为减速运行时，驱动齿轮所产生的齿隙。

3. 变频器具有通信功能

为了便于通信以及人机交互，变频器上通常设有不同的通信接口，可用于与PLC自动控制系统以及远程操作器、通信模块、计算机等进行通信连接。

【变频器的通信功能】

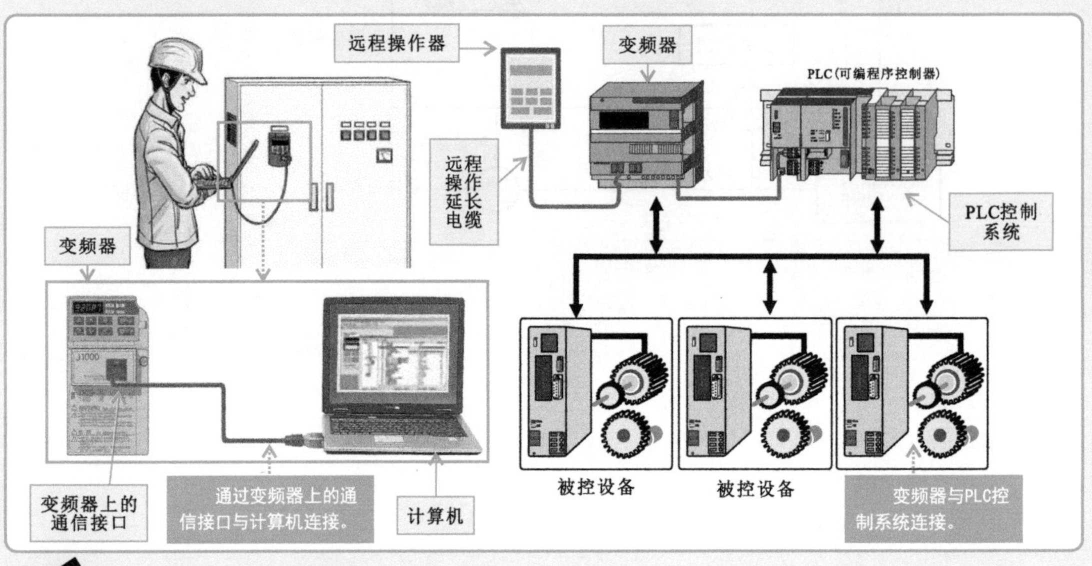

4. 变频器的其他功能

变频器除了基本的软起动、调速和通信功能外，在制动停机、安全保护、监控和故障诊断方面也具有突出的优势。

【变频器的其他功能】

可受控的停机及制动功能

▶▶ 在变频器控制中，停车及制动方式可以受控，而且一般变频器都具有多种停机方式及制动方式进行设定或选择，如减速停机、自由停机、减速停机+制动等。该功能可减少对机械部件和电动机的冲击，从而使整个系统更加可靠。

安全保护功能

变频器内部设有保护电路，可实现对其自身及负载电动机的各种异常保护功能，其中主要包括过热（过载）保护和防失速保护。

▶▶ 过热（过载）保护功能

变频器的过热（过载）保护即过电流保护或过热保护。在所有的变频器中都配置了电子热保护功能或采用热继电器进行保护。过热（过载）保护功能是通过监测负载电动机及变频器本身温度，当变频器所控制的负载惯性过大或因负载过大引起电动机堵转时，其输出电流超过额定值或交流电动机过热时，保护电路动作，使电动机停转，防止变频器及负载电动机损坏。

▶▶ 防失速保护

失速是指当给定的加速时间过短，电动机加速变化远远跟不上变频器的输出频率变化时，变频器将因电流过大而跳闸，运转停止。为了防止上述失速现象使电动机正常运转，变频器内部设有防失速保护电路，该电路可检出电流的大小进行频率控制。当加速电流过大时适当放慢加速速率，减速电流过大时也适当放慢减速速率，以防出现失速情况。

监控和故障诊断功能

▶▶ 变频器显示屏、状态指示灯及操作按键，可用于对变频器各项参数进行设定以及对设定值、运行状态等进行监控显示。且大多变频器内部设有故障诊断功能，该功能可对系统构成、硬件状态、指令的正确性等进行诊断，当发现异常时，会控制报警系统发出报警提示声，同时显示错误信息；故障严重时会发出控制指令停止运行，从而提高变频器控制系统的安全性。

1.1.2 变频器的实际应用

变频器是一种依托于变频技术开发的新型智能型驱动和控制装置，各种突出的功能使其在节能、提高产品质量或生产效率、改造传统产业使其实现机电一体化、提升工厂自动化水平和改善环境等方面得到了广泛的应用，所涉及的行业领域也越来越广泛。简单来说，只要是使用到交流电动机的地方，几乎都可以应用变频器。

1. 变频器在节能方面的应用

变频器在节能方面的应用主要体现在风机、泵类等作为负载设备的领域中，一般可实现20%～60 %的节电率。

【变频器在节能方面的应用】

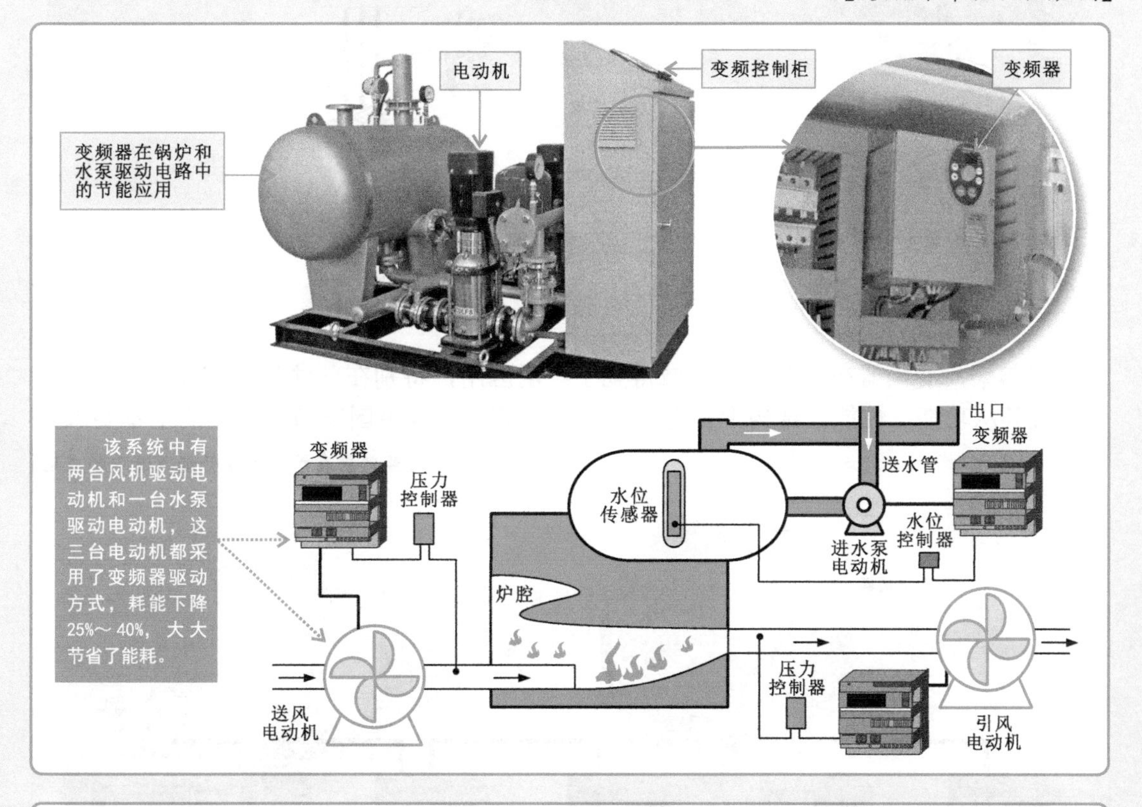

特别提醒

由流体力学可知，风机、泵类负载的实际消耗功率P（功率）$=Q$（流量）$\times H$（压力），其中流量Q与电动机转速n的一次方成正比，压力H与转速n的二次方成正比，由此可知，该类负载的实际消耗功率P与转速n的三次方成正比。

对于传统风机、泵类负载采用调节挡板、阀门进行流量调节的节能方式，当用户需要较小流量时，其可实现对流量的调节，但由于其电动机转速不变（电源频率不变：转速n=60×电源频率f/电动机磁极对数p），其节能效果并不明显，耗电功率下降较小。

而对于采用变频器进行调速方式（电源频率可变）控制时，当要求调节流量下降时，转速N可成比例的下降，而此时实际消耗功率P成三次方关系下降。即水泵电动机的耗电功率与转速近似成三次方关系。所以当所要求的流量Q减少时，可调节变频器输出频率使电动机转速n按比例降低。此时电动机的功率P将按三次方关系大幅降低，比调节挡板、阀门节能40%～50%，从而达到节电的目的。

例如，若将系统中的一台功率为55kW水泵采用变频器调速控制时，当其转速下降到原转速的4/5时，其耗电量以与转速三次方的比例关系大幅度降低，即

$$实际耗电量 = 55 \times \left(\frac{4}{5}\right)^3 \text{kW}=28.16\text{kW}，省电48.8\%。$$

2. 变频器在提高产品质量或生产效率方面的应用

变频器的控制性能使其在提高产品质量或生产效率方面得到广泛应用，如传送带、起重机、挤压、注塑机、机床、纸/膜/钢板加工、印制板开孔机等机械设备控制领域。

【变频器在典型挤压机驱动系统中的应用】

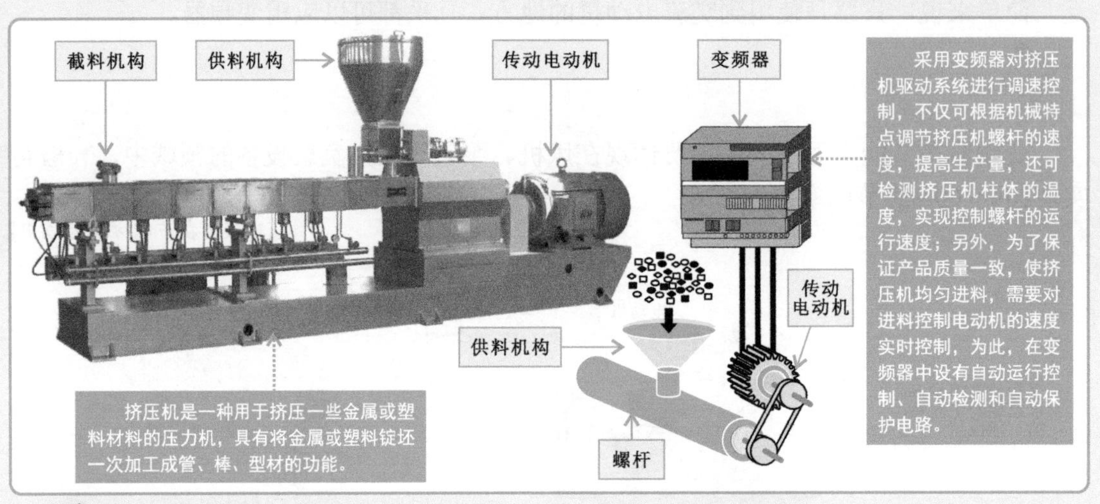

3. 变频器在改造传统产业、实现机电一体化方面的应用

近年来，变频器在工业生产领域得到了广泛应用，特别在一些传统产业的改造建设中，使其从功能、性能及结构上都有一个质的提高，以满足国家节能减排的基本要求。

【变频器在纺织设备升级改造中的应用】

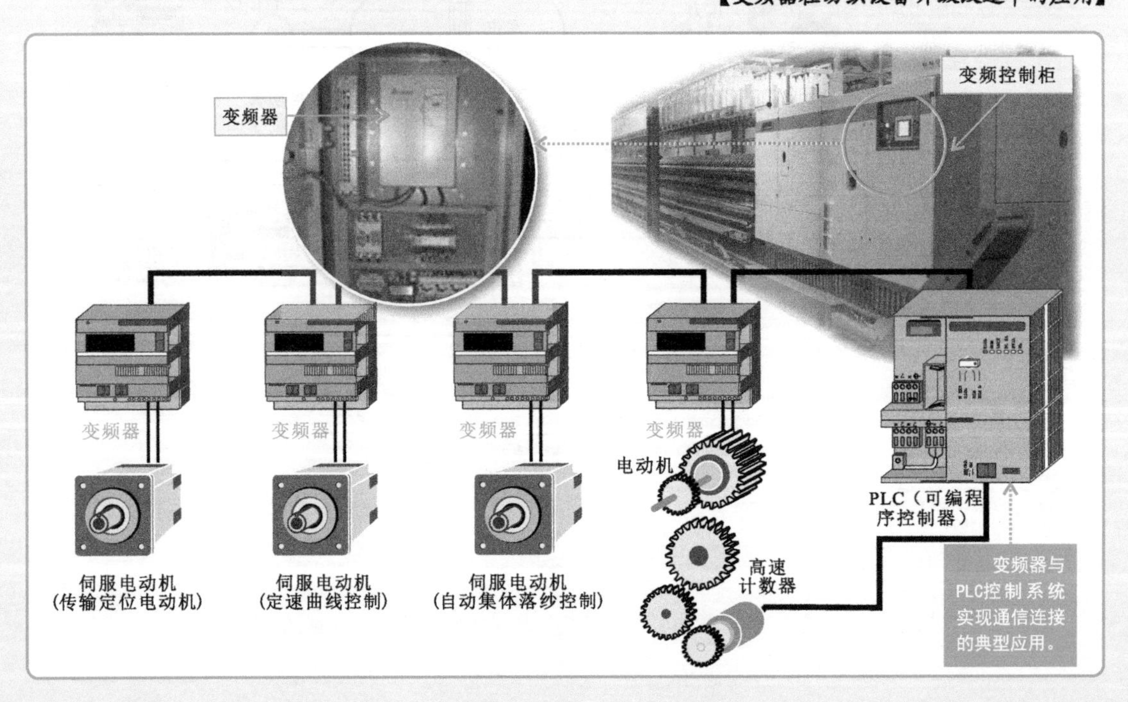

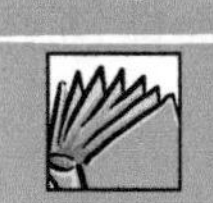

1.2 变频器的分类和结构

1.2.1 变频器的分类

目前，市场上流行的变频器种类繁多，不同品牌的变频器的外形各异，甚至即使同一品牌不同型号的变频器外形也根据其驱动对象的功率或应用场合的不同而存在差异。

变频器分类方式多种多样，根据需求，可按其用途、变换方式、电源性质等多种方式进行分类。

1. 根据用途分类

变频器按用途可分为通用变频器和专用变频器两大类。

（1）通用变频器　通用变频器是指在很多方面具有很强通用性的变频器，该类变频器简化了一些系统功能，并主要以节能为主要目的，多为中小容量变频器，一般应用于水泵、风扇、鼓风机等对于系统调速性能要求不高的场合。

【几种常见通用变频器实物】

三菱D700型通用变频器

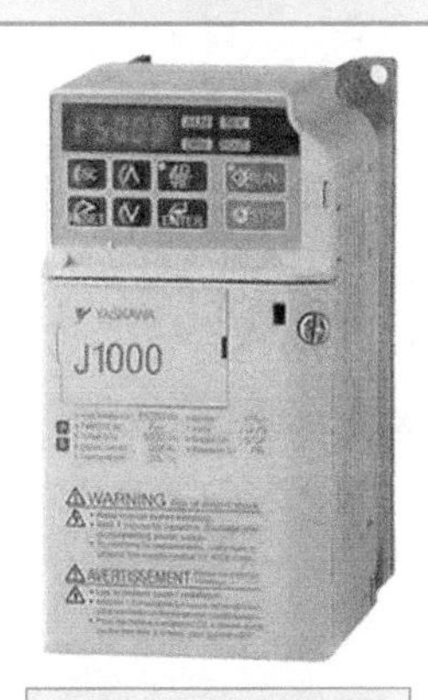

安川J1000型通用变频器

西门子MM420型通用变频器

特别提醒

通用变频器是目前工业领域中应用数量最多最普遍的一种变频器，该变频器适用于工业通用电动机和一般变频电动机，且一般由交流低压220V/380V（50Hz）供电，该类变频器对使用的环境没有严格的要求，以简便的控制方式为主。

通用变频器的特点：

- 使用范围广，通用性强。
- 低频转矩输出180%，低频运行特性良好。
- 输出频率最大600Hz，可控制高速电动机。
- 具有加速、减速、动转中失速防止等保护功能。
- 精确度偏低，适用于对调速性能要求不高的各种场合。
- 体积小、价格低。

随着通用变频器的发展，目前市场上还出现了许多采用转矩矢量控制方式的高性能多功能变频器，其在软件和硬件方面的改进，使其除具有普通通用变频器的特点外，还具有较高的转矩控制性能，适用于传送带、升降装置以及机床、电动车辆等对调速系统性能和功能要求较高的许多场合。

（2）专用变频器 专用变频器是指专门针对某一方面或某一领域而设计研发的变频器，该类变频器针对性较强，具有适用于其所针对领域独有的功能和优势，从而能够更好地发挥变频调速的作用。

【几种常见专用变频器实物】

西门子MM430型水泵风机专用变频器

风机专用变频器

恒压供水（水泵）专用变频器

专用于对水泵、风机进行控制的变频器，具有突出的节能特点。

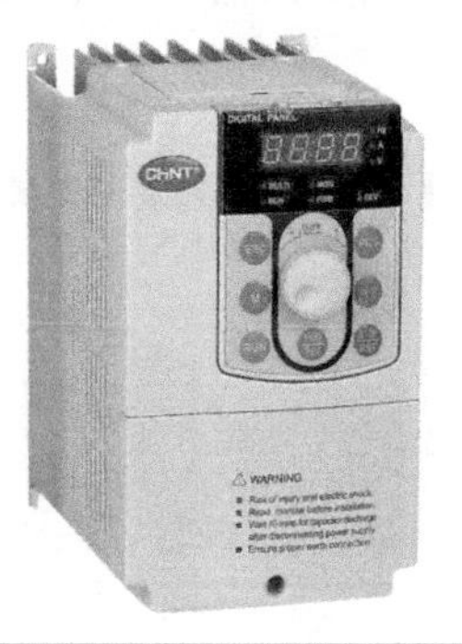

NVF1G-JR系列卷绕专用变频器

LB-60GX系列线切割专用变频器

电梯专用变频器

针对不同应用场合专门设计的专用变频器，通用性较差。

特别提醒

目前，较常见的专用变频器主要有风机类专用变频器、恒压供水（水泵）专用变频器、机床类专用变频器、重载专用变频器、注塑机专用变频器、纺织类专用变频器、电梯类专用变频器等，各种类型的专用变频器特点如下：

● 风机类专用变频器

风机类专用变频器是专门针对风机节能控制而设计的一类变频器，一般内置PID（比例-积分-微分）控制器，可通过各种传感器轻松实现闭环控制，具有高效节能、简便管理、安全保护、延长风机设备寿命、保护电网稳定、故障率低等特点。

● 恒压供水专用变频器

变频恒压供水专用变频器是专门针对变频恒压供水系统设计的，具有恒压节能控制功能，内置PID（比例-积分-微分）控制器和先进的节能软件，使用该类变频器设计变频恒压供水系统时，无须另配PLC或PID，大大降低了设计该类系统的难度；另外，将该类变频器用于恒压供水系统时，不仅可实现软起动、制动等基本功能，还具有高效节能（节电效果可达20%～60%）、可延长设备寿命、保护电网稳定、减少磨损、降低故障率等特点，使系统自动化控制特点突出，管理更加简便。

● 电梯专用变频器

电梯专用变频器是一种根据电梯使用特点而设计的一类变频器，在普通变频器传统速度控制基础上，增加了灵活的S曲线设计，可有效防止电梯的起停冲击，增加电梯舒适感；另外该类变频器一般具有精确的距离控制模式，可有效实现直接停靠、高效、平稳、安全等特点。

除上述常见的几种专用变频器外，还有一些应用于特殊领域的专业变频器，如高性能专用变频器（控制对象都是变频器厂家指定的专用电动机，可应用于对电动机的控制性能要求较高的系统，目前正在逐步替代直流伺服系统而被广泛应用）、高频变频器（输出频率可达3kHz的高频率输出变频器）、单相变频器和三相变频器等，这些变频器都属于专业型变频器，针对性较强，有特殊要求的场所，可以实现较高的控制要求。

2. 根据变换方式分类

变频器根据频率的变换方式主要分为两类：交-直-交变频器和交-交变频器。

（1）交-直-交变频器　交-直-交变频器又称为间接式变频器，是指变频器工作时，首先将工频交流电通过整流单元转换成脉动的直流电，再经过中间电路中的电容平滑滤波，为逆变电路供电；在控制系统的控制下，逆变电路再将直流电源转换成频率和电压可调的交流电，然后提供给负载（电动机）进行变速控制。

【交-直-交变频器】

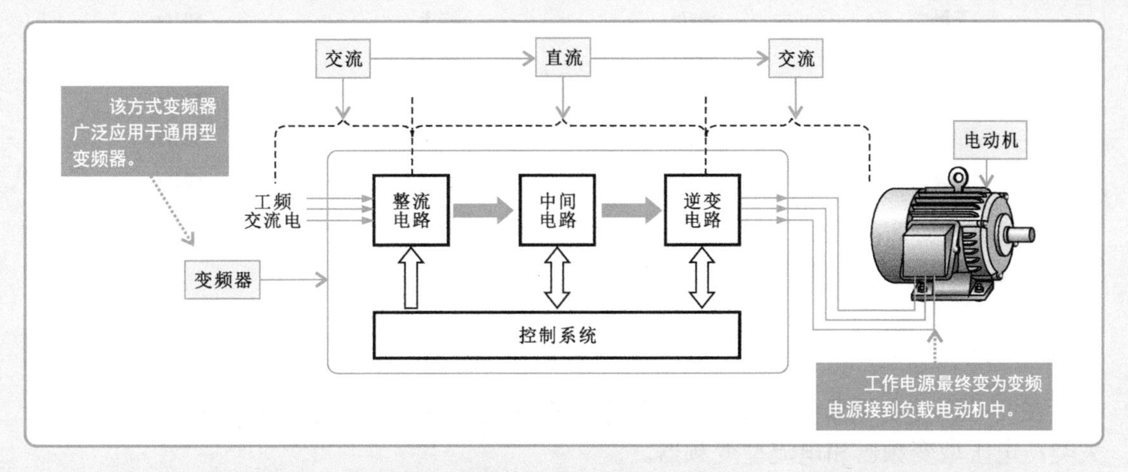

（2）交-交变频器　交-交变频器又称为直接式变频器，是指变频器工作时，将工频交流电直接转换成频率和电压可调的交流电，提供给负载（电动机）进行变速控制。

【交-交变频器】

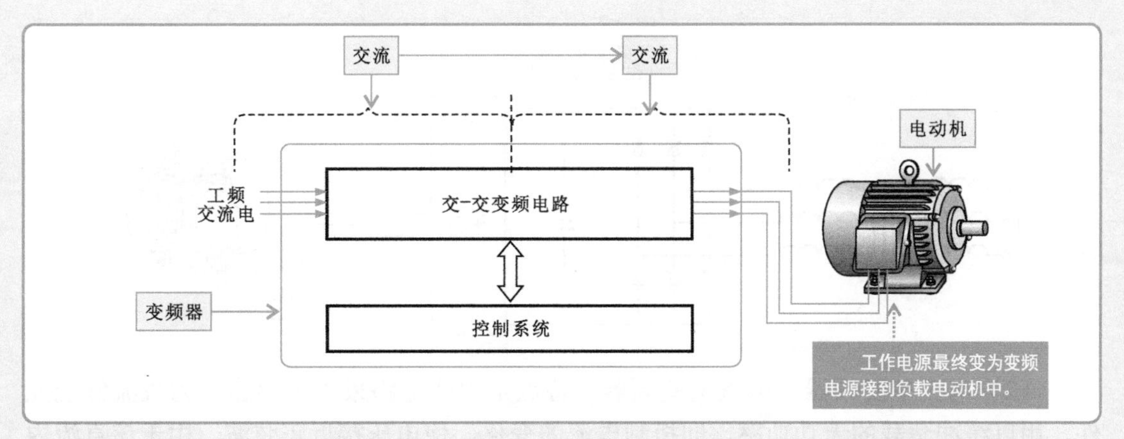

特别提醒

采用交-交变换方式的变频器只能将输入的交流电频率调低输出，而工频交流电的频率本身就很低，因此交-交变频器的调速范围很窄，其应用也不广泛。

特别提醒

恒频恒压的交流电，即工频电源，是指工业上用的交流电源，其中频率的单位为赫兹（Hz）。不同国家、地区的电力工业标准频率各不相同，我国电力工业的标准频率定为50Hz，有些国家（如美国）或地区则定为60Hz。

地区或国名	工频	地区或国名	工频
中国	50 Hz	印度	50 Hz
新加坡	50 Hz	泰国	50 Hz
日本	60 Hz	马来西亚	50 Hz
韩国	60 Hz	越南	50 Hz
俄罗斯	50 Hz	意大利	50 Hz
英国	50 Hz	瑞士	50 Hz
法国	50 Hz	荷兰	50 Hz
德国	50 Hz	丹麦	50 Hz
爱尔兰	50 Hz	波兰	50 Hz
美国	60 Hz	巴西	60 Hz
加拿大	60 Hz	哥伦比亚	60 Hz

3. 根据电源性质分类

在交-直-交变频器中，根据其中间电路部分电源性质的不同，又可将变频器分为两大类：电压型变频器和电流型变频器。

（1）电压型变频器　电压型变频器的特点是中间电路采用电容器作为直流储能元件，缓冲负载的无功功率。直流电压比较平稳，直流电源内阻较小，相当于电压源，故电压型变频器常用于负载电压变化较大的场合。

【电压型变频器】

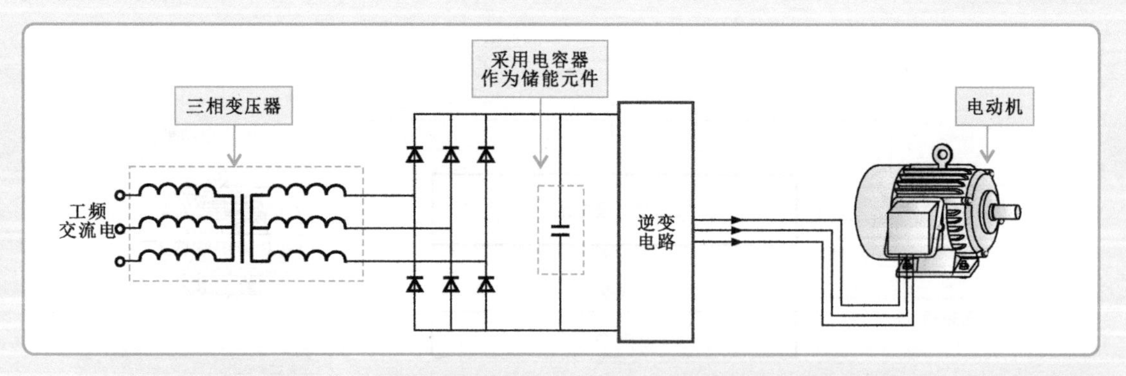

（2）电流型变频器　电流型变频器的特点是中间电路采用电感器作为直流储能元件，用以缓冲负载的无功功率，即扼制电流的变化，使电压接近正弦波，由于该直流内阻较大，可扼制负载电流频繁急剧的变化，故电流型变频器常用于负载电流变化较大的场合，适用于需要回馈制动和经常正、反转的生产机械。

【电流型变频器】

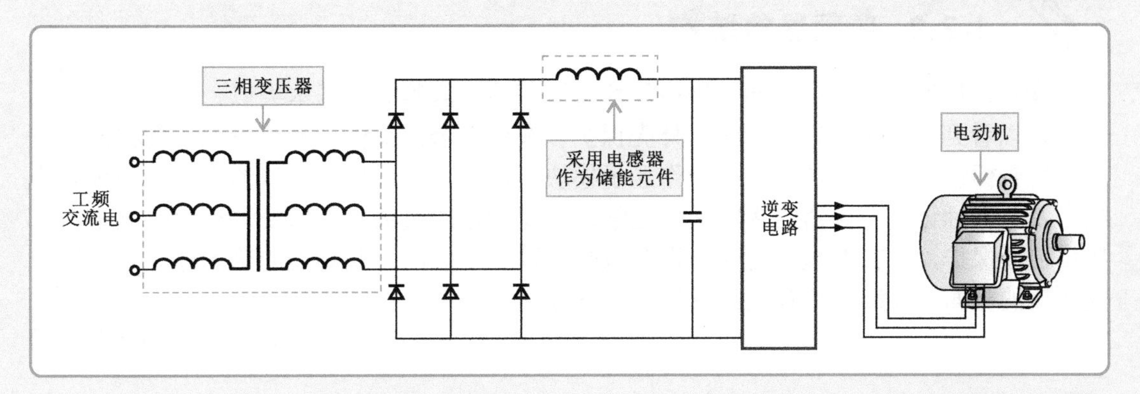

电压型变频器与电流型变频器不仅在电路结构上不同，性能及使用范围也有所差别。

【电压型变频器与电流型变频器的对比】

特点名称	电压型变频器	电流型变频器
储能元件	电容器	电感器
波形的特点	电压波形为矩形波 矩形波电压	电流波形近似正弦波 基波电压＋换流浪涌电压
	电压波形为近似正弦波 基波电流＋高次谐波电流	电流波形为矩形波 矩形波电流
回路构成上的特点	有反馈二极管 直流电源并联大电容 电容（低阻抗电压源） 电动机四象限运转需要使用变流器	无反馈二极管 直流电源串联大电感 电感（高阻抗电流源） 电动机四象限运转容易
特性上的特点	负载短路时产生过电流 变频器转矩反应较慢 输入功率因数高	负载短路时能抑制过电流 变频器转矩反应快 输入功率因数低
使用场合	电压源型逆变器属恒压源，电压控制响应慢，不易波动，适用于多台电动机同步运行时的供电电源，或单台电动机调速但不要求快速起动、制动和快速减速的场合	

特别提醒

除上述几种分类方式外，变频器还可有以下几类分类方式：

● 按照其变频控制方式分为：压/频（*U/f*）控制变频器、转差频率控制变频器、矢量控制变频器、直接转矩控制变频器等。

● 按调压方法主要分为两类：PAM变频器和PWM变频器。

PAM是Pulse Amplitude Modulation（脉冲幅度调制）的缩写。PAM变频器是按照一定规律对脉冲列的脉冲幅度进行调制，控制其输出的量值和波形。实际上就是能量的大小用脉冲的幅度来表示，整流输出电路中增加绝缘栅双极型晶体管（IGBT），通过对该IGBT的控制改变整流电路输出的直流电压幅度（140～390V），这样变频电路输出的脉冲电压不但宽度可变，而且幅度也可变。

PWM是英文Pulse Width Modulation（脉冲宽度调制）缩写。PWM变频器同样是按照一定规律对脉冲列的脉冲宽度进行调制，控制其输出量和波形。实际上就是能量的大小用脉冲的宽度来表示，此种驱动方式，整流电路输出的直流供电电压基本不变，变频器功率模块的输出电压幅度恒定，控制脉冲的宽度受微处理器控制。

● 常用变频器按输入电流的相数还可分为：三进三出变频器和单进三出变频器。

其中，三进三出是指变频器的输入侧和输出侧都是三相交流电，大数变频器属于该类。单进三出是指变频器的输入侧为单相交流电，输出侧是三相交流电，一般家用电器设备中的变频器为该类方式。

1.2.2 变频器的结构

变频器虽然外部形态各异，规格尺寸也不相同，但其结构基本类似。

可以看到，整个变频器由塑料外壳保护。在变频器前盖板处明确标识了变频器的型号及警告标记。上方主体位置是操作显示模块（板），操作显示模块的下方是变频器的型号及警告标记。变频器的接线端口通常位于变频器的底部。顶部安装有散热风扇，由风扇盖板保护，并在变频器的四周设有散热口以方便散热。变频器的铭牌标识通常位于变频器的侧面，详细标注有变频器的相关参数信息。

【典型变频器的整机结构】

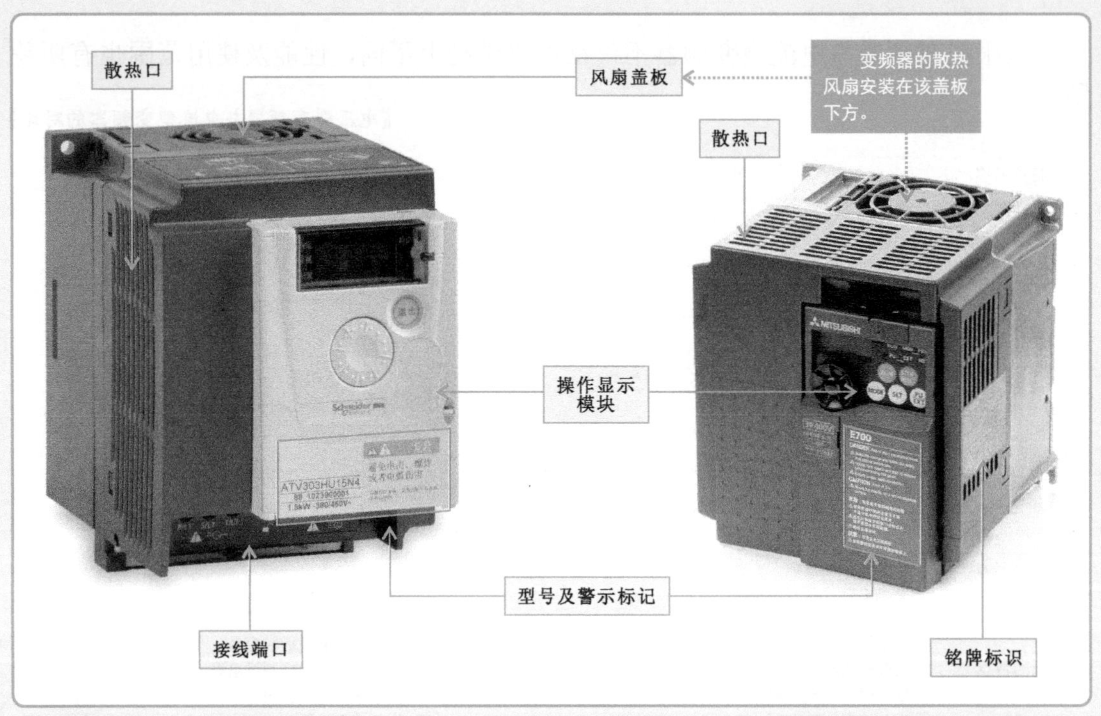

1. 型号及警告标记

型号及警告标记位于变频器前盖板醒目的位置。其中，型号即为当前变频器的品牌型号，警告标记则是变频器在使用中要注意的安全事项。

【型号及警告标记】

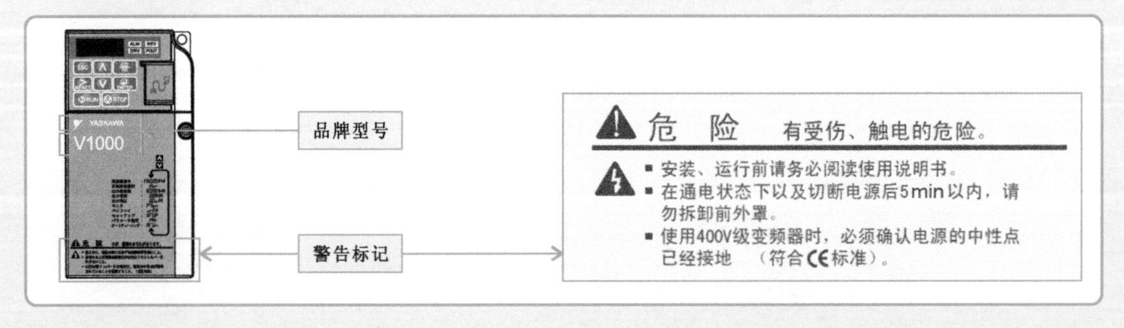

2. 操作显示模块

操作显示模块是实现人机交互的关键部件。它可以分为显示区和按键控制区。其中，显示区主要用以显示参数设定模式及不同的运转状态。按键控制区则是操作者与变频器的“沟通”界面。通过按键或旋钮为变频器输入人工指令，以完成对变频器的设定及工作状态的调整。

【典型变频器的操作显示模块】

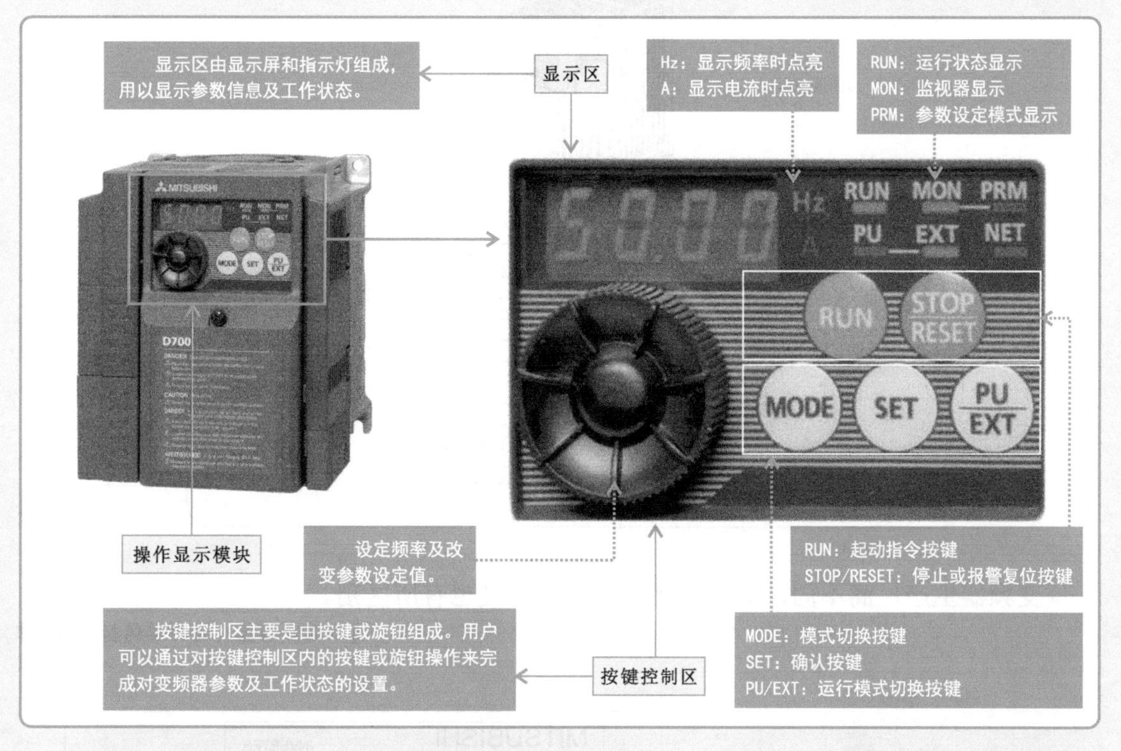

通常，变频器的操作显示模块可根据需要选配。其后部有与变频器对应的接插端口，可根据实际情况对操作显示模块进行选配更换。

【选配更换操作显示模块】

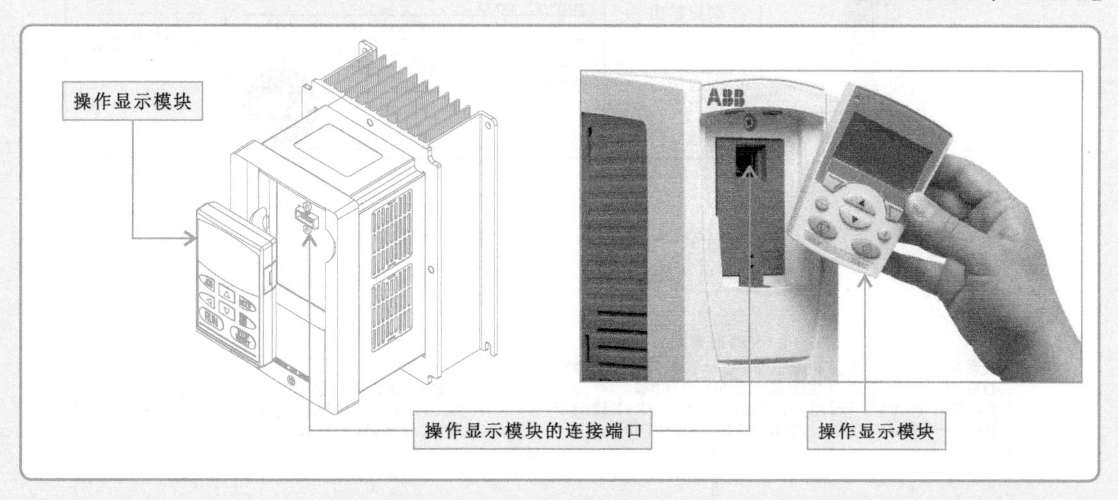

3. 铭牌标识

铭牌标识通常位于变频器的侧面,通过字母与数字组合的方式详细标注了当前变频器的型号、额定输入参数和额定输出参数等信息。

【变频器的铭牌标识】

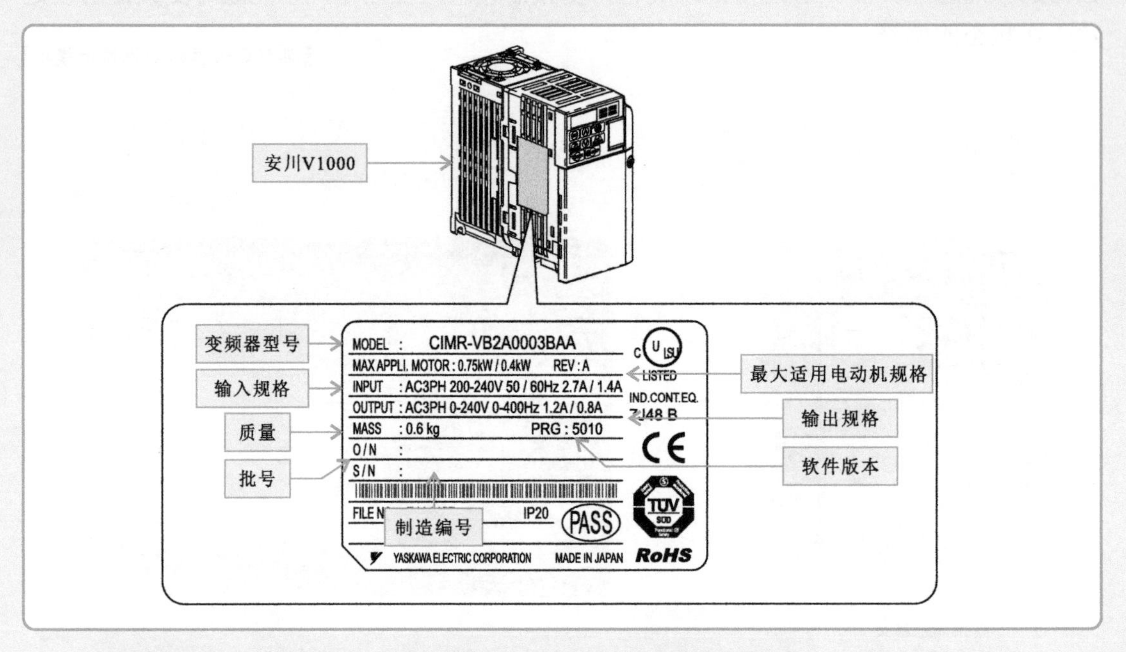

变频器生产厂商不同,变频器铭牌标识的含义也有所区别。

【不同变频器厂商的铭牌标识含义】

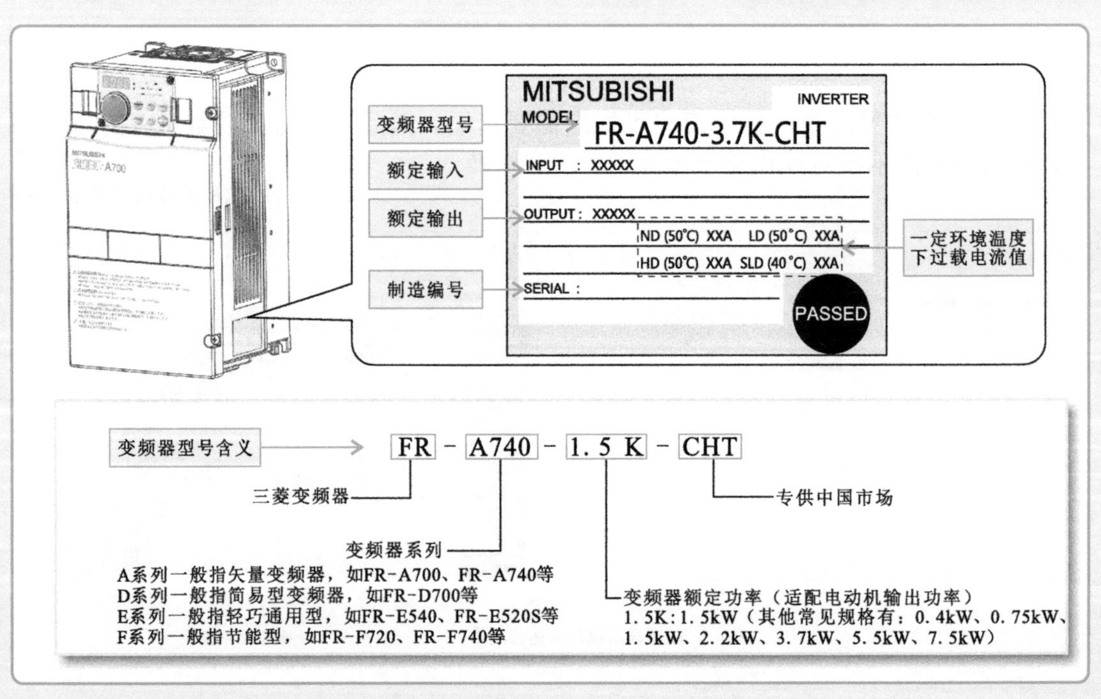

【不同变频器厂商的铭牌标识含义（续）】

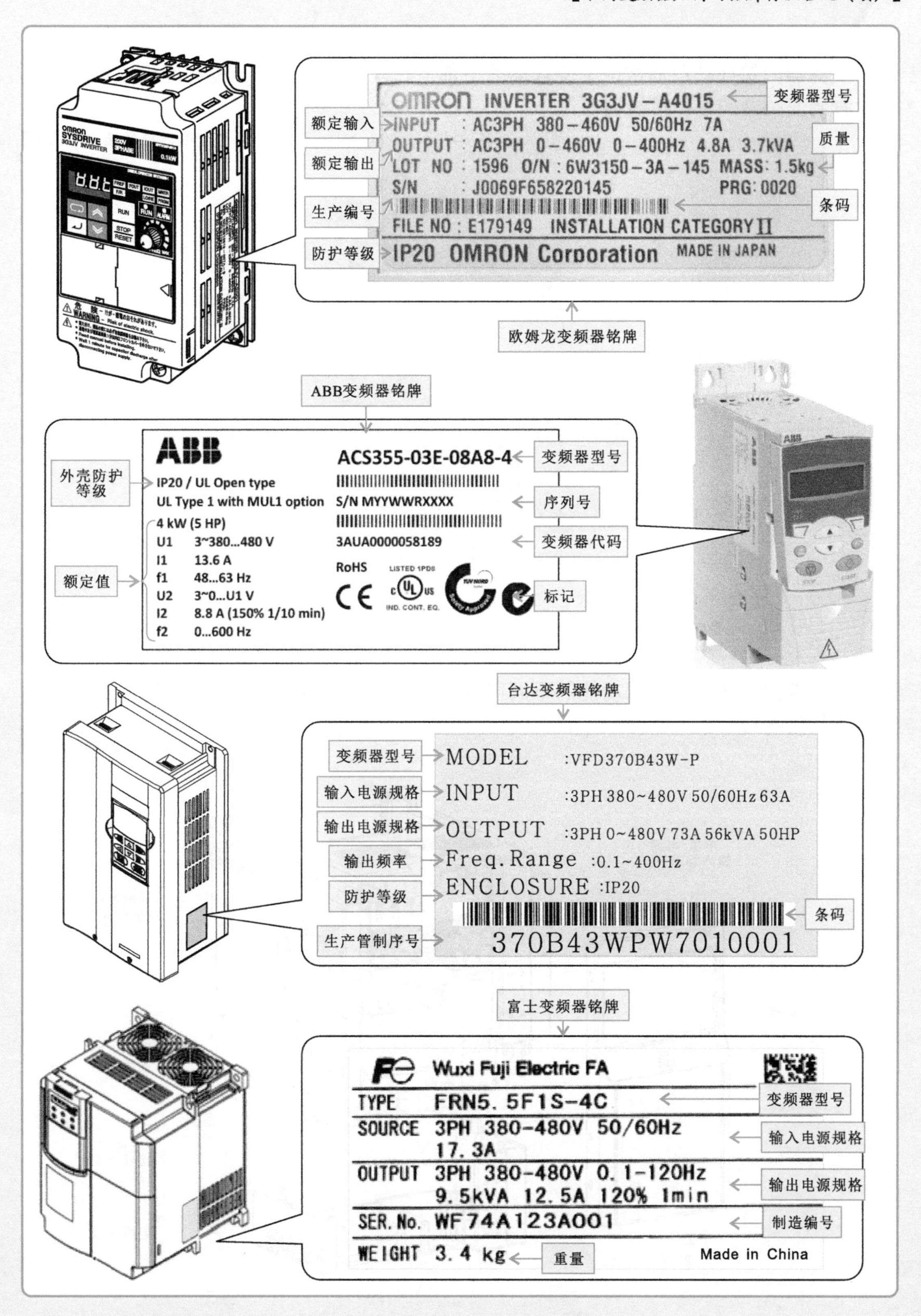

4. 接线端口

变频器的接线端口通常位于变频器的下部，打开变频器的前面板和配线盖板后，便可以看到变频器的各种接线端口。

【变频器接线端口的位置】

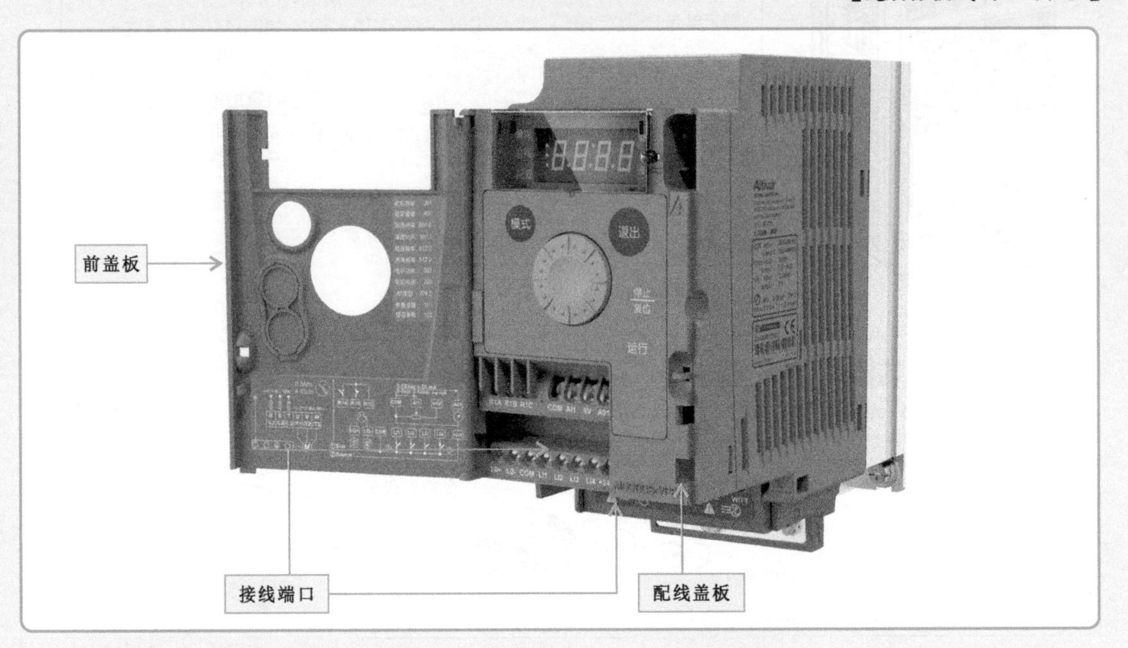

变频器的接线端口根据功能的不同可以分为主电路接线端口、控制电路接线端口及其他功能接线端口。

【变频器的接线端口】

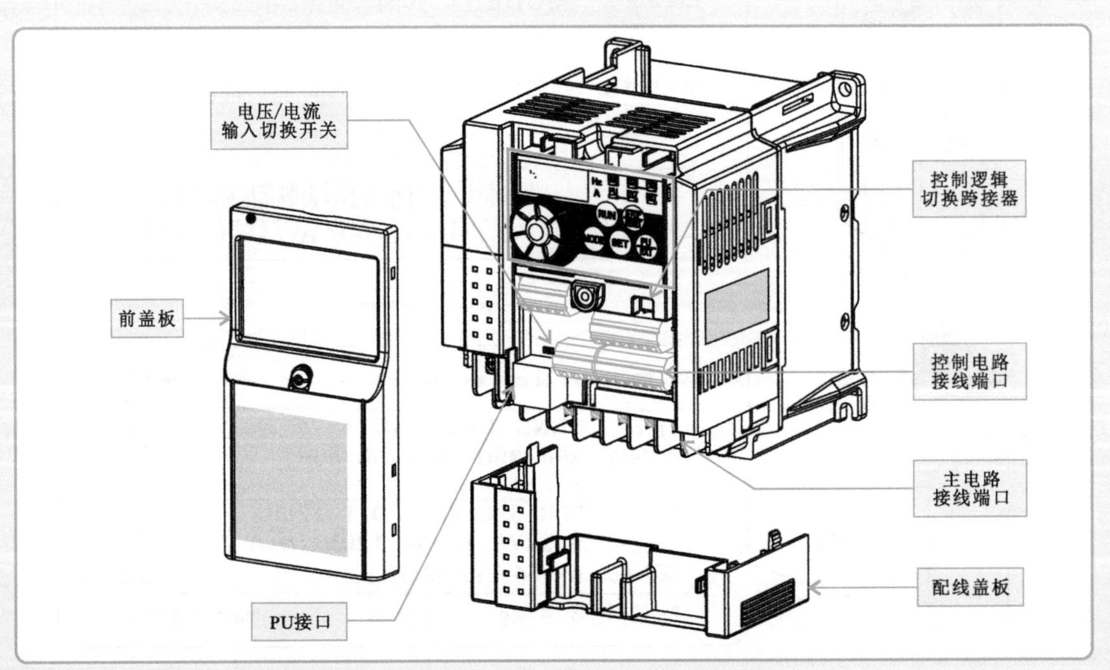

电源侧的主电路接线端子主要用于连接三相供电电源，而负载侧的主电路接线端子主要用于连接电动机。

【典型变频器的主电路接线端子部分及其接线方式】

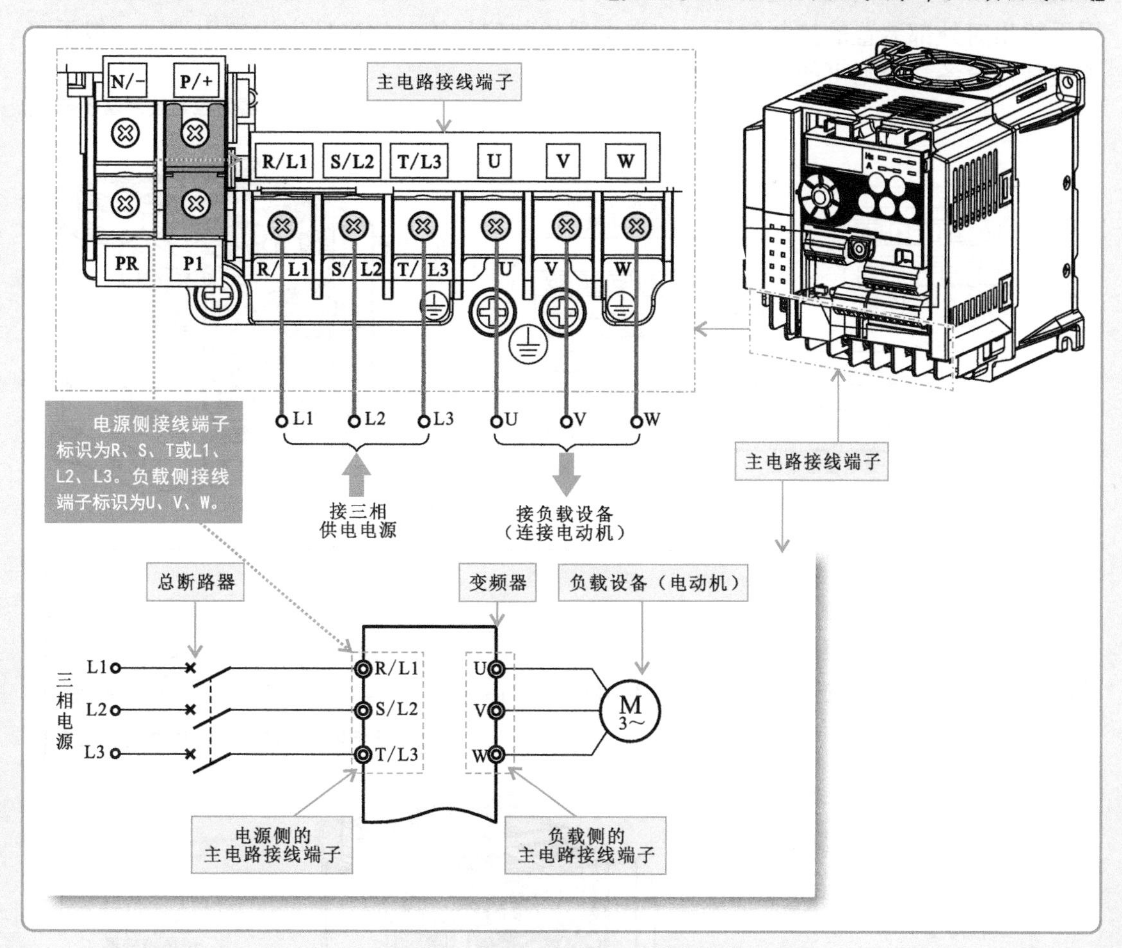

特别提醒

不同类型的变频器，具体接线端子的排列和位置有所不同，但其主电路接线端子基本均用L1、L2、L3和U、V、W字母进行标识，可根据该标识进行识别和区分。

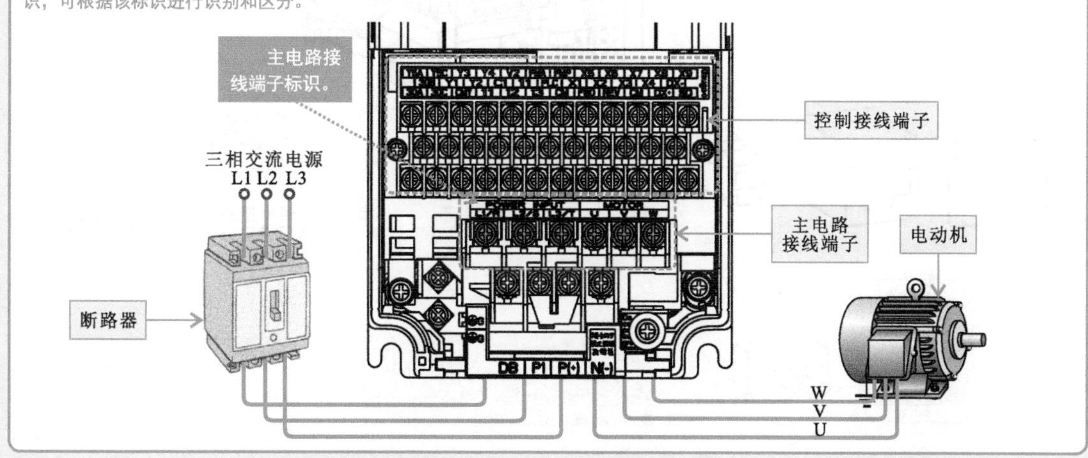

控制接线端子一般包括输入信号、输出信号及生产厂家设定用端子，用于连接变频器控制信号的输入、输出、通信等部件。其中，输入信号接线端子用于为变频器输入外部的控制信号，如正反转起动方式、频率设定值、PTC热敏电阻输入等；输出信号端子用于输出对外部装置的控制信号，如继电器控制信号等；生产厂家设定用端子一般不可连接任何设备，否则可能导致变频器故障。

【典型变频器的控制接线端子部分】

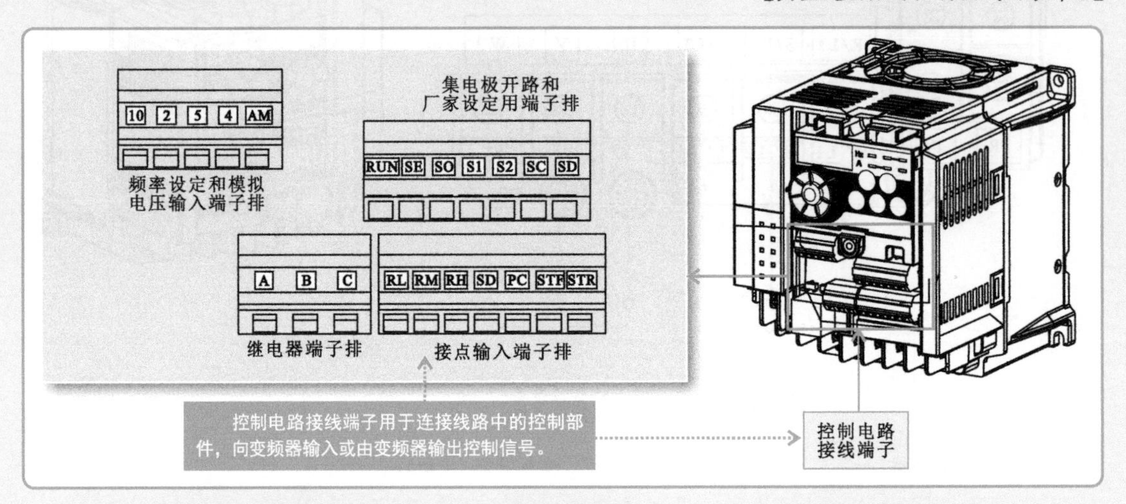

变频器除上述主电路接线端子和控制接线端子外，在其端子部分一般还包含一些其他功能接口或功能开关等，如控制逻辑切换跨接器、PU接口、电流/电压切换开关等。

【典型变频器的其他功能接口或功能开关】

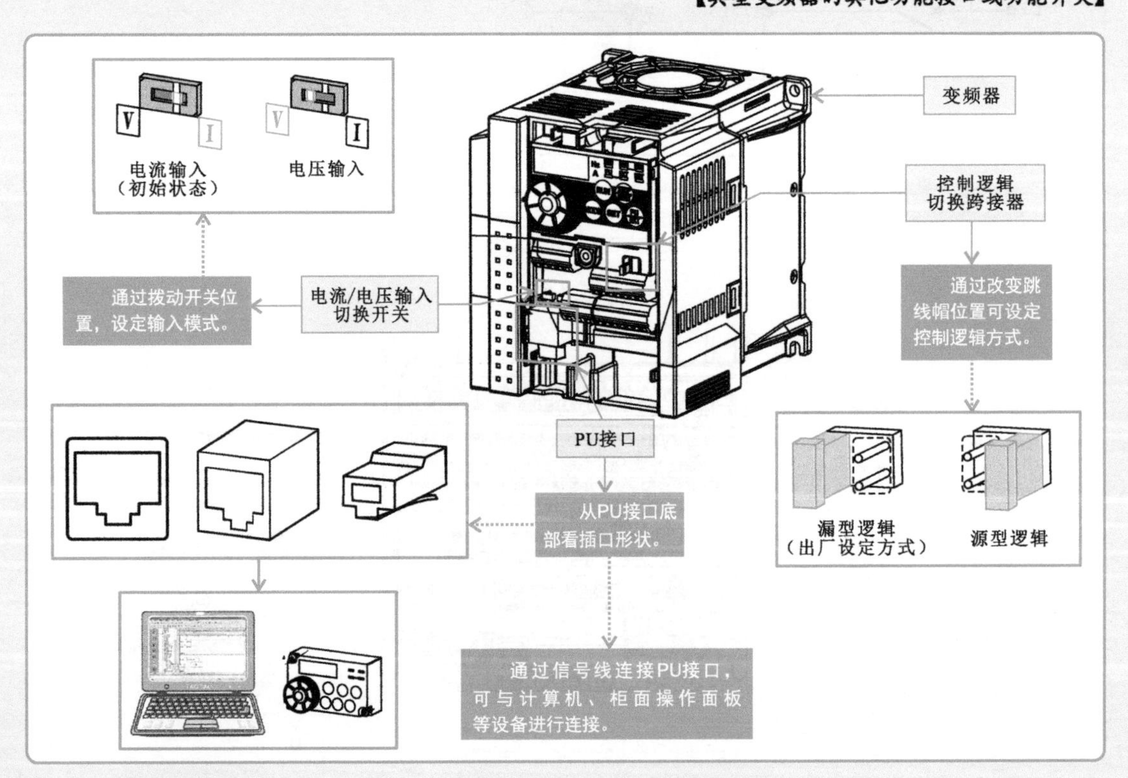

拆开变频器外壳可看到其内部电路结构。其内部一般包含有大容量电容、整流单元、挡板下的控制单元以及其他单元（通信电路板、接线端子排）等。

【典型变频器内部电路部分】

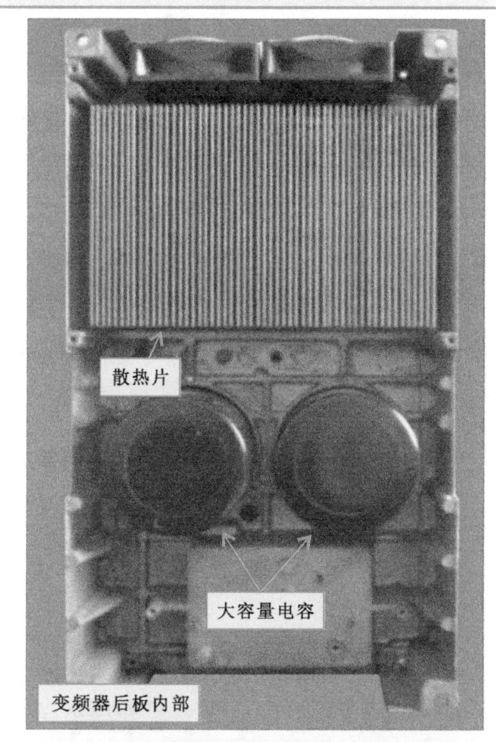

变频器后板内部

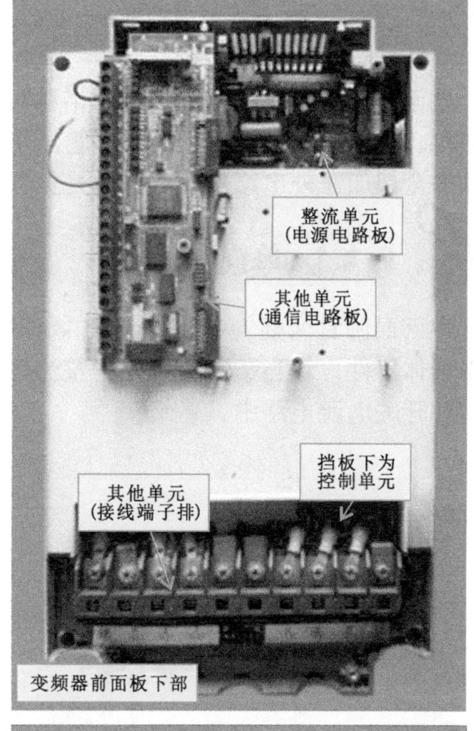

变频器前面板下部

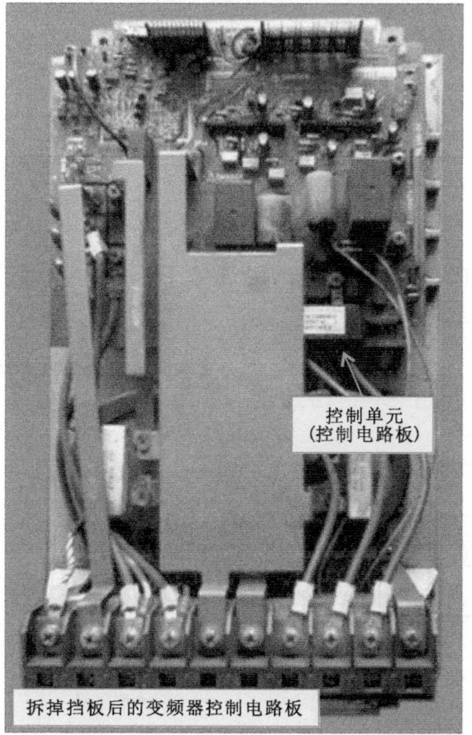

拆掉挡板后的变频器控制电路板

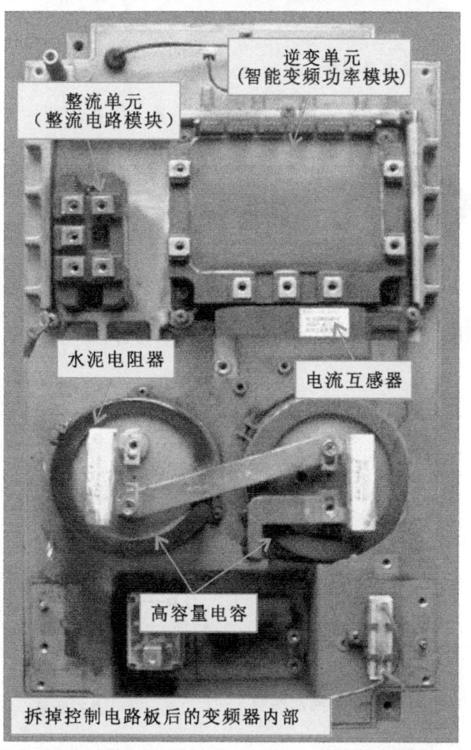

拆掉控制电路板后的变频器内部

第2章　变频电路中的主要部件

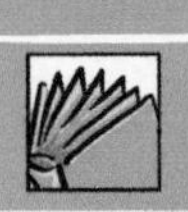

2.1 变频电路中的晶闸管

晶闸管是晶体闸流管的简称，俗称可控硅，它是一种半导体器件，有单向和双向两种结构。由于其导通后内阻很小，管压降很低，因此，本身消耗功率很小，此时外加电压几乎全部加在外电路负载上，而且负载电流较大，因此常用在可控整流电路中。

2.1.1 单向晶闸管

单向晶闸管又称为单向可控硅（SCR），是指其导通后只允许一个方向的电流流过的半导体器件，相当于一个可控的整流二极管，广泛应用于可控整流、交流调压、逆变电路和开关电源电路中。

【单向晶闸管】

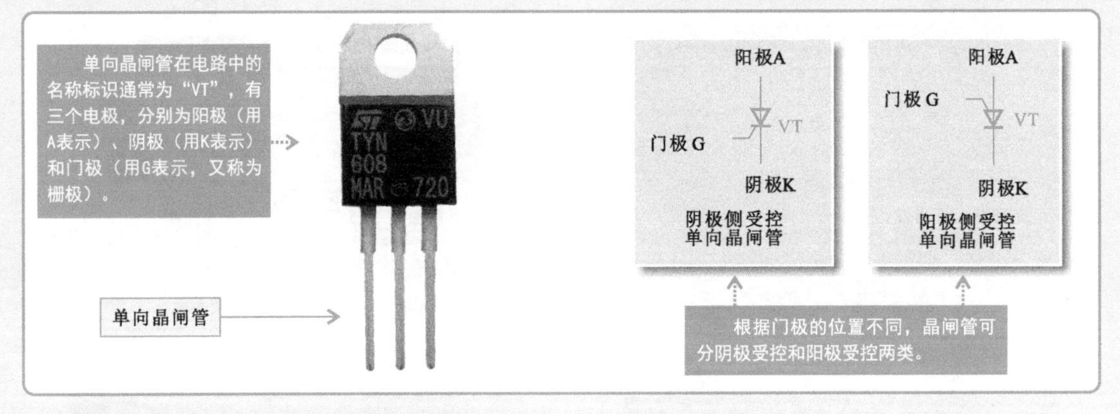

1. 单向晶闸管的结构

单向晶闸管内部是由3个PN结组成的P-N-P-N 四层结构，可等效于一个PNP型晶体管和一个NPN型晶体管交错的结构。

【单向晶闸管的内部结构】

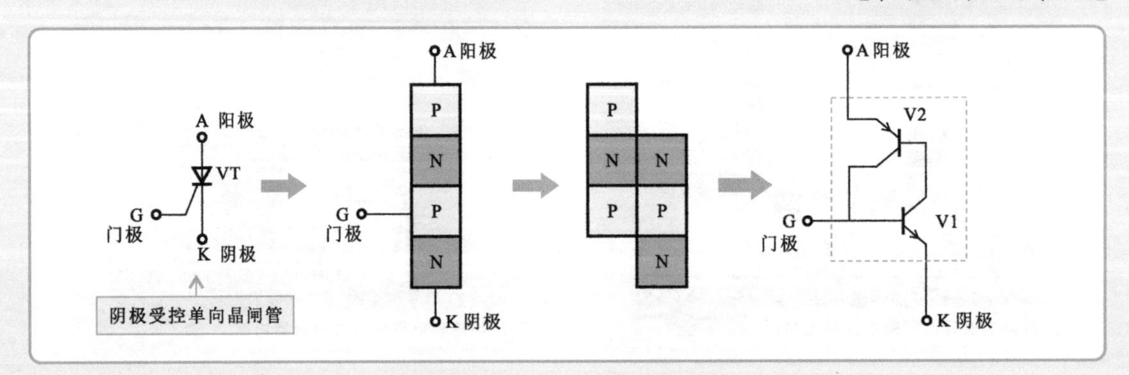

【单向晶闸管的内部结构（续）】

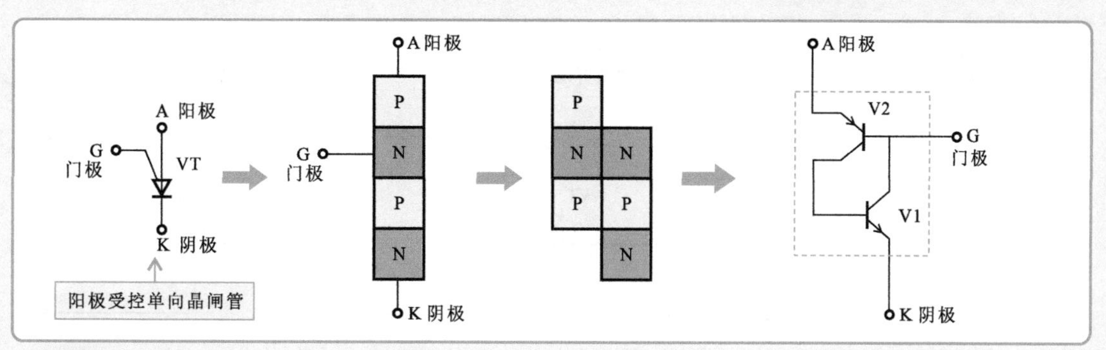

2. 单向晶闸管的功能特性

单向晶闸管具有单向导通特性和维持导通特性。首先从单向晶闸管内部结构了解该半导体器件的基本导通原理。

【单向晶闸管的导通原理】

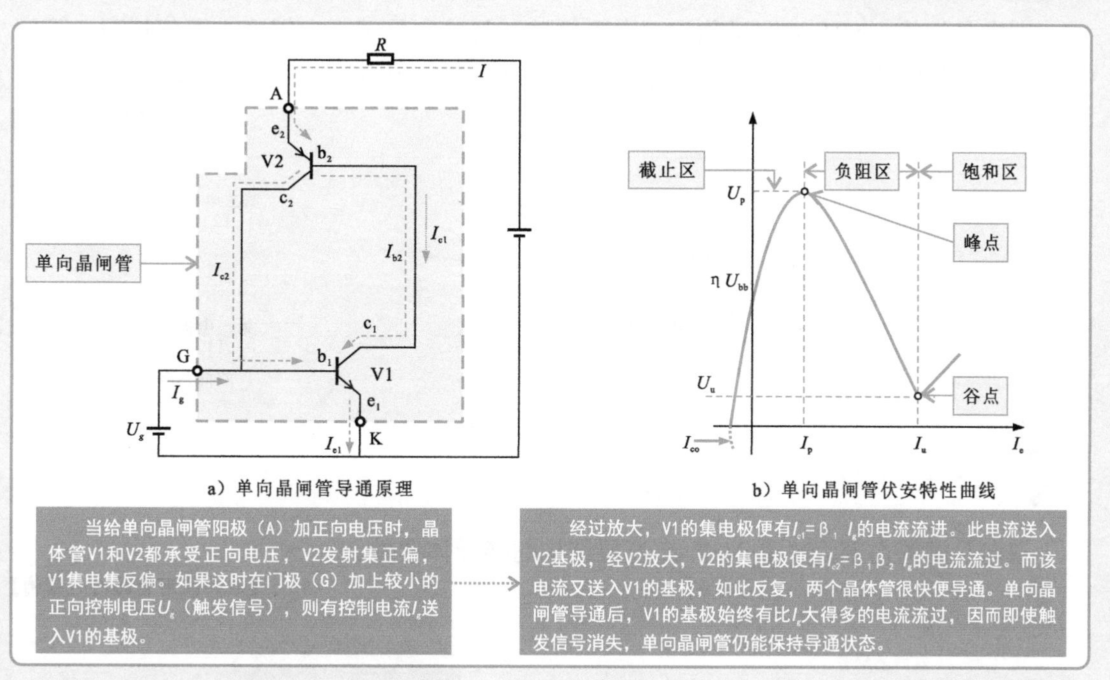

a）单向晶闸管导通原理　　b）单向晶闸管伏安特性曲线

特别提醒

晶闸管是一种具有负阻特性的器件，即当流经它的电流增加时，电压降不是随之增加而是随之减小。从伏安特性曲线可看出，随着发射极电流I_e不断增加，U_e不断下降，降至某一点时不再下降了，这一点称为谷点。谷点之后晶闸管进入了饱和区。在饱和区，发射极与第一基极间的电流达到饱和状态，所以U_e继续增加时，I_e增加不多。

单向晶闸管只有在同时满足阳极（A）与阴极（K）之间加有正向电压，门极（G）收到正向触发信号（高电平）才可导通。单向晶闸管导通后，即使触发信号消失，仍可维持导通状态。只有当触发信号消失，并且阳极与阴极之间的正向电压也消失或反向时，晶闸管才可截止。

【单向晶闸管的导通特性】

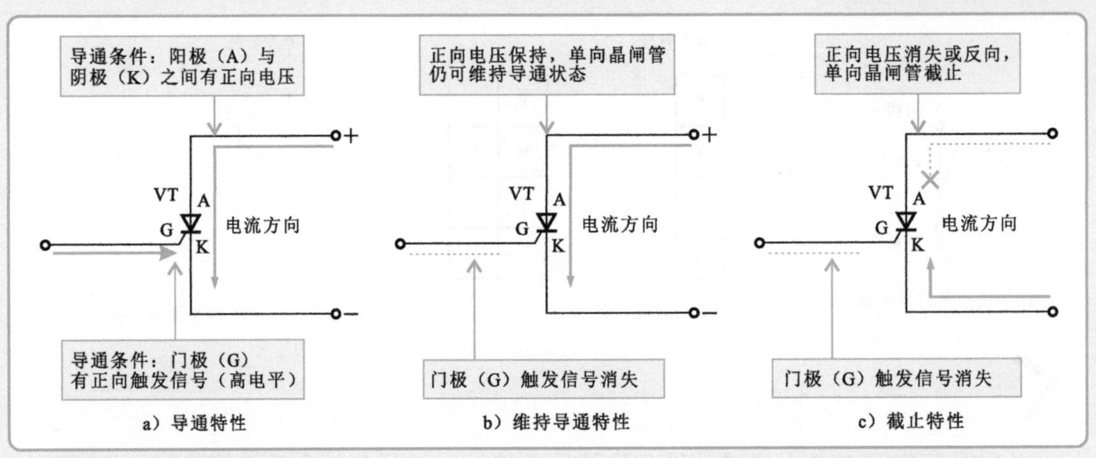

a）导通特性　b）维持导通特性　c）截止特性

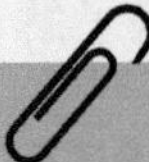

2.1.2 双向晶闸管

双向晶闸管（TRIAC）又称为双向可控硅，与单向晶闸管在很多方面都相同，不同的是，双向晶闸管可以双向导通，可允许两个方向有电流流过，常用在交流电路中。

【双向晶闸管】

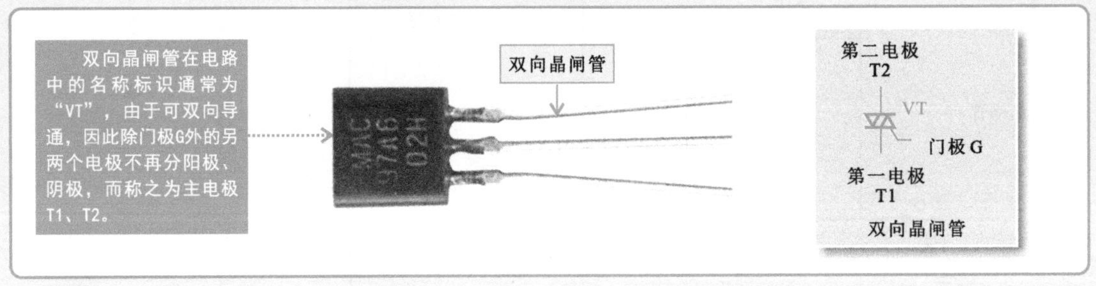

1. 双向晶闸管的结构

双向晶闸管内部为N-P-N-P-N 五层结构的半导体器件。

【双向晶闸管的内部结构】

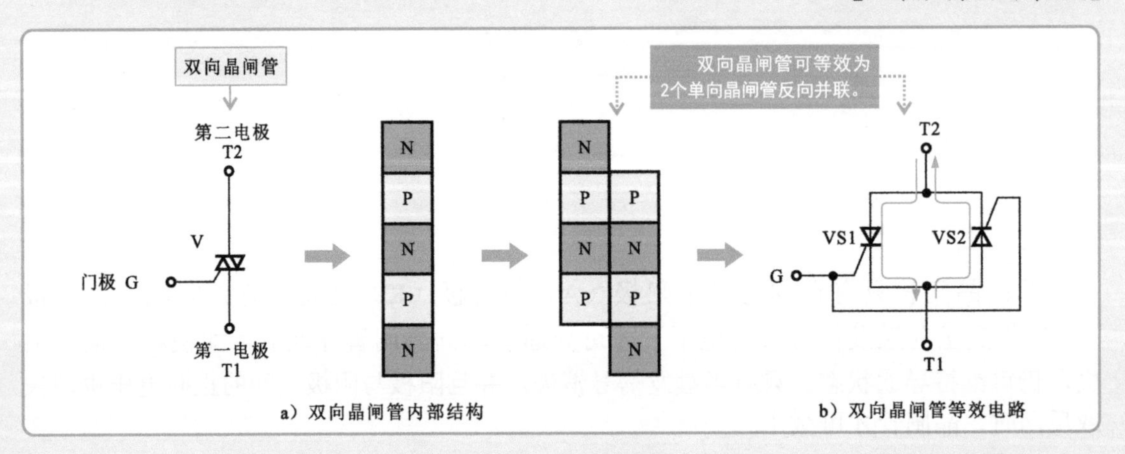

a）双向晶闸管内部结构　b）双向晶闸管等效电路

2. 双向晶闸管的导通特性

通过双向晶闸管内部结构可以看到，双向晶闸管可等效为2个单向晶闸管反向并联，使其具有双向导通的特性，允许两个方向有电流流过。

双向晶闸管第一电极T1与第二电极T2间无论所加电压极性是正向还是反向，只要门极G和第一电极T1间加有正、负极性不同的触发电压（信号），就可触发晶闸管导通，并且失去触发电压，也能继续保持导通状态。当第一电极T1、第二电极T2电流减小至小于维持电流或T1、T2间的电压极性改变且没有触发电压时，双向晶闸管才会截止，此时只有重新送入触发电压方可导通。

【双向晶闸管的导通特性】

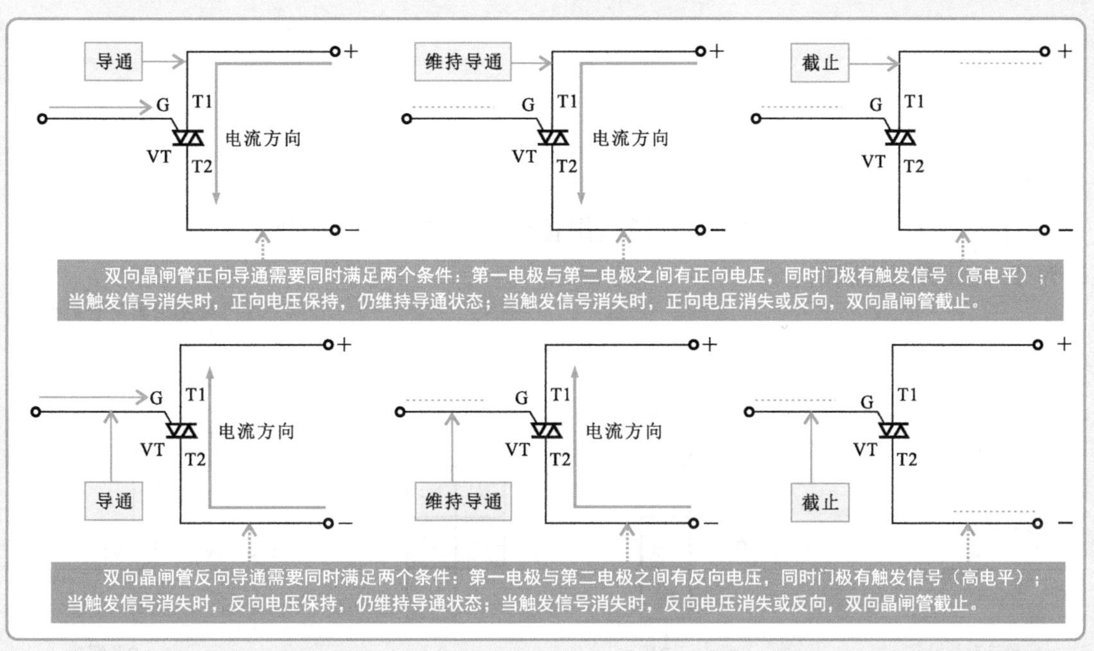

特别提醒

双向晶闸管在结构上相当于两个单向晶闸管反极性并联，因此它具有两个方向都导通、关断的特性，也就是具有两个方向对称的伏安特性，如图d所示。

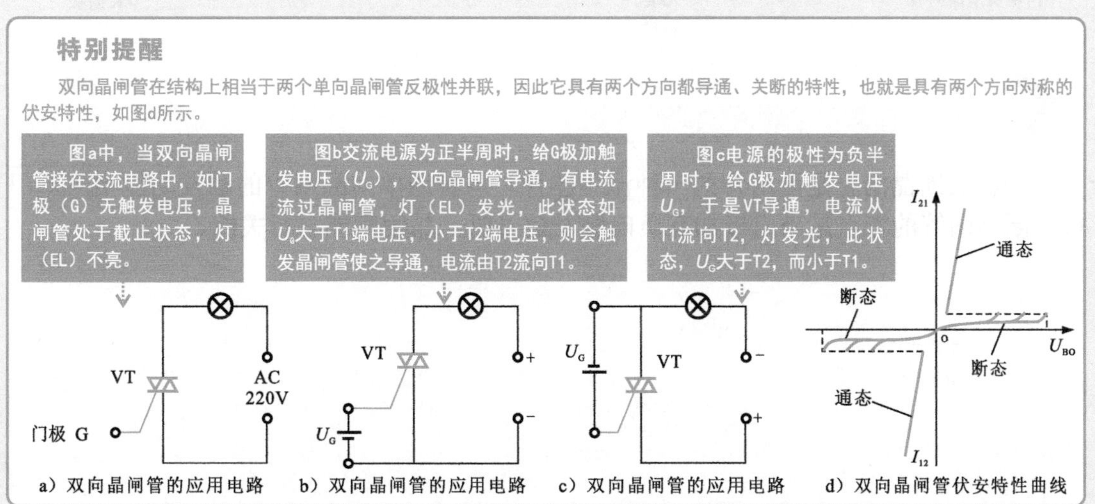

a）双向晶闸管的应用电路 b）双向晶闸管的应用电路 c）双向晶闸管的应用电路 d）双向晶闸管伏安特性曲线

2.1.3 门极关断晶闸管

门极关断（GTO）晶闸管是晶闸管的一种派生器件，与普通单向晶闸管的触发功能相同。

【门极关断晶闸管】

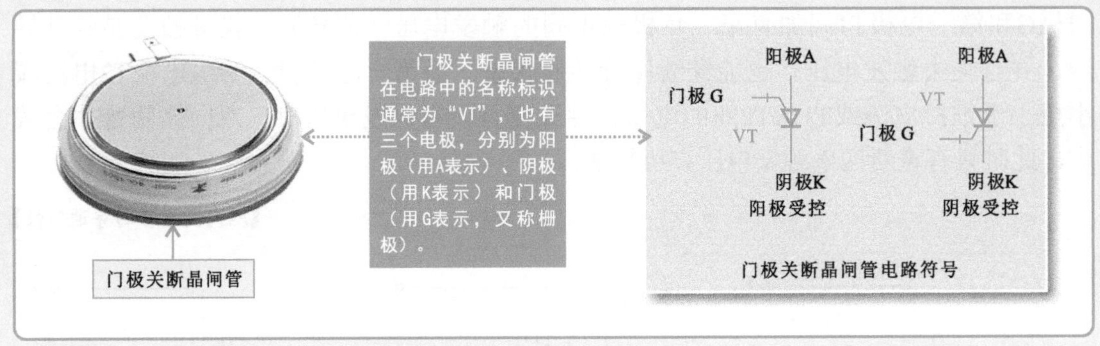

1. 门极关断晶闸管的结构

门极关断晶闸管内部结构与普通晶闸管相同，都是由P型和N型半导体交替叠合成P-N-P-N四层而构成的。

【门极关断晶闸管的结构】

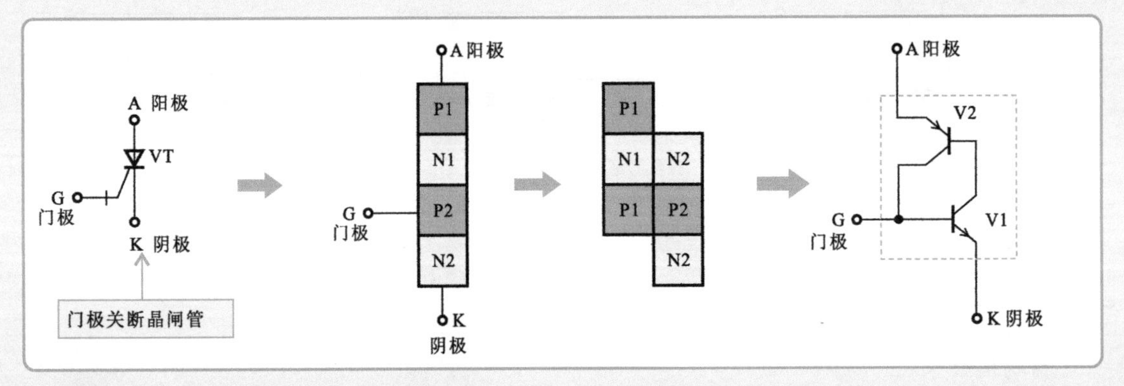

2. 门极关断晶闸管的特性

门极关断晶闸管是晶闸管的一种派生器件，与普通单向晶闸管的触发功能相同。门极关断晶闸管的特点是当门极加有负向触发信号时，晶闸管能自行关断。

特别提醒

门极关断晶闸管与普通晶闸管的区别：

普通晶闸管靠门极正信号触发之后，撤掉信号亦能维持通态。欲使之关断，必须切断电源，使正向电流低于维持电流I，或施以反向电压强行关断。这就需要增加换向电路，不仅使设备的体积重量增大，而且会降低效率，产生波形失真和噪声。

门极关断晶闸管克服了普通晶闸管的上述缺陷，它保留了普通晶闸管耐压高、电流大等优点，具有自关断能力，无需切断电路或外接换向电路使电压换向，使用方便，是理想的高压、大电流开关器件。大功率可关断晶闸管已广泛用于调速、变频调速、逆变电源等领域。

根据典型电路，简单了解门极关断晶闸管的工作特点。

【门极关断晶闸管的工作特性】

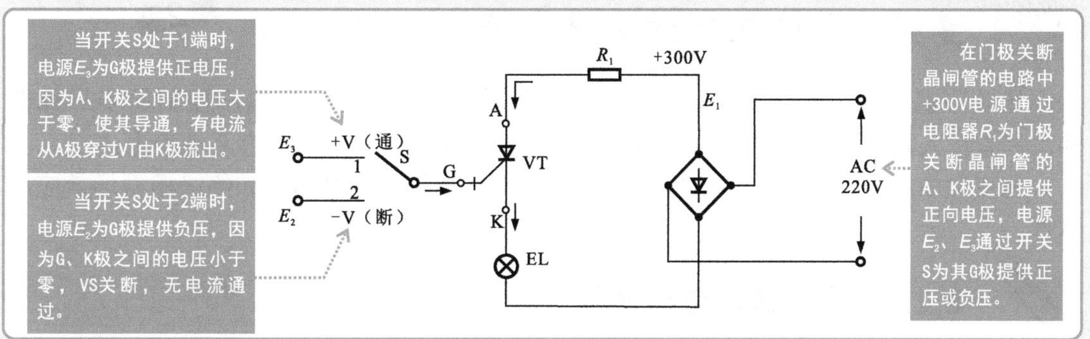

2.1.4 MOS控制晶闸管

MOS控制晶闸管（MCT）是一种新型MOS控制双极复合器，简称为MCT（MOS Controlled Thyristor），兼有晶闸管电流、电压容量大与MOS管门极导通和关断方便的特性。

MOS控制晶闸管是由阴极、门极、发射极构成，在其内部有ON-FET沟道和OFF-FET沟道。

【MOS控制晶闸管的结构】

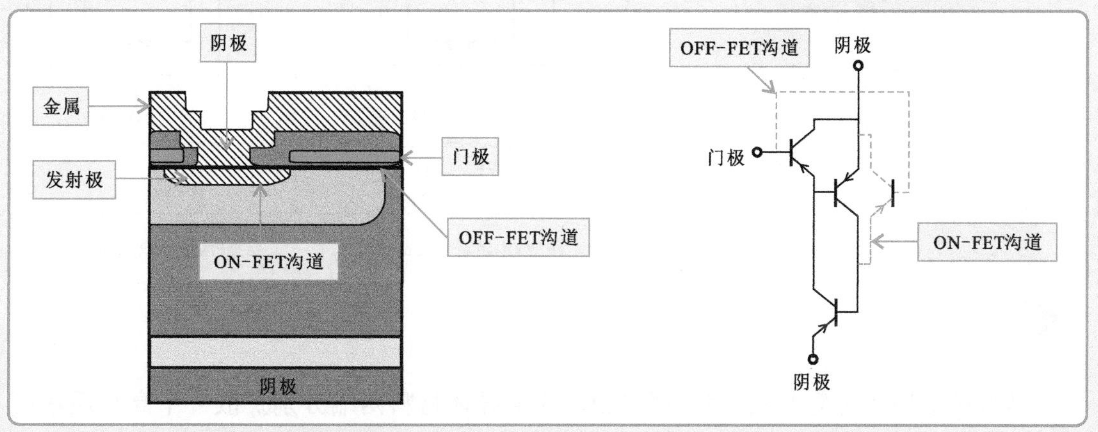

特别提醒

除上述几种晶闸管外，实际应用中常见的晶闸管还有单结晶体管、快速晶闸管和逆导晶闸管等几种。

◆单结晶体管（UJT）也叫作双基极二极管。从结构功能上看类似晶闸管，它是由一个PN结和两个内电阻构成的三端半导体器件，有一个PN结和两个基极。单结晶体管具有结构简单、热稳定性好等优点，广泛用于振荡、定时、双稳电路及晶闸管触发电路中。

◆快速晶闸管属于P-N-P-N四层三端器件，其符号与普通晶闸管一样，它不仅要有良好的静态特性，尤其要有良好的动态特性。快速晶闸管可以在400Hz以上频率的电路中工作，其开通时间为4～8μs，关断时间为10～60μs。主要应用于较高频率的整流、斩波、逆变和变频电路中。

◆逆导晶闸管（RCT）也叫作反向导通晶闸管，它在阳极与阴极之间反向并联一只二极管，使阳极与阴极的发射结均呈短路状态。由于这种特殊电路结构，使之具有耐高压、耐高温、关断时间短、通态电压低等优良性能。

2.2 变频电路中的场效应晶体管

场效应晶体管（Field-Effect Transistor）简称FET，它是一种电压控制的半导体器件，具有输入阻抗高、噪声小、热稳定性好、便于集成等特点，但容易被静电击穿。

在变频电路中，常用的场效应晶体管主要有结型场效应晶体管和绝缘栅型场效应晶体管。

2.2.1 结型场效应晶体管

结型场效应晶体管（BJT），是一种电压控制器件。

【结型场效应晶体管】

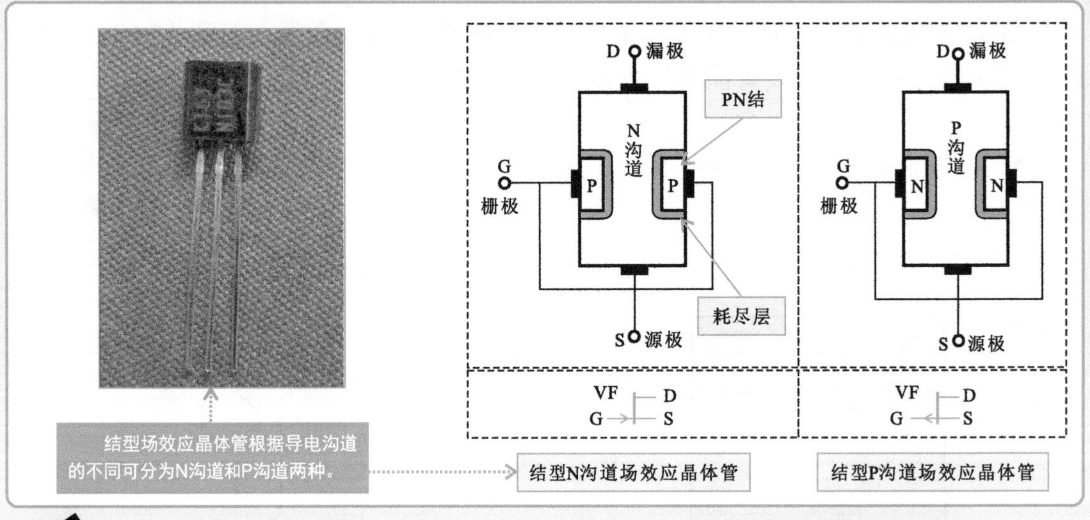

1. 结型场效应晶体管的结构

结型场效应晶体管是在一块N型或P型的半导体材料两端分别扩散一个高杂质浓度的P型区或N型区，这样就说明它也是一种具有PN结构的半导体器件。

【结型场效应晶体管的内部结构】

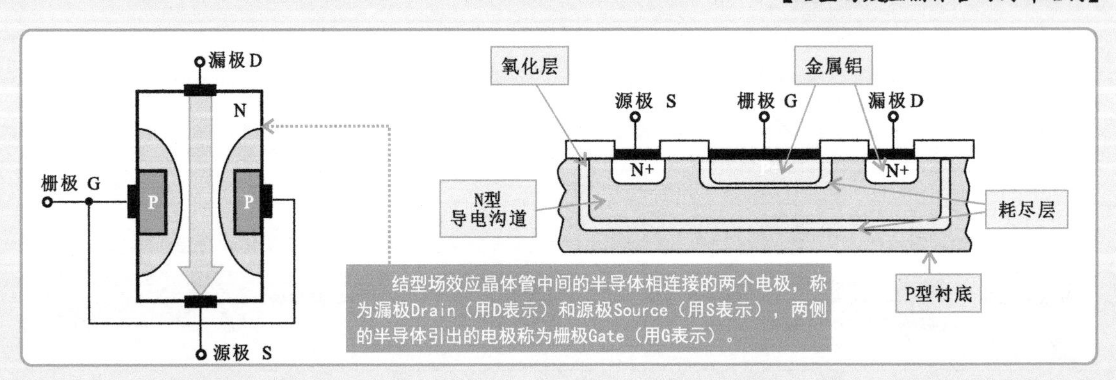

2. 结型场效应晶体管的功能特性

结型场效应晶体管是利用沟道两边的耗尽层宽窄，来改变沟道导电特性，从而控制漏极电流的。

【结型场效应晶体管的功能特性】

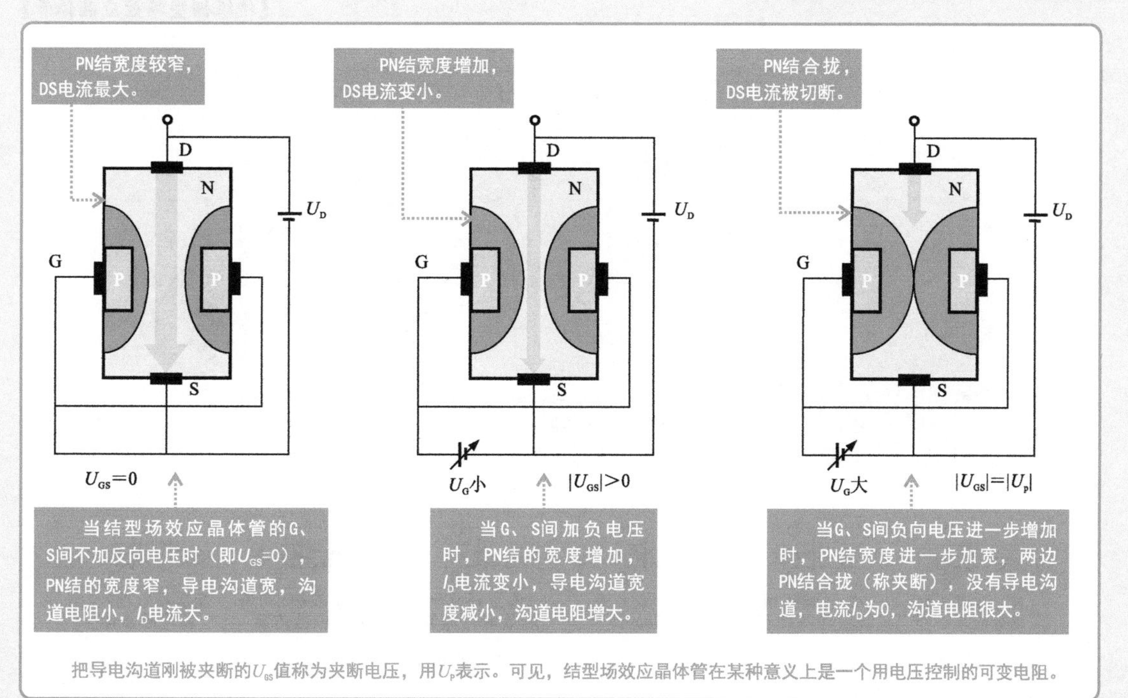

把导电沟道刚被夹断的U_{GS}值称为夹断电压，用U_P表示。可见，结型场效应晶体管在某种意义上是一个用电压控制的可变电阻。

特别提醒

下图为结型场效应晶体管的转移特性和输出特性曲线。图a中，当U_{DS}值恒定时，反映电流I_D与U_{GS}之间关系；图b中，在U_{GS}一定时，反映电流I_D与电压U_{DS}之间的关系，即 $I_D=f(U_{DS})/U_{GS}$=常数。由该图可以看出结型场效应晶体管的工作状态可以分为三个区域：可变电阻区、饱和区和击穿区。

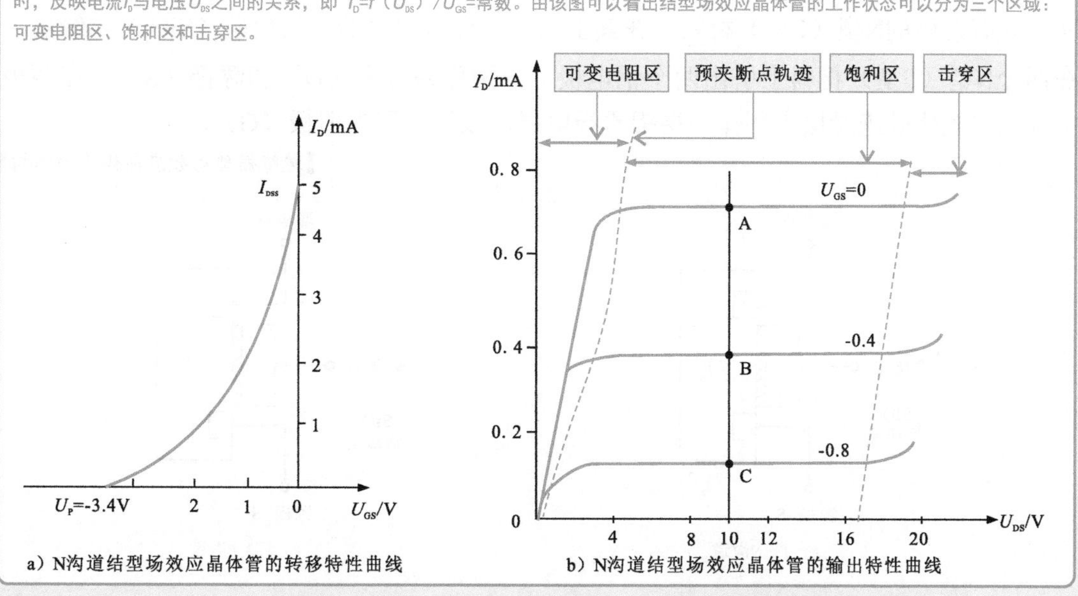

a）N沟道结型场效应晶体管的转移特性曲线　　b）N沟道结型场效应晶体管的输出特性曲线

2.2.2 绝缘栅型场效应晶体管

绝缘栅型场效应晶体管简称MOSFET，是应用十分广泛的一类场效应晶体管，可分为增强型和耗尽型两种，每种类型根据沟道不同又可分为N沟道和P沟道。

【绝缘栅型场效应晶体管】

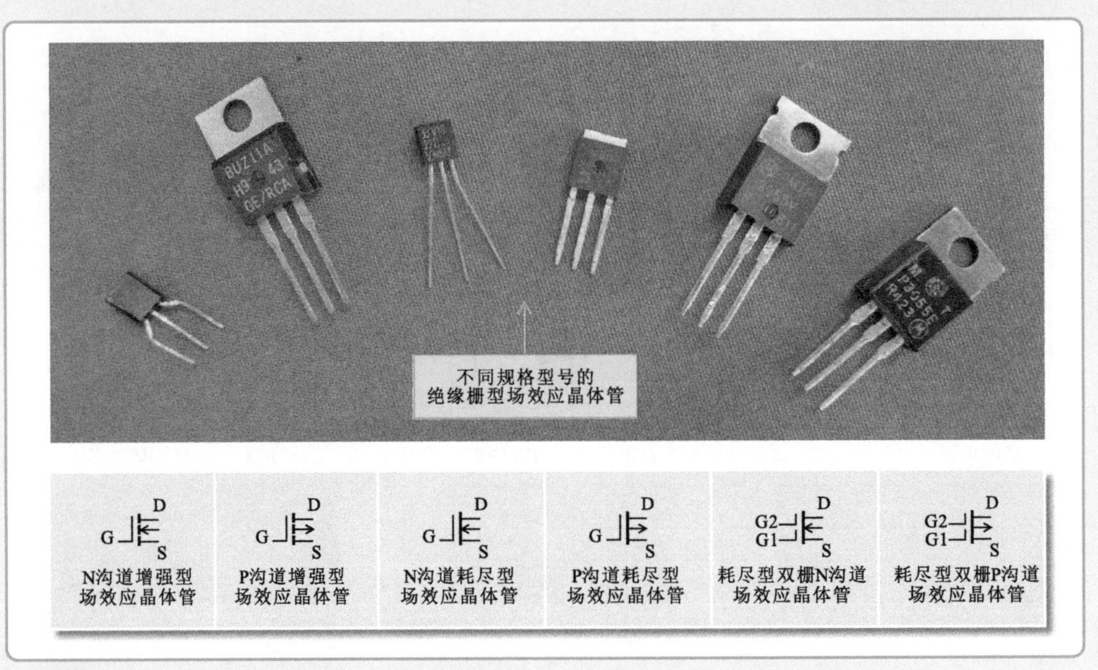

1. 绝缘栅型场效应晶体管的结构

绝缘栅型场效应晶体管内部结构是以P型（或N型）硅片作为衬底，在衬底上制作两个含有杂质的N型（P型）材料，在其上面一层覆盖很薄的二氧化硅（SiO_2）绝缘层，在两个N型（P型）材料上引出两个铝电极，分别称为漏极（D）和源极（S），在两极中间的二氧化硅绝缘层上制作一层铝质导电层，该导电层为栅极（G）。

【绝缘栅型场效应晶体管的结构】

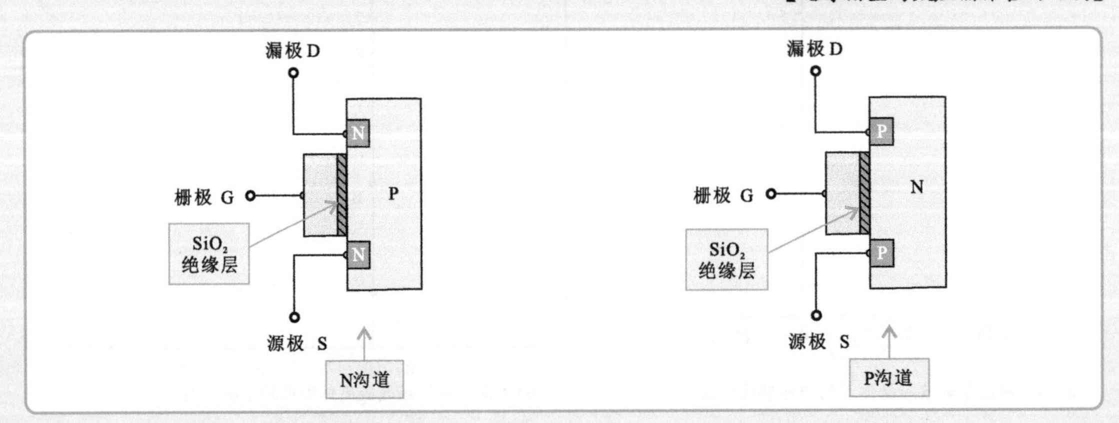

2. 绝缘栅型场效应晶体管的功能特性

绝缘栅型场效应晶体管是利用感应电荷的多少，改变沟道导电特性来控制漏极电流的。不同结构的绝缘栅型场效应晶体管的工作特性是相同的，下面以N沟道场效应晶体管为例分析该类场效应晶体管的功能特性。

【绝缘栅型场效应晶体管的功能特性】

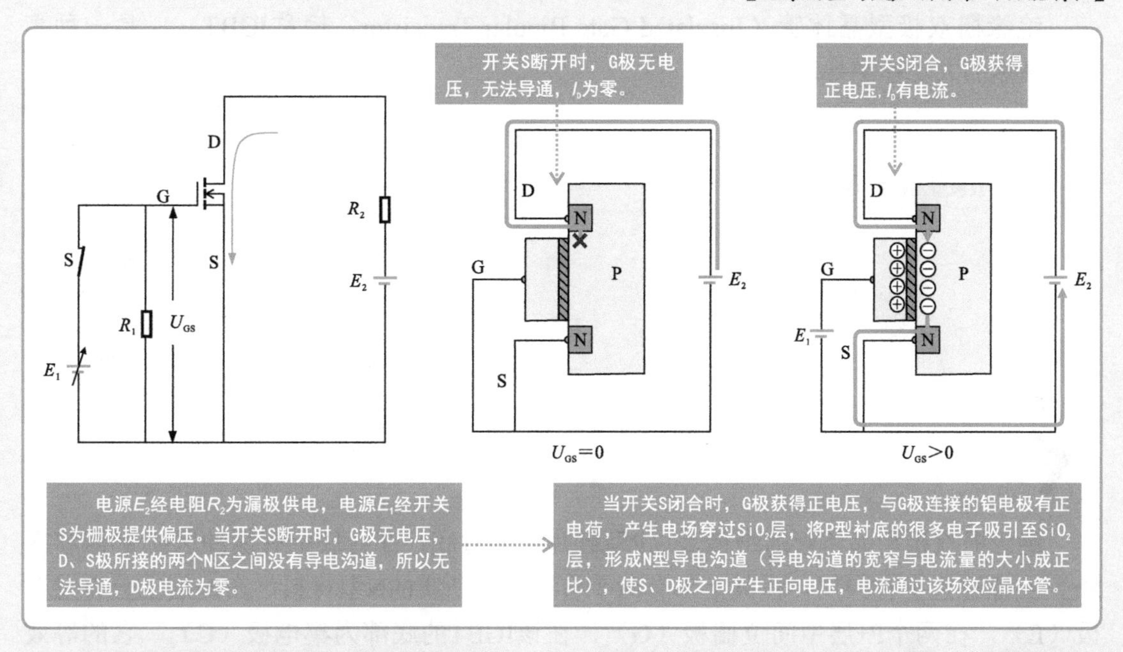

对于N沟道增强型MOS场效应晶体管，G、S极之间应当加载正向电压，才会使D、S极之间形成沟道。对于P沟道增强型MOS场效应晶体管，G、S极之间家反向电压，D、S极之间才有沟道形成。

特别提醒

绝缘栅型场效应晶体管的转移特性和输出特性曲线（以N沟道耗尽型场效应晶体管为例）。图a中，当I_{DSS}（零栅压漏极电流）值恒定时，反映I_D与U_{GS}之间关系。图b中，在U_{GS}一定时，反映电流I_D与电压U_{DS}之间的关系。

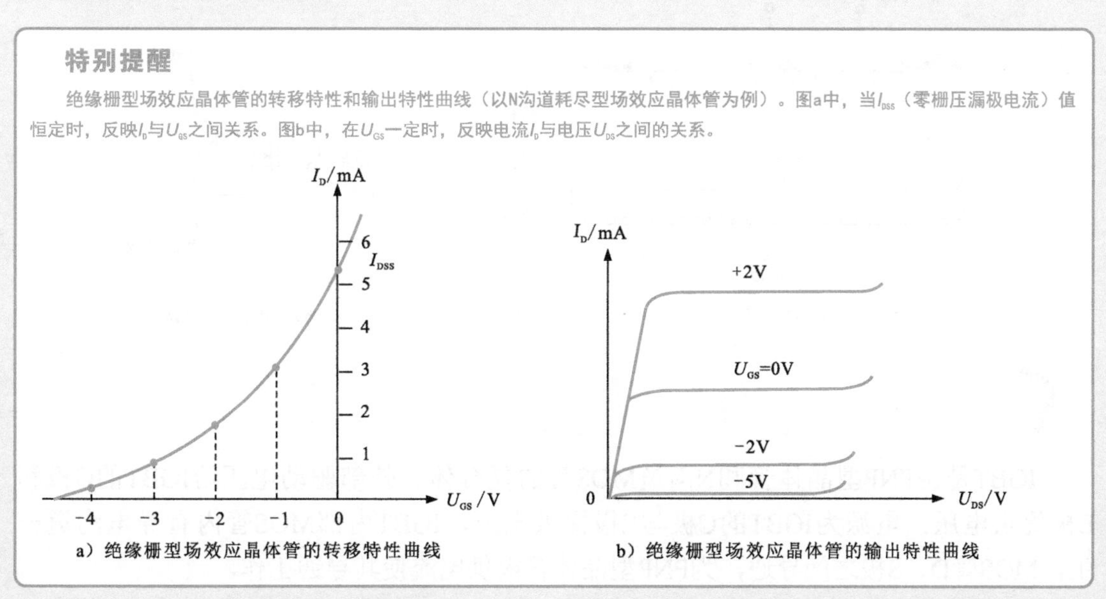

a）绝缘栅型场效应晶体管的转移特性曲线　　b）绝缘栅型场效应晶体管的输出特性曲线

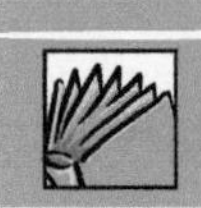

2.3 变频电路中的其他功率器件

2.3.1 绝缘栅双极型晶体管

绝缘栅双极型晶体管（Insulated Gate Bipolar Transistor，简称IGBT），是一种高压、高速的大功率半导体器件。

【绝缘栅双极型晶体管】

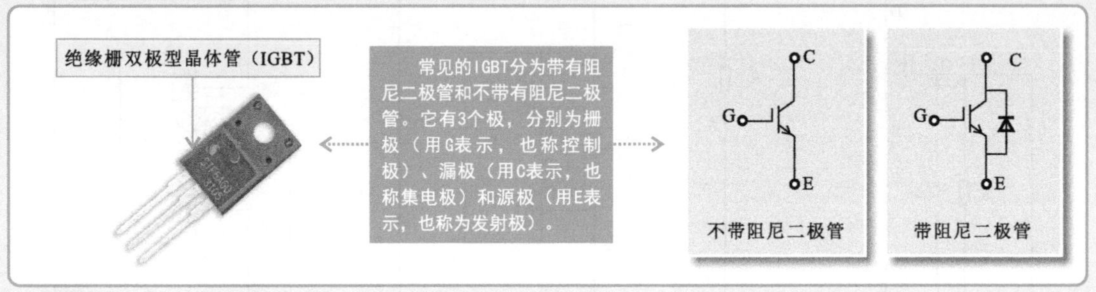

1. 绝缘栅双极型晶体管的结构

绝缘栅双极型晶体管的结构是以P型硅片作为衬底，在衬底上有缓冲区N+和漂移区N-，在漂移区上有P+层，在其上部有两个含有很多杂质的N型材料，在P+层上分有发射极（E），在两个P+层中间位栅极（G），在该IGBT的底部为集电极（C）。它的等效电路相当于N沟道的MOS管与晶体管复合而成的。

【绝缘栅双极型晶体管的结构】

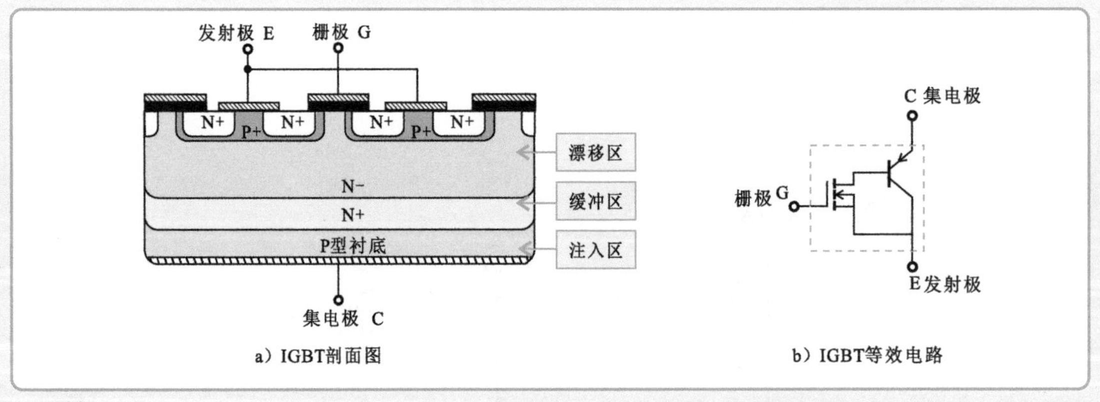

a）IGBT剖面图

b）IGBT等效电路

2. 绝缘栅双极型晶体管的功能特性

IGBT是由PNP型晶体管和N沟道MOS管的复合体。外部驱动电压给IGBT的G极和E极提供电压，电源为IGBT的C极与E极提供电压，IGBT内部MOS管内有导电沟道产生，MOS管D、S极之间导通，为PNP型晶体管提供电流使其导通工作。

【绝缘栅型双极晶体管的功能特性】

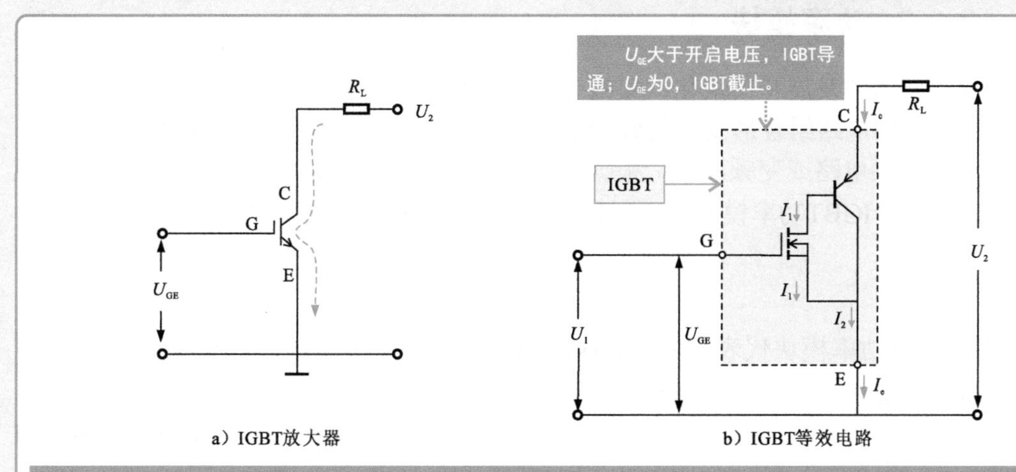

a）IGBT放大器　　b）IGBT等效电路

当给IGBT的G极和E极间加入电压U_{GE}，同时为IGBT的C极与E极间加入电压U_2时，U_{GE}端的电压大于开启电压（2～6V），IGBT内部MOS管D、S极之间导通，为晶体管提供电流使其导通，实际上场效应晶体管的作用是为晶体管提供足够的基极电流，因为输入信号电流太小不能使晶体管导通。若U_2被切断后，电压U_{GE}为0，MOS管内的沟道消失，IGBT截止。

特别提醒

IGBT的转移特性和输出特性曲线如图所示。图a中描述的是IGBT集电极电流I_c与栅射电压U_{GE}之间的关系。开启电压U_{GE}（th）是IGBT能实现导通的最低栅射电压，该电压随温度升高而略有下降。

图b中，IGBT栅极发出的电压为参考值，描述的是电流I_c与集射极间的电压U_{CE}的变化关系。输出曲线特征分为正向阻断区、有源区、饱和区、反向阻断区。当D电压U_{CE}<0时，IGBT反向阻断工作状态。

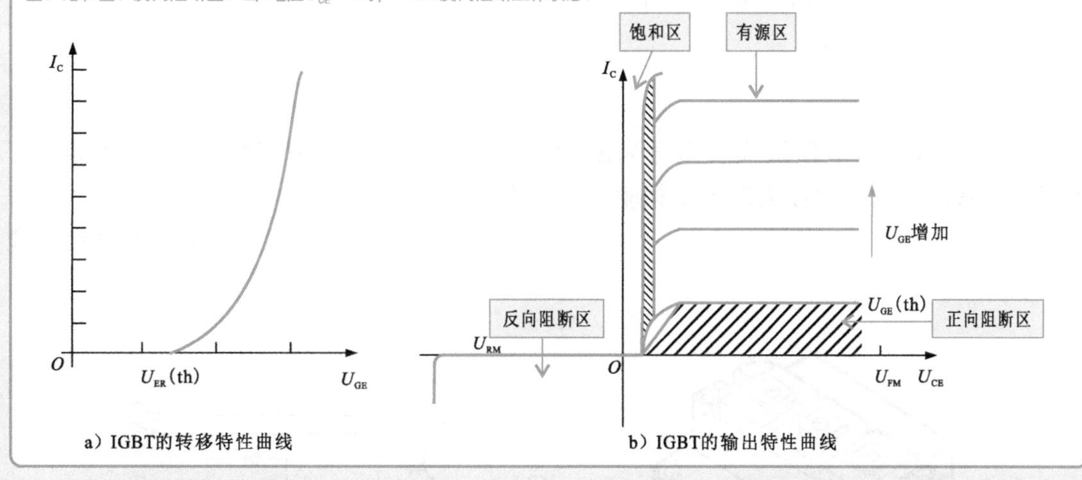

a）IGBT的转移特性曲线　　b）IGBT的输出特性曲线

特别提醒

耐高压绝缘栅双极型晶体管（High Voliage Insulated Gate Bipolar Transistor Module）简称为HVIGBT。耐高压绝缘栅双极晶体管与晶体管相比有以下3种特点：

1）无缓冲回路也可以进行关断，由于可省略或缩小di/dt抑制用的阳极电抗器。因此，可实现半导体外部回路小型化。

2）可以降低触发电压及总损耗（元件及外部回路），可以实现节能化。

3）可以将关断的频率提高到2～3kHz，由此，应用领域可以扩大到以下几个方面，例如：地铁等电气化铁路、有源滤波器、调速扬水发电站、开关装置、大容量工业变频器、逆变器等。

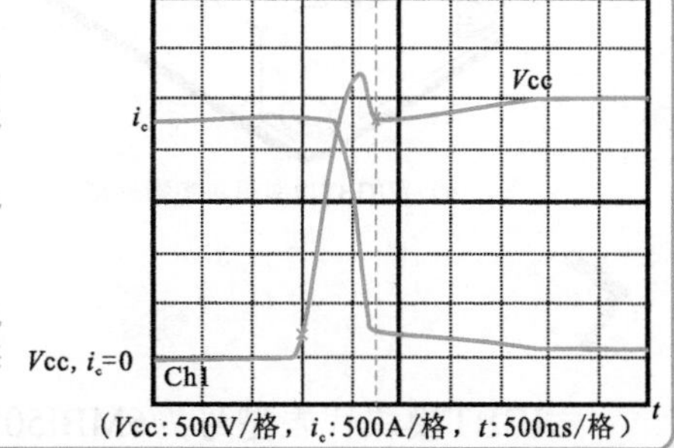

（Vcc：500V/格，i_c：500A/格，t：500ns/格）

2.3.2 功率模块

随着变频技术的发展和模块化、集成化、智能化水平的提高，通常可将多个相互配合的器件以一定的电路组合形式封装到一个模块中，称这种集成的模块为功率模块。

在常见的变频电路或变频器中，根据功率模块内功率晶体管的个数，常用的功率模块主要有三种：单IGBT功率模块、双IGBT功率模块以及六IGBT功率模块等。

1. 单IGBT功率模块

典型单IGBT功率模块代表型号为CM300HA-24H，其内部只有1个IGBT和1个阻尼二极管，通常应用在电压值较高电流很大的驱动电路中。

【单IGBT功率模块】

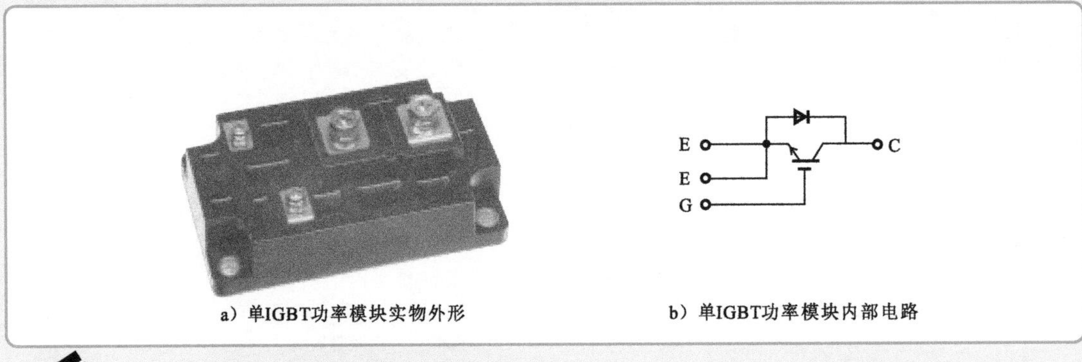

a）单IGBT功率模块实物外形　　b）单IGBT功率模块内部电路

2. 双IGBT功率模块

典型双IGBT功率模块代表型号为BSM100GB120DN2，其内部共有2个IGBT和2个阻尼二极管，通常应用在大功率变频驱动电路中。

【双IGBT功率模块】

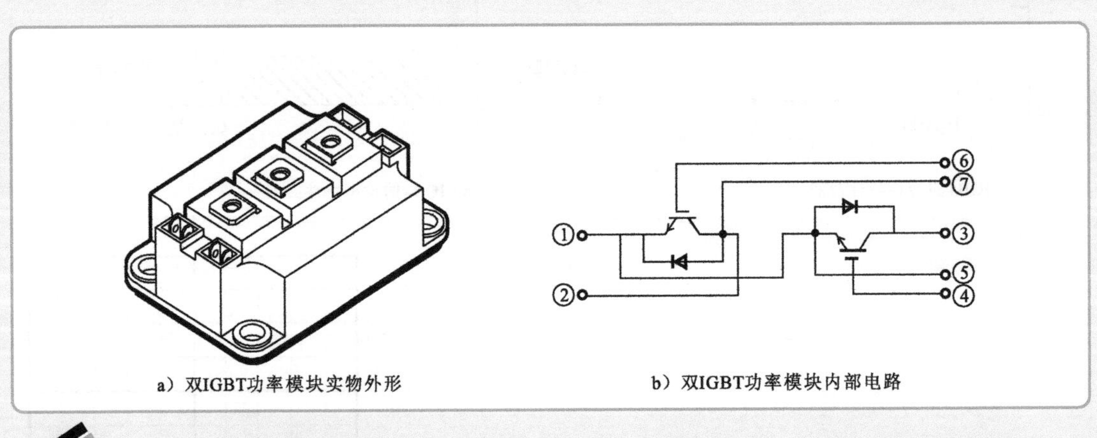

a）双IGBT功率模块实物外形　　b）双IGBT功率模块内部电路

3. 六IGBT功率模块

六IGBT模块代表型号为6MBI50L-060，内部由6个IGBT和6个阻尼二极管构成。

【六 IGBT功率模块】

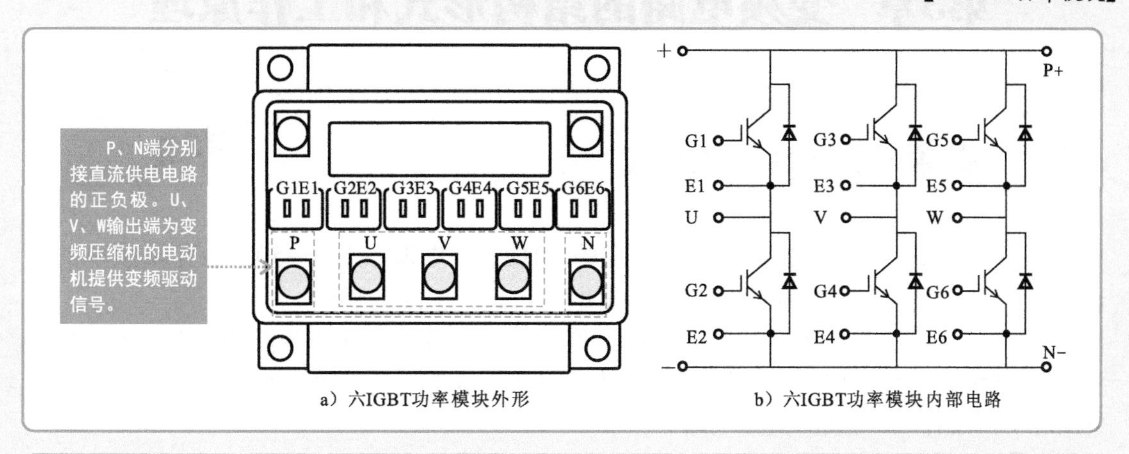

a）六IGBT功率模块外形　　b）六IGBT功率模块内部电路

特别提醒

在功率模块的基础上，将用于驱动功率模块的逻辑控制电路也通过特殊的封装工艺集成在一起，就构成了单片智能变频功率模块，简称智能变频功率模块。不同型号的智能变频功率模块的具体规格参数、引脚含义各有不同，适用场合、环境和范围也不相同，在使用时，应根据实际情况进行分析。

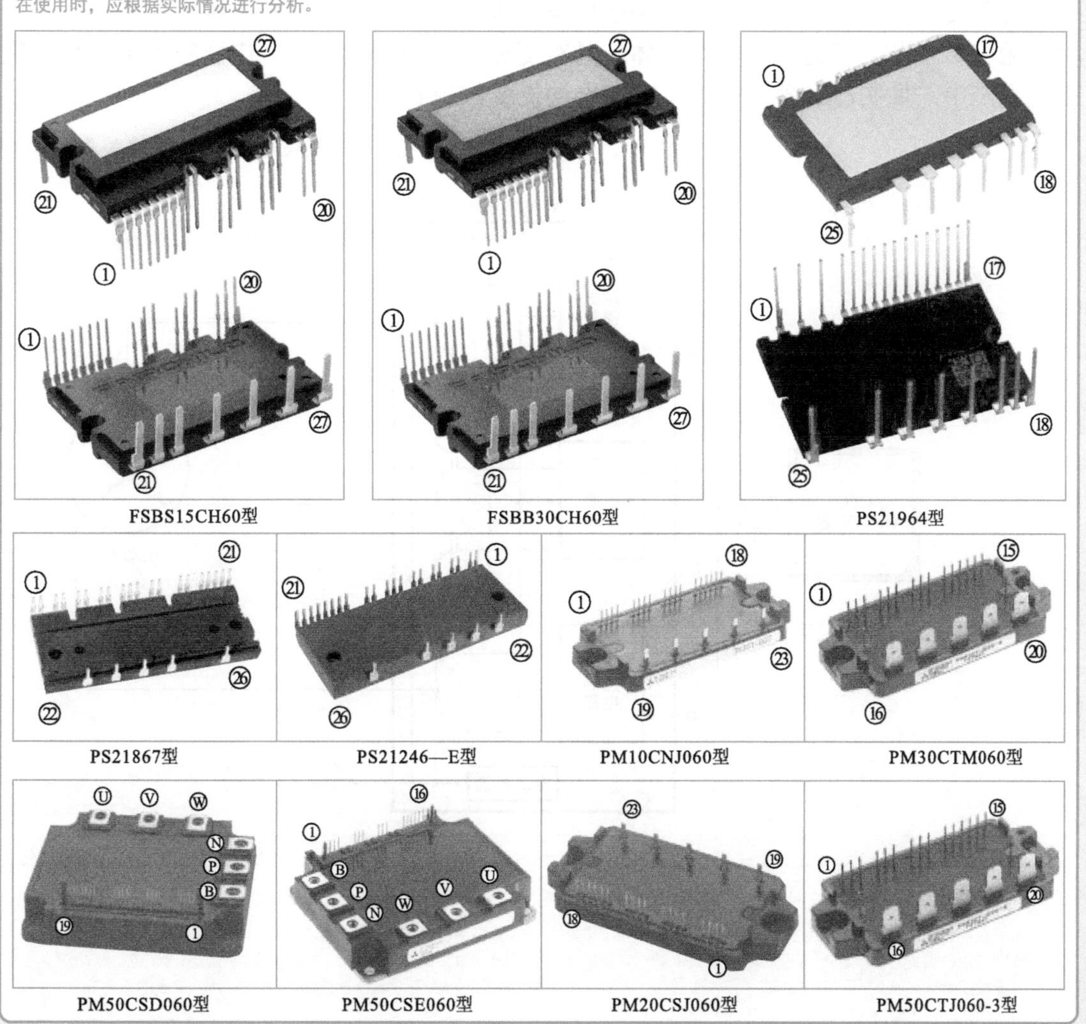

第3章 变频电路的结构形式和工作原理

3.1 变频电路的结构形式

变频就是改变电源频率，即将固定的50Hz工频电源改为0～500 Hz变化频率的电源，其目的就是通过控制供电频率来实现电动机运转速度的调节。

目前，常见的变频电路通常有三种结构形式，一种为由新型智能变频功率模块构成的变频电路；一种为由变频控制电路和功率模块构成的变频电路；还有一种由变频控制电路和功率晶体管构成的变频电路。

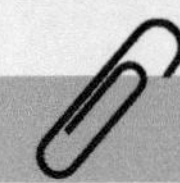

3.1.1 由智能变频功率模块构成的变频电路

智能变频功率模块是指将逻辑控制电路、电流检测和功率输出电路等集成在一起，并采用特殊工艺将其封装成一个整体，具有变频功能的功能模块，广泛应用于各种变频控制系统中，如制冷设备的变频电路、电动机变频控制系统等。

【由智能变频功率模块构成的变频电路的基本结构】

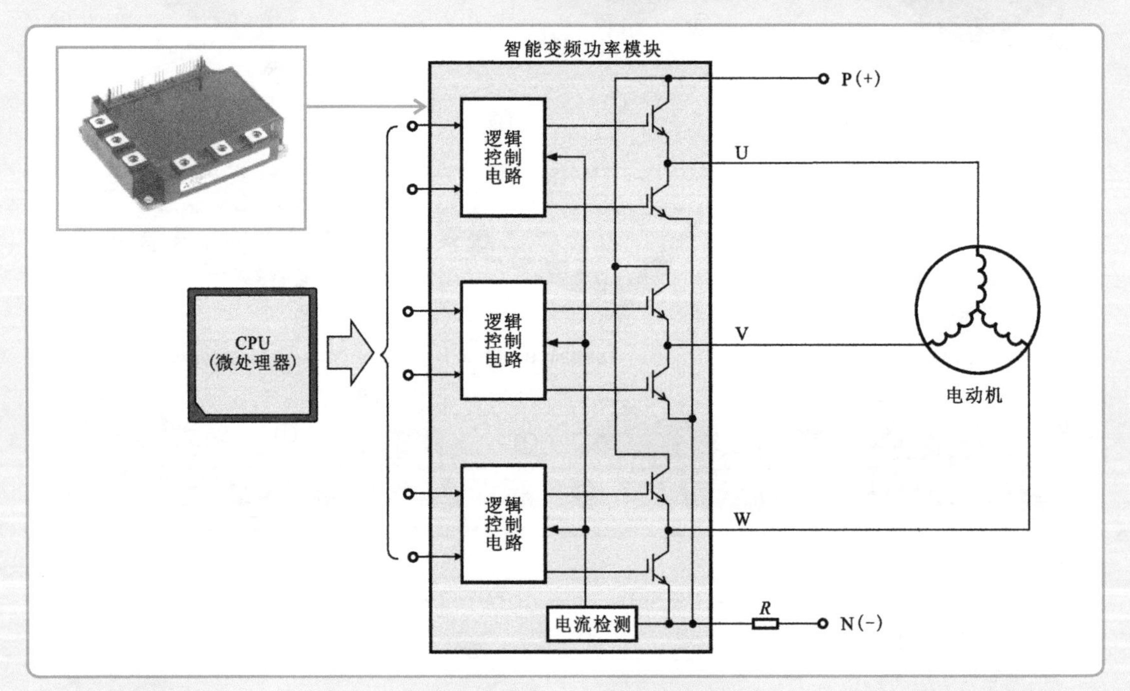

特别提醒

采用智能变频功率模块构成的变频电路不仅大大简化了电路，而且使电路更加易于维护和调整。

该电路中，微处理器的输出经逻辑电路变成驱动功率晶体管（图中为IGBT）的信号，由功率管输出驱动电流，使电动机旋转。当由逻辑电路控制IGBT实现不同的导通顺序和导通时间，U、V、W端便可输出三相的交流电压，进而实现对电动机转速的自动调节。

3.1.2 由变频控制电路和功率模块构成的变频电路

功率模块是指将多只电力半导体管集成在一起制成的功能模块，它与智能变频功率模块的不同之处在于，逻辑控制电路未集成到模块中，而是作为模块外部的控制器件安装在外围电路中。

【由功率模块构成的变频电路】

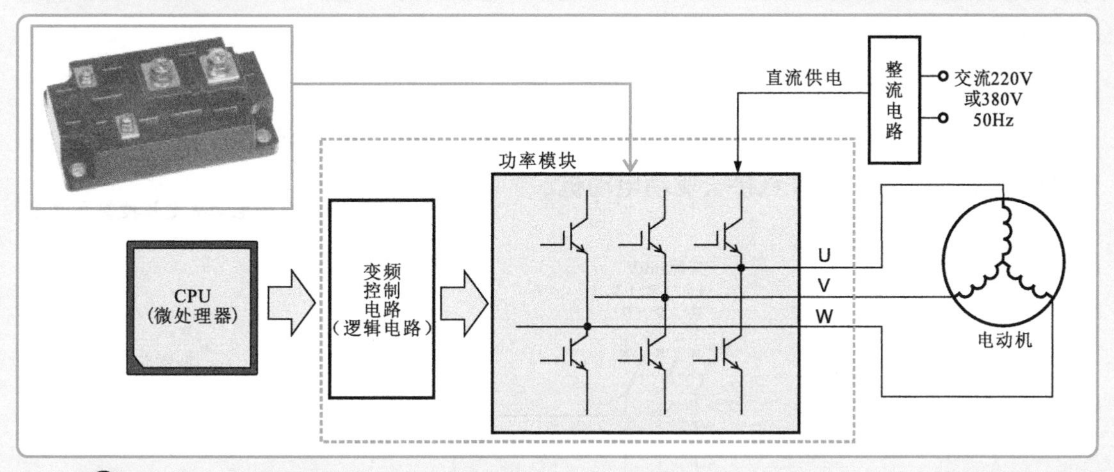

3.1.3 由功率晶体管构成的变频电路

由功率晶体管构成的变频驱动电路是指多只独立的功率晶体管按照一定的组合方式构成功率驱动电路，通常我们称这种电路为逆变电路。工频电源经整流后变为直流电源为逆变器电路供电，逆变器电路在变频电路的控制下输出驱动电动机的变频电流。这种电路可选择大功率晶体管或门控管，如某晶体管损坏可单独更换。

【6只IGBT管构成的变频电动机驱动电路】

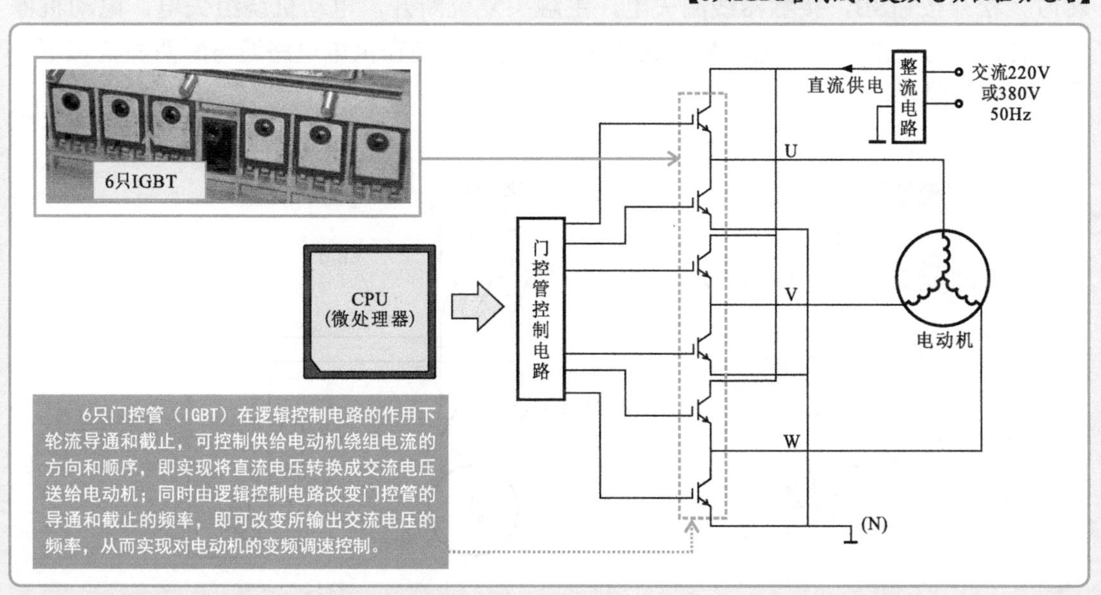

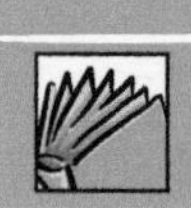

3.2 变频电路的工作特点

3.2.1 定频控制与变频控制

1. 定频控制

定频控制是指控制电动机的电源频率保持恒定值，即交流220V或380V、频率50Hz（也称为工频），并直接去驱动电动机。

【简单的电动机定频控制原理图】

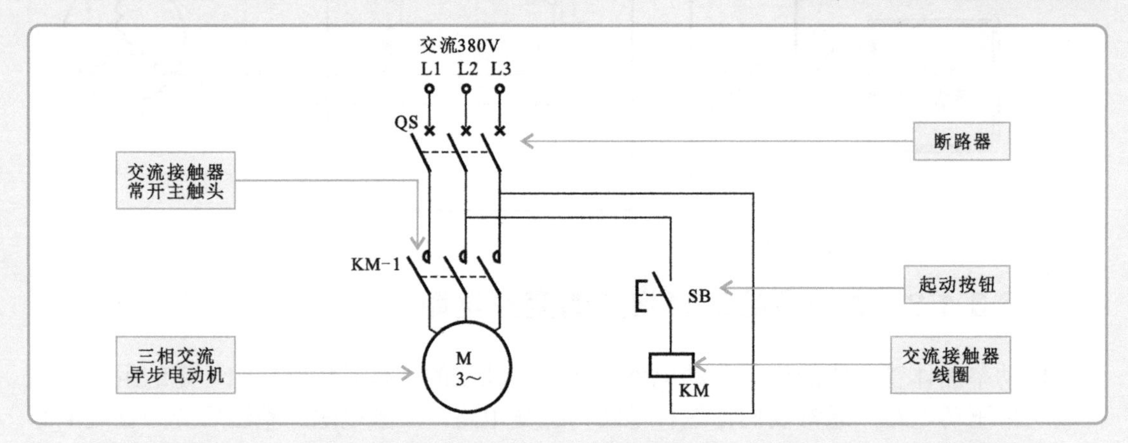

合上断路器QF，接通三相电源。按下起动按钮SB，交流接触器KM线圈得电，常开主触头KM-1闭合，电动机起动并在频率50Hz电源下全速运转，当需要电动机停止运转时，松开按钮SB，接触器线圈失电，主触头复位断开，电动机绕组失电，电动机停止运转，在这一过程中，电动机的旋转速度不变，只是在供电电路通与断两种状态下，实现起动与停止。

【电动机的定频控制过程】

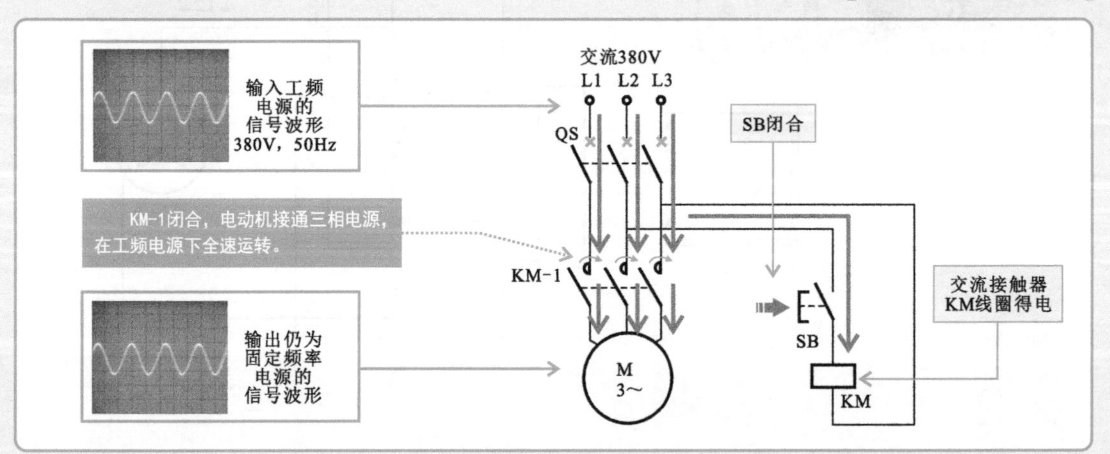

特别提醒

电动机的定频控制方式结构简单，但在这种控制方式下电动机的频繁起动会无谓的耗电，使效率降低，还会因起停时的冲击过大，而加速零部件的损坏。另外，由于该方式中电源频率是恒定的，因此电动机的转速是不变的，如果需要满足变速的需求，就需要增加附加的减速或升速机构（变速齿轮箱等），这样不仅增加了设备成本，还增加了能源的消耗。在很多传统的设备中以及普通家用空调器、电冰箱等大都采用了定频控制方式，不利于节能环保。

2. 变频控制

为了克服定频控制中的缺点，提高效率，实现节能环保，并随着变频技术的发展，变频控制方式得到了广泛应用。变频控制即通过改变供电频率达到改变电动机转速的目的，在该电路中通过变频电路中用于实现频率变化功能的器件与相应的控制电路将恒压恒频的电源变成电压、频率都可调的驱动电源，从而使电动机转速随输出电源频率的变化而变化。

【简单的电动机变频控制原理图】

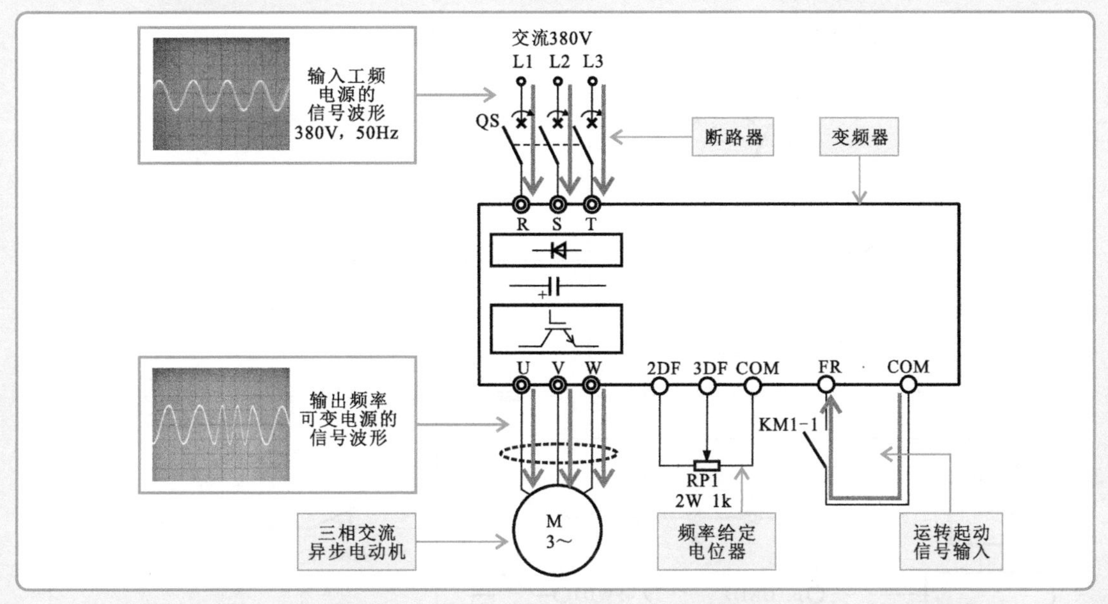

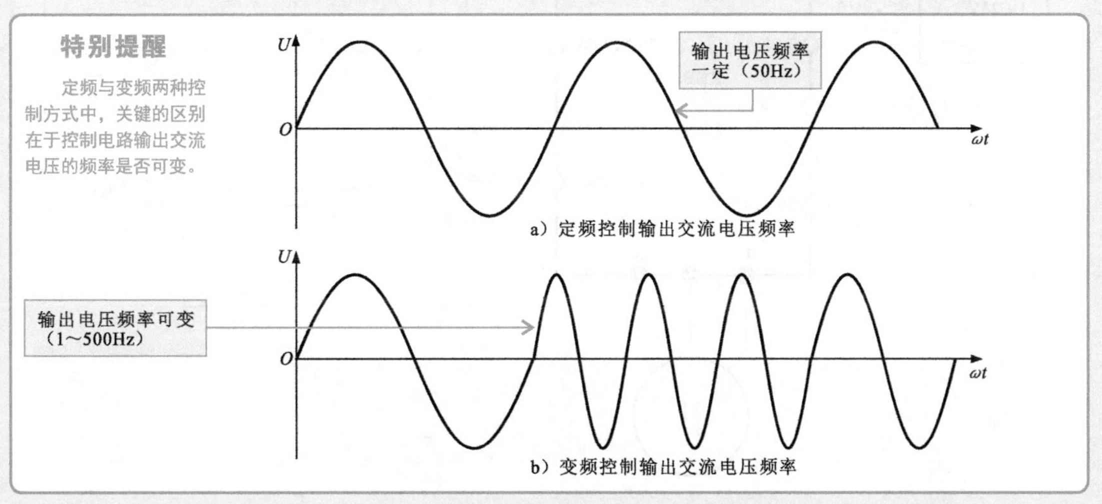

a）定频控制输出交流电压频率

b）变频控制输出交流电压频率

3.2.2 变频电路的控制过程

变频电路的控制过程主要是实现对交流异步电动机起动、停止、变速的过程，下面以典型三相交流电动机的变频调速控制电路为例，介绍变频电路在实际应用中的具体控制过程。

1. 典型变频调速控制电路的结构

典型三相交流电动机的变频调速控制电路主要是由变频器、总断路器、检测及保护电路、控制及指示电路和三相交流电动机（负载设备）等部分构成的。

【典型三相交流电动机的变频调速控制电路】

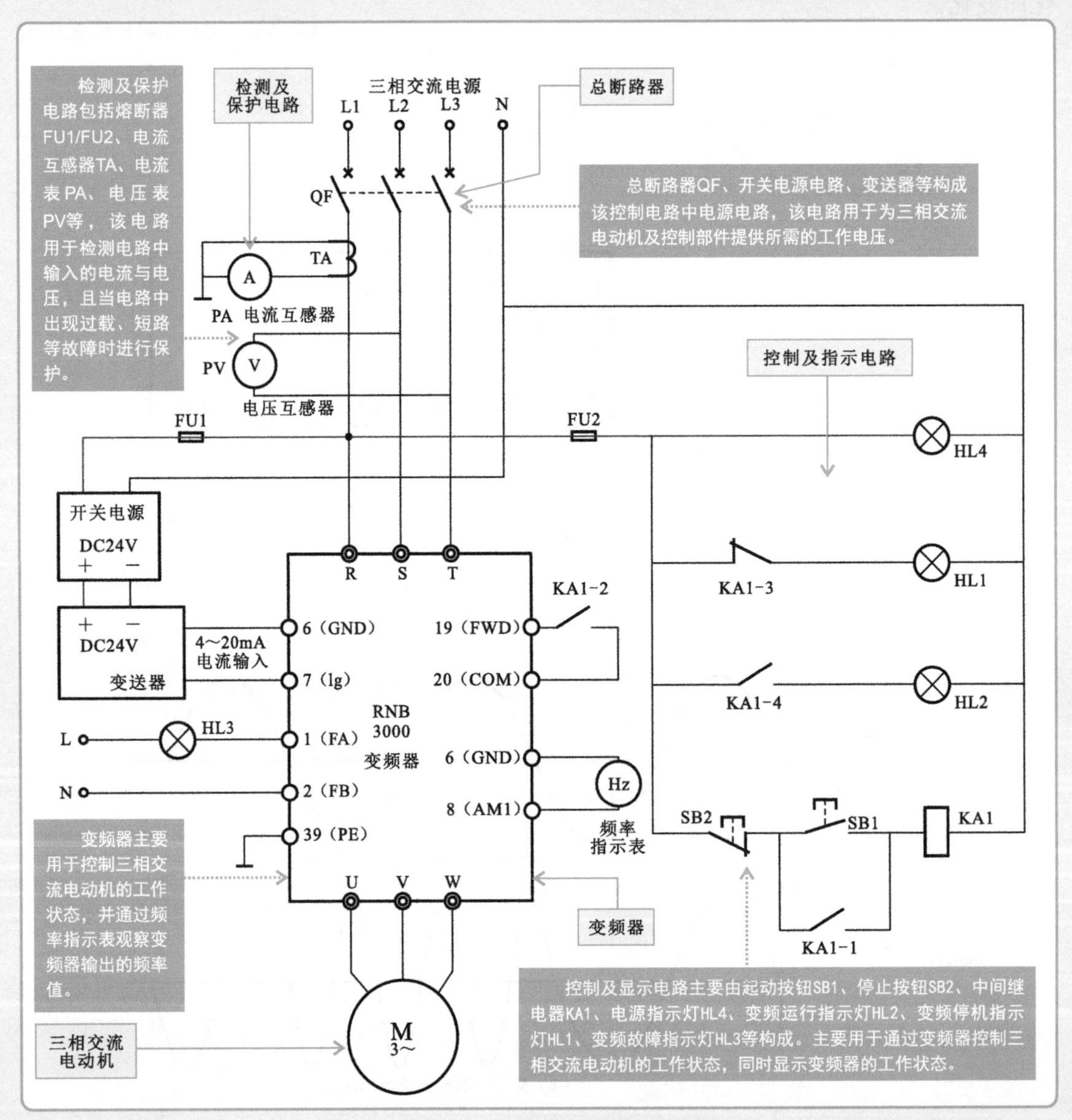

2. 典型变频调速控制电路的控制过程

变频调速控制电路的控制过程主要可分为待机、起动和停机三个状态。在该电路中，当闭合总断路器QF，接通三相电源，变频器进入待机准备状态。

【调速控制电路中变频器待机状态】

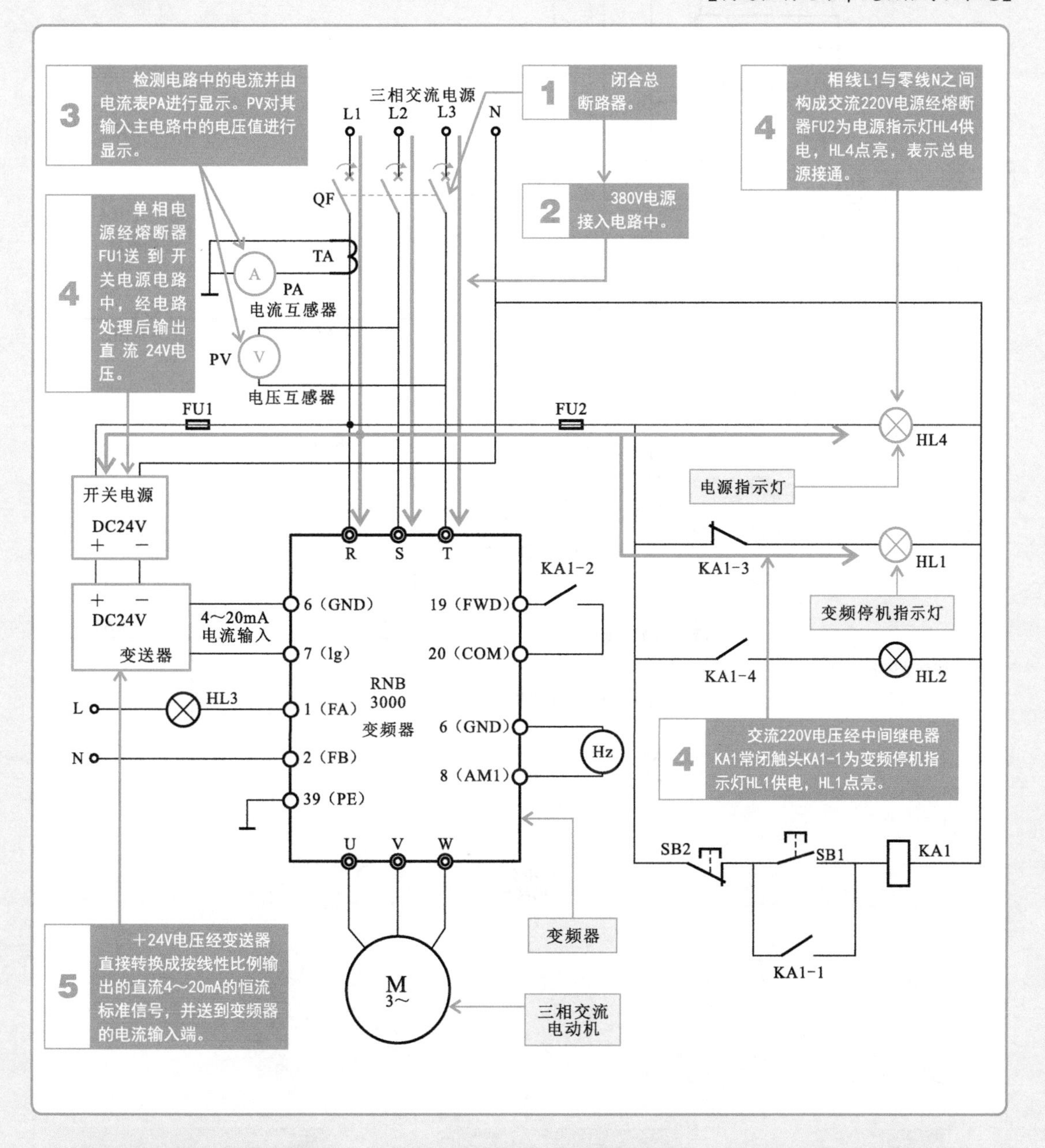

在变频调速控制电路中，当用户按下起动按钮SB1后，由变频器控制三相交流电动机软起动的控制过程；按下停止按钮SB2后，由变频器控制三相交流电动机停机的控制过程。

【变频器控制三相交流电动机软起动和停机过程】

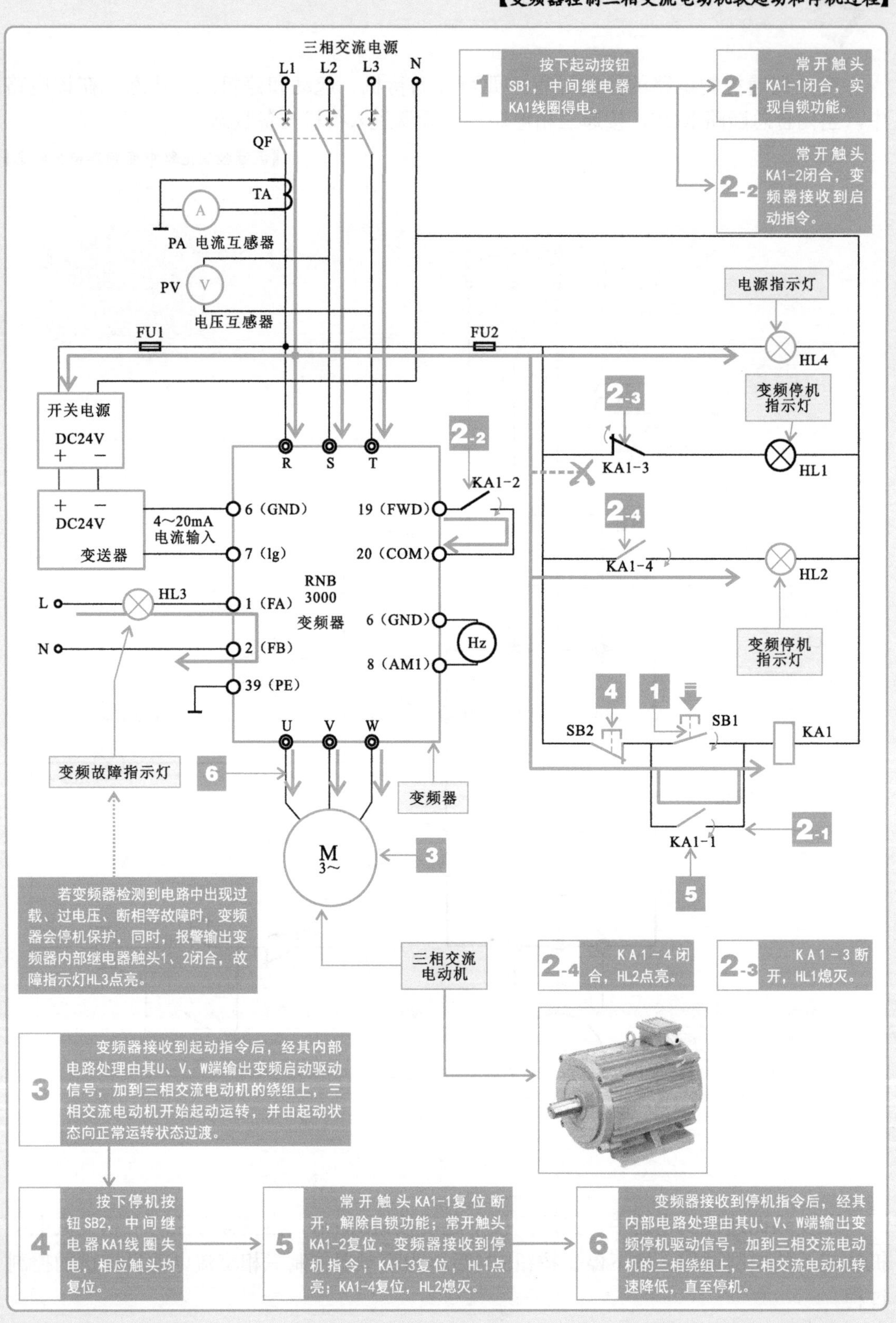

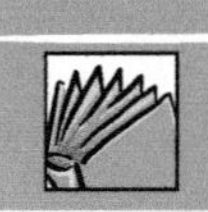

3.3 变频器中的电路组成与工作原理

交流异步电动机的转速与驱动电源的频率有关，因而可通过改变驱动电源的频率改变电动机的转速，这就是变频电路的基本原理。

变频电路主要是由整流电路、中间电路、逆变电路以及转速控制电路等构成的。

【简单的电动机变频控制原理图】

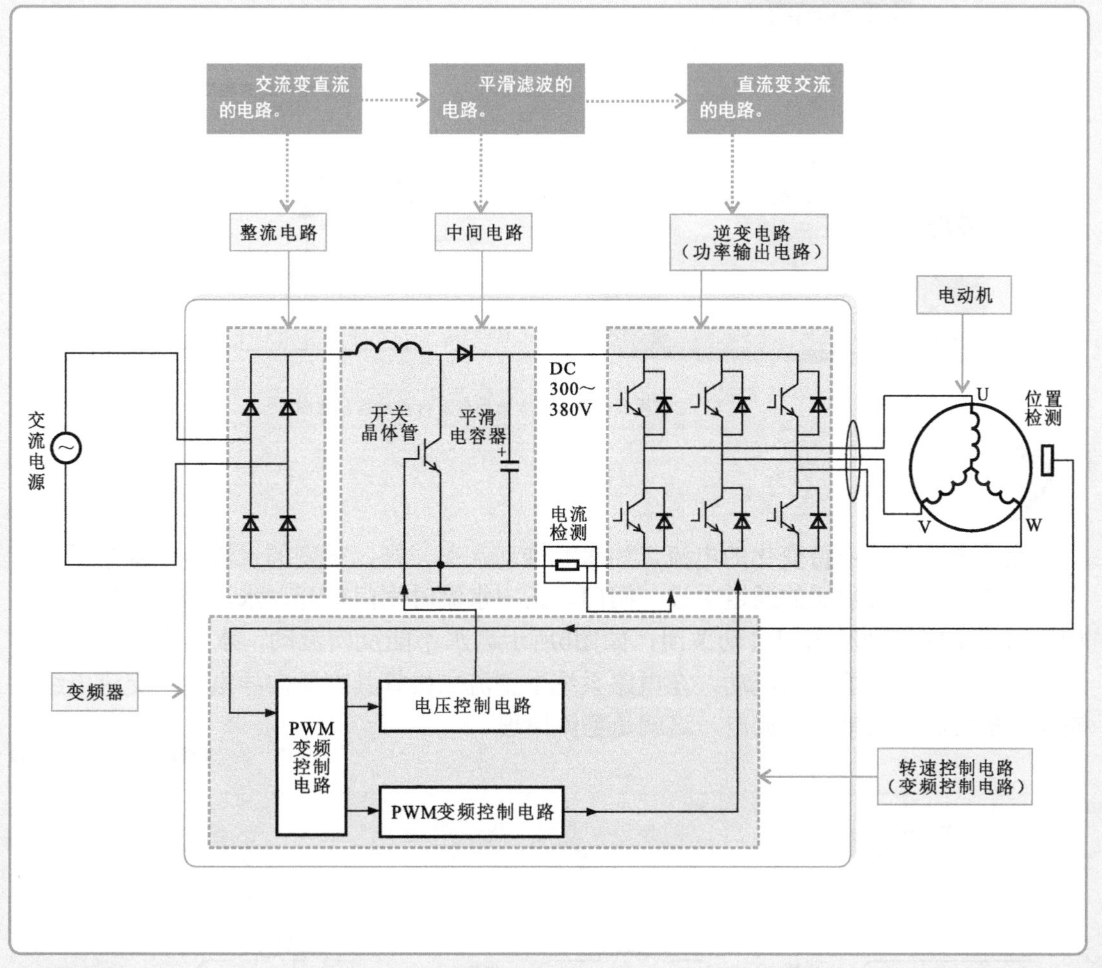

3.3.1 变频器中的整流电路

整流电路是一种把工频交流电源整流成直流电压的部分，在单相供电的变频电路中多采用单相桥式整流堆，可将220V工频交流电源整流为300V左右的直流电压；在三相供电的变频电路中则一般是由三相整流桥构成的，可将380V的工频交流电源整流为500～800 V直流电压。

【变频器主电路部分的三相整流桥】

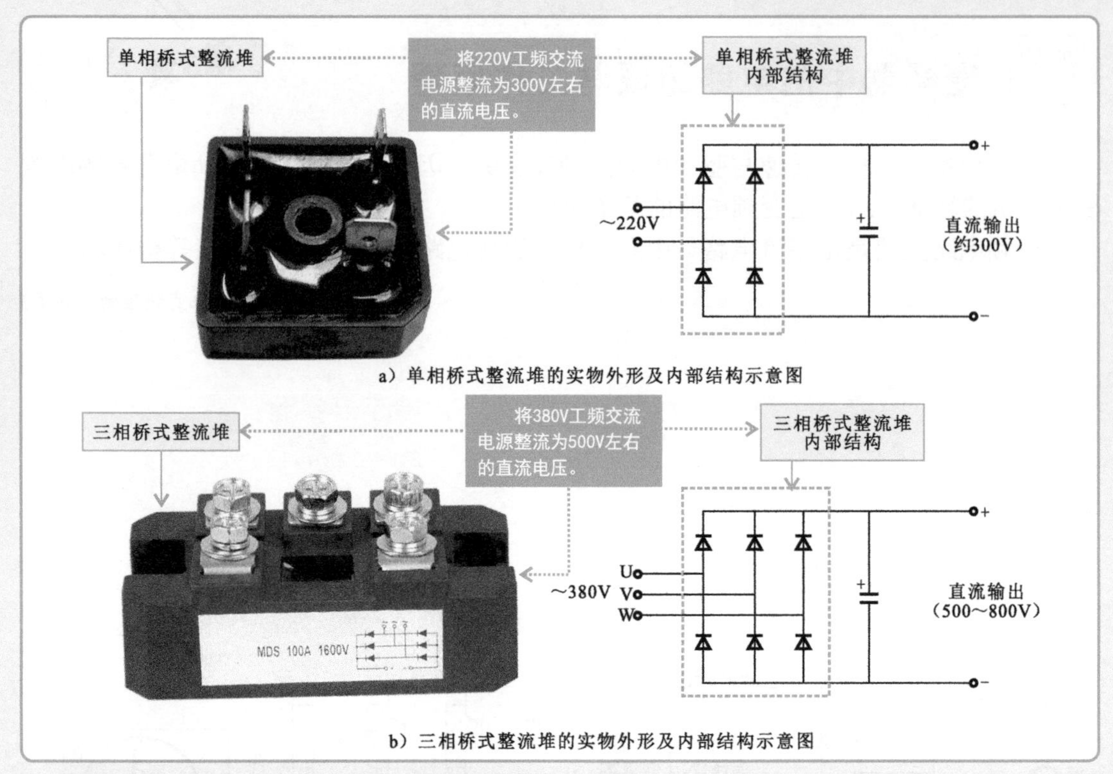

a）单相桥式整流堆的实物外形及内部结构示意图

b）三相桥式整流堆的实物外形及内部结构示意图

1. 整流电路的工作原理

交流电是电流交替变化的电流，如水流推动水车一样，交变的水流会使水车正向、反向交替运转。在水流的通道中设一闸门，正向水流时闸门打开，水流推动水车运转。如果水流反向流动时闸门自动关闭，如图b所示。水不能反向流动，水车也不会反转。这样的系统中水只能正向流动，在电路系统中整流二极管具有单向导电性，交流电经过整流二极管就变成单向直流电，这就是整流原理。

【整流电路工作原理】

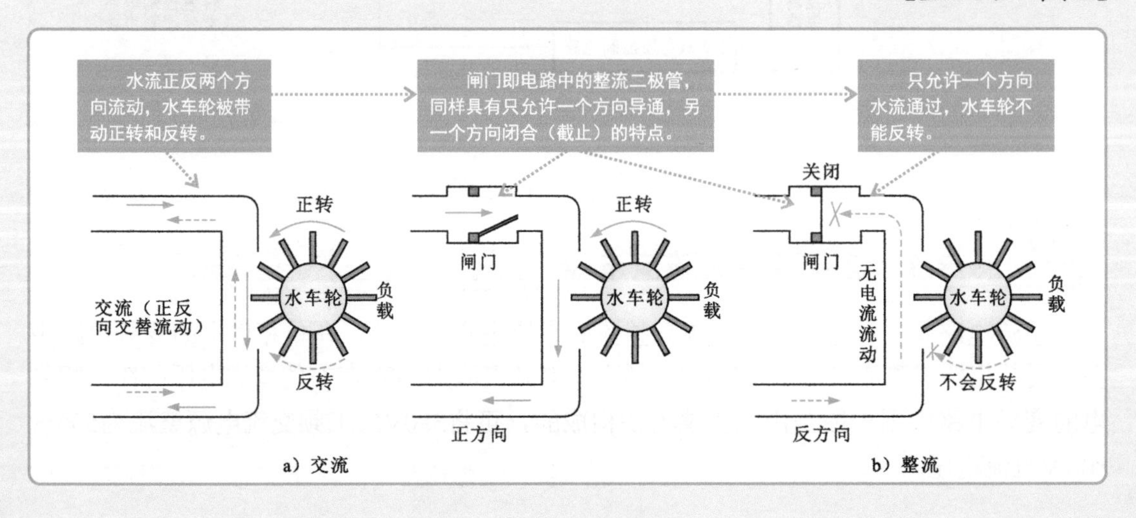

a）交流

b）整流

2. 变频电路中整流电路的类型

变频电路中的整流电路主要有不可控整流电路和可控整流电路两种。

其中，不可控整流电路是以整流二极管或桥式整流堆作为整流器件，将交流电压变成单向脉动直流电压，常见的不可控整流电路有单相半波整流电路、单相全波整流电路、单相桥式整流电路和三相桥式整流电路。

可控整流电路是在整流电路中采用可控整流器件或电路，如晶闸管、IGBT等，其中晶闸管可控直流电流为主流电路。可控整流电路其整流输出电压大小可以通过改变整流或开关器件的导通、关断时间来调节，常见的可控整流电路主要有单相全控半波整流电路、单相半控桥式整流电路和三相全控桥式整流电路。

（1）单相半波整流电路　在电源变压器二次侧输出的交流电压u_2为正半周期内，整流二极管正向偏置导通。电流经过整流二极管流向负载，在R_L上得到一个极性为上正下负的电压。

在u_2为负半周期时，整流二极管反向偏置，电流基本上等于零。所以在负载电阻R_L两端得到的电压也为0。相应过程及结果可由图c中的波形具体体现出来。

【单相半波整流电路】

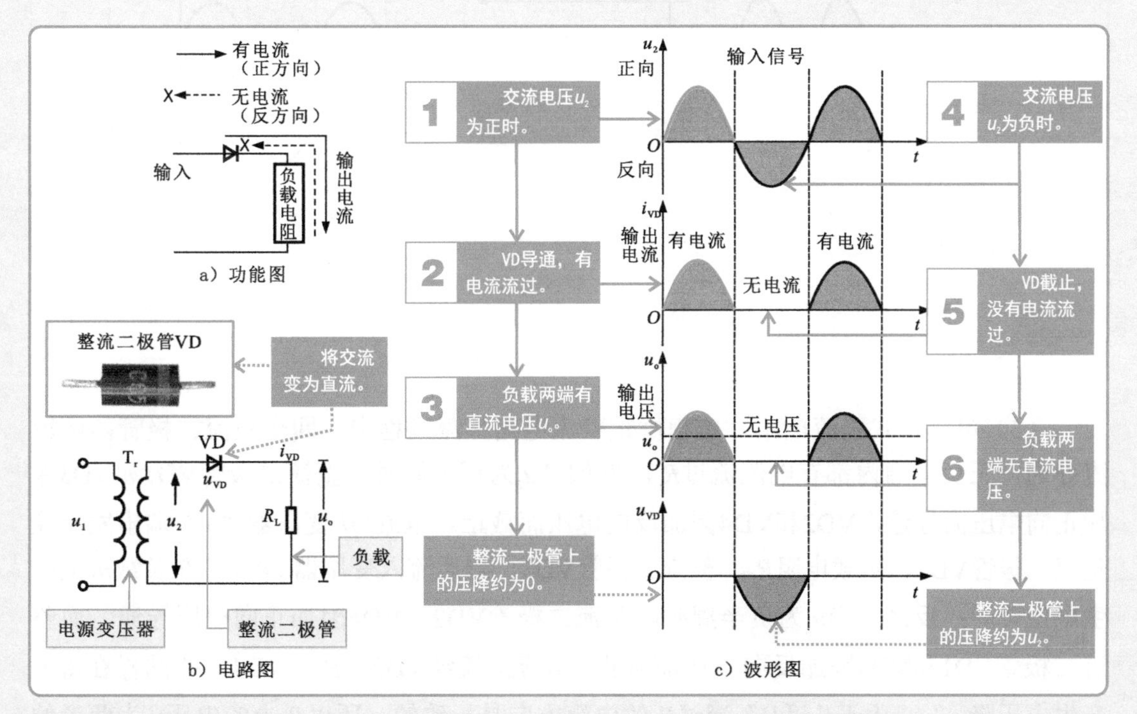

特别提醒

单相半波整流电路的计算方法：

由于整流二极管的单向导电作用，使变压器二次交流电压变换成负载两端的单向脉动电压，从而实现了整流。由于这种电路只在交流电压的半个周期内才有电流流过负载，故称半波整流。

在半波整流电路中，负载上得到的脉动电压是含有直流成分的。这个直流电压U_o等于半波电压在一个周期内的平均值，它等于变压器二次电压有效值U_2的45%，即U_o=0. 45U_2。

（2）单相全波整流电路　全波整流电路是在半波整流电路的基础上加以改进而得到的。它是利用具有中心抽头的变压器与两个整流二极管配合，使VD1和VD2在交流电的正半周和负半周内轮流导通，而且两者流过R_L的电流保持同一方向，使正、负半周在负载上均有输出电压。

【单相全波整流电路（纯电阻负载）】

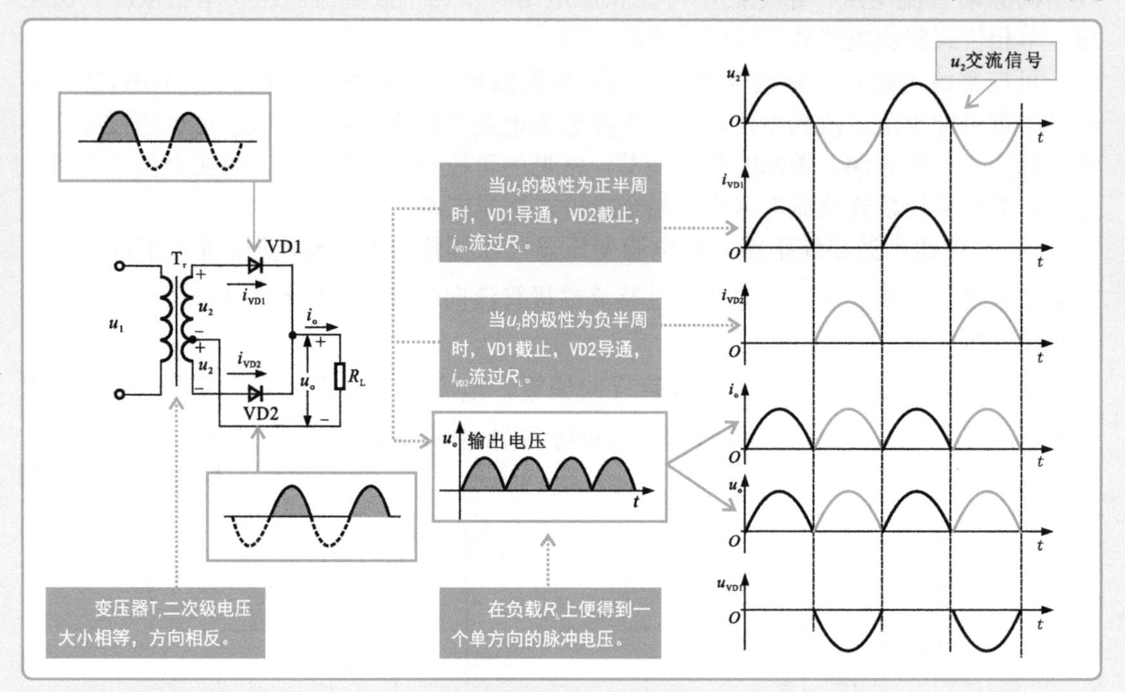

特别提醒

负载上得到的电流、电压的脉动频率为电源频率的两倍，其直流成分也是半波整流时直流成分的两倍：U_o=0.9U_2。

但是，在全波整流电路中，加在整流二极管上的反向峰值电压却增加了一倍。这是因为：在正半周时VD1导通，VD2截止，此时变压器二次侧的两个绕组的电压全部加到二极管VD2的两端，因此二极管承受的反峰电压值为：$U_{RM}=2\sqrt{2}U_2$，这就是说，全波整流电路对整流二极管的要求提高了。

（3）单相桥式整流电路　单相桥式整流电路整流过程中，四个整流二极管两两轮流导通，正负半周内都有电流流过R_L。例如当u_2为正半周时，整流二极管VD1和VD3因加正向电压而导通，VD2和VD4因加反向电压而截止。电流i'从变压器“+”端出发流经整流二极管VD1、负载电阻R_L、整流二极管VD3，最后流入变压器 端，并在负载R_L上产生电压降u_o'；反之，当u_2为负半周时，整流二极管VD2、VD4因加正向电压导通，而整流二极管VD1和VD3因加反向电压而截止，电流i''流经VD2、R_L、VD4，并同样在R_L上产生电压降u_o''。由于i'和i''流过R_L的电流方向是一致的，所以R_L上的电压u_o为两者的和，即$u= u_o'+ u_o''$。桥式整流电路的几种主要波形与单相全波整流电路中的波形基本一样，因而其输出直流电压同样为：U_o=0.9U_2。

而整流二极管反向峰值电压是全波整流电路的1/2，即：$U_{RM}=\sqrt{2}U_2$。

【单相桥式整流电路工作原理】

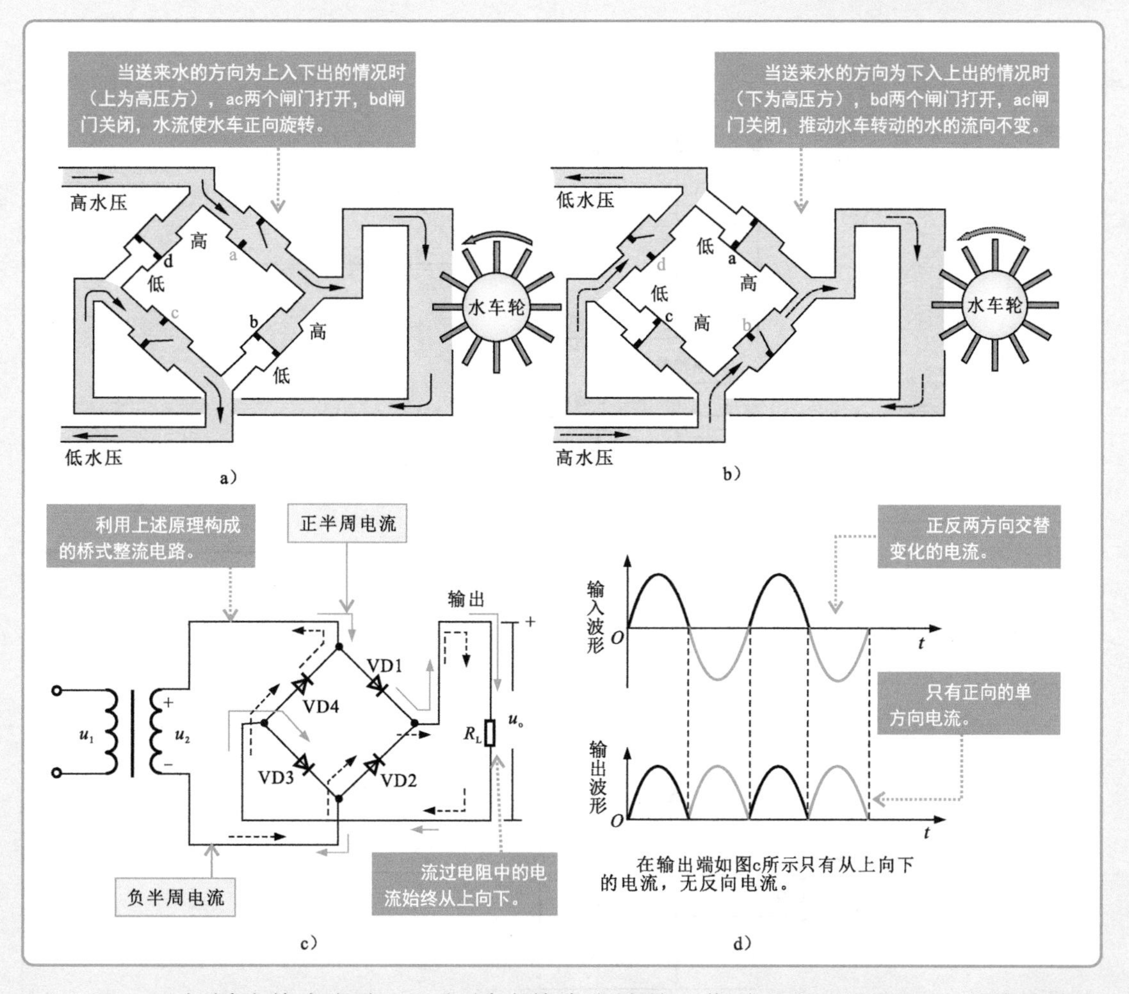

（4）三相桥式整流电路　三相桥式整流电路的工作过程可以分解成三个单相整流电路的整流过程，每一相整流与输出与单相桥式整流电路的工作状态相同，三个单相整流合成为三相整流效果。

【三相桥式整流电路】

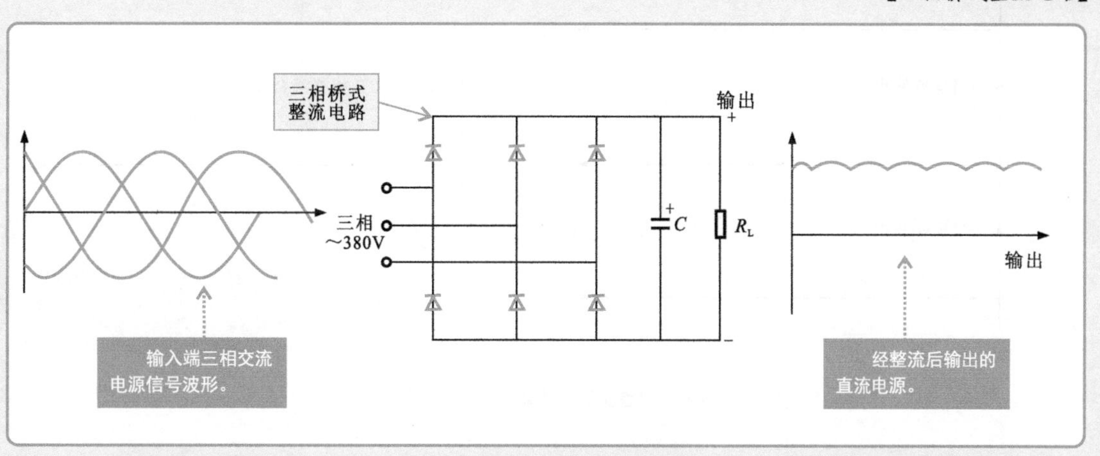

【三相桥式整流电路（续）】

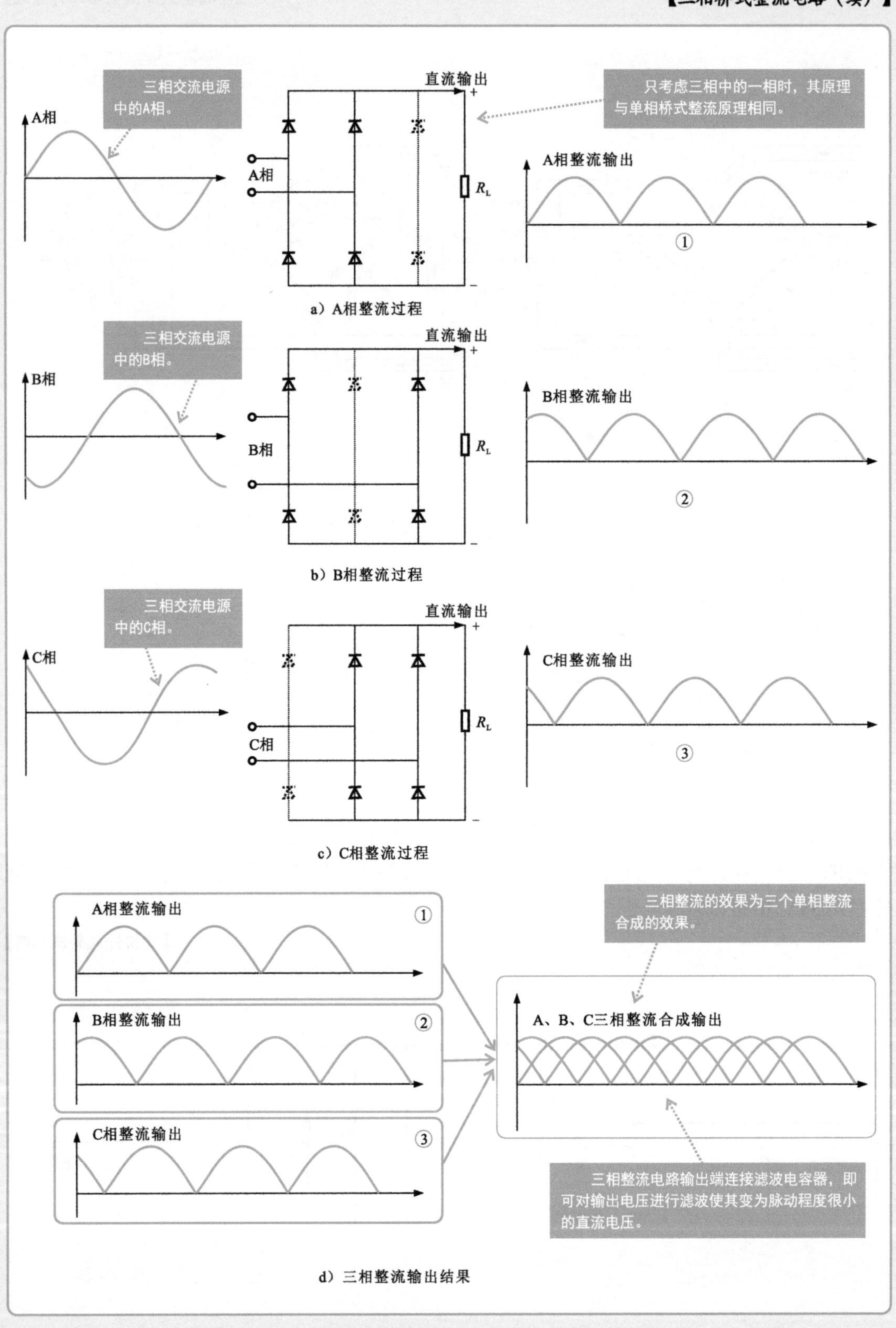

a）A相整流过程

b）B相整流过程

c）C相整流过程

d）三相整流输出结果

特别提醒

三相桥式整流电路的计算方法：

◆负载R_L的电压与电流计算

对于三相桥式整流电路，其负载R_L上的脉动直流电压U_L与输入流输入电压U_1有以下关系：$U_L=2.34U_1$

负载R_L流过的电流为：$I_L=\frac{U_L}{R_L}=2.34\frac{U_1}{R_L}$

◆整流二极管承受的最大反向电压及通过的平均电流

对于三相桥式整流电路，每只整流二极管承受的最大反向电压U_{RM}如下式：$U_{RM}=\sqrt{2}\times\sqrt{3}U_1\approx2.45U_1$

每只整流二极管在一个周期内导通1/3周期，故流过每只整流二极管的平均电流为：$I_F=\frac{1}{3}I_L\approx0.78\frac{U_1}{R_L}$

（5）单相全控半波整流电路　单相全控半波整流电路中将整流二极管用单向晶闸管VS代替，就构成了全控整流电路。晶闸管输出的电流（能量）受触发脉冲的控制，在正半周触发脉冲出现的时间（相位）决定VS导通的时间，触发脉冲出现在t_1时刻，VS则在t_1～t_2内导通，0～t_1时间内VS不导通。t_1～t_2的时间越长，VS输出的能量越多。因而可实现可控整流。

【单相全控半波整流电路】

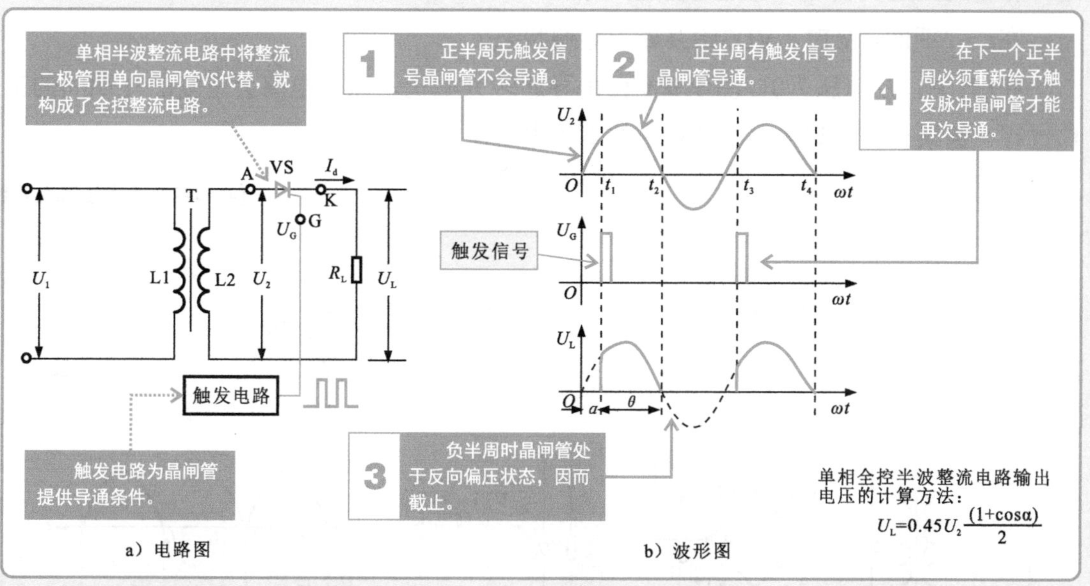

a）电路图　b）波形图

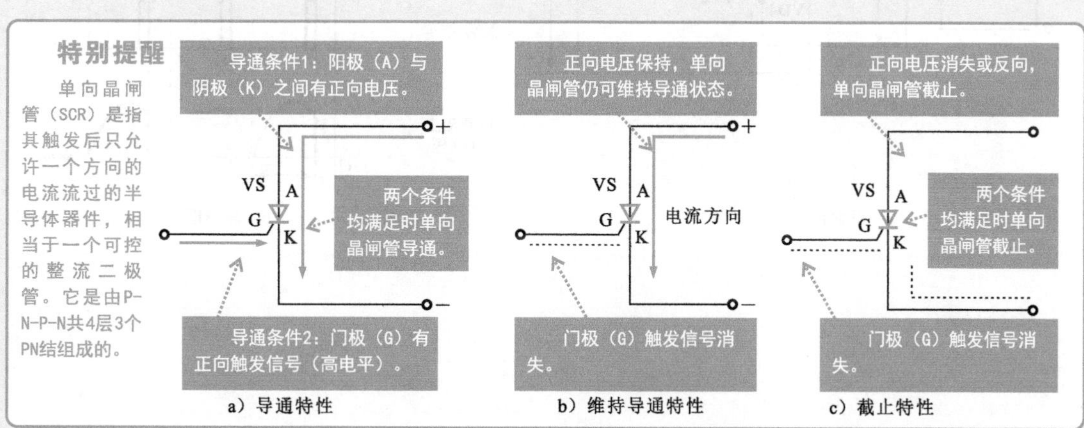

a）导通特性　b）维持导通特性　c）截止特性

（6）单相半控桥式整流电路　在桥式整流电路的四个二极管中，有两个整流二极管用晶闸管取代。在0～t_1期间，U_2电压为正半周其极性是上正下负，即a点为正、b点为负，由于无触发信号到晶闸管VT1的G极，VT1不导通，VT4也不导通。

在t_1～t_2期间，U_2电压的极性仍是上正下负，t_1时刻有一个触发脉冲送到晶闸管VT1和VT2的G极，VT1导通，VT2虽有触发信号，但因为阳极端为负电压，因此VT2不能导通。VT1导通后，VD4也会导通，有电流流过负载R_L，电流途径是：a点→VT1→R_L→VD4→b点。

在t_2时刻，U_2电压为0 V，晶闸管VT1由导通转为截止。

在t_2～t_3期间，U_2电压变为负半周，其极性变为上负下正，由于无触发信号到晶闸管VT2的G极，VT2、VD3均不能导通。

在t_3时刻，U_2电压的极性仍为上负下正，此时第2个触发脉冲送到晶闸管VT1、VT2的G极，VT2导通，VT1因处于反向偏置状态而无法导通。VT2导通后，VD3也导通，有电流流过负载R_L，电流途径是：b点→VT2→R_L→VD3→a点。

在t_3～t_4期间，VT2、VD3始终处于导通状态。

在t_4时刻，U_2电压为0，晶闸管VT2由导通转为截止。以后电路会重复0～t_4期间的工作过程，结果会在负载R_L上得到相应的直流电压U_L。

【单相半控桥式整流电路】

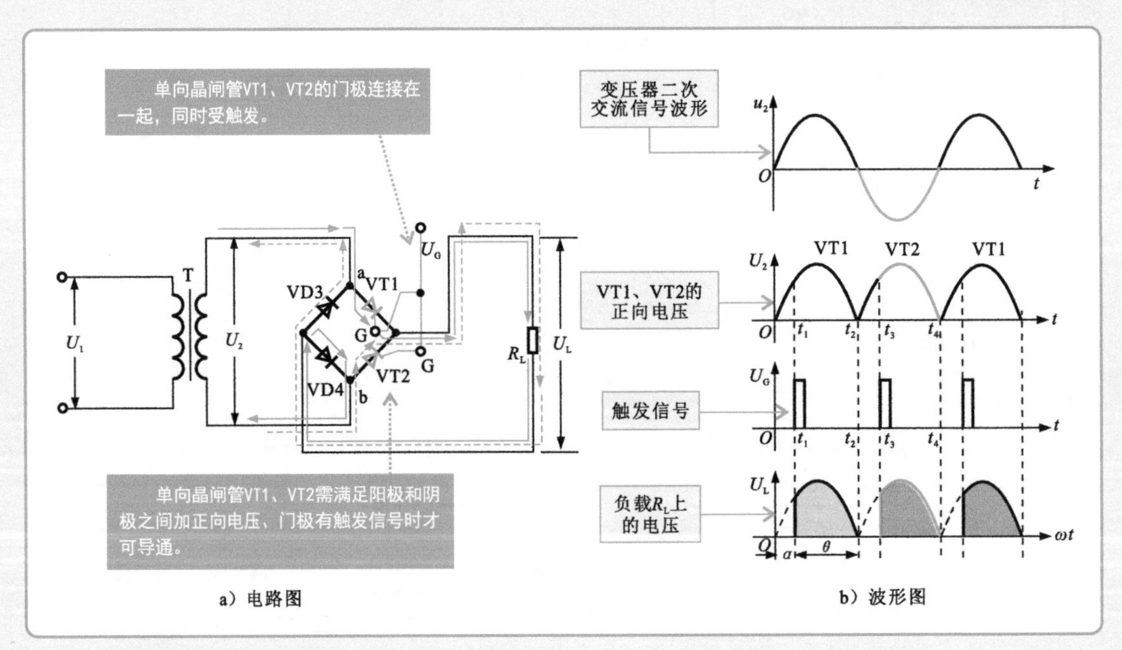

a）电路图　　b）波形图

特别提醒

单相半控桥式整流电路的计算方法：

改变触发脉冲的相位，电路整流输出的脉冲直流电压U_L大小也会发生变化。其值如下：$U_L=0.9U_2\frac{(1+\cos\alpha)}{2}$

（7）三相全控桥式整流电路 三相全控桥式整流电路每相中的晶闸管在导通周期受到触发信号的作用才能导通，因而每个导通周期的导通时间是可控的，这样就可以控制整流电路输出的总能量（电流量）。

将三相整流电路分解为三个单相的整流电路，图中示出了触发脉冲和输出波形的关系，整个三相可控整流电路的输出为三个单相输出电流合成的效果，采用这种可控整流方式，可以控制整流输出的电压（或能量）。

【三相全控桥式整流电路】

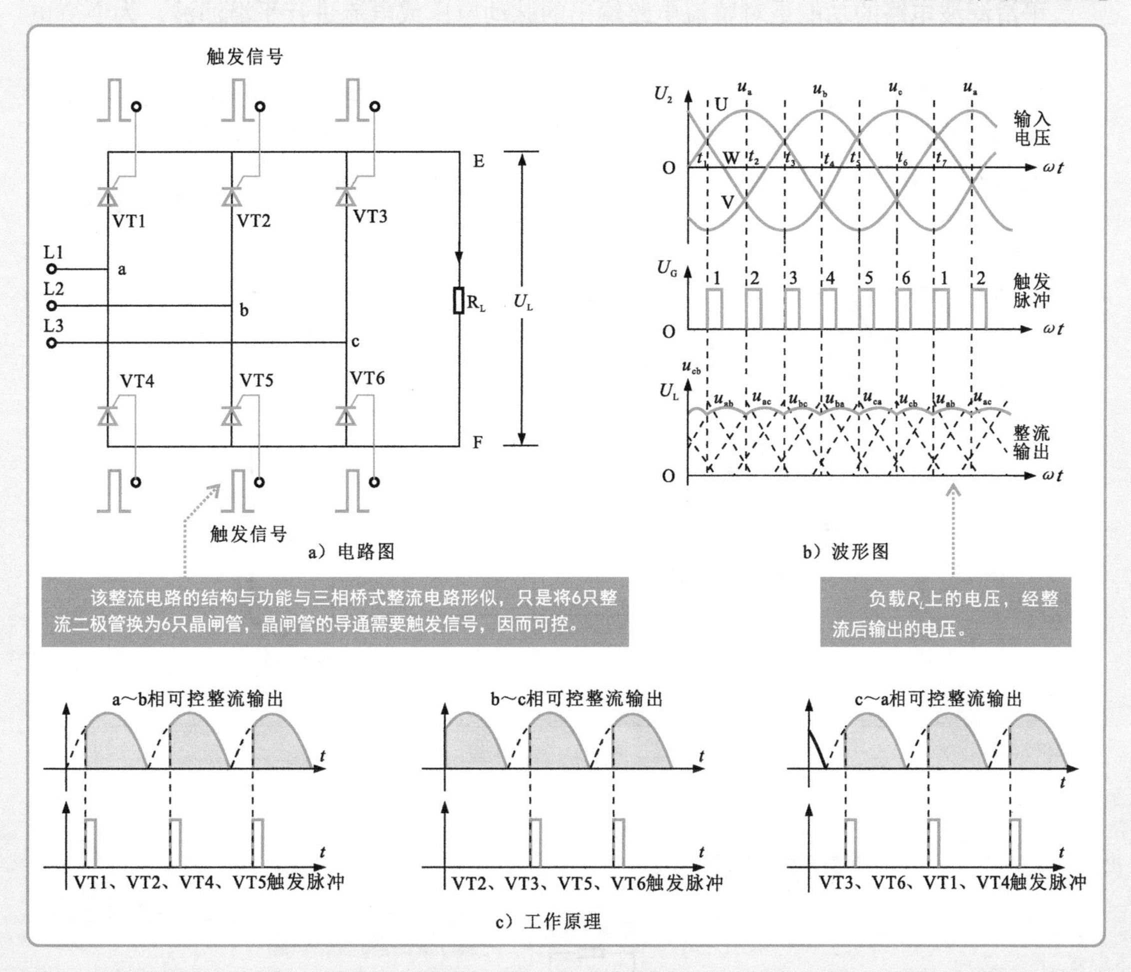

a）电路图

b）波形图

c）工作原理

特别提醒

三相全控桥式整流电路输出电压的计算方法：

改变触发脉冲的相位，电路整流输出的脉动直流电压U_L大小也会随之发生变化：

当α≤60°时，U_L电压大小可以用下面的公式计算：

$$U_L=2.34\times U_2\cos\alpha$$

当α>60°时，U_L电压大小可以用下面的公式计算：$U_L=2.34\times U_2\left[1+\cos\left(\frac{\pi}{3}+\alpha\right)\right]$

当三相交流电压为380V时，α=0

$U_L=2.34\times380\times1V=889V$；

当α=60°时：

$U_L=2.34\times380\times0.5V=444.6V$

3.3.2 变频器中的中间电路

变频电路的中间电路包括平滑滤波电路和制动电路两部分，位于整流电路和逆变电路之间。

1. 平滑滤波电路

平滑滤波电路的功能是对整流电路输出的脉动电压或电流进行平滑滤波，为逆变电路提供平滑稳定的直流电压或电流。

平滑滤波电路采用的元器件不同，其特性也不同。采用电容器的平滑滤波电路是利用电容器的稳压作用，因而称为电压型变频电源。而采用电抗器（电感器）的滤波电路，是利用电感线圈的稳流特性进行稳流，故称为电流型变频器电源。

【电容滤波电路】

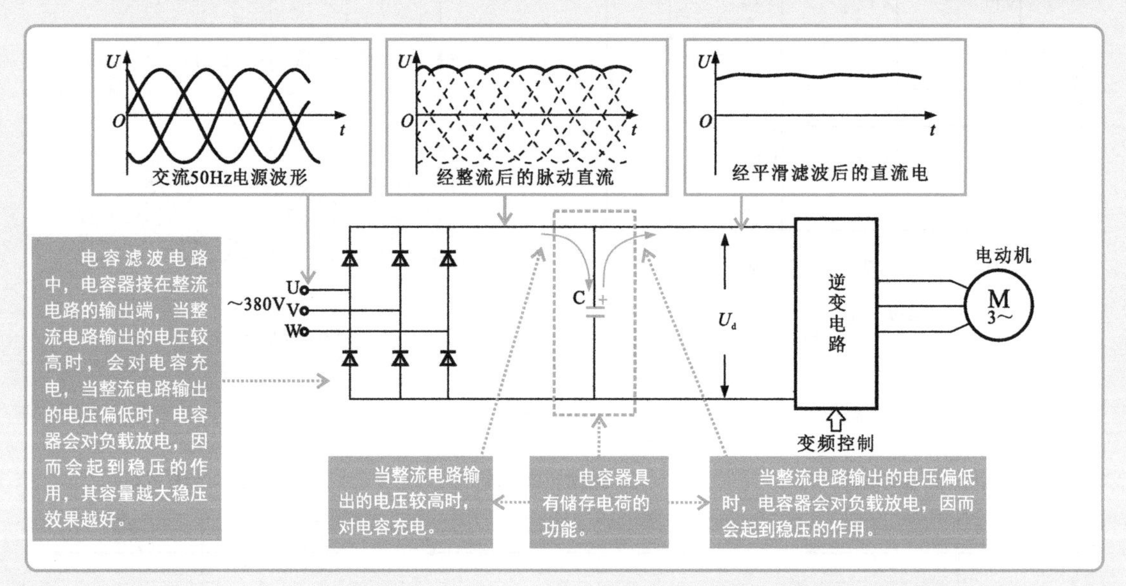

特别提醒

在实际应用中，对于采用电容器进行滤波的变频电源电路，在开机瞬间，由于电容器中无电荷，因而充电电流很大，这样可能会使整流电路中整流二极管的电流过大而损坏，为防止起动时的冲击电流对整流器件的危害，在整流电路的输出端加入一个限流电阻R和一个继电器作为浪涌保护电路（即抗冲击电路）。

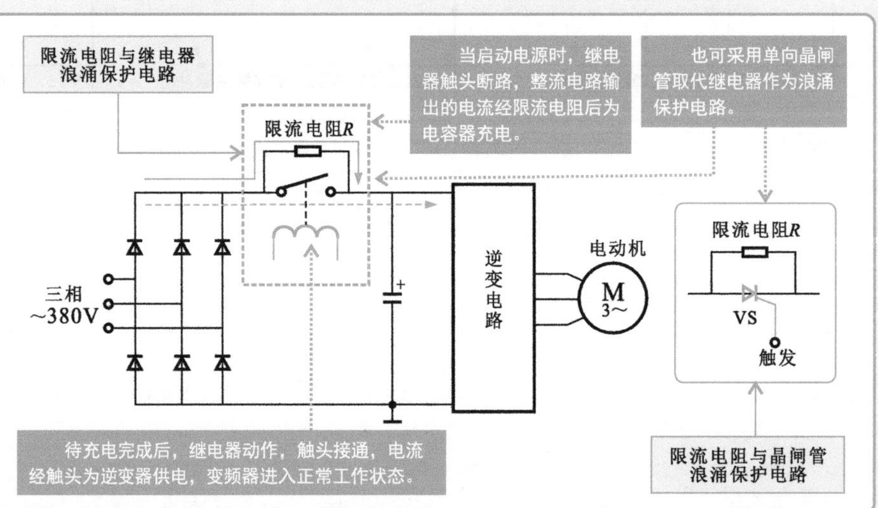

特别提醒

采用单向晶闸管取代继电器作为浪涌保护电路与继电器保护功能相同，启动电源时晶闸管截止，电流经过限流电阻，启动完成后触发晶闸管VS，使之导通，将限流电阻短路，进入正常工作状态。

另外，由于变频器中整流电路输出电压高，要求电容滤波电路中的滤波电容容量大、耐压高，在实际应用中通常可采用两只或多只电容器串联提高耐压性，且为保证串联的电容器两端电压相等，在每只电容器上并联有一只水泥电阻。

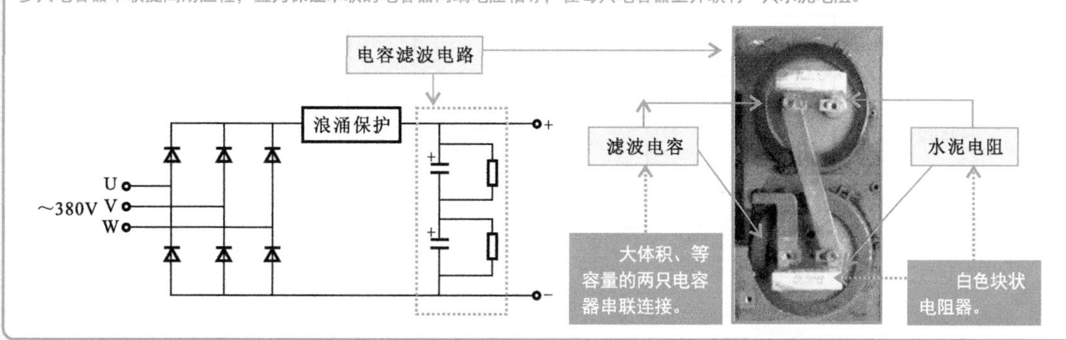

电感滤波电路是在整流电路的输入端接入一个电感量很大的电感线圈（电抗器）作为滤波元件。由于电感线圈具有阻碍电流变化的性能，当启动电源时，冲击电流首先进入电感线圈，此时电感线圈会产生反电动势，而阻止电流的增强，从而起到抗冲击的作用，当外部输入电源波动时，电流有减小的情况，电感线圈会产生正向电动势，维持电流，从而实现稳流作用。

【电感滤波电路】

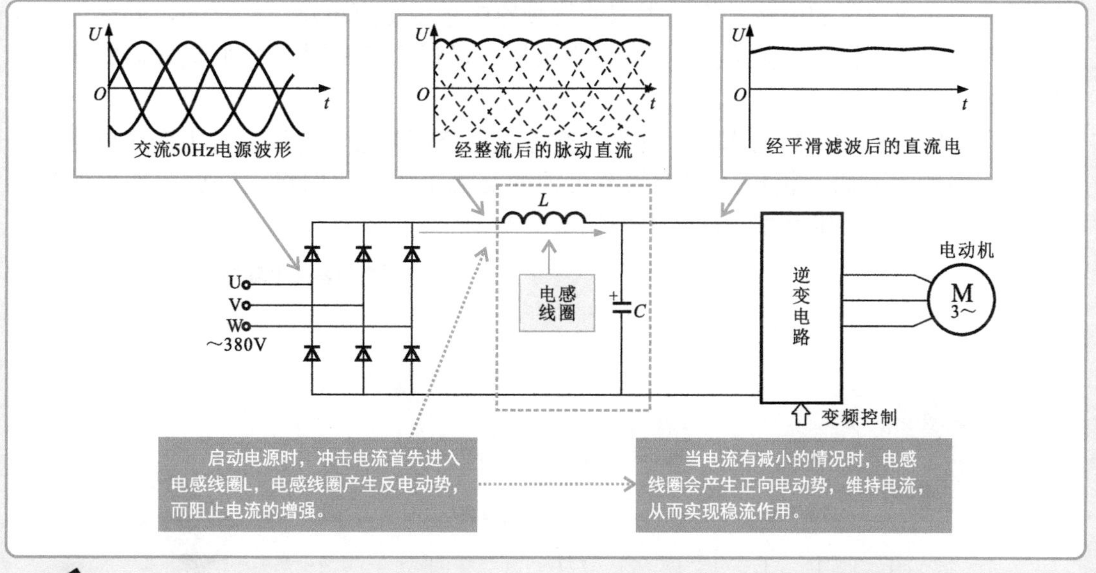

2. 制动电路

在变频器控制系统中，电动机由正常运转状态转入停机状态时需要断电制动，由于惯性电动机会继续旋转，这种情况由于电磁感应的作用会在电动机绕组中产生感应电压，该电压会反向送到驱动电路中，并通过逆变电路对电容器进行反充电。为防止反充电电压过高，提高减速制动的速度，需要在此期间对电动机产生的电能进行吸收，从而顺利完成电机的制动过程。

【变频器中的制动电路】

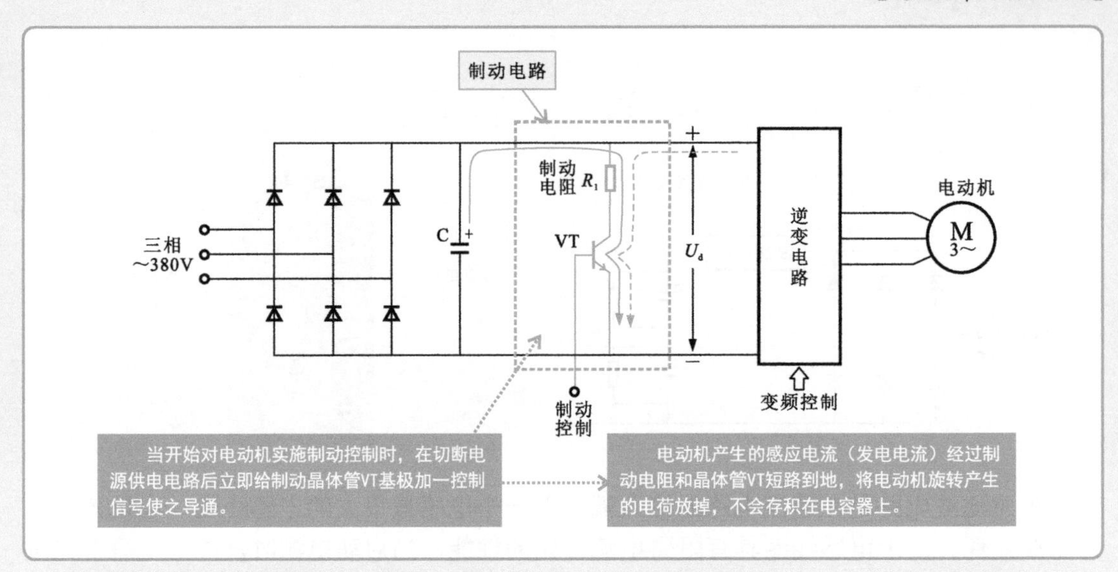

3.3.3 变频器中的逆变电路

逆变电路的功能与整流电路的功能正好相反，它是在变频控制电路的作用下将直流电压逆变为交流电压的电路。不同类型的变频器中采用逆变电路结构不同，其内部组成的功率部件也不相同，目前多采用由6只带阻尼二极管的IGBT或将它们集成后制作成一个整体的功率模块等。

多数变频电路在实际工作时，首先将交流电压整流为直流电压，再由变频电路通过对逆变电路的控制将直流电压变为频率可调的交流电压，我们将这一过程称为逆变过程，实现逆变功能的电路称为逆变电路或逆变器。

【变频器主电路部分的电力半导体器件】

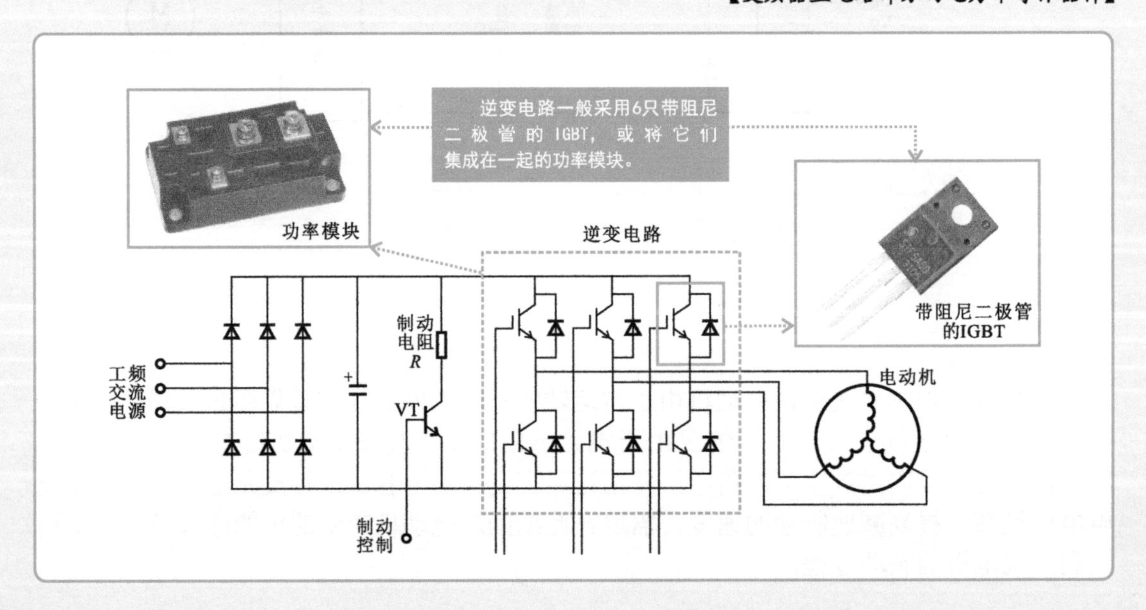

1. 逆变电路的结构形式

目前，常见的逆变电路通常有三种结构形式，一种为由智能变频功率模块构成的逆变电路；一种为由变频控制电路和功率模块构成的逆变电路；还有一种是由变频控制电路和功率晶体管构成的逆变电路。

（1）由智能变频功率模块构成的逆变电路　智能变频功率模块是指将逻辑控制电路、电流检测和功率输出电路等集成在一起，并采用特殊工艺将其封装成一个整体，具有逆变（变频）功能的功率模块，广泛应用于各种变频控制系统中，如制冷设备的变频电路、电动机变频控制系统等。

【由智能变频功率模块构成的逆变电路】

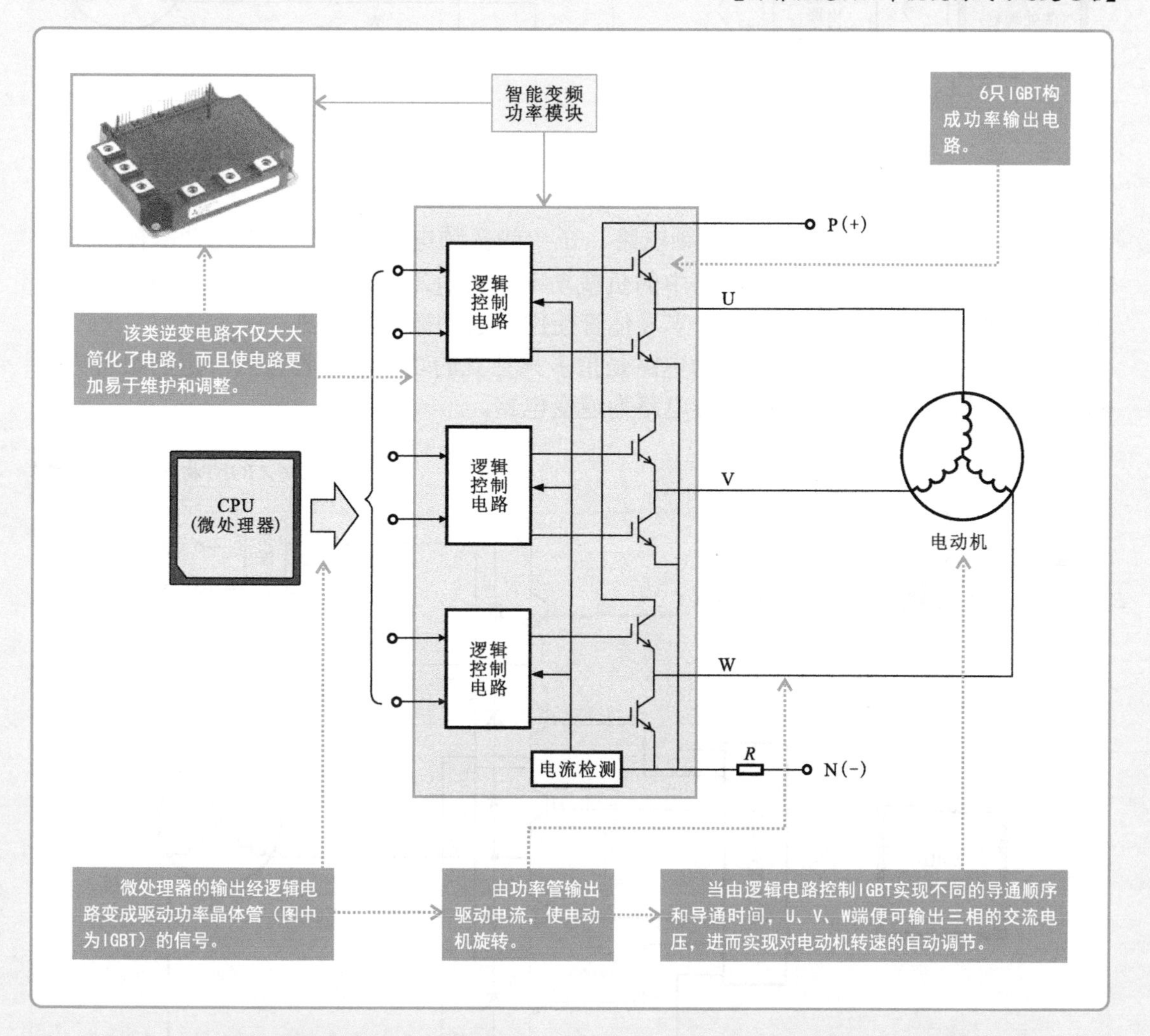

（2）由功率模块构成的逆变电路　功率模块是指将多只电力半导体管集成在一起制成的功能模块，它与智能变频功率模块的不同之处在于，逻辑控制电路未集成到模块中，而是作为模块外部的控制器件安装在外围电路中。

【由功率模块构成的逆变电路的基本结构】

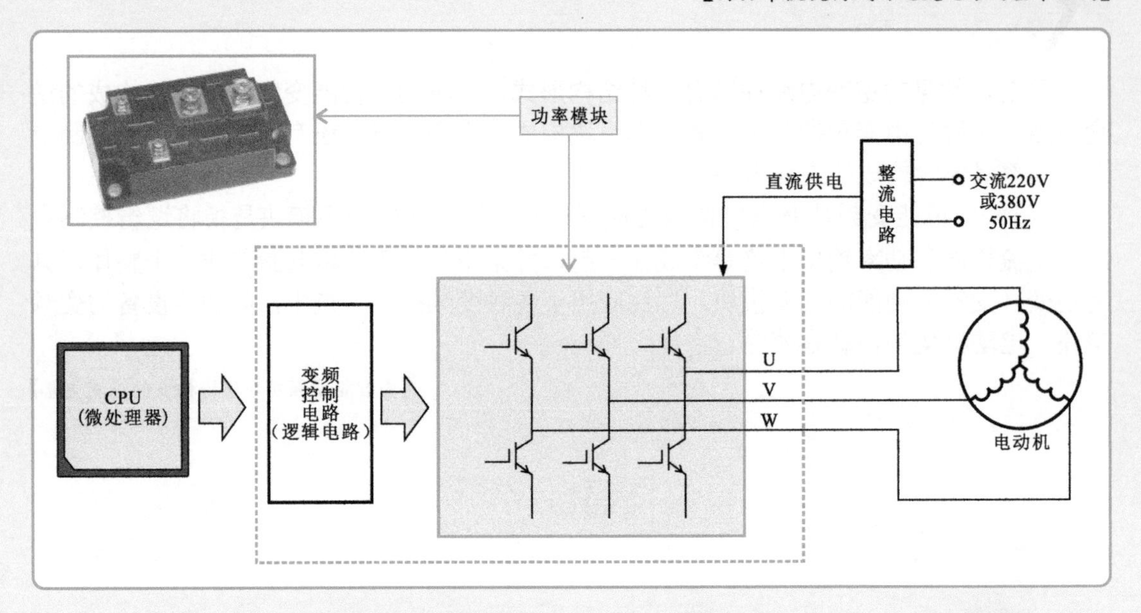

（3）由功率晶体管构成的变频电路　在一些变频电路中，采用上述功率模块或智能变频功率模块时，不能满足电路中的负载功率或大电流要求时，多采用单独的功率晶体管构成超大功率驱动电路，每个半导体管使用单独的散热片散热。

由功率晶体管构成的变频驱动电路是指多只独立的功率晶体管按照一定的组合方式构成的功率驱动电路，我们称这种电路为逆变电路。

【由6只IGBT构成的逆变电路】

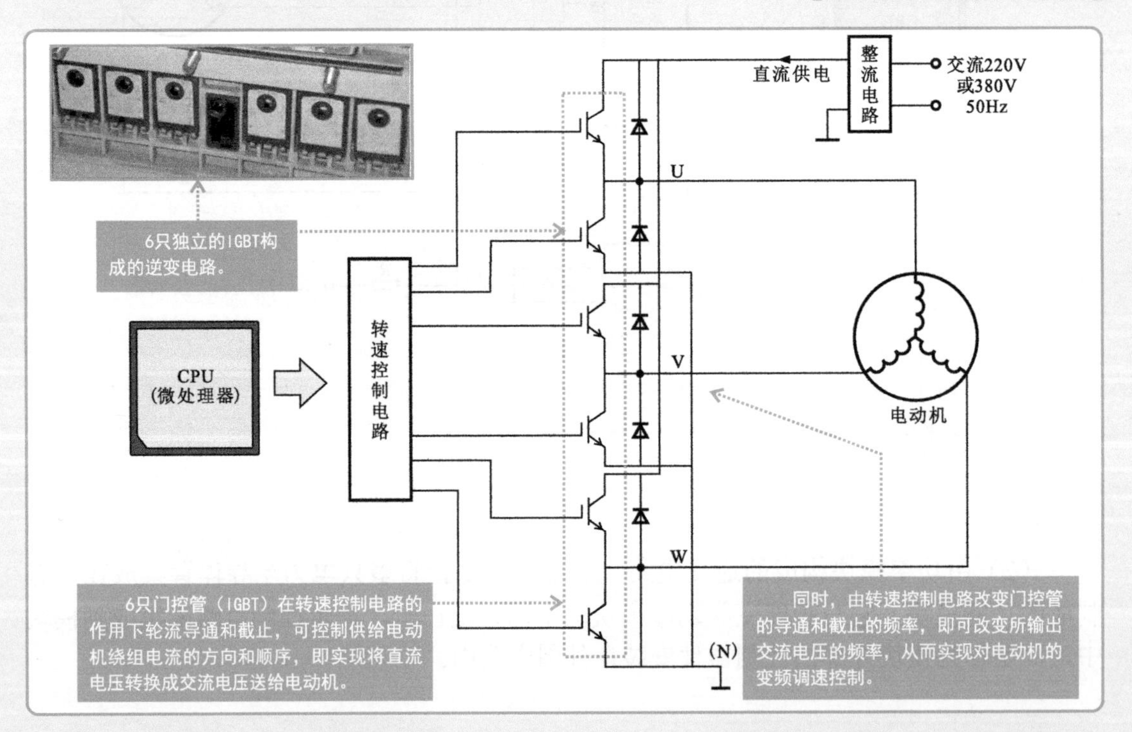

2. 逆变电路的工作原理

逆变电路的工作过程实际就是将直流电压变为频率可调的交流电压的过程，我们将这一过程称为逆变过程，实现逆变功能的电路称为逆变电路或逆变器。

【逆变电路的工作原理】

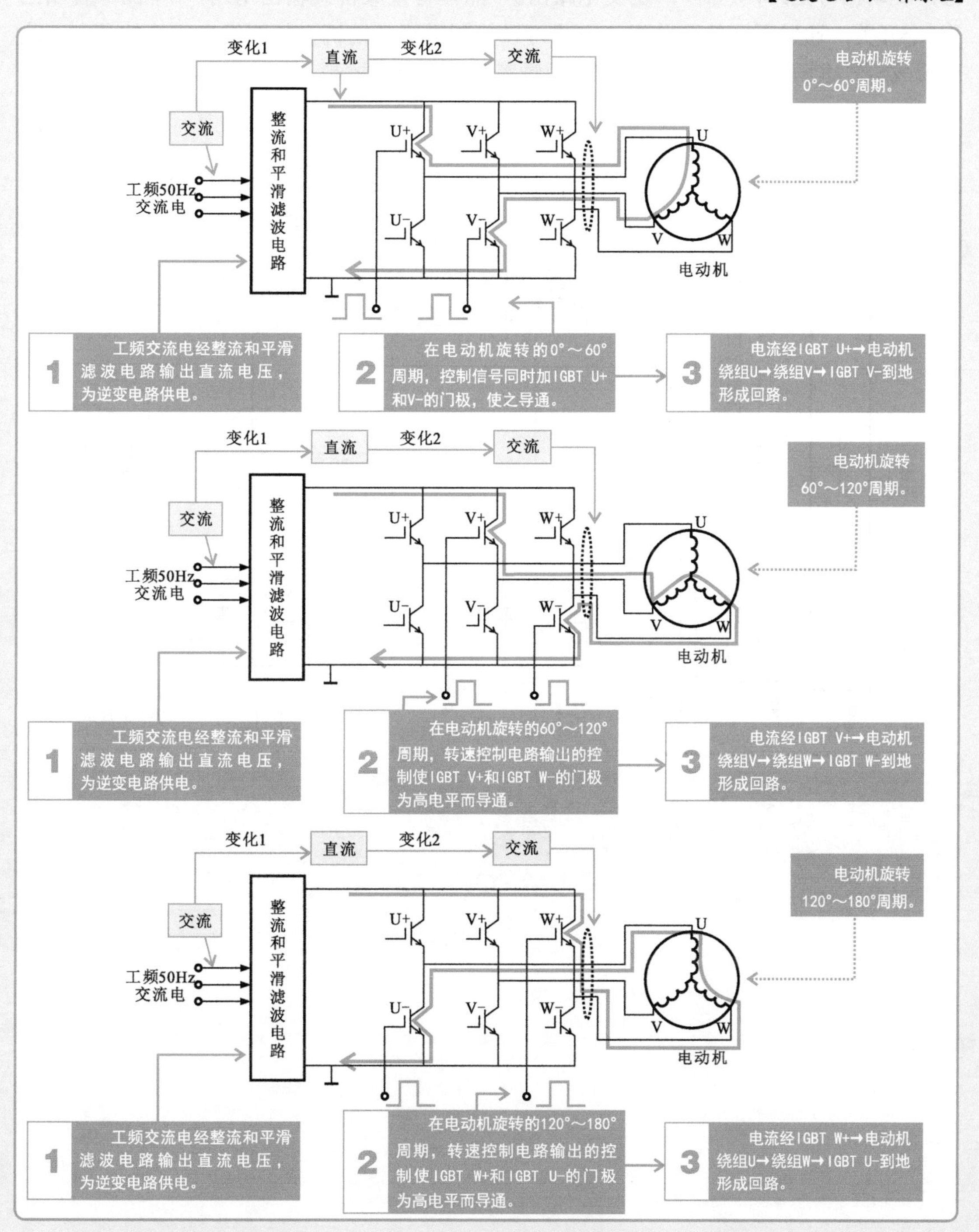

3. 逆变电路的类型

目前，变频器中主要有方波逆变电路和正弦式脉宽调制SPWM逆变电路两种。

（1）方波逆变电路　方波逆变电路是指逆变电路中的功率晶体管工作在开关状态，驱动信号是PWM脉冲，逆变电路由6个晶体管接成桥式输出电路，6个晶体管相当于6个开关，通过不同的开关组合方式可以控制送给电动机三相绕组中电流的方向，从而形成旋转磁场。通过改变驱动信号的频率可实现变频控制。

【方波逆变电路】

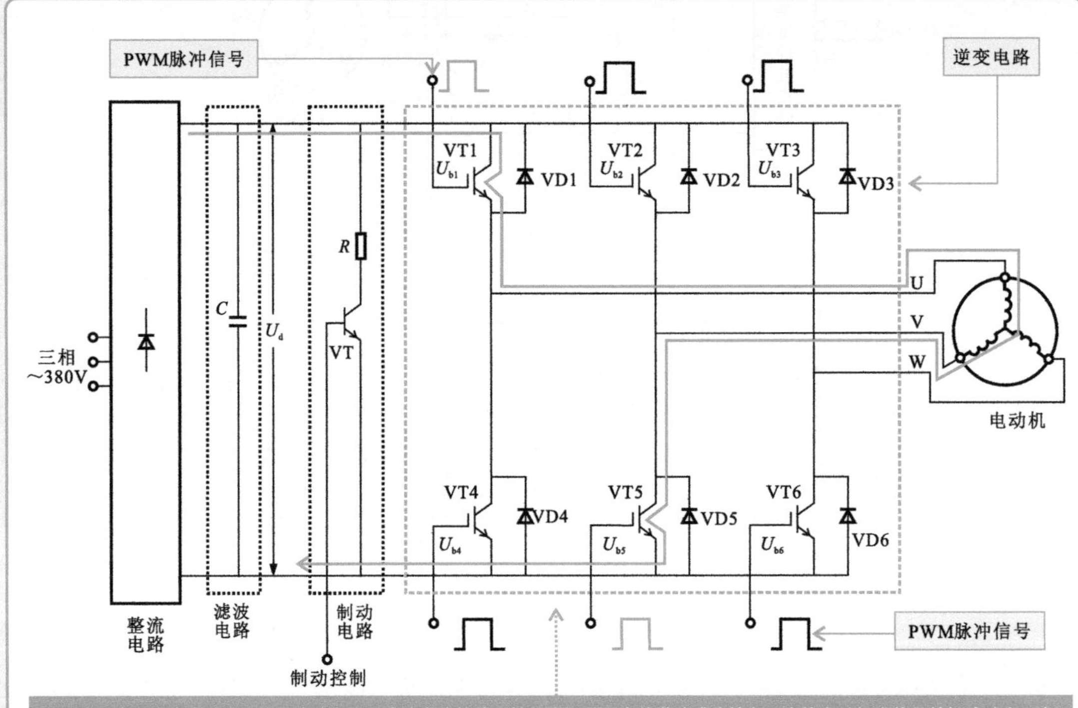

由于方波逆变电路产生的是脉冲电流，脉冲电流的冲击性很强，其所含的谐波成分较多，会使电动机发热且转矩脉动大，在低速运转时速度不平稳。可采用以下方法解决这一问题：

1）采用多个方波逆变电路组成多重波逆变电路，产生接近正弦波的电流去驱动电动机。

2）采用近似正弦波的脉宽调制信号（SPWM）逆变电路产生与正弦波等效的SPWM波去驱动电动机。

特别提醒

PWM技术分为两大类，即：电压控制型PWM技术和电流控制型PWM技术。

电压控制型PWM技术中以正弦脉冲宽度调制（SPWM）技术最成熟，使用最广泛。用脉冲宽度按正弦规律变化，而且和正弦波等效的PWM波形即SPWM波形控制逆变电路中的半导体器件的通断，使其输出等效于正弦波。这样，逆变电路输出电压的基波就是正弦波。通过改变调制波的频率和幅值，则可调节逆变电路输出电压的频率和幅度值。根据不同的主电路又衍生了不同的SPWM技术。如二极管钳位式多电平逆变器，应用载波层叠SPWM法（CD-SPWM）；级联式多电平逆变器，采用载波移相SPWM法（CDS-SPWM）；还有用上述两者相结合的SPO-SPWM法，可消除特定的谐波。

电流控制型PWM技术有滞环比较法、三角波比较法、预测电流控制法等。

滞环比较法动态性能好，输出电压不含特定频率的谐波分量，其缺点是开关频率不固定，会形成较为严重的噪声。

三角波比较法开关频率一定，因而克服了滞环比较法频率不固定的缺点，但这种方法电流响应不如滞环比较法快。

预测电流控制法具有较快的响应速度和精度，但需要更多的工作条件调节控制电路。

（2）SPWM逆变电路　SPWM逆变电路与方波逆变电路基本相同，两者的不同主要在于转速控制电路，SPWM变频器的转速控制电路产生SPWM波去驱动电动机；而方波变频器的控制电路产生普通的脉冲方波去驱动电动机。

【SPWM逆变电路】

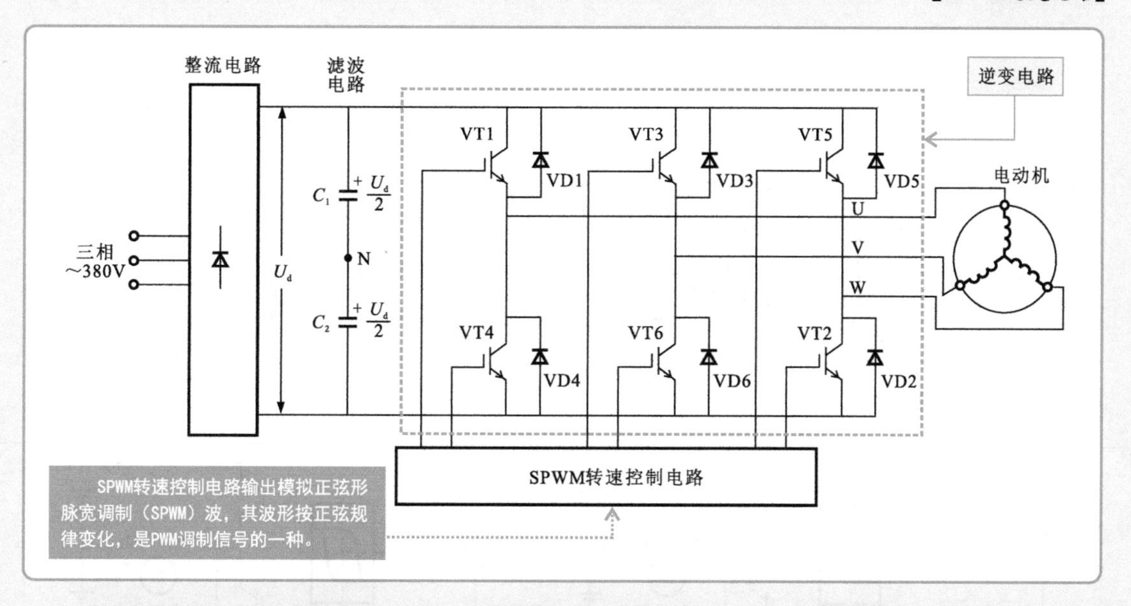

逆变电路除了以上的分类方式外，还可以电平控制方式分类，即2电平控制和3电平控制，前述的逆变器电路都是2电平控制的逆变器，为了减少冲击电流、降低辐射噪声和减少漏电流，可采用多电平控制的方式，其中3电平控制方式较多。

【2电平、3电平控制的逆变器电路】

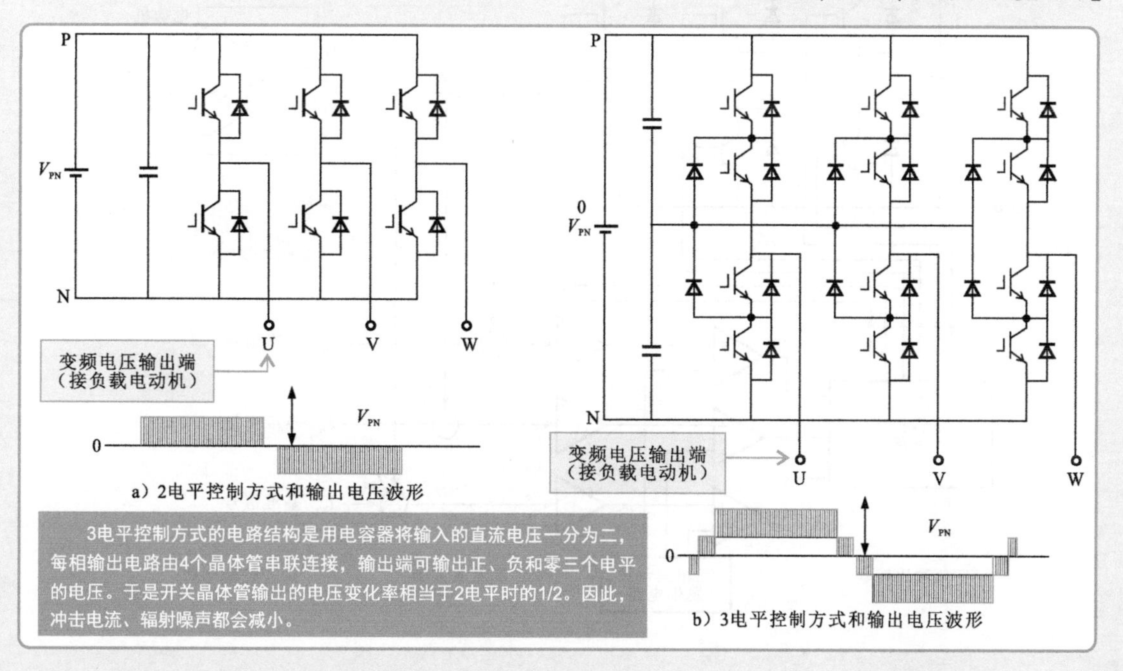

a）2电平控制方式和输出电压波形

b）3电平控制方式和输出电压波形

特别提醒

转速控制电路产生脉冲宽度调制信号（PWM）去控制逆变电路，使之产生SPWM波提供给电动机。在转速控制电路中是将电动机的速度信号与基准信号相比较形成控制信号，然后将电压信号变成频率信号去驱动电动机，转速控制电路对基准信号的处理方法不同，可分别使用运算法、调制法和跟踪法得到PWM波，实现对逆变电路的控制。

◆ 运算法脉宽调制信号产生电路是根据当前电动机的速度信号和设定信号，参照基准正弦波信号计算出SPWM脉冲的宽度和间隔，输出相应的PWM控制信号，去控制逆变电路，产生正弦波等效的SPWM波。

◆ 调制法PWM（正波调制弦法）控制电路是以基准正弦波作为调制信号，以等腰三角波作为载波信号，用正弦波调制三角波来得到调制信号再转换成脉宽调制信号，去驱动逆变电路产生与正弦波近似的SPWM波。

◆ 跟踪法PWM控制电路是将希望输出的波形作为指令信号，把实际的波形作为比较信号（反馈信号），通过瞬时比较产生PWM信号，去控制逆变电路。跟踪法PWM控制电路可分为滞环比较式跟踪法PWM逆变电路和三角波比较式跟踪法PWM逆变电路。其中，滞环比较式跟踪控制PWM逆变电路采用的是滞环比较器，根据反馈信号的不同，可分为电流型滞环比较式和电压型滞环比较式；三角波比较式跟踪控制PWM逆变电路是由误差检测电路、误差放大器、三角波比较器、三角波发生电路以及逻辑控制电路等部分构成的。

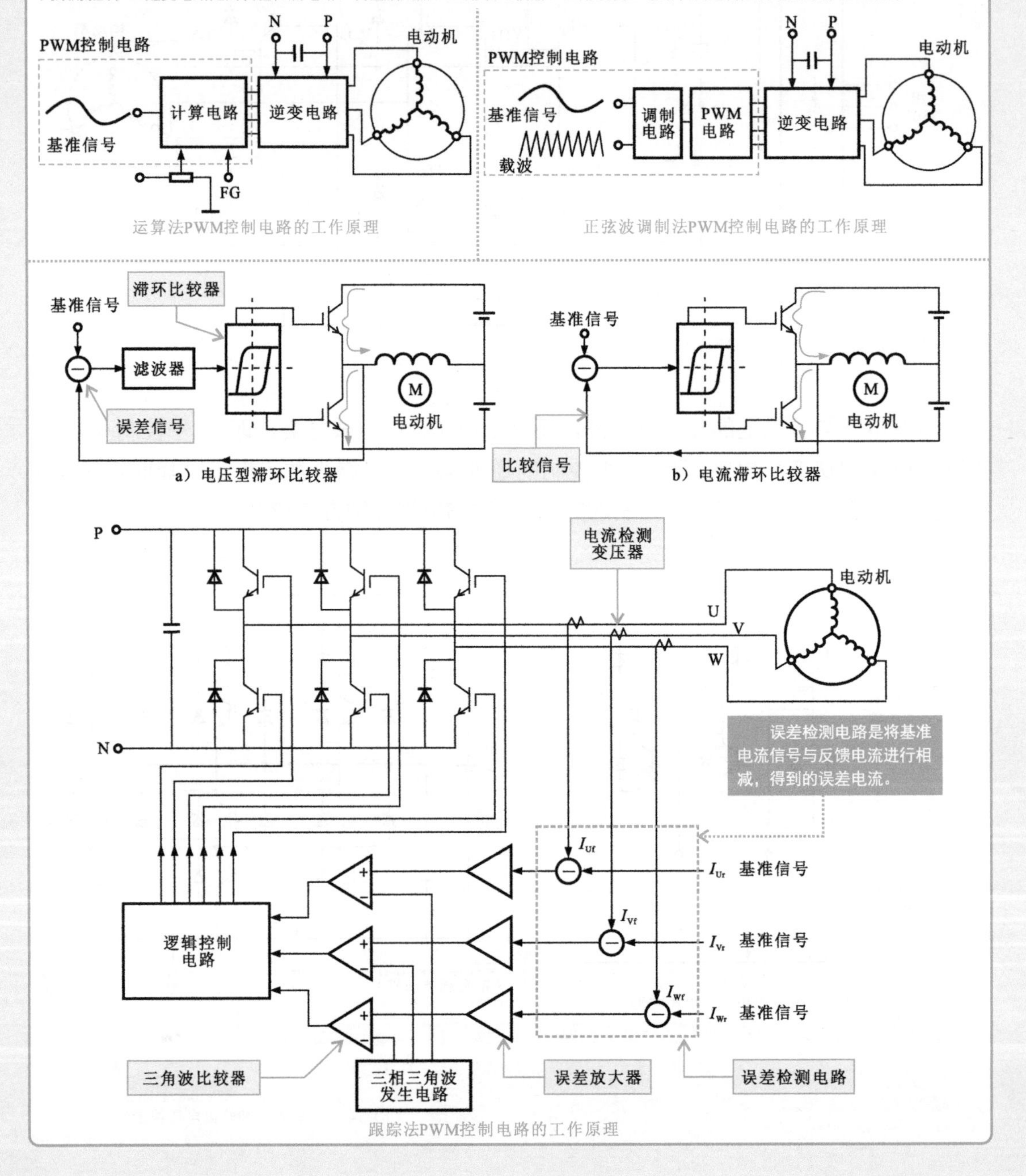

跟踪法PWM控制电路的工作原理

3.3.4　变频器中的转速控制电路

变频器中的转速控制电路是对负载电动机运转速度进行控制的关键电路，也是变频器中的主要控制电路。

1. 转速控制电路的功能和结构特点

变频器中的转速控制电路属于变频器控制电路中的重要部分，通常在控制电路板上可以找到其组成元器件，通常该电路是由控制器（微处理器）或数字信号处理器（DSP）构成的。

【变频器中的主控电路部分】

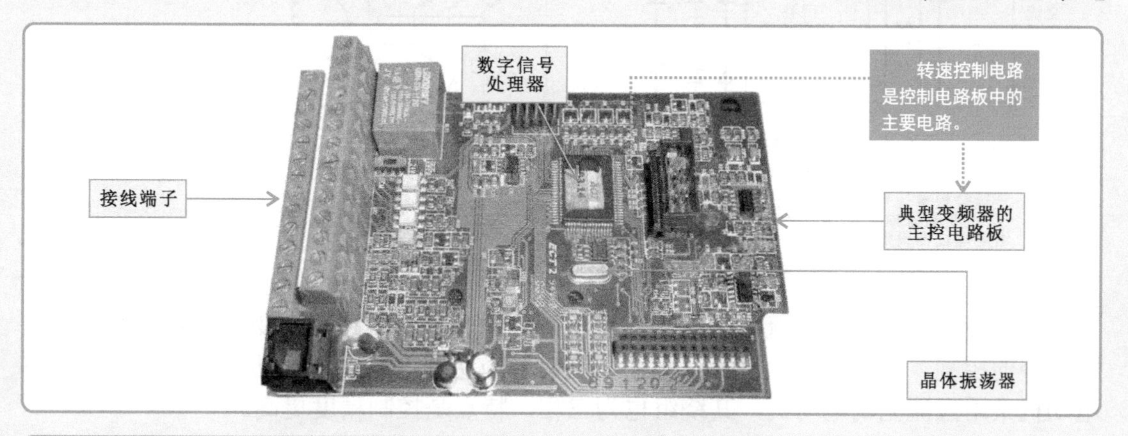

特别提醒

变频器中的控制电路除了包含基本的转速控制电路外，还包含操作显示电路、检测电路、保护电路以及控制信号输入输出接线端子等部分，各种输入信号或检测信号均由主控电路进行识别和处理后，完成对逆变电路的开关控制、对整流电路的电压控制以及完成各种保护功能等。

变频器主控电路主要用于实现：

● 向控制接线端子连接的控制设备（负载电动机）发出转速控制信号（即转速控制电路部分）。

● 接收并处理从操作显示电路、控制接线端子输入设备输入的各种信号，如频率参数设定指令、正反转指令等。

● 接收并处理由检测电路送来的各种采样信号，如电压、电流、速度、温度等检测信号，将这些信号进行识别、处理后输出相应的控制信号，控制变频器进行相关动作。

● 向操作显示电路的显示屏部分输出显示信号，如各种运行状态指示信号。

● 将接收到的各种信号进行识别和运算，完成调制处理，产生相应的调制指令，送入驱动电路。

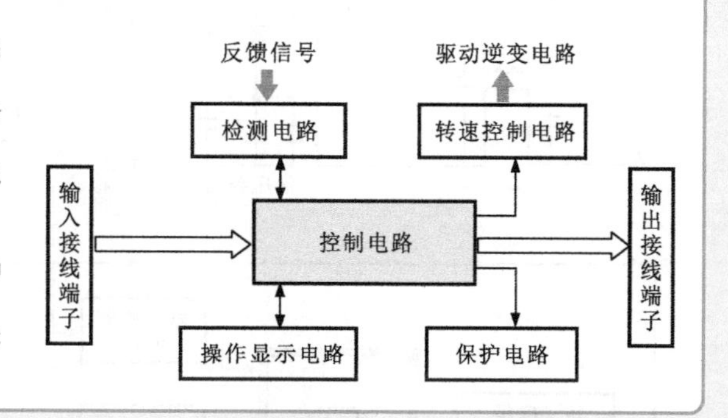

2. 转速控制电路的工作原理

转速控制电路主要是通过对逆变电路中电力半导体器件的开关控制，使输出电压频率发生变化，进而实现控制电动机转速的目的。

从所驱动电动机类型上来分，转速控制电路（变频控制方式）有两种方式，即交流变频方式和直流变频方式。

交流变频是把380/220V交流电转换为直流电源，为逆变电路提供工作电压，逆变电路在变频器的控制下再将直流电“逆变”成交流电，该交流电再去驱动交流异步电动机，“逆变”过程受转速控制电路的指令控制，输出频率可变的交流电压，使电动机的转速随电压频率的变化而改变，这样就实现了对电动机转速的控制和调节。

【交流变频的工作原理】

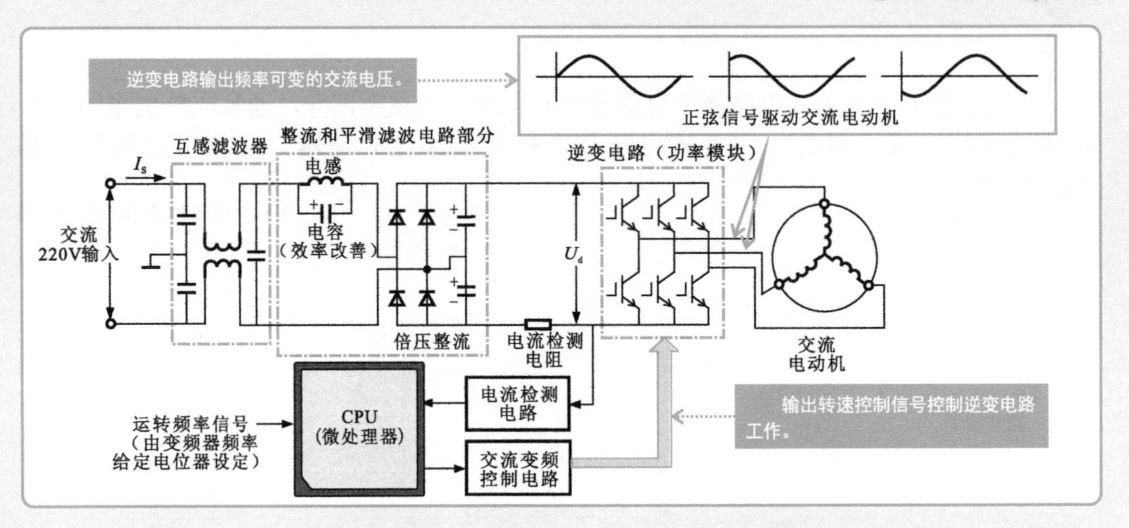

直流变频同样是把交流电转换为直流电，并送至逆变电路，逆变电路同样受微处理器指令的控制。微处理器输出转速脉冲控制信号经逆变电路变成驱动电动机的信号，该电动机采用直流无刷电动机，其绕组也为三相，特点是控制精度更高。

【直流变频的工作原理】

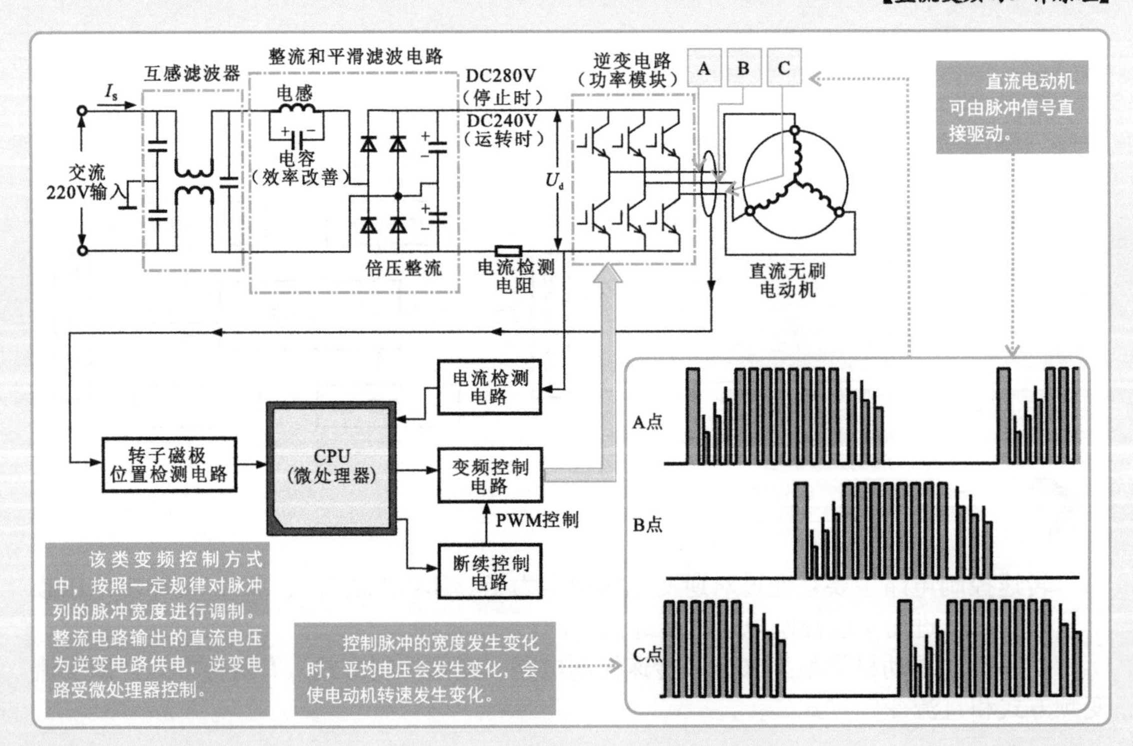

特别提醒

在变频系统中，对电动机转速控制采用PWM控制方式（脉宽调制），即用速度的控制量去调制载波脉冲的宽度，每个脉冲的周期相等，但脉冲的宽度不等。这种信号脉冲的宽度越宽，平均电压则越高，则表示输出的能量越多。

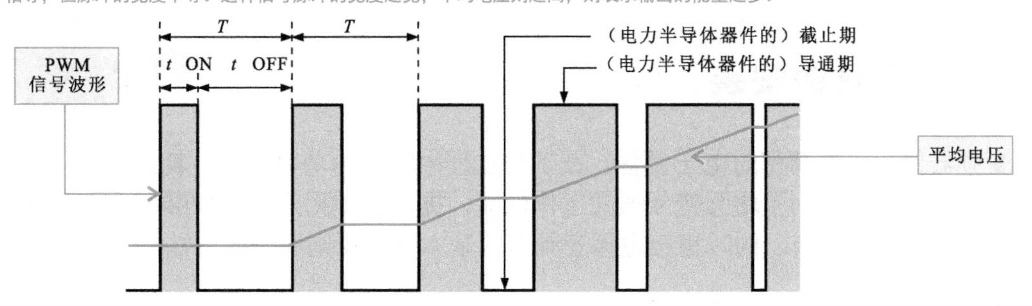

目前，通用变频器均采用脉宽调制（PWM）技术来控制逆变器中的开关晶体管（导通与截止）。具体PWM控制方式有很多种，在变频电路中用的较多的是正弦脉宽调制（SPWM）方式。这种方式是脉冲的宽度和占空比按正弦规律分布。当正弦量（幅值）较小时，脉冲的占空比也小，反之，当正弦量（幅值）较大时，脉冲的占空比也大。而且正弦量的频率与脉冲的频率相对应。

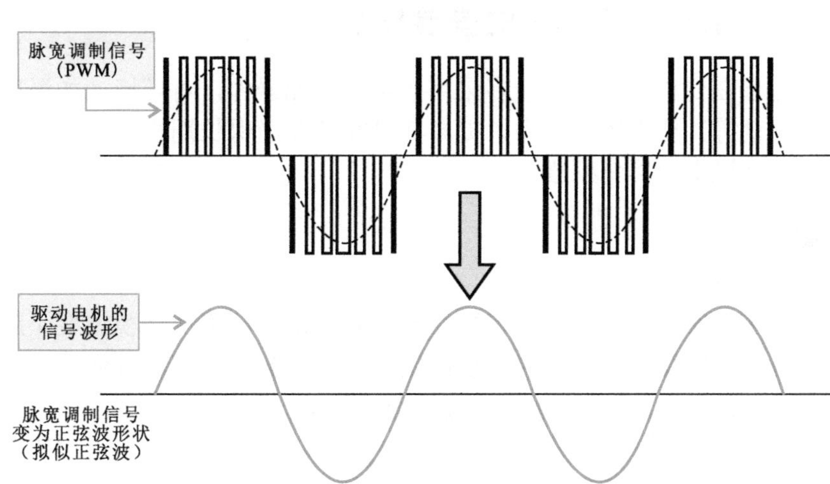

脉宽调制信号可以改变正弦信号的电压幅度，也可以改变正弦信号的频率，这种方式更容易对交流电动机的转速进行控制。

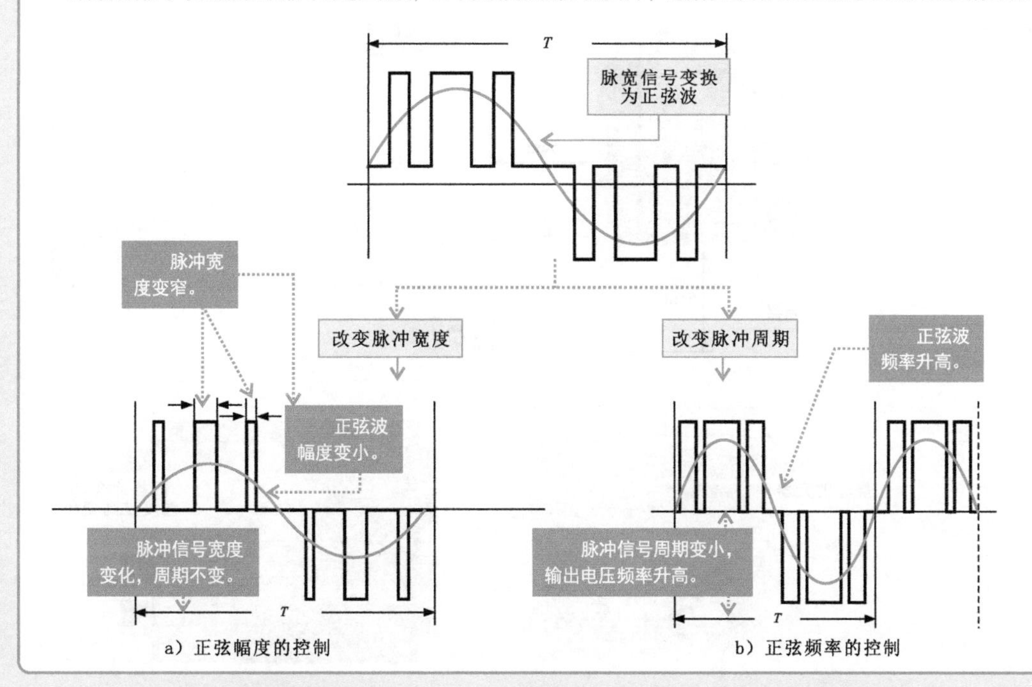

a）正弦幅度的控制　　b）正弦频率的控制

第4章　变频器的安装与连接训练

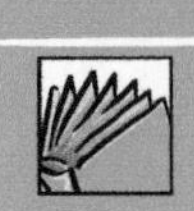

4.1 变频器的安装

变频器作为一种精密的电子设备，在工作过程中输出的功率较大、耗能较高，同时会产生大量的热量。为了增强变频器的工作性能，提高其使用寿命，安装时应严格按照变频器的使用手册安装，同时也应遵循变频器的基本安装原则和安装方法。

4.1.1 变频器的安装环境

由于在变频器单元中较多采用了半导体元器件，对环境（如温度、湿度、尘埃、油雾、振动等）要求较高，为了提高其可靠性并确保长期稳定的使用，应在充分满足装配要求的环境中使用变频器。

1. 环境温度

安装变频器时应充分考虑变频器的环境温度，确保环境温度不超过变频器允许的温度范围，通常变频器周围的环境温度范围在-10～+40℃，若环境温度高于最高允许温度值40℃时，每升高1℃，变频器应降额5%使用。

【变频器周围温度的测量位置】

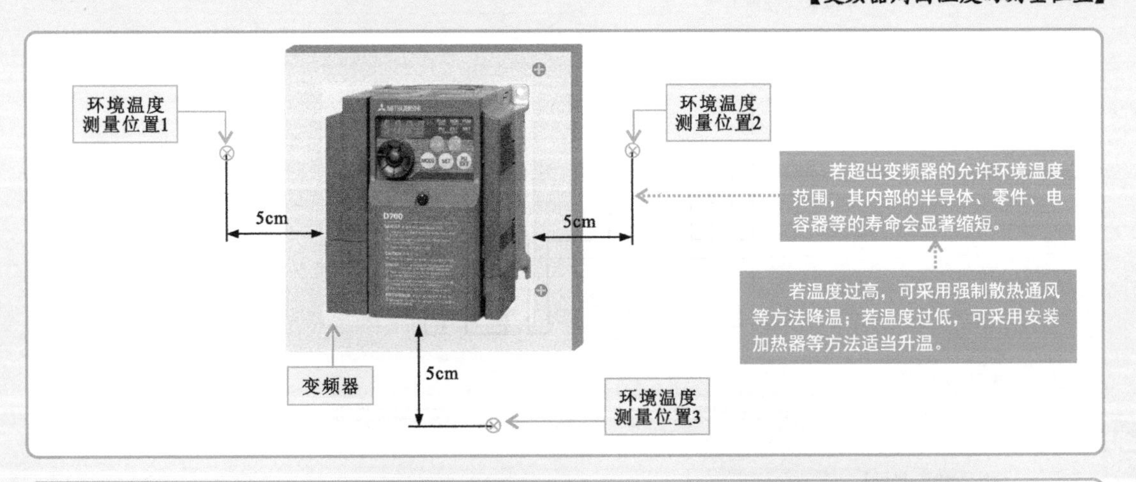

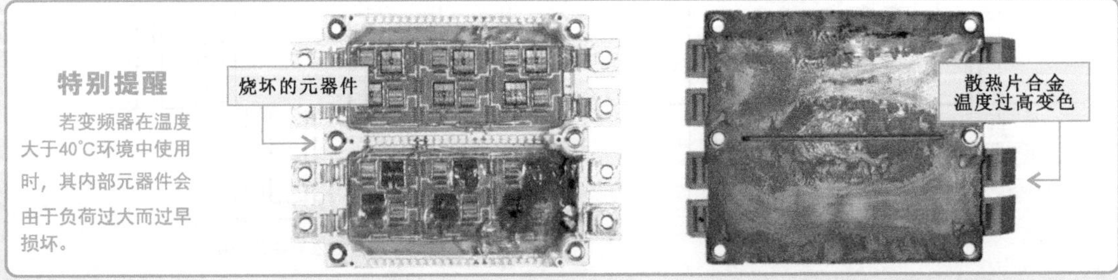

2. 环境湿度

变频器对环境湿度也有一定的要求，通常变频器的环境湿度范围应在45%～90%，不结霜。若环境湿度过高不仅会降低绝缘性，造成空间绝缘破坏，而且金属部位容易出现腐蚀的现象。若无法满足环境湿度要求，可通过在变频器的控制柜内放入干燥剂、加热器等来降低环境湿度。

3. 安装场所

变频器应尽量安装在避免阳光直射、无尘埃、无油雾、无滴水、无腐蚀性气体、无易燃易爆气体、无振动等环境中。一般来说，为确保变频器安装环境的干净整洁，同时又能保护设备的安装可靠运行，变频器及相关电气部件都应安装于控制柜中。

【变频器在控制柜中的安装效果】

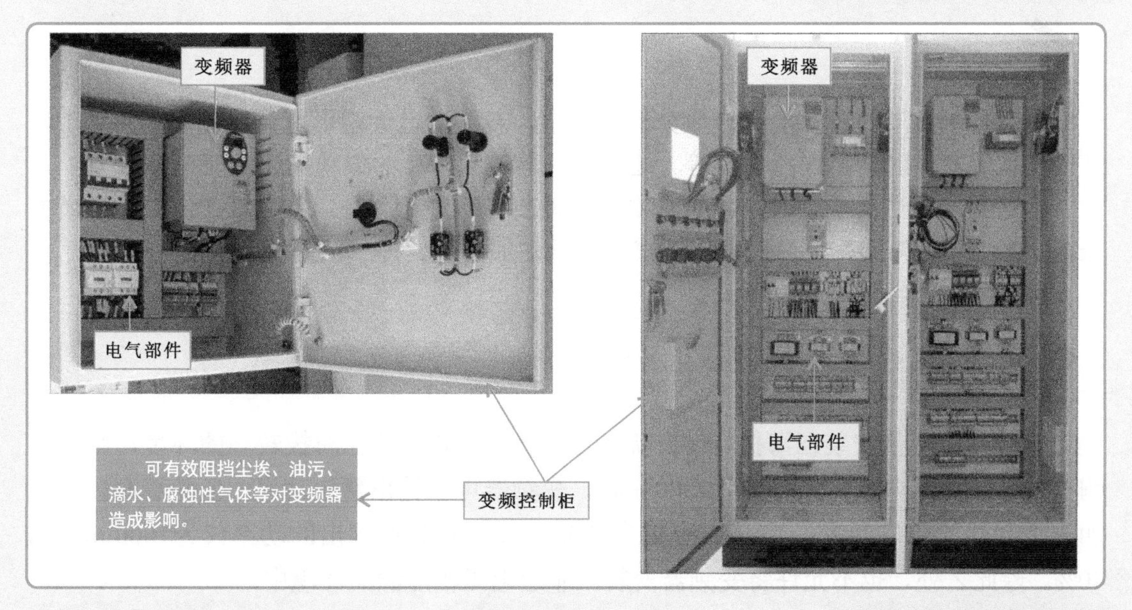

【防爆控制柜的实物外形】

如果工作环境有特殊要求，则需要根据要求选择特殊的控制柜。

若需要变频器工作在无尘环境，则需选择全密封结构的控制柜；若变频器工作的环境有振动因素，则需选择具有防爆功能的控制柜。

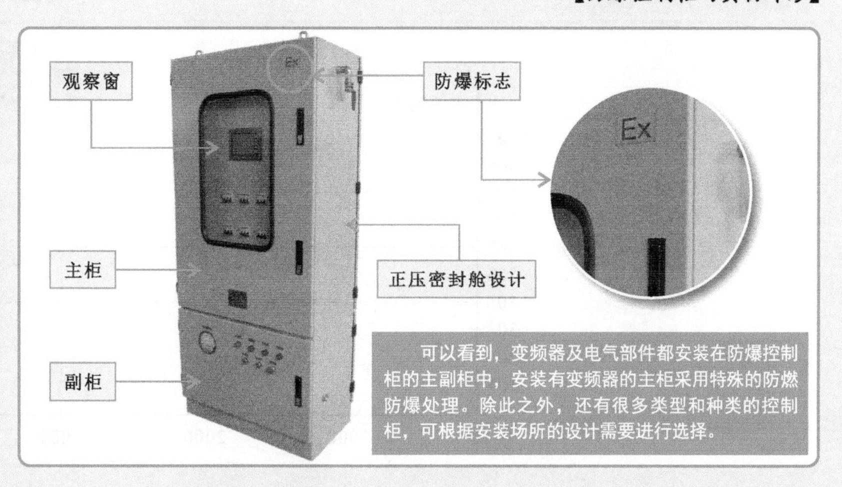

特别提醒

若变频器未安装在符合工作环境的控制柜中时，常常会造成变频器内部脏污或内部元器件损坏等。

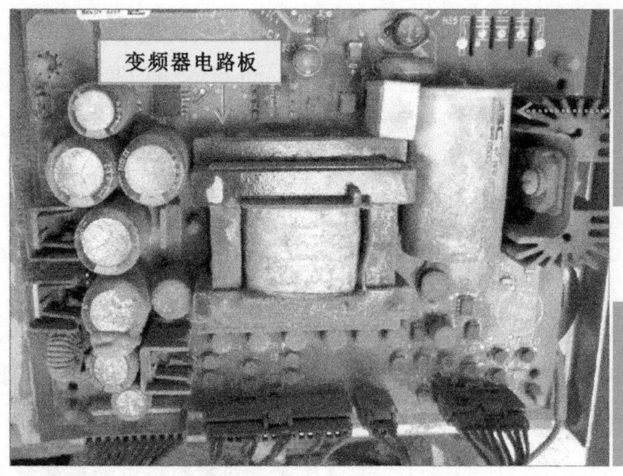

变频器防尘不当，导致内部灰尘堆积，电路板脏污，将直接导致电路板元器件使用寿命减少，热稳定性差等不良后果。

变频器内部散热风扇脏污，将直接影响散热效果，导致变频器散热不良，引发各种故障。

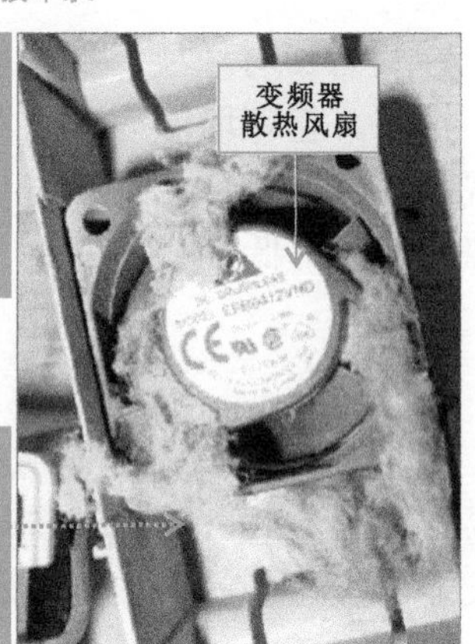

4. 振动加速度

变频器不能安装在振动比较频繁的环境中，若振动过大则可能会使变频器的固定螺钉松动或元器件脱落、焊点虚焊等。通常变频器安装场所的振动加速度应在0.6g以内。

在对变频器进行安装时，应对其安装的振动场所进行测量，首先测量出振动场所的振幅（A）和频率（f），然后根据公式计算振动加速度，即

振动加速度＝2πfA/9800

5. 海拔

变频器应尽量安装在海拔1000m以下的环境中，若安装在海拔较高的环境，则会影响变频器的输出电流，当海拔为1000 m时，变频器可以输出额定功率，但随着海拔的增加，变频器输出的功率减小，当海拔为4000 m时，变频器输出的功率仅为1000 m时的40%。除此之外，也不允许将变频器安装在靠近电磁辐射源的环境中。

【变频器海拔对输出电流的影响】

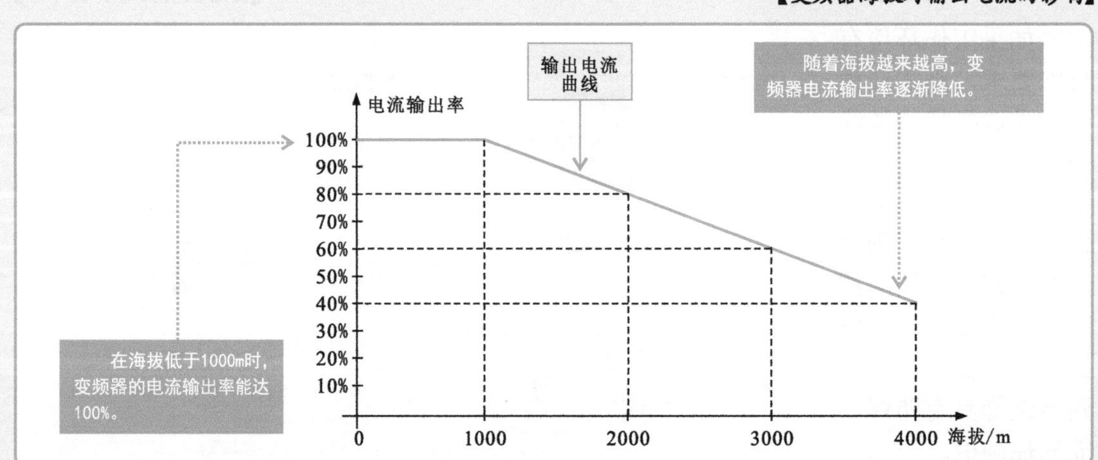

4.1.2 变频器的通风环境

为了保证良好的通风以及阻挡外界的灰尘、油污、滴水等，变频器通常选择安装在控制柜内，正常情况下，在变频器的控制柜的顶部、底部和柜门上都设有通风口，来保证变频器良好的散热。通常，变频器控制柜的通风方式有自然冷却方式和强制冷却方式两种。

【变频器控制柜的通风环境】

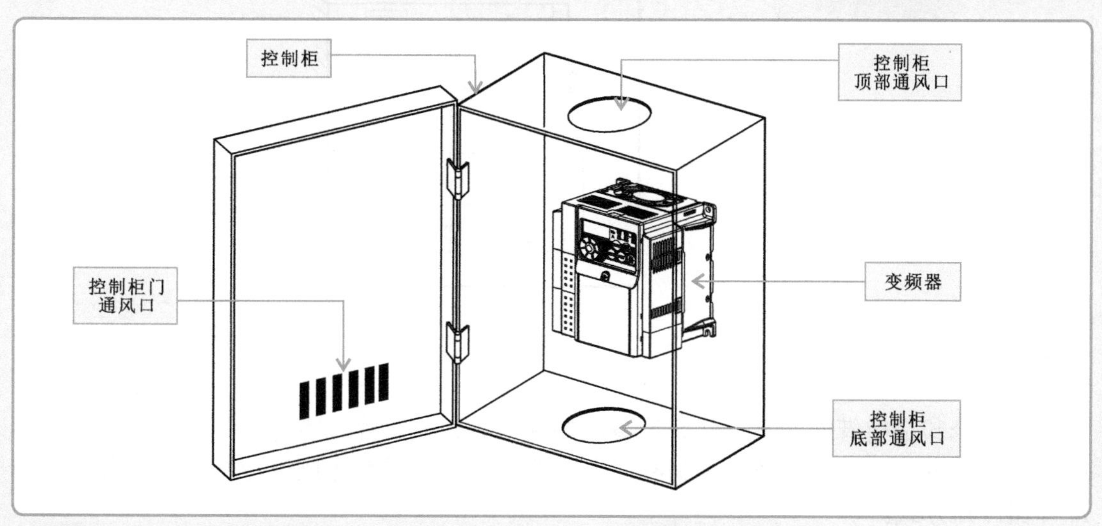

1. 自然冷却方式

自然冷却是指通过自然风对变频器进行冷却的一种方式。目前，常见的采用自然冷却方式的控制柜主要有半封闭式和全封闭式两种。

（1）半封闭式控制柜　半封闭式控制柜上设有进出风口，通过进风口和出风口实现自然换气，这种控制柜的成本低、适用于小容量的变频器，控制柜需根据变频器的容量进行选配，当变频器容量变大时，控制柜的尺寸也要相应增大。

【半封闭式控制柜】

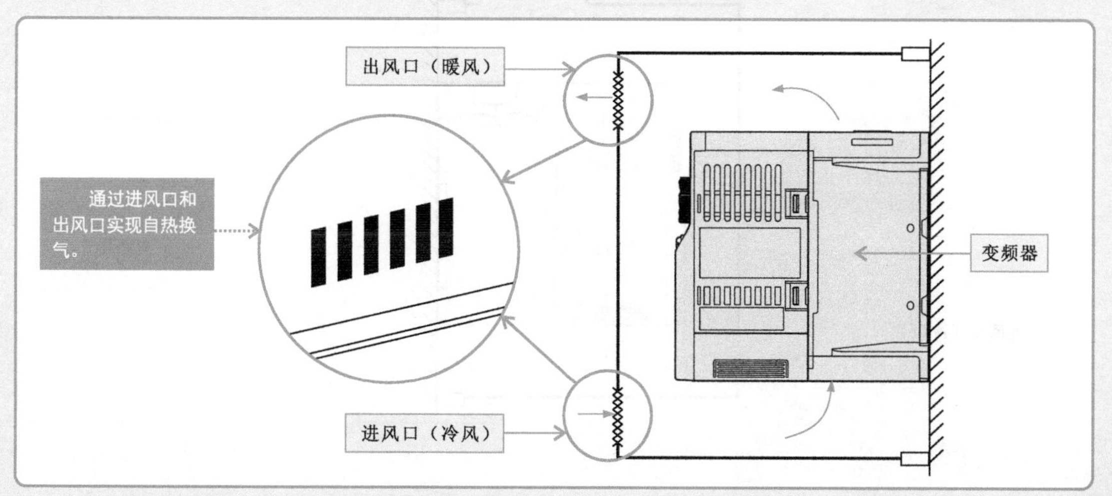

（2）全封闭式控制柜　全封闭式控制柜则是通过控制柜向外进行散热，这种控制柜适用在有油雾、尘埃等的环境中使用。

【全封闭式控制柜】

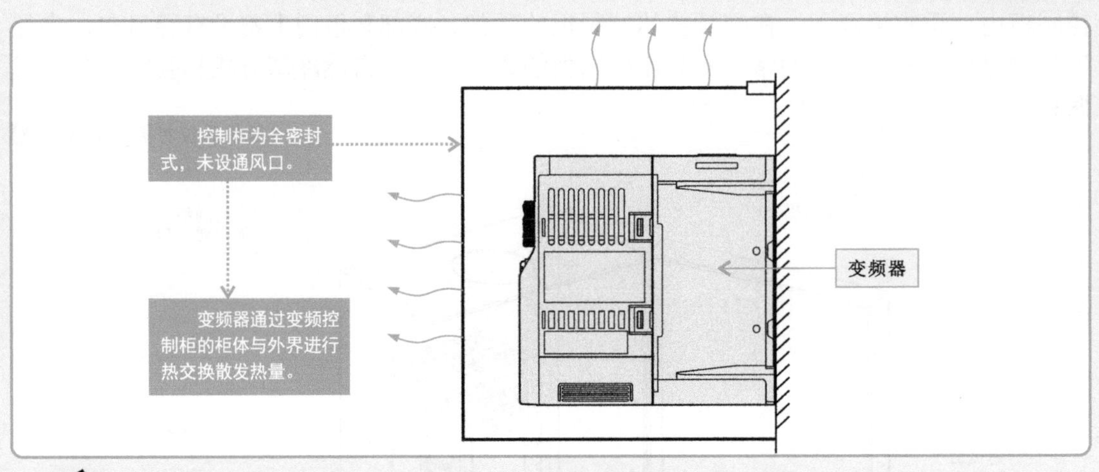

2. 强制冷却方式

强制冷却是指借助外部条件或设备，如通风扇、散热片、冷却器等实现变频器有效散热的一种方式。目前，采用强制冷却方式的控制柜主要有通风扇冷却方式、散热片和冷却器冷却方式。

（1）通风扇冷却方式的控制柜　通风扇冷却方式的控制柜是指在控制柜中安装通风扇进行通风，通风扇安装在变频器上方控制柜的顶部，变频器内置冷却风扇，将变频器内部产生的热量通过冷却风扇冷却，变为暖风从变频器的下部向上部流动，此时，在控制柜中设置通风扇和风道，使冷风吹向变频器由通风扇排出变频器产生的热风，实现换气。这种控制柜成本较低，适用于室内安装控制。

【通风扇冷却方式的控制柜】

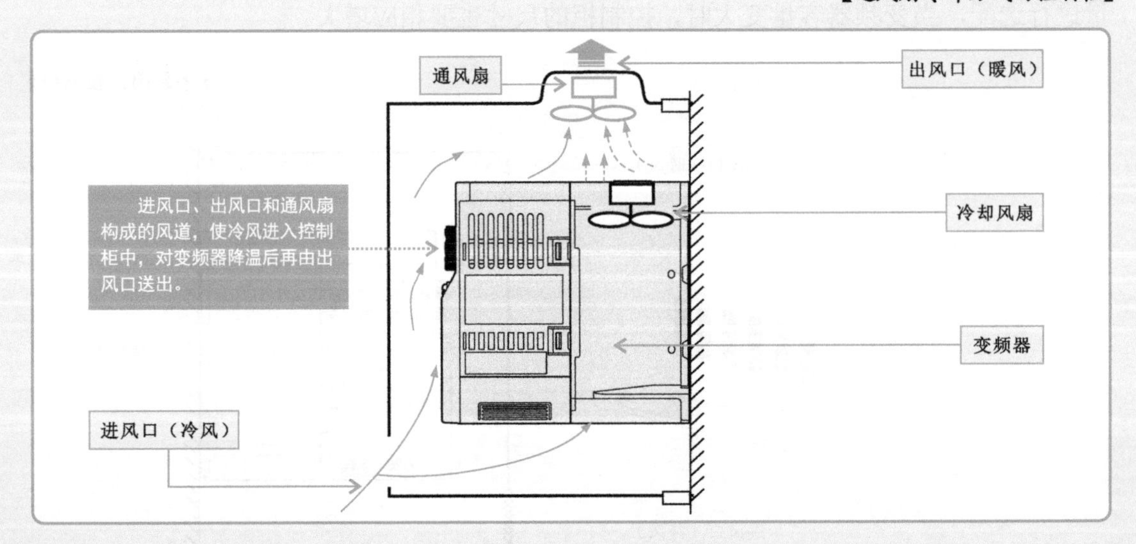

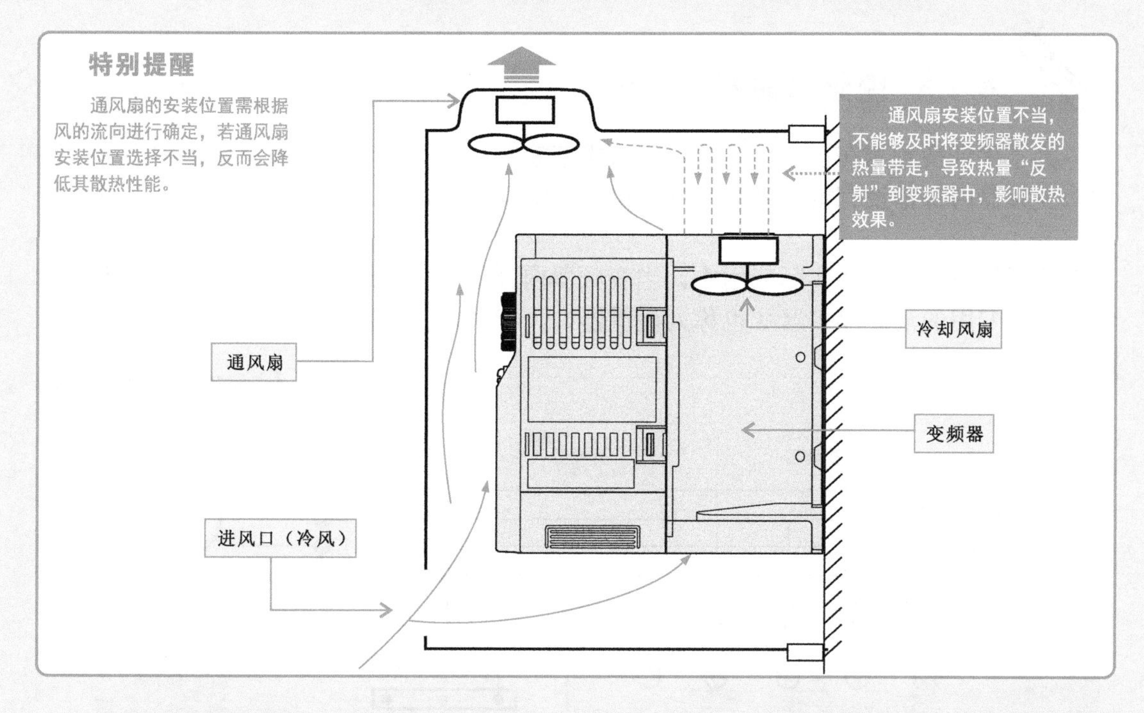

（2）散热片和冷却器冷却方式的控制柜　在散热片和冷却器冷却方式的控制柜中，散热片冷却方式的控制柜通过安装在控制柜上的散热片散发变频器工作过程中所产生的热量，适用于小容量变频器，安装时应正确选择散热片的面积及安装部位。

冷却器冷却方式的控制柜则是通过安装在控制柜上部的冷却器对其内部的热量进行冷却，该控制柜冷却方式也称为全封闭式冷却，它可实现控制柜的小型化。

【散热片和冷却器冷却方式的控制柜】

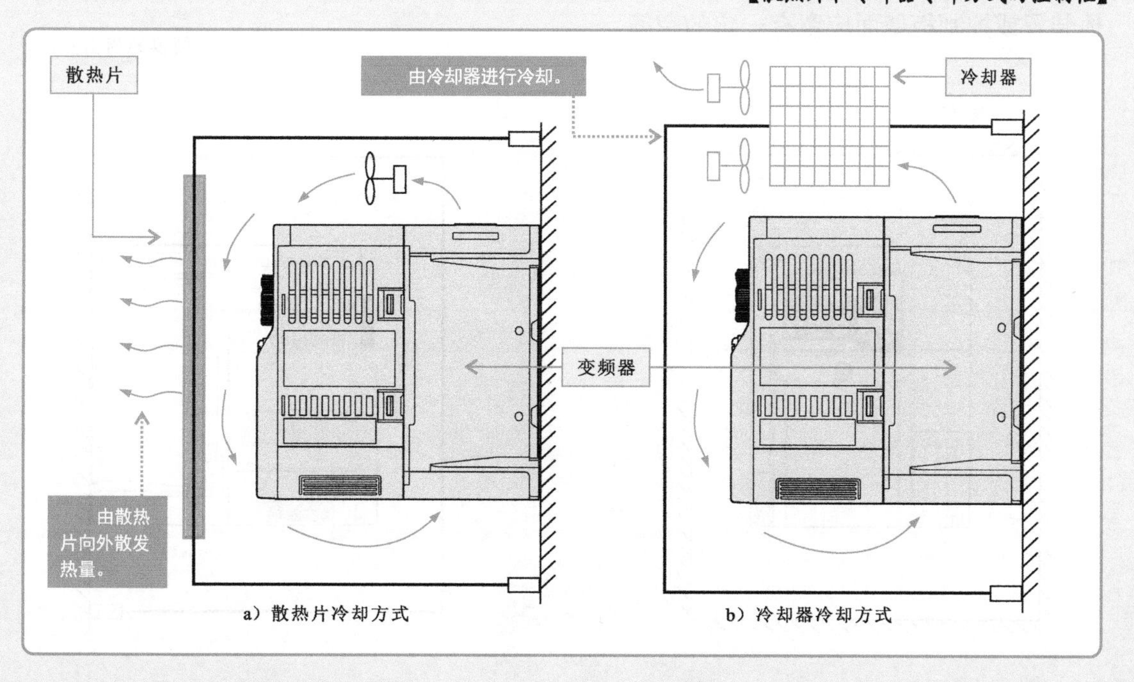

a）散热片冷却方式　　b）冷却器冷却方式

4.1.3 变频器的避雷措施

为了保证变频器在雷电活跃的地区或季节安全运行，变频器应设有防雷击措施。通常，变频器内部都设有雷电吸收网络，可防止瞬间的雷电侵入，避免雷电导致变频器损坏。

值得注意的是，在实际应用中，当变频器内部的吸收网络无法满足要求时，还需设置变频器专用的浪涌保护器（也称为避雷器），特别是在电源由电缆引入时，需要做好防雷措施。

【变频器的避雷防护措施】

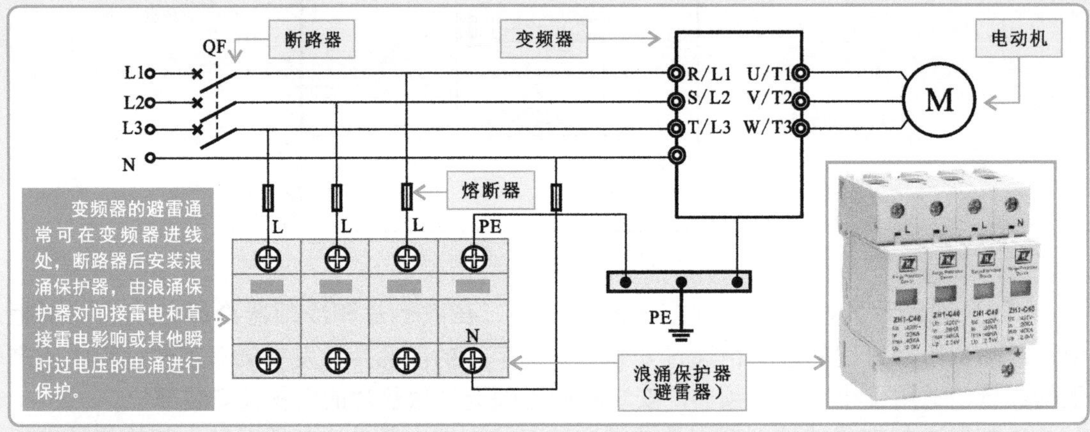

4.1.4 变频器的安装空间

变频器在工作时，会产生热量。为了变频器的良好散热以及维护方便，变频器与其他装置或控制柜壁面应留有一定的空间。

【变频器的周围空间】

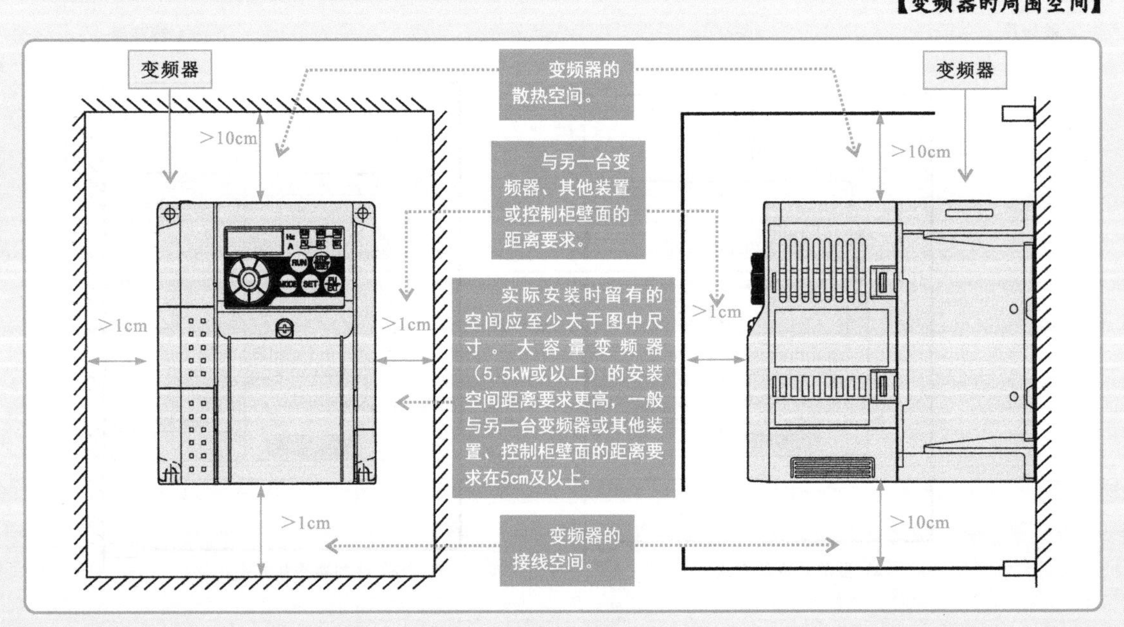

4.1.5 变频器的安装方向

为了保证变频器的良好散热，除了对变频器的安装空间有明确要求外，变频器的安装方向也有明确规定。

【变频器的安装方向】

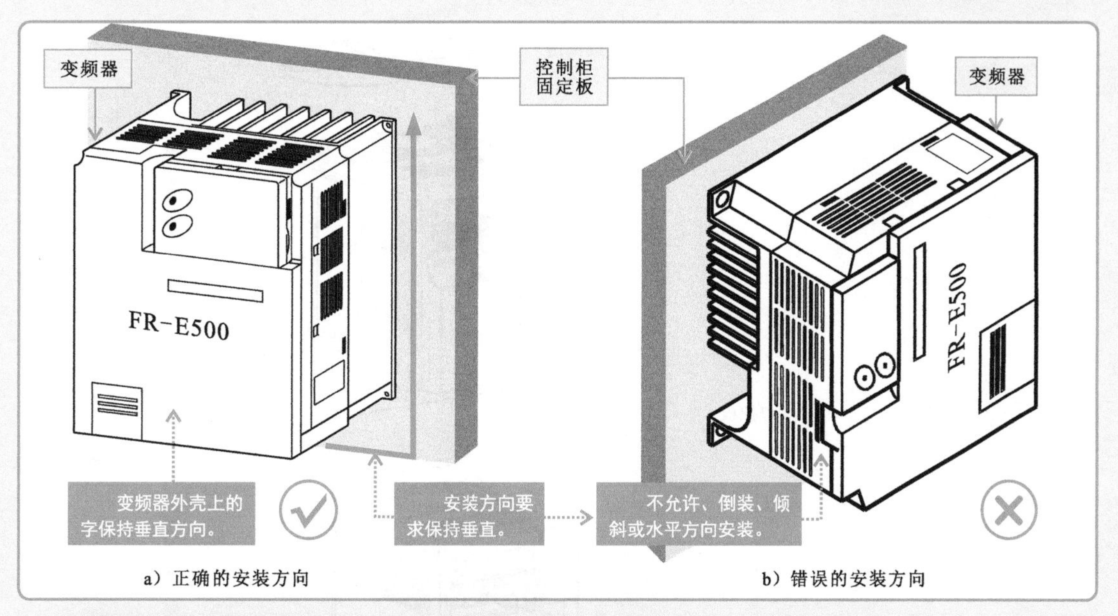

a）正确的安装方向　　b）错误的安装方向

4.1.6 两台变频器的安装排列方式

若在同一个控制柜内安装两台或多台变频器时，应尽可能采用并排安装。安装时应注意变频器之间应留有一定的间隙，同时注意控制柜中的通风，使变频器周围的温度不超过允许值。

【两台变频器的并排安装方式】

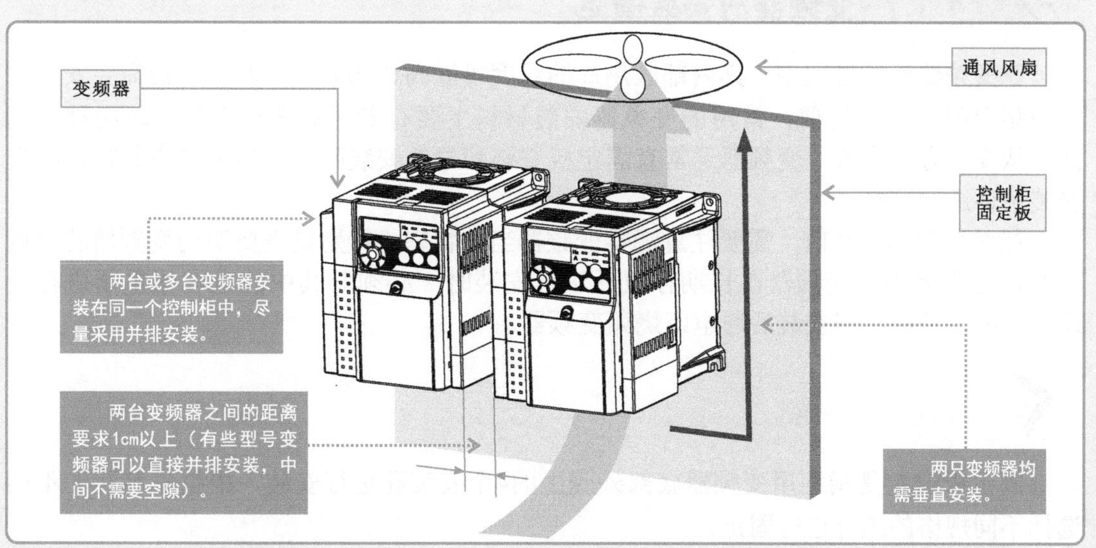

若需安装多台变频器且控制柜的空间较小，只能采用纵向摆放时，应在上部变频器与下部变频器之间安装防护板，防止下部变频器的热量引起上部变频器的温度上升，而导致变频器出现故障。

【两台或多台变频器的纵向安装】

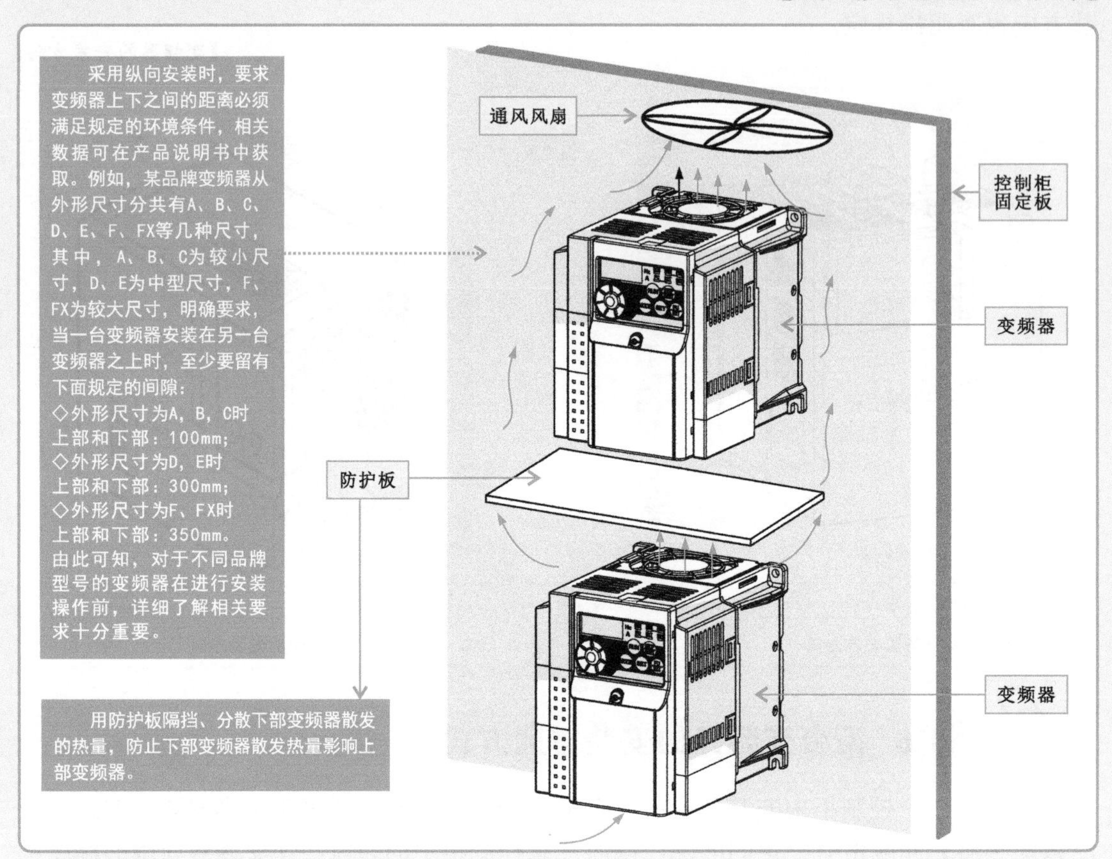

4.1.7 变频器的安装固定

在变频器运行过程中，其内部散热片的温度可能高达90℃，因此变频器需要安装固定在耐温材料上。目前，常用的变频器安装材料主要有专用的固定板和导轨两种。因此，从安装方式来看，变频器通常有固定板安装和导轨安装两种，用户在安装时可根据安装条件进行选择。

在对变频器安装前，需要注意观察变频器当前状态，特别是需要明确变频器的存放时间，这是因为，变频器在长期存放后进行安装时，必须对其中的电容器重新进行处理，否则，可能会在安装后通电即烧坏变频器。

1. 固定板安装

固定板安装是指利用变频器底部外壳上的4个安装孔进行安装，根据安装孔的不同选择不同规格的螺钉进行固定。

【变频器安装到固定板（控制柜固定板）上】

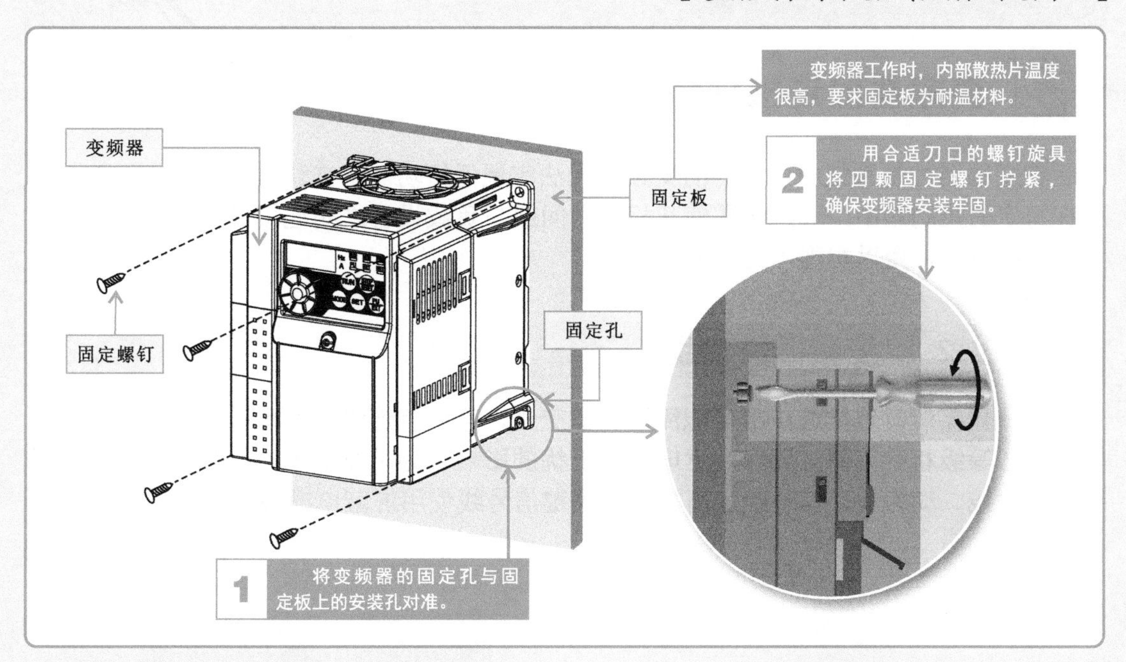

2.导轨安装

导轨安装是指利用变频器底部外壳上的导轨安装槽及卡扣将变频器安装在导轨上。

【变频器安装到导轨上】

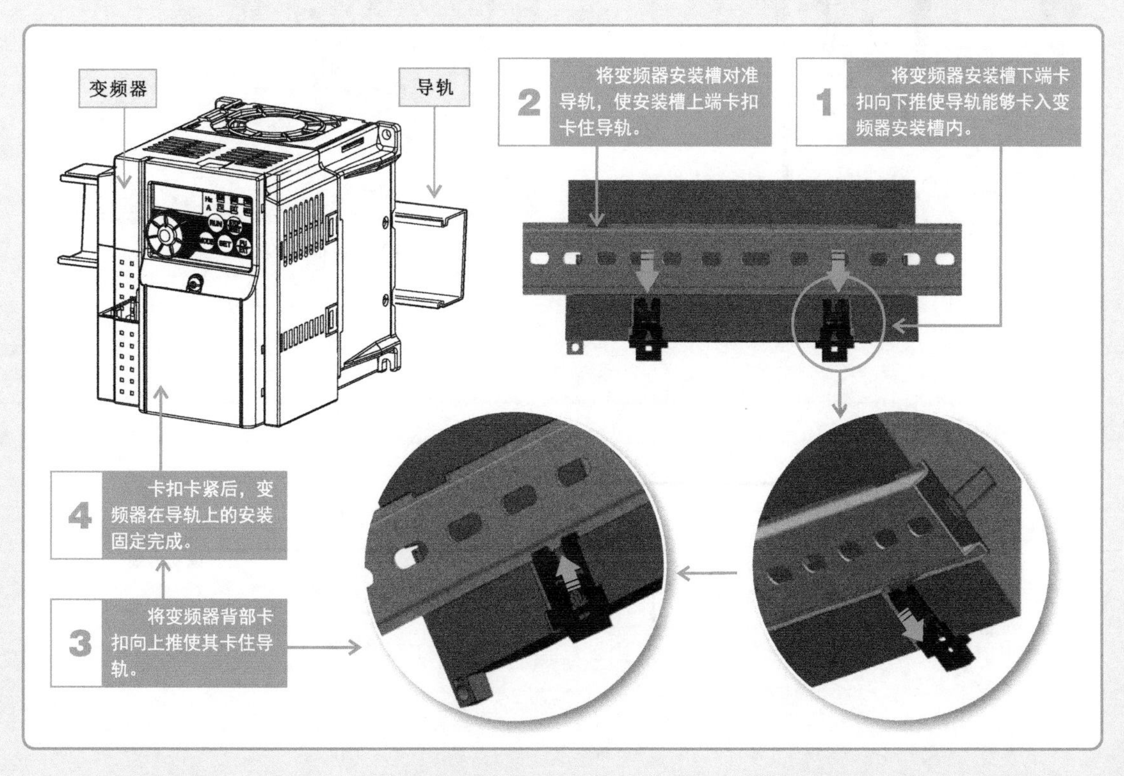

4.2 变频器的连接训练

在变频器控制系统中，独立的变频器无法实现任何功能，它通常与其他电气部件安装在特定的控制箱中，通过线缆使其相互之间或与负载设备之间连接成具有一定控制关系的电路系统，用以实现一定的控制功能。

4.2.1 变频器的布线

变频器接线时连接线应尽可能简短、不交叉，且所有连接线的耐压等级必须与变频器的电压等级相符。同时还应注意电磁波干扰的影响。为了避免电磁干扰，安装接线时可将电源线、动力线、信号线远离布线，关键信号线使用屏蔽电缆等抗电磁干扰措施。

【变频器的布线要求】

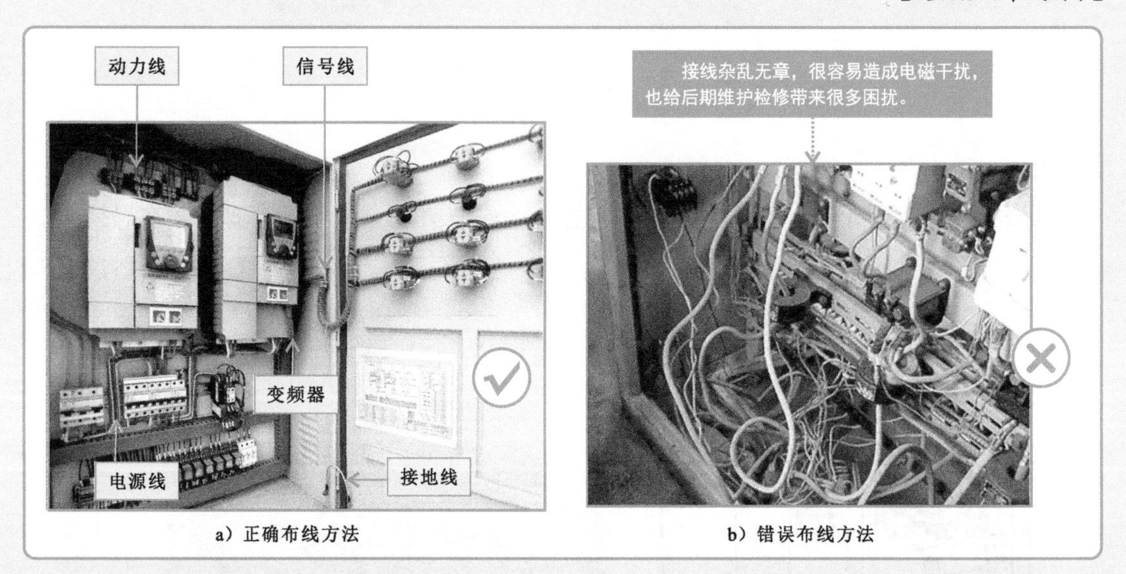

a）正确布线方法　　b）错误布线方法

特别提醒

为了减小电磁干扰，通常在变频器周围电路中的接触器和继电器等装置的线圈上连接浪涌吸收器，同时为了减小干扰相互间的耦合，动力线与电源线之间的距离应大于30cm，动力线与信号线之间的距离应大于50cm，电源线与信号线之间的距离应大于20cm，交叉布线时应使其交叉线垂直。

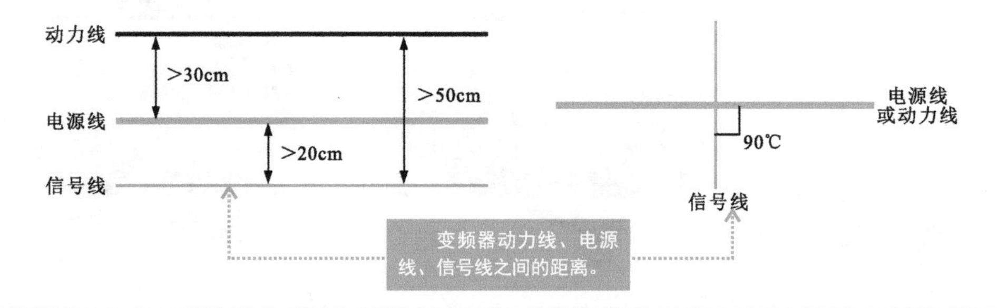

4.2.2 变频器导线的连接标准

变频器与电动机之间的连接线缆一般称为动力线，该动力线一般根据变频器的容量大小，选择导线截面积合适的三芯或四芯屏蔽动力电缆。

另外，由于工作环境影响，变频器与电动机之间往往要有一定距离，因此，对动力线的长度也有一定要求。不同规格的变频器，对动力线长度的要求也不同，具体可根据产品说明书要求进行。

【变频器与电动机连接长度示意图】

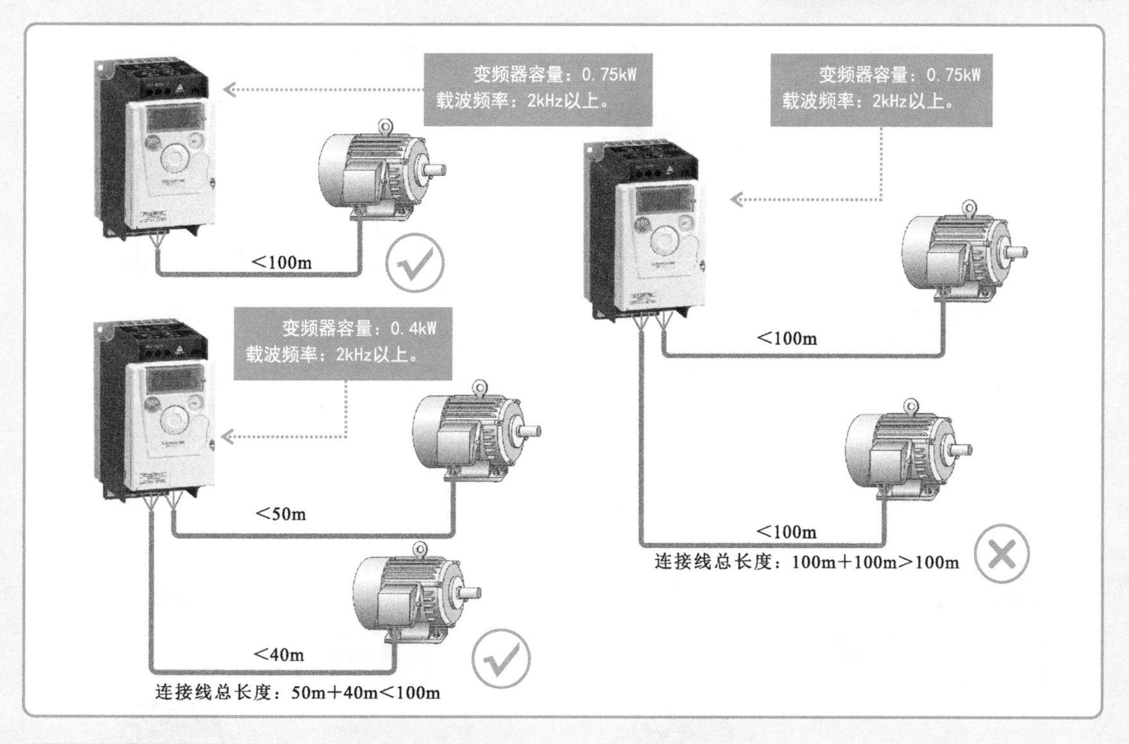

特别提醒

值得注意的是，在实际接线中，应尽量缩短动力线的长度，可以有效降低电磁辐射和容性漏电流。若动力线的长度较长，或超过变频器所允许的线缆长度时，可能会影响变频器的正常工作，此时需要降低变频的载波频率，并加装输出交流电抗器，不同规格变频器连接动力线长度与载波频率的关系如下所示。

PWM频率选择设定值（载波频率）	变频器容量/kW				
	0.4	0.75	1.5	2.2	3.7或以上
1 kHz	200 m以下	200 m以下	300 m以下	500 m以下	500 m以下
2～14.5 kHz	30 m以下	100 m以下	200 m以下	300 m以下	500 m以下

4.2.3 变频器导线的接地操作

在变频器中都设有接地端子，为了有效避免脉冲信号的冲击干扰，并防止人接触变频器的外壳时因漏电流造成触电，在对变频器进行接线时，应保证其良好的接地。

1. 变频器与其他设备之间的接地

变频器的接地线应选择该变频器规定尺寸或粗于规定尺寸的接地线进行接地，而且应尽量采用专用接地，接地极应尽量靠近变频器，以缩短接地线。

【专用接地】

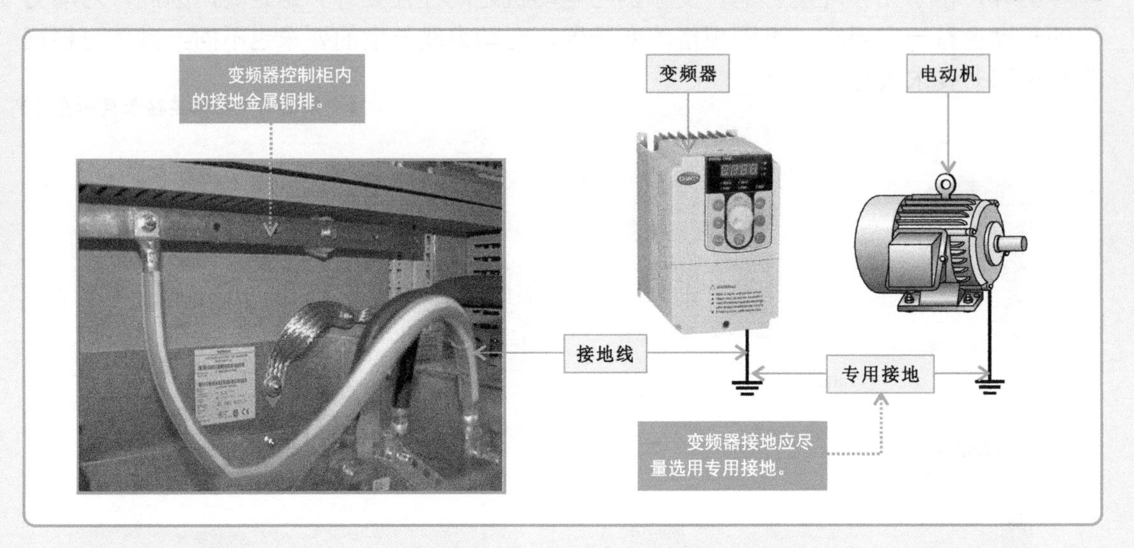

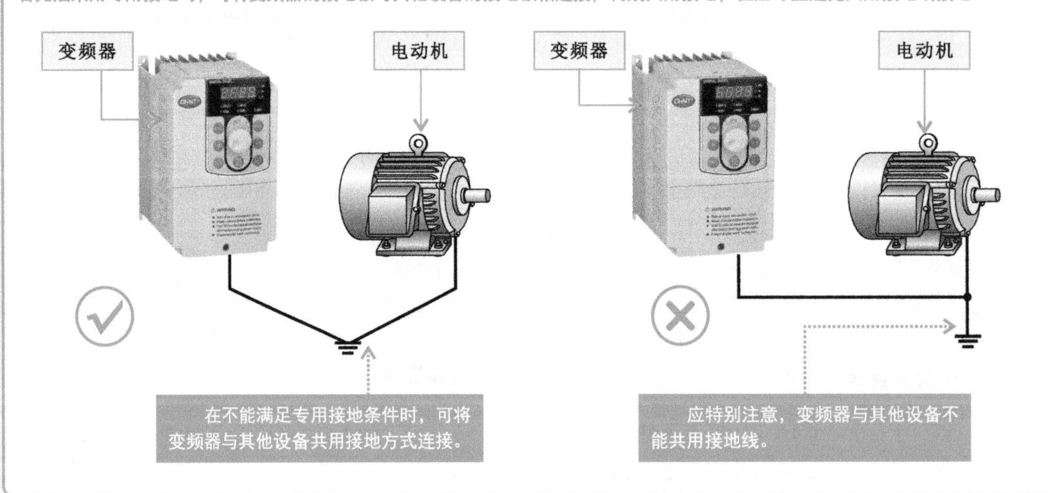

2. 变频器与变频器之间的接地

变频器与变频器之间进行接地时可采用共同接地或共用接地线的方法进行接地，在进行多台变频器的共同接地时，接地线之间互相连接，应注意接地端与大地之间的导线尽可能短，接地线的电阻尽可能小。

【变频器与变频器之间的接地】

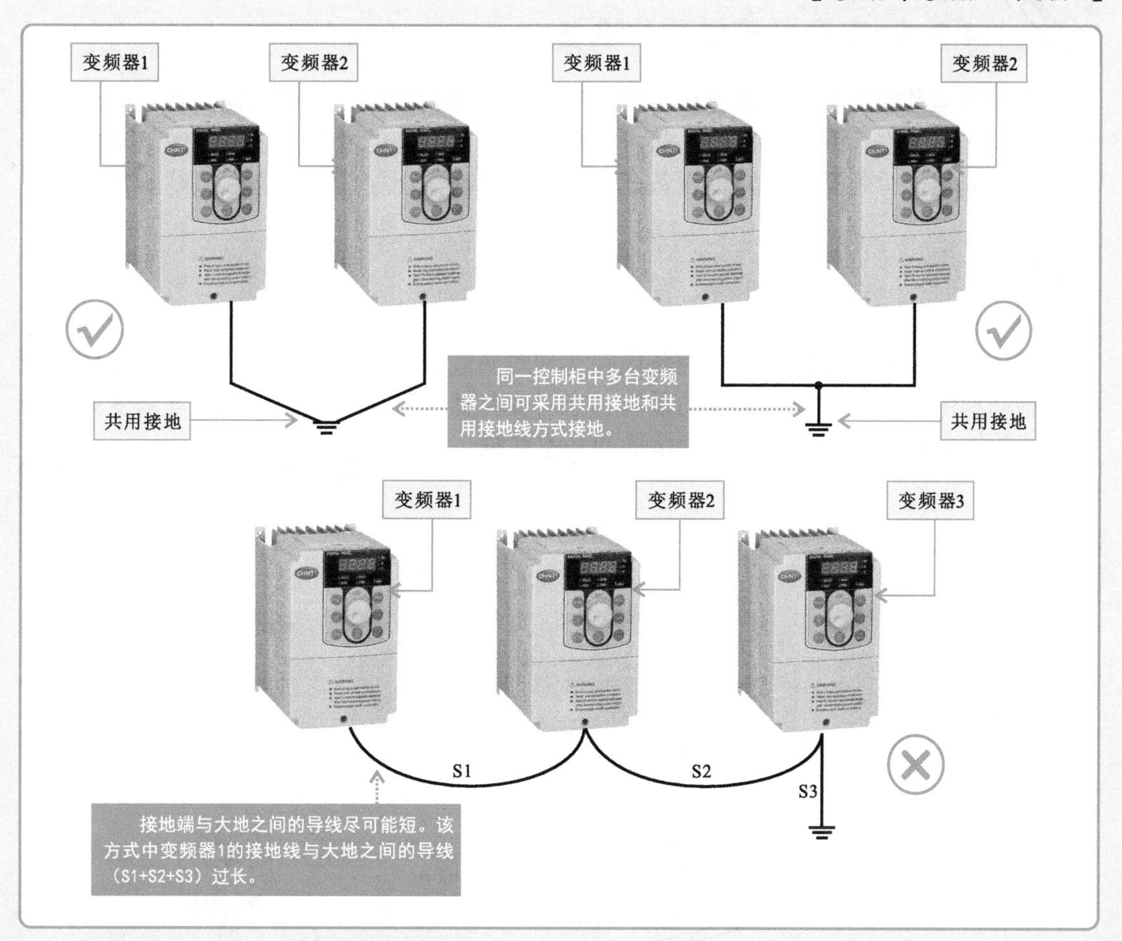

特别提醒

变频器的信号线通常为屏蔽电缆，在进行屏蔽电缆接地时，其屏蔽电缆的金属丝网必须通过两端的电缆夹片与变频器的金属机箱相连。屏蔽电缆是指一种在绝缘导线外面再包一层金属薄膜，即屏蔽层的电缆。通常情况下，屏蔽层多为铜丝或铝丝织网，或无缝铅铂。屏蔽电缆的屏蔽层只有在有效接地后才能起到屏蔽作用。

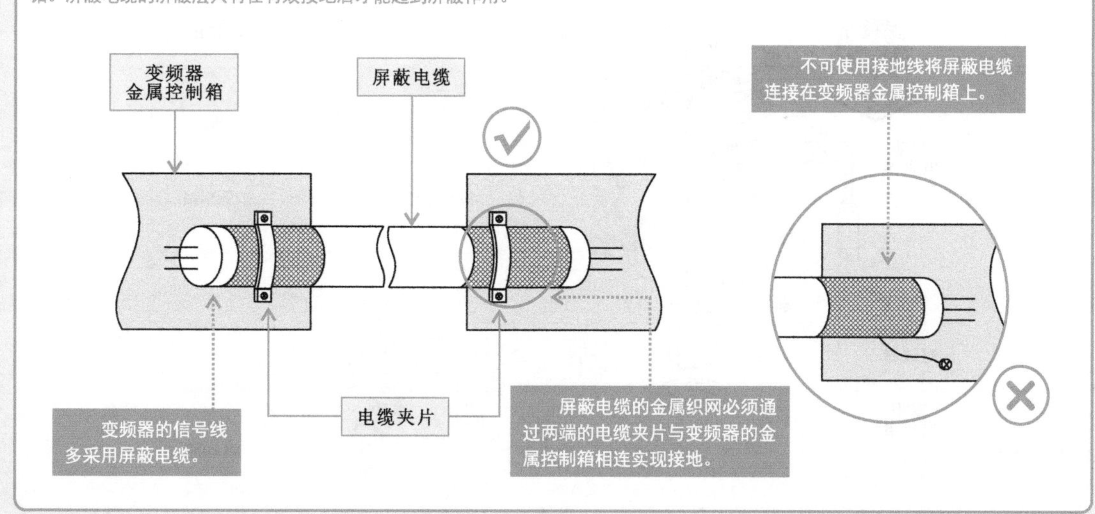

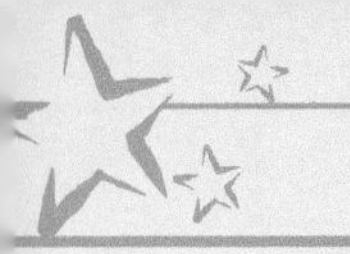

4.2.4 变频器接线前的准备

变频器与其他设备或装置连接构成一个完整的控制系统，才可实现其特定的功能与目的。因此，在进行变频器接线之前，应首先了解所接线的变频器控制系统的功能和结构，在此基础上明确变频器外接设备或装置，然后制作出配线图为进行接线操作做好各项准备。

1. 了解所接线的变频器控制系统的功能和结构

变频器控制系统是指由变频控制电路实现对负载设备（电动机）的起动、运转、变速、制动和停机等各种控制功能的系统。在对变频器进行接线前，准确地理解变频器控制系统的控制功能和结构，是正确接线的基本前提。

【典型变频器控制系统结构示意图】

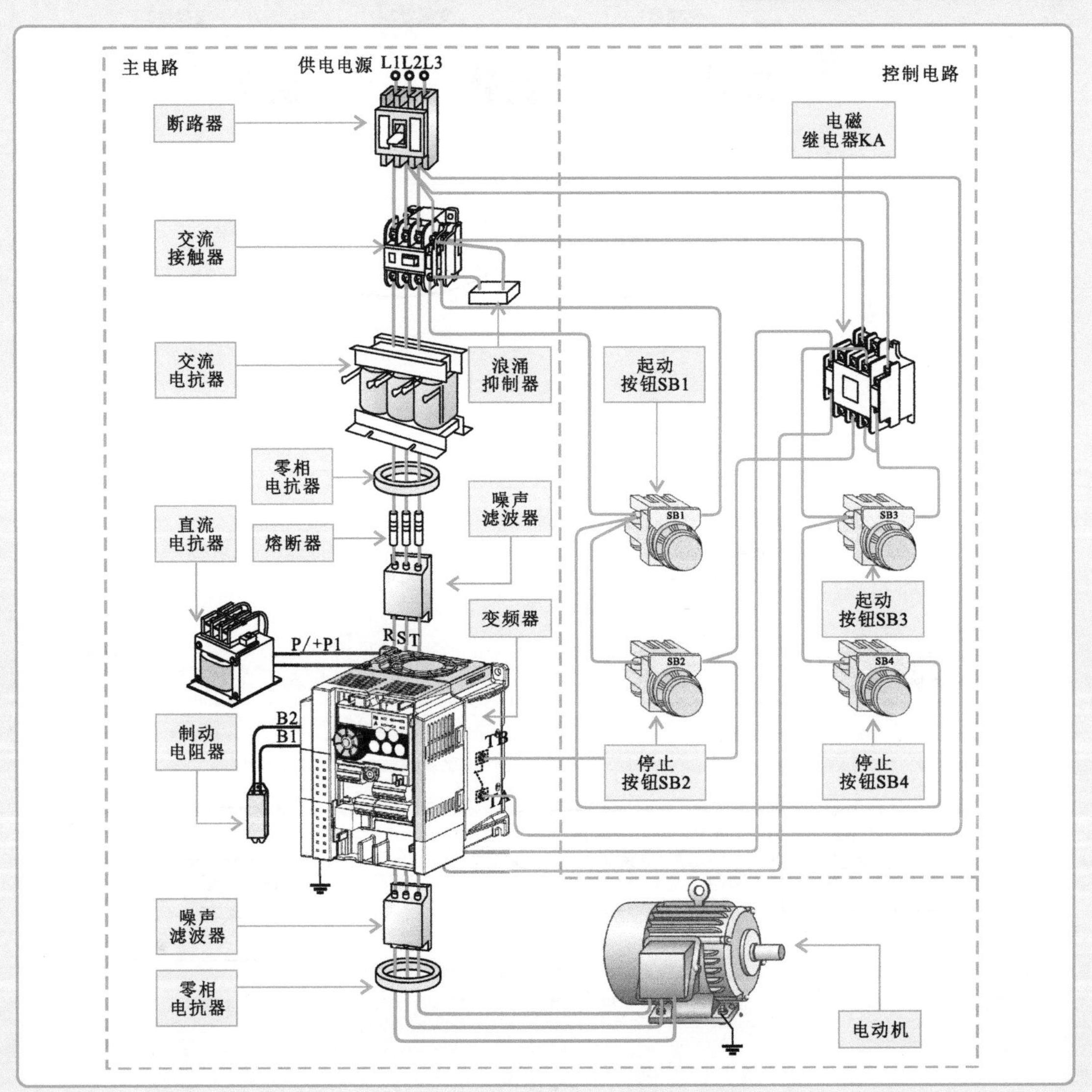

2. 明确变频器及外设设备或装置

变频器接线主要指变频器通过接线端子（主接线端子和控制接线端子）与电源、周边电气部件（设备、负载和控制部件）的连接。

一般情况下，在与变频器接线操作中，需要准备的设备主要包括变频器、变频器周边设备（交/直流电抗器、零相电抗器、熔断器、噪声滤波器、制动电阻）、断路器、交流接触器及浪涌保护器和电动机等。

【变频器及其周边设备】

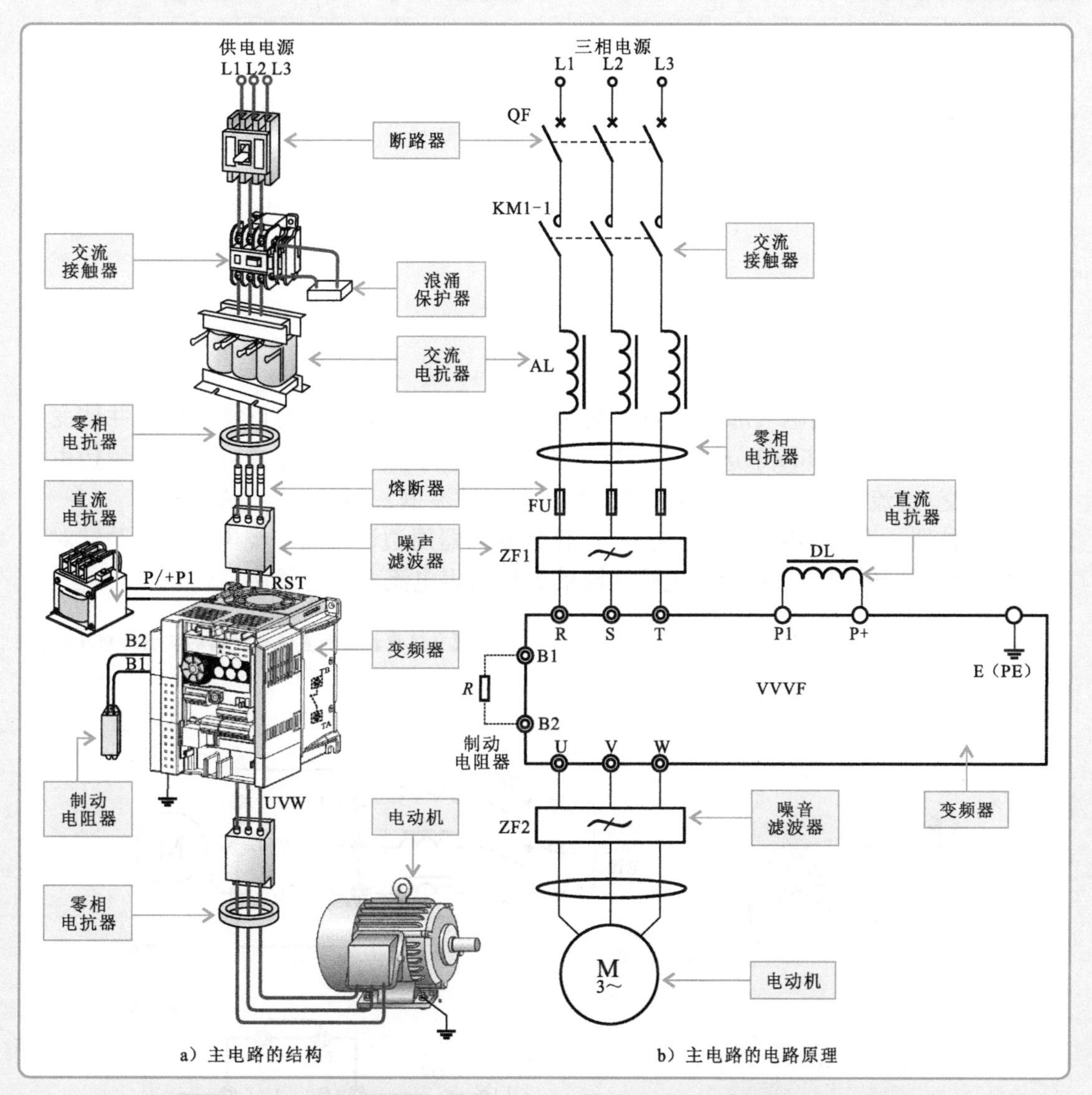

a）主电路的结构　　b）主电路的电路原理

（1）变频器　变频器是变频器控制系统主电路中的核心部件，变频器与电动机的控制关系比较固定，必须将变频器的输入端（R、S、T）接到频率固定的三相交流电源侧，其输出端（U、V、W）接至电动机上。

【典型变频器的实物外形】

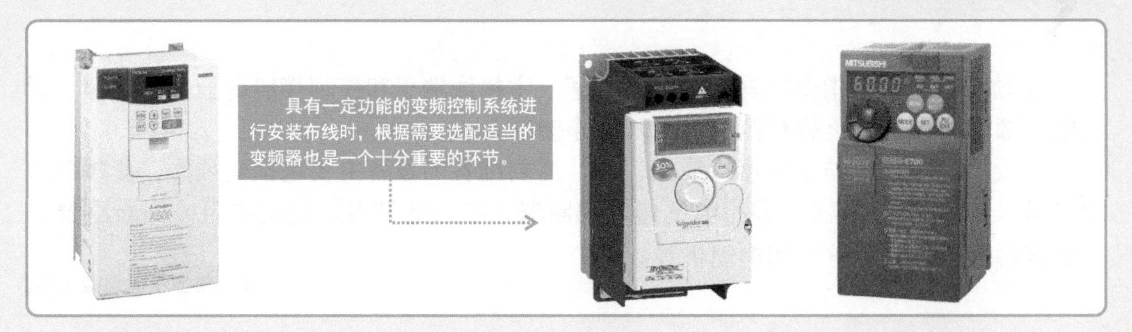

特别提醒

在应用变频器的时候，要根据设备要求选择与之匹配的变频器。在选择变频器时，首先，应当根据设备对转速（最高、最低）和转矩（起动、连续及过载）的要求，确定设备要求的最大输入功率（即电动机的额定功率最小值）。

参考公式：$P=nT/9950$（kW），式中，P为机械要求的输入功率（kW）；n为机械转速（r/min）；T为机械的最大转矩（N·m）。

其次，根据变频器输出功率（变频器容量）和额定电流稍大于电动机的功率和额定电流的原则来确定需要选用的变频器的参数与型号。需要注意的是，选择变频器的容量是指它适用4极交流异步电动机的功率。相同额定功率的电动机，因其极数不同，电动机额定电流不同，一般电动机极数增多，其额定电流增大。因此，不能单纯以负载电动机的功率为依据选配变频器。

一般，对于笼型电动机，变频调速器的容量选择应以变频器的额定电流大于或等于电动机的最大正常工作电流1.1倍为原则，这样可以最大限度地节约资金。

对于重载起动、高温环境、绕线转子电动机、同步电动机等条件下，变频调速器的容量应适当加大。

（2）变频器周边电气部件　为了确保电动机变频控制系统的正常工作，并使变频器能够在最佳状态和环境下运行，在主电路中还包含了除变频器本身外的一些周边电气部件，如交/直流电抗器、零相电抗器、熔断器、滤波器、制动电阻器等。

①电抗器。变频器用电抗器是指专门作为变频器周边设备的一类电抗器，是针对变频器特性而专门研制的，是利用电感线圈的感抗阻碍电流变化的器件。

【交流电抗器和直流电抗器的实物外形及功能】

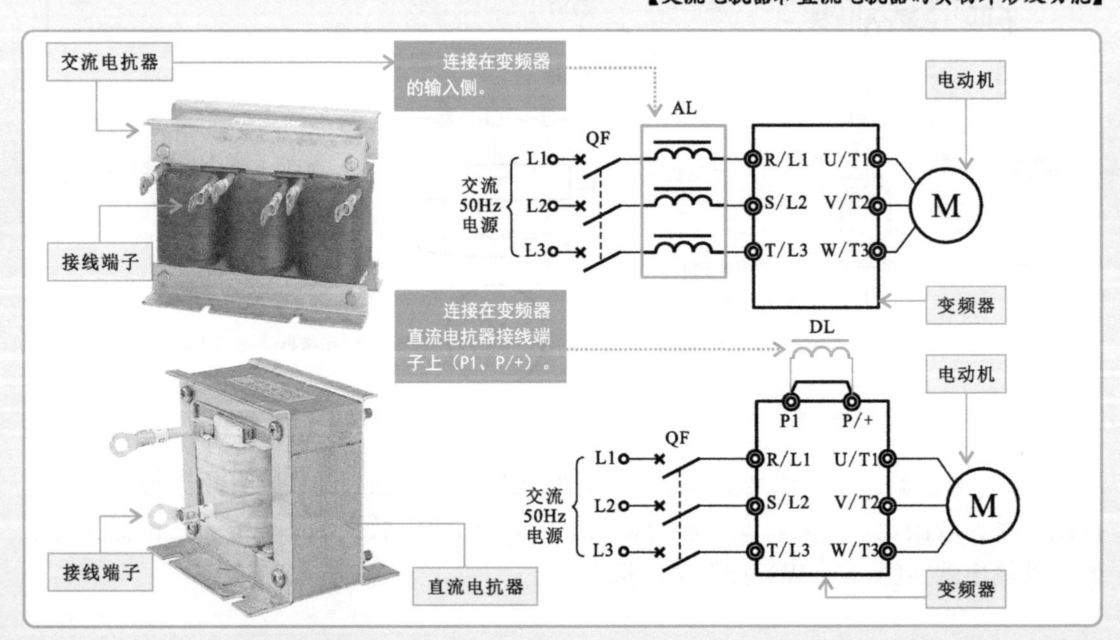

特别提醒

交流电抗器串联在变频器前的三相输入侧，直流电抗器一般与变频器的接线端子连接，它们的安装位置不同。一般情况下，当电动机额定功率在0.2kW以下时，需要安装交流电抗器，当电源容量超过600kV·A时必须使用直流电抗器。

另外，从提高功率因数的效果来看，直流电抗器要好一些，可以提高到0.9，而交流电抗器只能把功率因数提高到0.85左右，不过交流电抗器除了改善功率因数的性能外，还能够减缓外部冲击电压的影响，提高抗干扰能力。

变频器产生的高次谐波干扰是一种电磁波干扰。其主要是指：目前较普遍的PWM型变频器，其产生的非正弦波电源具有很高的高次谐波电压分量。该电压分量将引起电动机定子铜损、转子铜损和铁损的增加，从而影响电动机的效率。

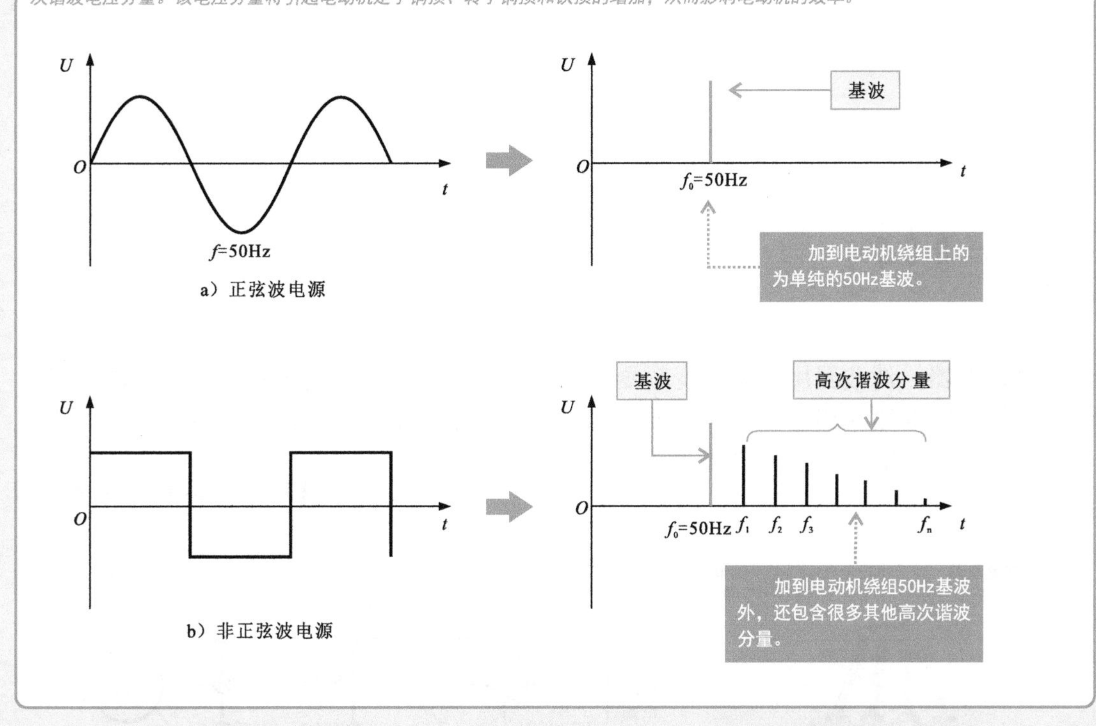

a）正弦波电源

b）非正弦波电源

零相电抗器也是电抗器的一种，用以抑制电源供电系统中迂回再生干扰或线路产生的干扰。一般可应用于靠近变频器的输入和输出侧。

【典型零相电抗器的实物外形及其连接方式】

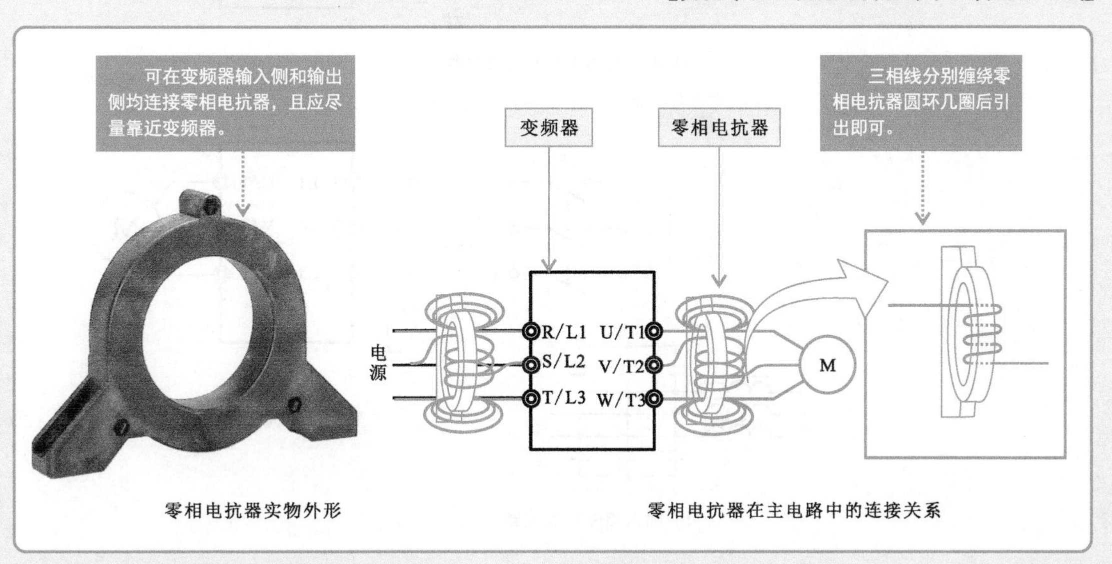

零相电抗器实物外形

零相电抗器在主电路中的连接关系

②熔断器。它是一种线路和设备的短路及过载保护器件。当系统正常工作时，熔断器相当于一根导线，起通路作用；当通过熔断器的电流大于规定值时，熔断器会使自身的熔体熔断而自动断开电路，从而对线路及电气设备起到保护作用。

【典型熔断器的实物外形】

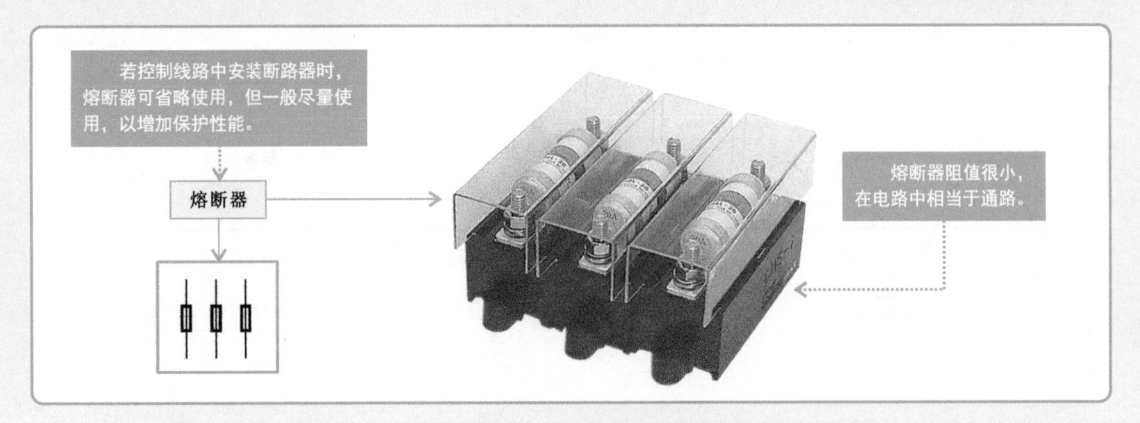

③滤波器。滤波器用于降低变频器产生的高次谐波对外界的干扰，消除谐波电流，一般位于变频器输入和输出侧，可根据实际情况选用。常见的滤波器主要有电容型输入侧专用滤波器、输入/输出噪声滤波器等。

【典型噪声滤波器的实物外形】

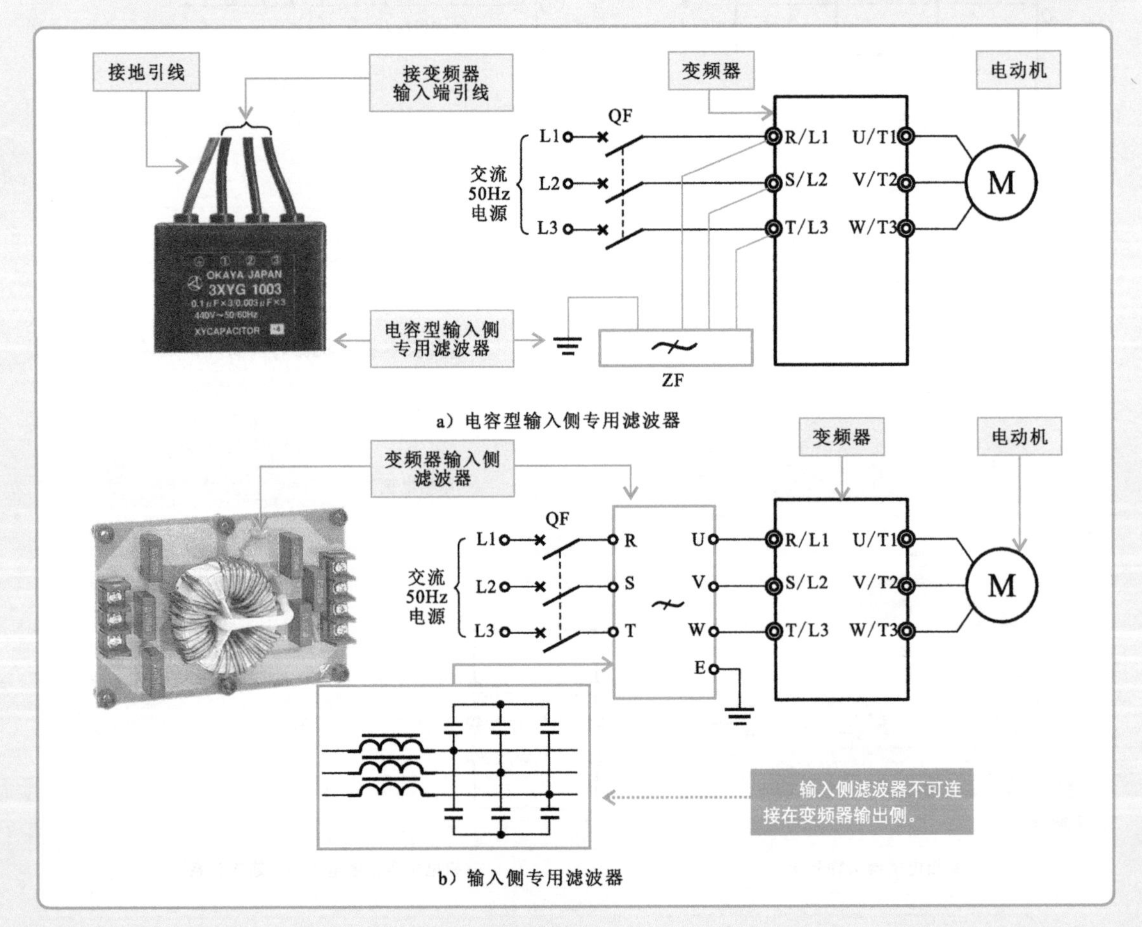

a）电容型输入侧专用滤波器

b）输入侧专用滤波器

【典型噪声滤波器的实物外形（续）】

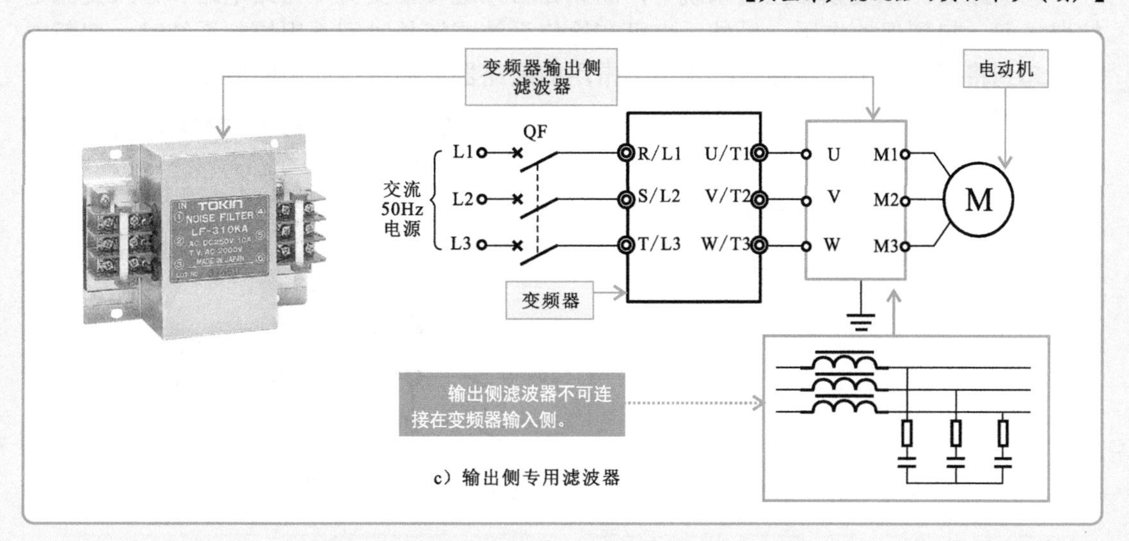

c）输出侧专用滤波器

特别提醒

电抗器主要削弱频率较低的谐波电流，滤波器则用于削弱频率较高的谐波电流，且滤波器应该尽量靠近变频器的接线端。

此外，电容型滤波器不能接在变频器的输出侧，否则将在变频器内逆变电路交替导通的过程中，增加电容器充、放电电流，相当于给逆变电路中的半导体晶体管增加了负担，减小了变频器允许的输出电流，因此，在变频器侧不能连接电容型滤波器。

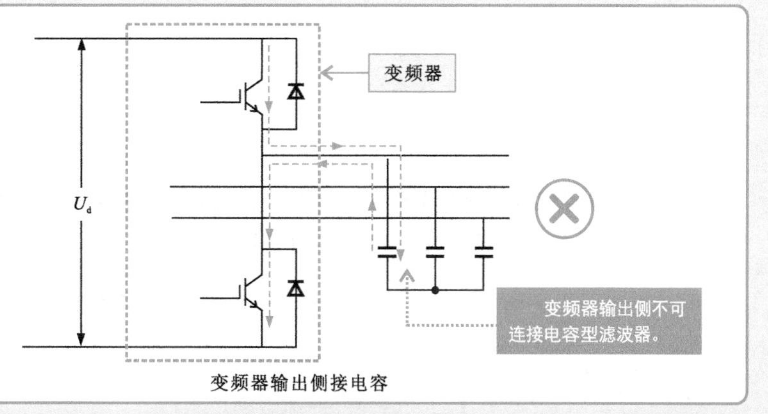

变频器输出侧接电容

④制动电阻器或制动电阻器单元。电动机变频控制系统在实际应用时，当变频器输出频率下降过快时，电动机将产生回馈再生电流，使直流电压上升，可能会损坏变频器，因此一般在回馈电路中加入制动电阻或制动电阻器单元，将直流回路中的能量消耗掉，以便保护变频器并实现制动。

【典型变频器制动电阻器和制动电阻器单元的实物外形】

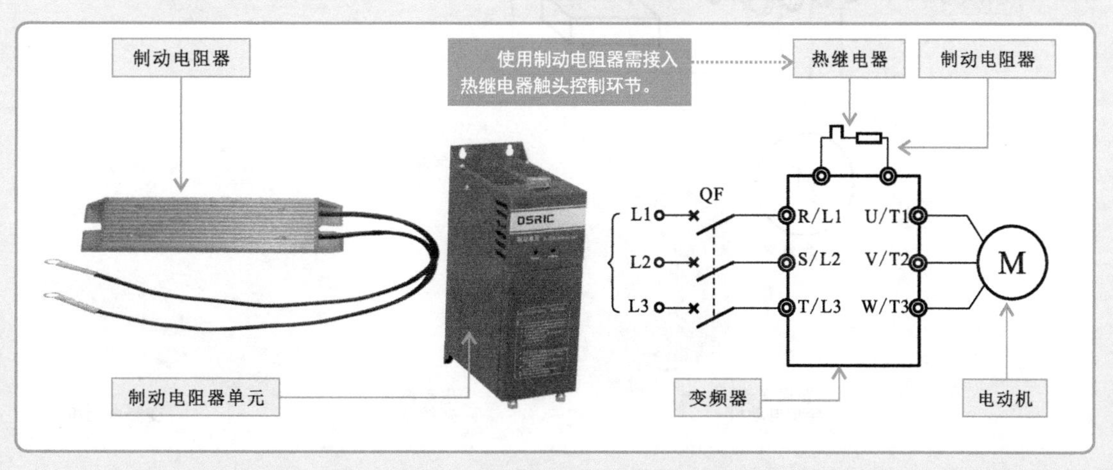

⑤断路器。在变频器控制系统中，断路器必须连接在交流主回路电路和输入交流电抗器之间，起到保护作用。另外，也可在检修系统或较长时间不用控制系统时，切断电源，起到将变频器与电源隔离的作用。常用的断路器主要有接线用断路器和漏电保护断路器两种。

【变频器控制系统中常用断路器的实物外形】

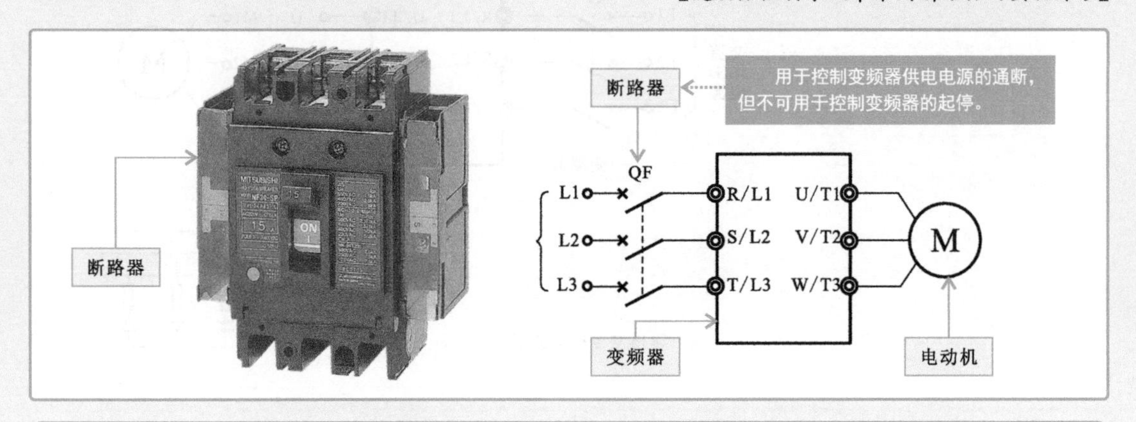

特别提醒

在不同类型的变频器控制系统中，所选用电动机的类型、功率也有所不相同，其相应控制部件的规格也有相应的要求。在进行变频器接线操作中，应严格按照变频器规格说明书进行选配连接部件。

⑥浪涌保护器。浪涌保护器一般位于交流接触器、控制继电器、电磁阀等器件线圈处，用于吸收该类器件接通、断开时产生的浪涌电流，可对变频器起到保护作用。

【电动机变频控制系统主电路其他常用组成部件】

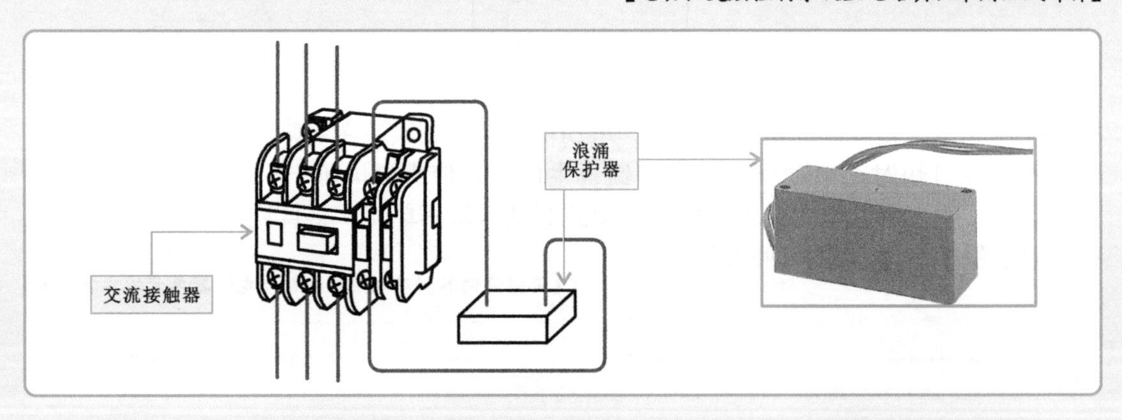

特别提醒

电动机是机械系统的动力源，它是将系统电能转换为机械能的输出部件，其执行的各种动作是控制系统实现的最终目的。

目前，在电动机变频控制系统中，电动机多为普通交流异步电动机和变频电动机两大类。

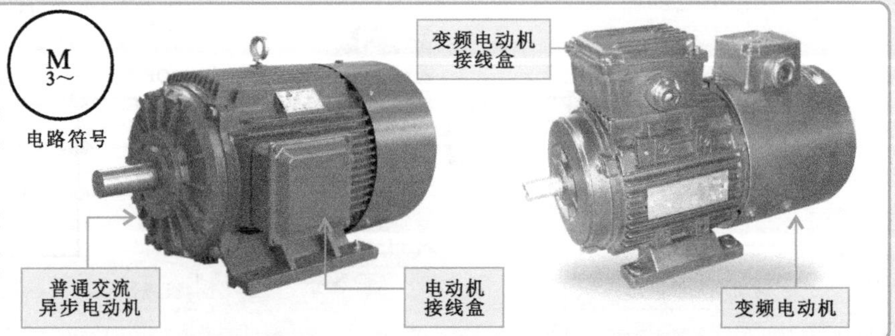

3. 绘制变频器配线图

根据前文，基本了解了变频器接线开关的设备和装置的功能及特点，在此基础上可绘制出变频器的配线图。配线图对实际接线操作具有典型的指导性，对后期整个控制系统的维护、检修都具有十分重要的意义。

【典型变频器的接线配线图】

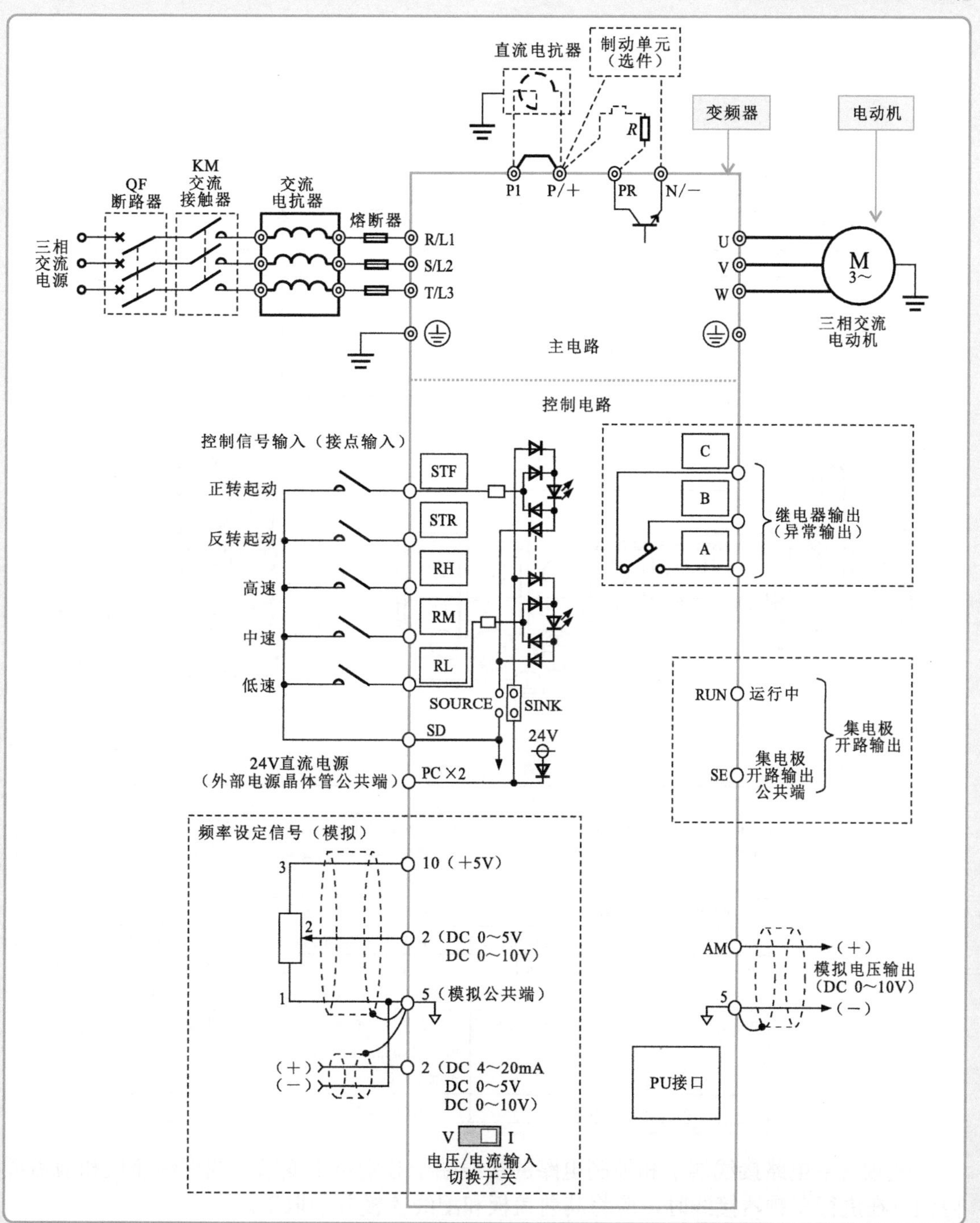

4.2.5 变频器主电路的连接操作

对变频器主电路进行接线，是指将相关功能部件与变频器主电路端子排进行连接，形成控制系统的主电路部分。接线时，应根据主电路的接线图及主电路接线端子上的标识进行连接。

【变频器主电路的接线图及端子标识】

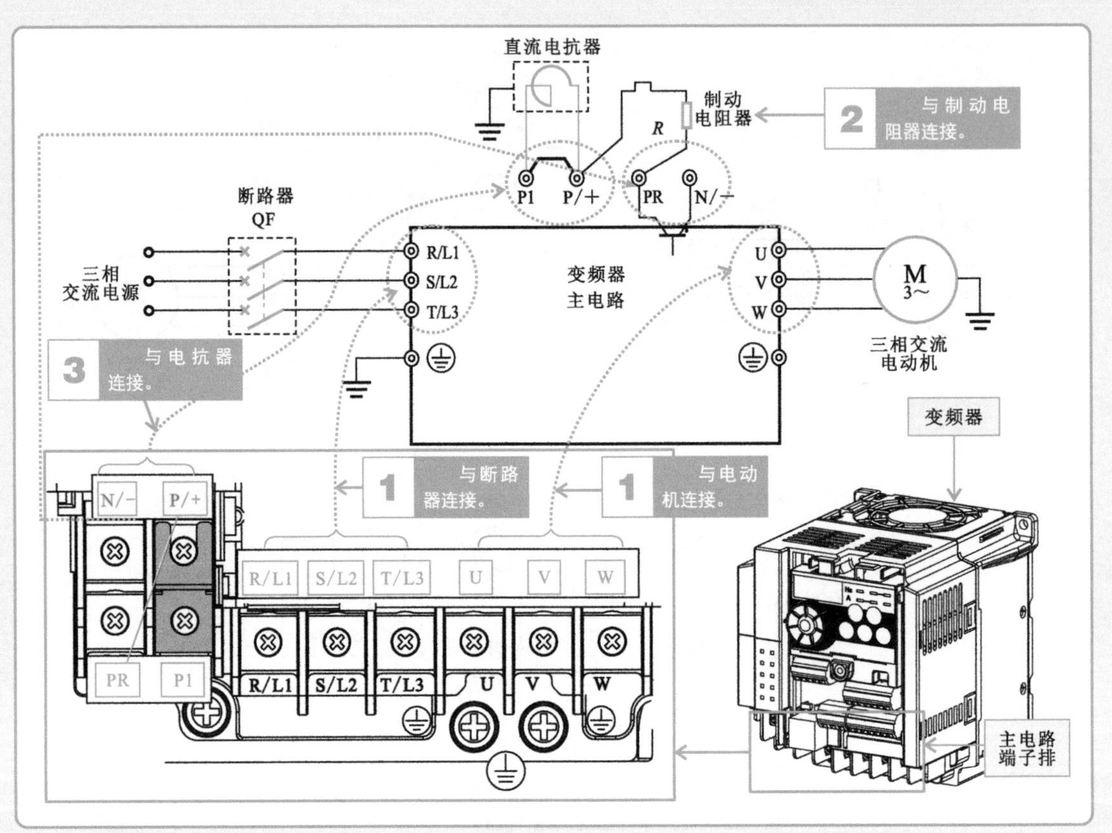

特别提醒

变频器主电路中各端子名称及功能见表中所列。

端子标识	端子名称	端子功能
R/L1/、S/L2、T/L3	交流电源输入端子	用于连接电源，当使用高功率因数变流器（FR-HC）或共直流母线变流器（FR-CV）时，该端子需断开，不能连接任何电路
U、V、W	变频器输出端子	用于连接三相交流电动机
P/+、PR	制动电阻器连接端子	在P/+、PR端子间连接制动电阻器（FR-ABR）
P/+、N/−	制动单元连接端子	在P/+、N/−端子间连接制动单元（FR-BU2）、共直流母线变流器（FR-CV）和高功率因数变流器（FRHC）
P/+、P1	直流电抗器连接端子	在P/+、P1端子间连接直流电抗器，连接时需拆下P/+、P1端的短路片，且只有连接直流电抗器时，才可拆下该短路片，否则不得拆下
⏚	接地端子	变频器接地

变频器主电路接线端子和控制电路的接线端子分别位于变频器的配线盖板和前盖板内侧，在进行变频器接线时，应将其前盖板和配线盖板分别取下。

【拆卸变频器的前盖板和配线盖板】

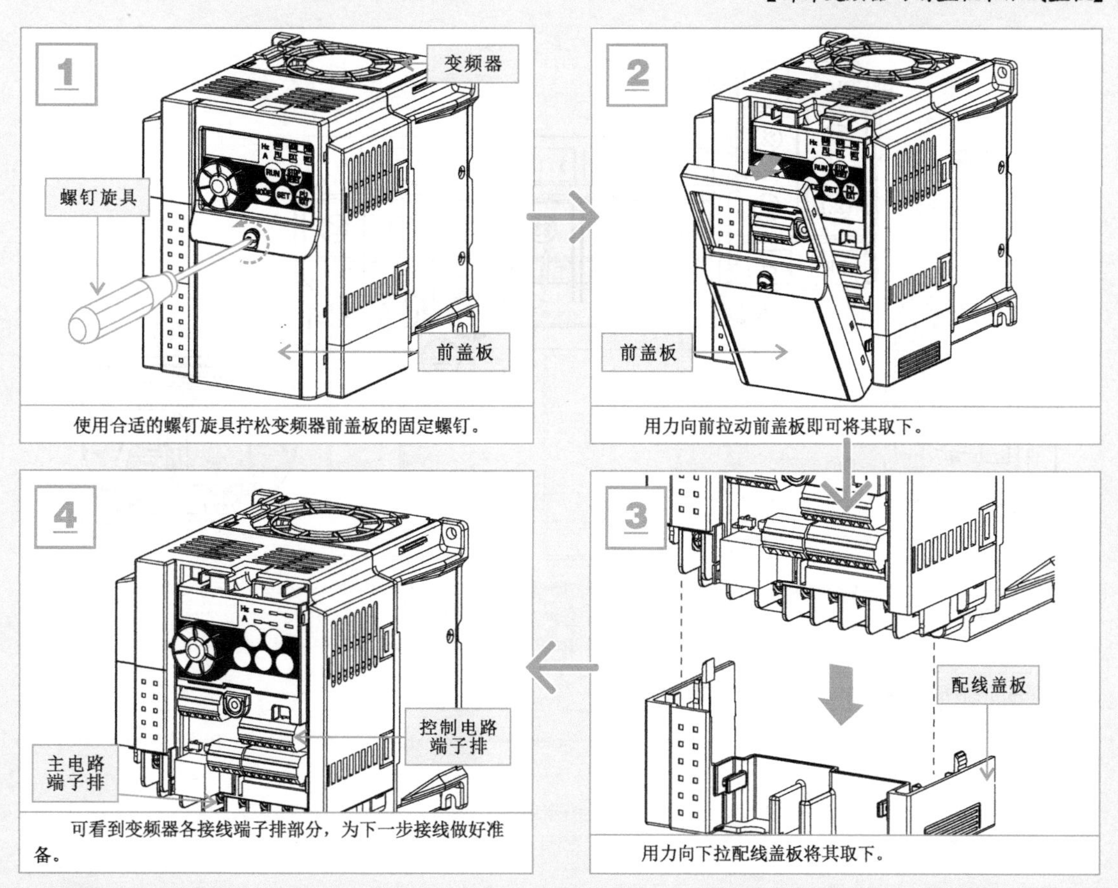

1. 连接三相交流电源和三相交流电动机

按照要求，将变频器与三相交流电源、三相交流电动机分别连接，其中，三相交流电源连接在变频器的交流电源输入端子R/L1/、S/L2、T/L3上；三相交流电动机连接在变频器输出端子U、V、W上。

【对变频器主电路进行接线】

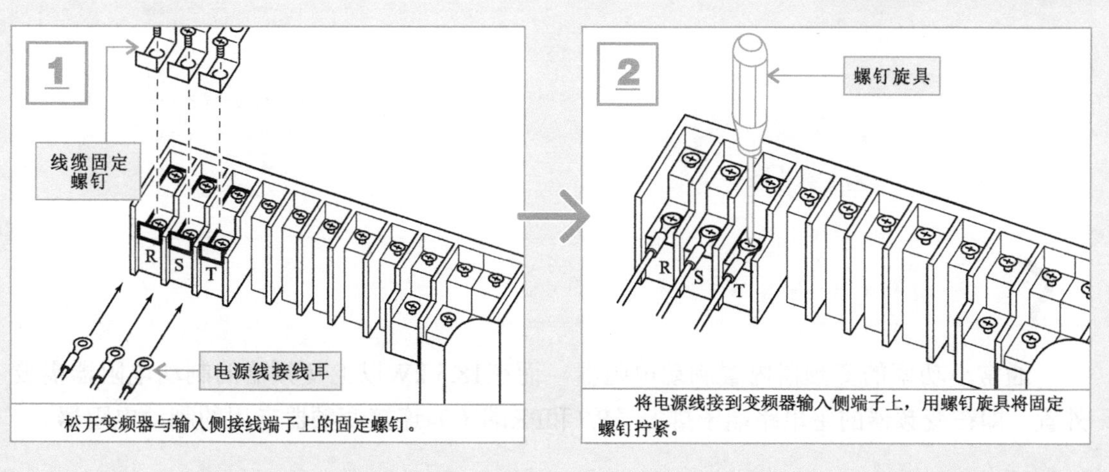

【对变频器主电路进行接线（续）】

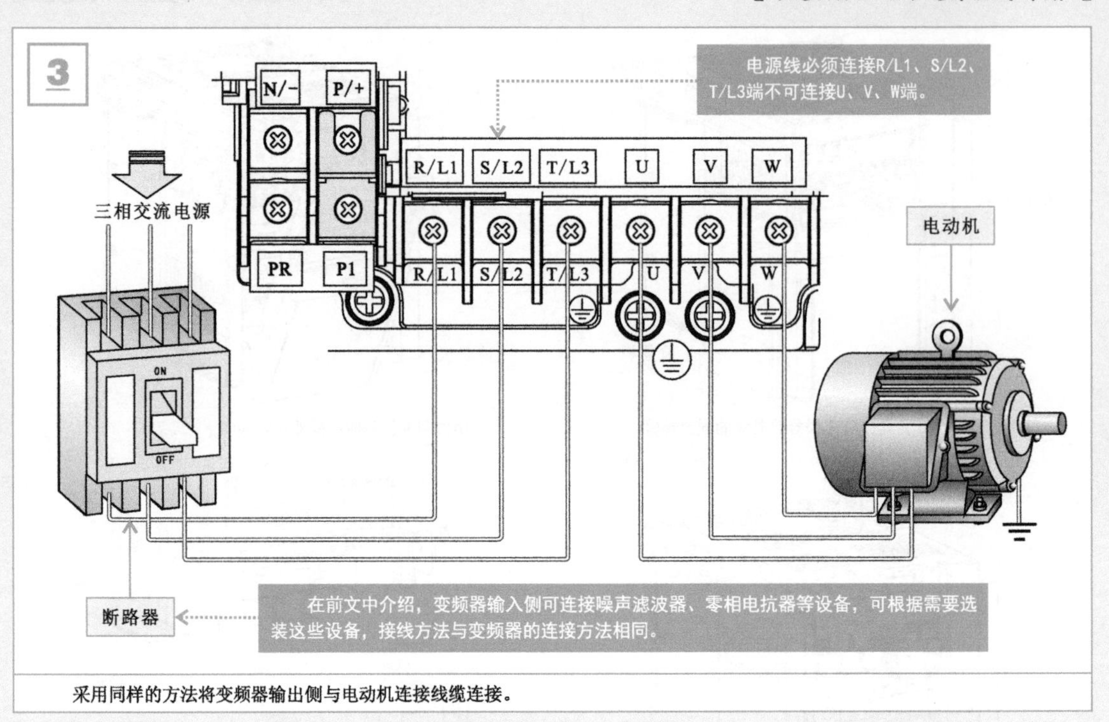

采用同样的方法将变频器输出侧与电动机连接线缆连接。

特别提醒

变频器主电路的输入端和输出端不允许接错。即，输入电源必须接到端子R、S、T上，输出电源必须接到端子U、V、W上，若接错，将在逆变电路处于导通周期时，引起两相间短路，出现如此情况，将烧坏变频器。

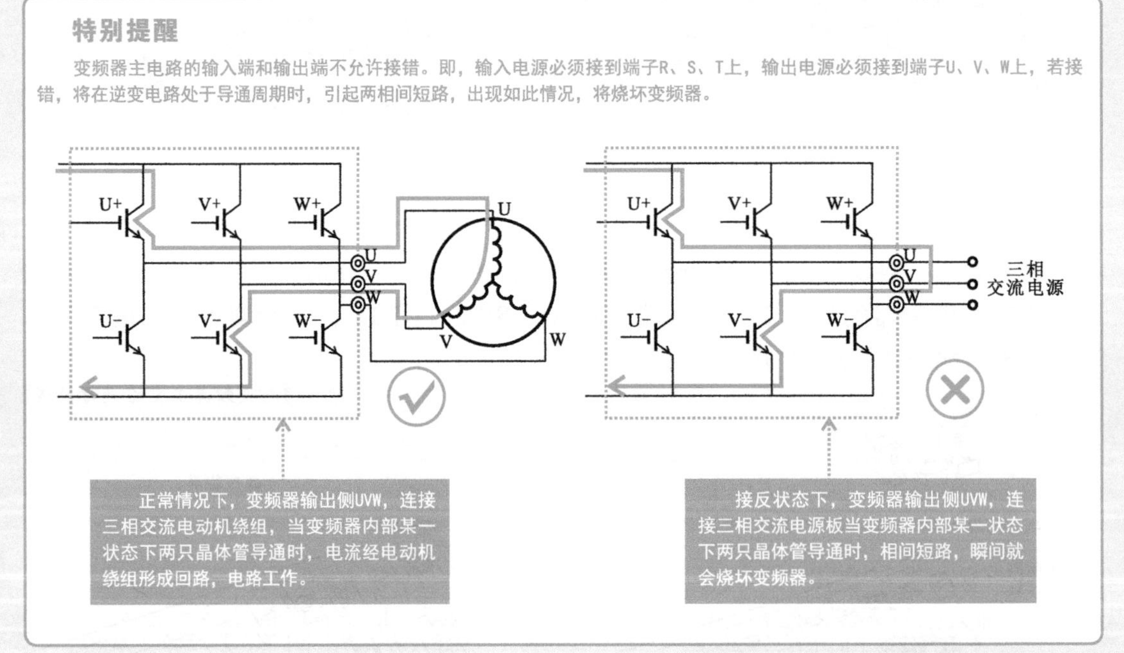

2. 连接制动电阻器

通常小功率的变频器内置制动电阻器，而在18.5 kW以上变频器的制动电阻器需要外置。即在变频器的主电路端子排上（P/+和PR端子）连接变频器专用的制动电阻器。

【电动机变频控制系统主电路其他常用组成部件】

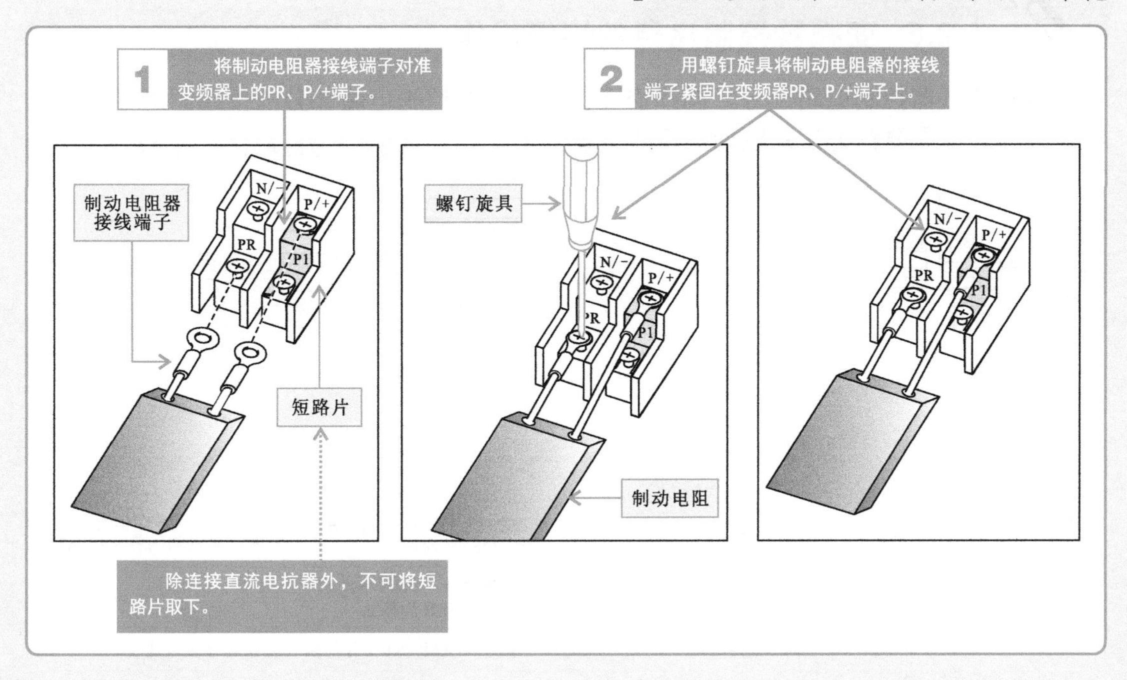

特别提醒

为了防止在高频工作时，制动电阻器容易发热，出现过热、烧坏等故障，需要使用热继电器切断电路。当变频器使用外接制动电阻器后，不可同时使用制动单元、高功率因数变流器、电源再生变流器等。

3. 连接直流电抗器

为改善功率因数，在变频器主电路中一般需要连接直流电抗器，即将直流电抗器连接在变频器主电路端子排上的P/+端子和P1端子上。

【连接变频器直流电抗器】

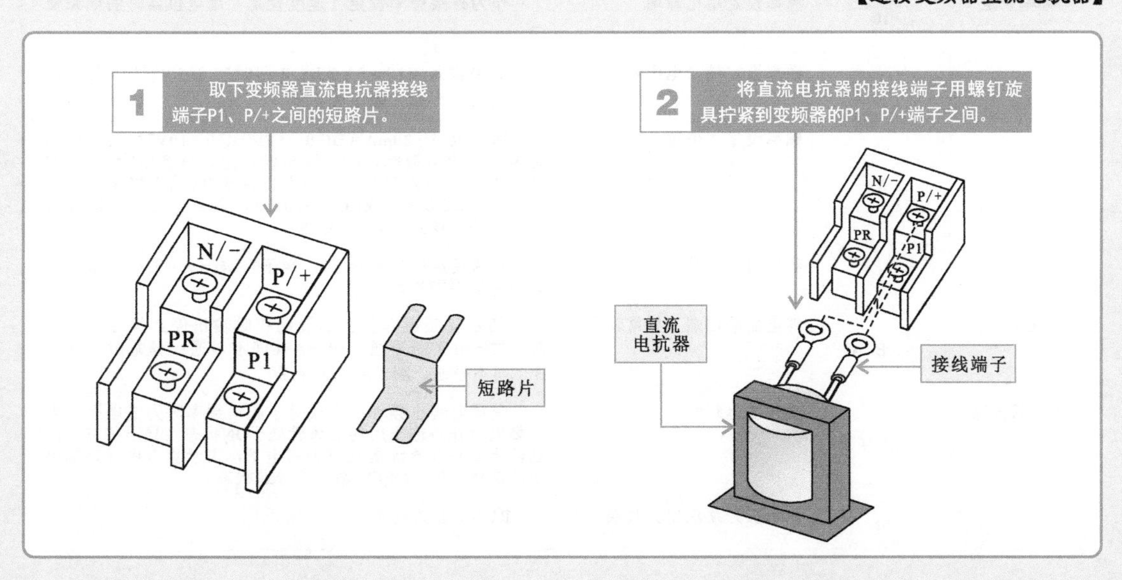

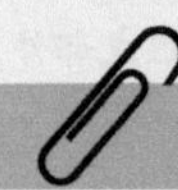

4.2.6 变频器控制电路的连接操作

连接变频器控制电路部分，同样需要根据变频器控制电路部分的接线图进行连接，在这之前，也需要首先识别控制电路的接线端子。

【变频器控制电路的接线图及端子标识】

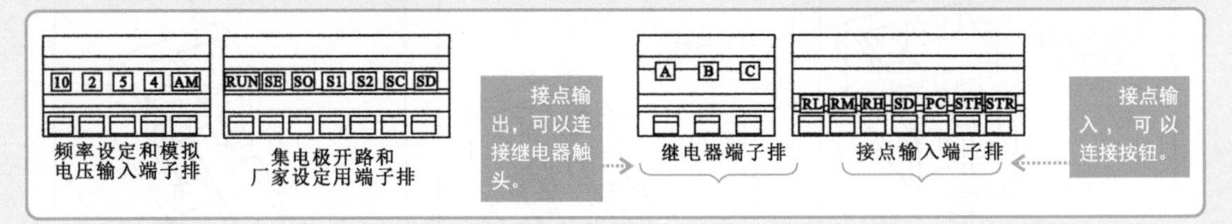

特别提醒

变频器控制电路中其各端子名称及功能如表中所列。

端子标识		端子名称	端子功能	
接点输入端子	STF	正转起动	STF信号：ON时电动机为正转，OFF时为停止	STF信号和STR信号同时ON时，电动机为停止状态
	STR	反转起动	STR信号：ON时电动机为反转，OFF时为停止	
	RH、RM、RL	多段速度选择	用RH、RM和RL信号的组合可以选择多段速度	
	SD	接点输入公共端（出厂设定漏型逻辑）	接点输入端子（漏型逻辑）的公共端	
		外部晶体管公共端（源型逻辑）	源型逻辑当连接晶体管集电极开路输出时，防止因漏电引起的误动作	
		DC 24 V电源公共端	DC 24 V，0.1 A电源（端子PC）的公共输出端，与端子5和端子SE绝缘	
	PC	外部晶体管公共端（出厂设定漏型逻辑）	漏型逻辑当连接晶体管集电极开路输出时，防止因漏电引起的误动作	
		接点输入公共端（源型逻辑）	接点输入端子（源型逻辑）的公共端	
		DC 24 V电源公共端	可作为DC 24 V，0.1 A电源使用	
频率设定	10	频率设定用电源端	作为外接频率设定（速度设定）用电位器时的电源使用	
	2	频率设定端（电压）	如果输入DC 0～5 V或DC 0～10 V，在5 V或10 V时为最大输出频率，输入输出成正比	
	4	频率设定（电流）	输入DC 4～20mA或DC 0～5V或DC 0～10V时，在20 mA时为最大输出频率，输入输出成正比。只有AU信号为ON时该端子的输入信号才会有效（端子2的输入将无效）；电压输入DC 0～5V或DC 0～10V时，需将电压／电流输入切换开关切换到“V”的位置	
	5	频率设定公共端	频率设定信号中端子2、端子4、端子AM的公共端子，该公共端不能接地	
继电器	A、B、C	继电器输出端（异常输出）	指示变频器因保护功能动作时输出停止信号。正常时：端子B-C间导通，端子A-C间不导通；异常时：端子B-C间不导通、端子A-C间导通	
集电极开路	RUN	变频器运行端	变频器输出频率大于或等于起动频率时为低电平，表示集电极开路输出用的晶体管处于ON状态（导通状态）；已停止或正在直流制动时为高电平，表示集电极开路输出用的晶体管处于OFF状态（不导通状态）	
	SE	集电极开路输出公共端	RUN的公共端子	

控制电路部分各接线端子的连接方法相同。下面我们以接点输入端子与按钮的连接为例，介绍线路连接的方法。变频器控制电路部分与按钮的具体接线，按照接线图及端子标识进行连接。

【连接变频器控制电路】

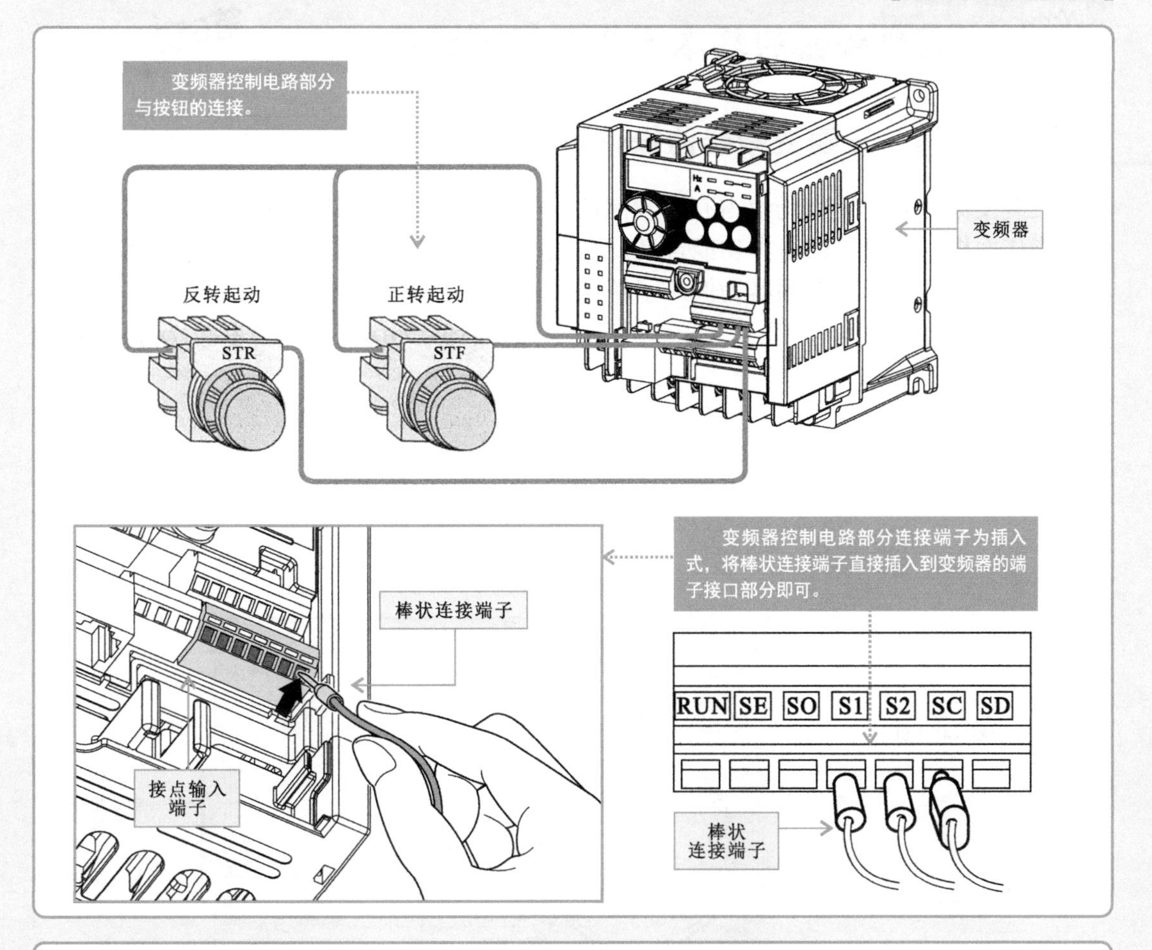

特别提醒

由于变频器控制电路部分的端子接口为插入锁紧式连接方式，若在连接控制电路时，连接错误，需要将电线拔出，此时需使用小型一字形螺钉旋具垂直按下按钮，将其按入深处，同时拔下电线即可。使用一字形螺钉旋具压下按钮时，切忌刀头滑动使变频器损坏。

在进行变频器控制电路接线操作时应注意：

· 控制电路端子上的连接电缆应采用屏蔽线。

· 控制电缆应尽可能远离供电电源线，可使用单独的走线槽。若必须与电源线交叉时，应采取垂直交叉方式。

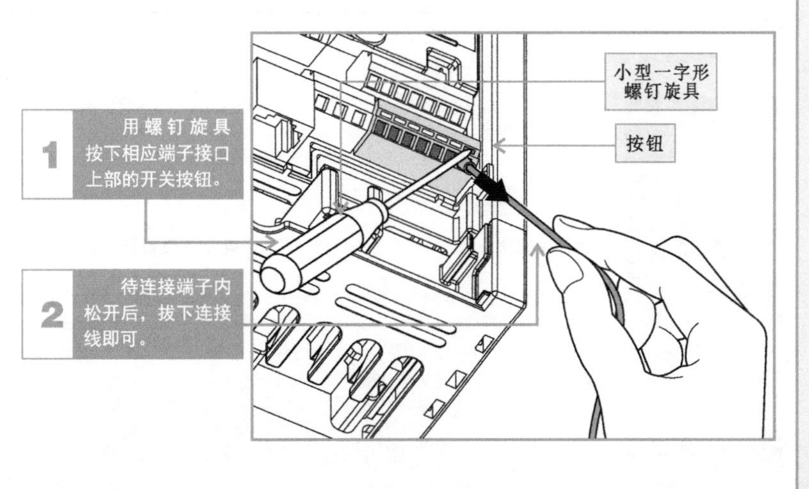

第5章 变频器的操作与调试训练

5.1 三菱变频器的基本操作与调试训练

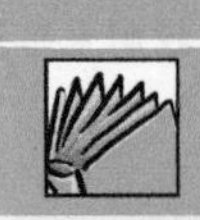

5.1.1 三菱变频器的操作说明

三菱变频器是目前市场上占有率较高的一种变频器。操作该类变频器前，应首先了解其操作面板（键盘）的基本功能含义，在此基础上对变频器进行各种操作训练。

以三菱FR-A700型变频器为例，了解该类变频器的基本操作说明。

【三菱FR-A700型变频器操作面板（键盘）的功能】

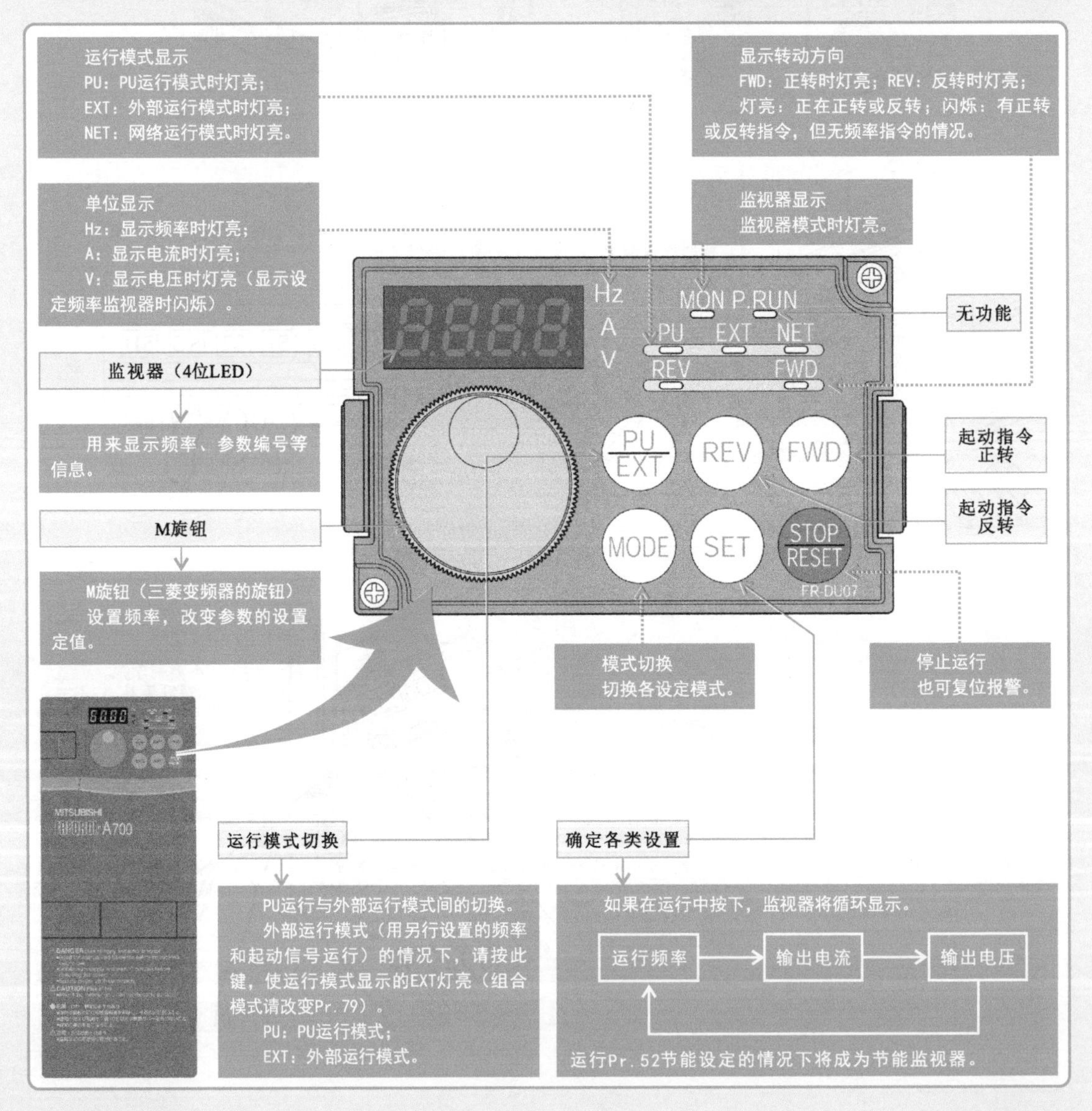

三菱FR-A700型变频器使用之前，需要了解其基本操作设定流程，包括运行模式切换、监视器、频率设定、参数设定和报警历史操作等。

【三菱FR-A700型变频器的基本操作流程】

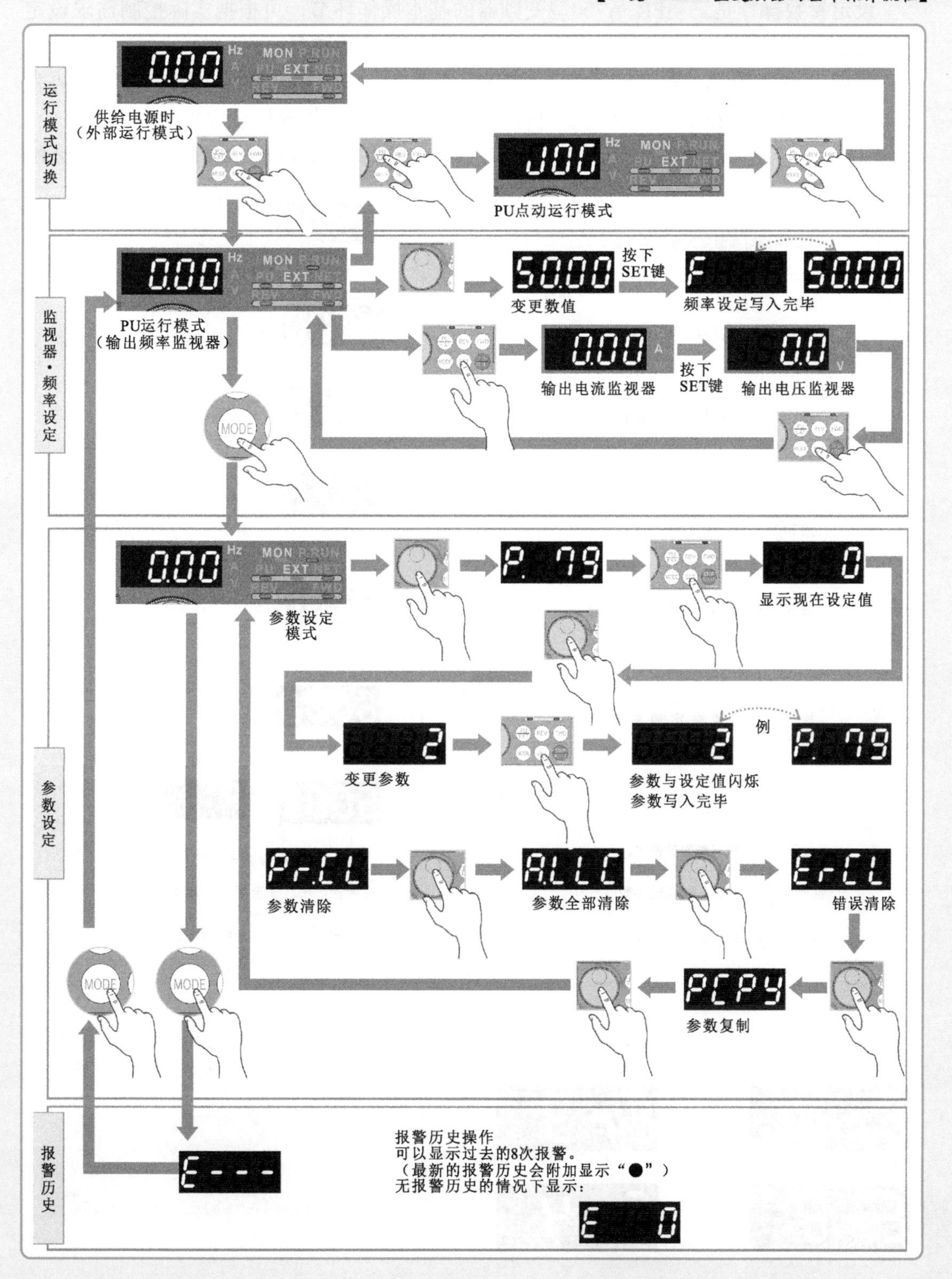

5.1.2 设定参数的操作训练

设定参数操作是三菱FR-A700型变频器的基本操作环节，可根据实际控制需求设定变频器的上下限频率、直流制动方式、加减速时间等参数信息。

例如，将变频器上限参数设定为60Hz。三菱FR-A700型变频器上限参数的代码为Pr. 1，其初始值为120Hz。因此需要进行的操作是将Pr. 1下的数值设定为60。

【三菱FR-A700型变频器设定参数的操作流程】

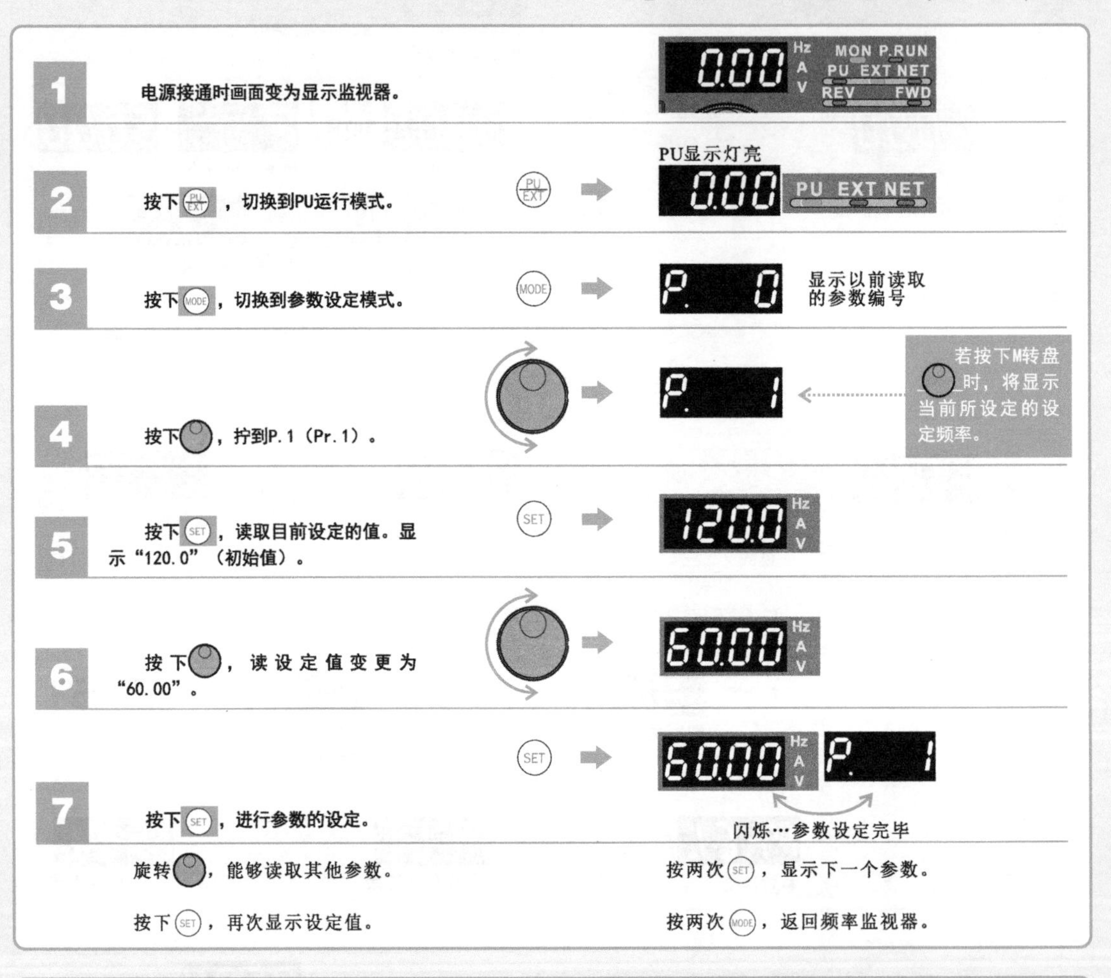

特别提醒

设定变频器参数时，在其监视器中显示“Er 1、Er 2、Er 3、Er 4”字样时，无法输入设定参数值，这种代码为错误代码，不同代码代表不同含义。首先根据含义说明，明确错误类型，找出操作错误或设定不当环节，当不再提示错误代码时，再进行设定操作。

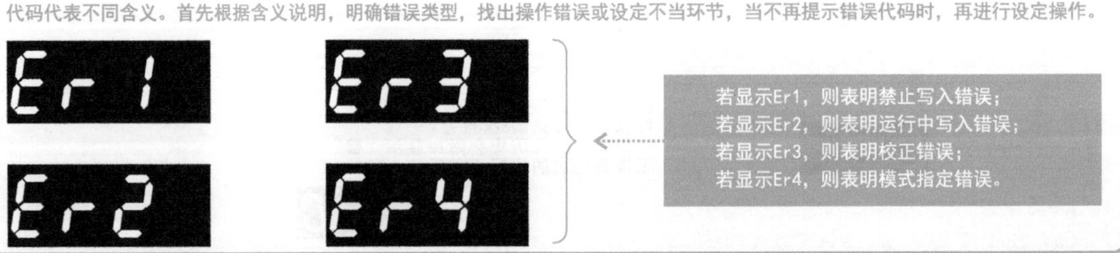

5.1.3　设定控制模式的操作训练

三菱FR-A700型变频器的控制方式包括先进磁通矢量控制方式、实时无传感器矢量控制、矢量控制等，每种控制方式下又可细分为多种控制模式。通过操作面板可对控制方式进行设定。

例如，将变频器控制模式设定为矢量控制方式下的速度控制模式。控制方式参数代码为Pr. 800，其初始值为20，矢量控制方式下的速度控制模式参数值为0。因此，需要进行的操作是将Pr. 800下的数值20设定为0。

【三菱FR-A700型变频器设定控制模式的操作流程】

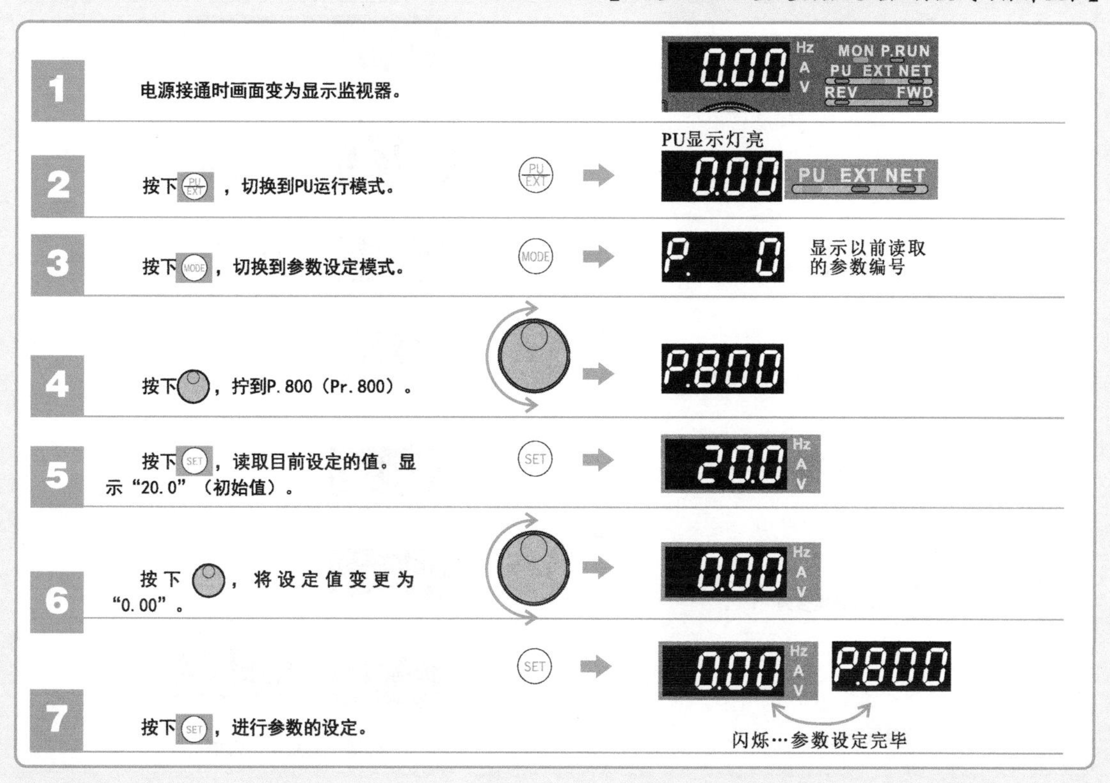

特别提醒

设定变频器参数时，在其监视器中显示“Er 1、Er 2、Er 3、Er 4”字样时，无法输入设定参数值，这种代码为错误代码，不同代码代表不同含义。首先根据含义说明，明确错误类型，找出操作错误或设定不当环节，当不再提示错误代码时，再进行设定操作。

参数编号	名称	初始值	设定值	控制模式	备　注
800	控制方式选择	20	0	速度控制	
			1	转矩控制	
			2	速度控制—位置控制的切换	MC信号：ON转矩控制；MC信号：OFF速度控制
			3	位置控制	
			4	速度控制—位置控制的转切换	MC信号：ON位置控制；MC信号：OFF速度控制
			5	位置控制—转矩控制的转切换	MC信号：ON转矩控制；MC信号：OFF位置控制
			9	矢量控制试运行	
			10	速度控制	
			11	转矩控制	
			12	速度控制—转矩控制切换	MC信号：ON转矩控制；MC信号：OFF速度控制
			20	V/F控制（选进磁通矢量控制）	

5.1.4 参数清除的操作训练

参数清除是指清除各种记录及参数等内容。三菱FR-A700型变频器的参数清除包括参数清除和全部参数清除两项功能。

1. 参数清除

参数清除的代号为Pr. CL，设定Pr. CL 参数清除=1时，参数恢复到初始值。

【三菱FR-A700型变频器参数清除的操作流程】

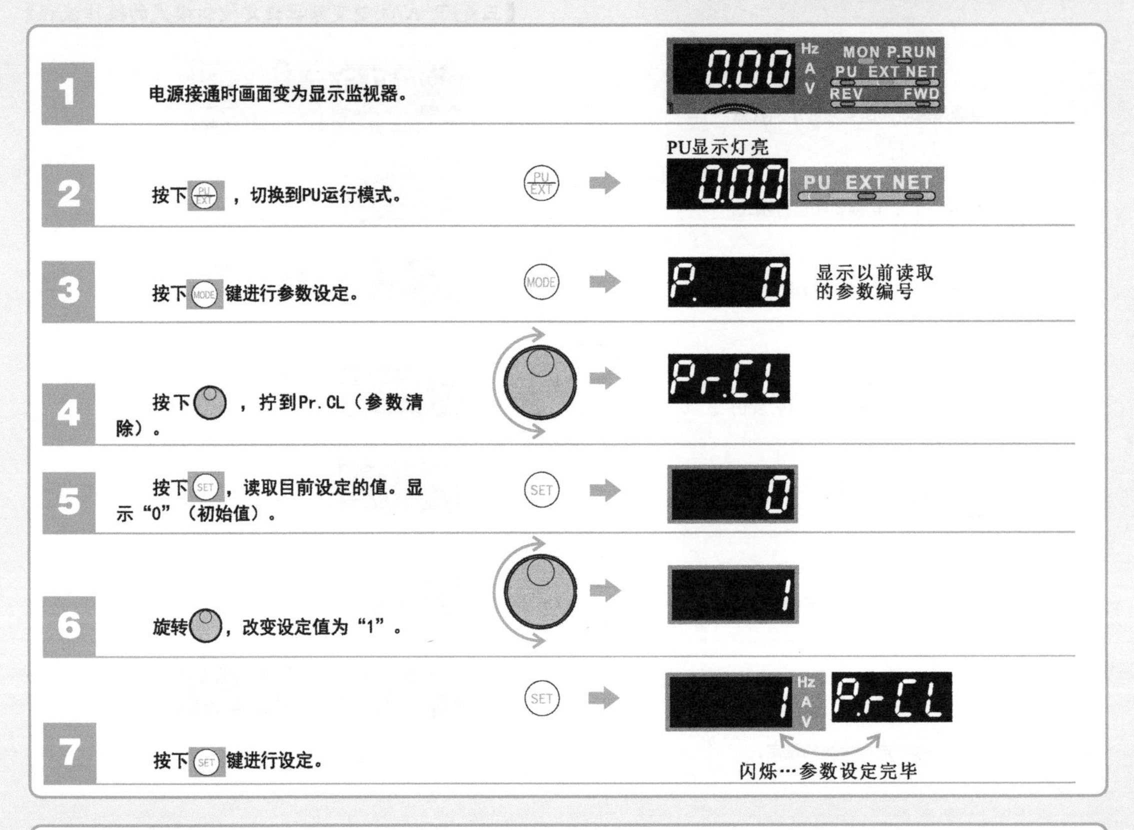

特别提醒

设定Pr. CL参数清除=“1”时，参数恢复到初始值（如果Pr. 77参数写入选择=“1”时无法清除参数。另外，用于校正的参数无法清除）。

根据设定值的不同，其清除的内容含义也有所不同：当设定值为0时，不能进行清除；当设定值为1时，可消除校验参数C0（Pr. 900）～C7（Pr. 905）、C38（Pr. 932）～C41（Pr. 933），参数回到初始值。

在参数清除过程中，若出现右图的状况时，则表明运行模式没有切换到PU运行模式，具体解决方法如右图所示。

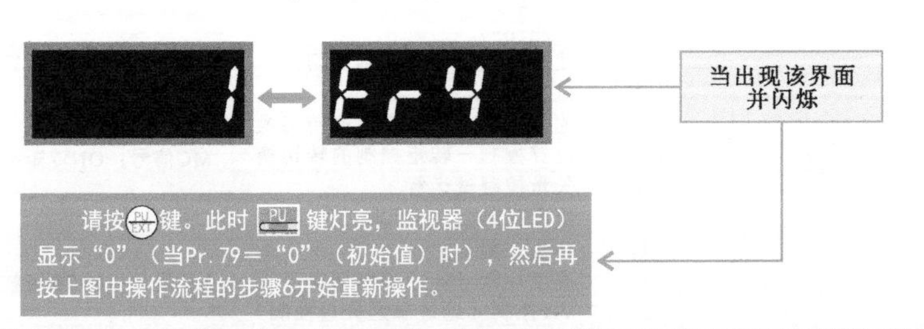

2. 全部参数清除

全部参数清除的代号为ALLC。设定ALLC全部参数清除=1时，全部参数恢复到初始值。

【三菱FR-A700型变频器全部参数清除的操作流程】

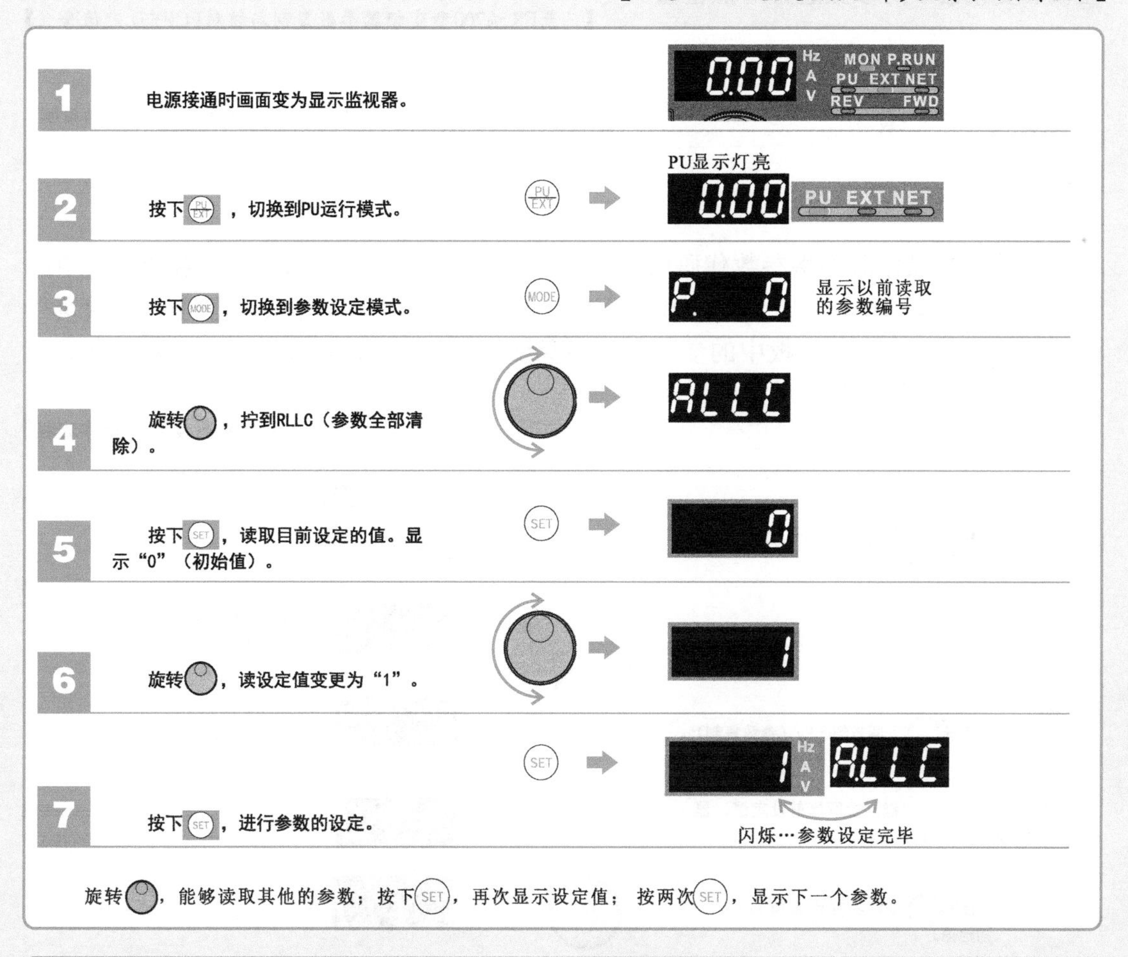

特别提醒

进行全部清除操作时，不同的设定值，表示的含义也有所不同：

当设定值为0时，表明不能进行清除。

当设定值为1时，表明全部参数回到初始值。

除了对参数全部清除外，还可以进行错误清除参数，操作时，需要旋转，拧到EroL即可，如右图所示。

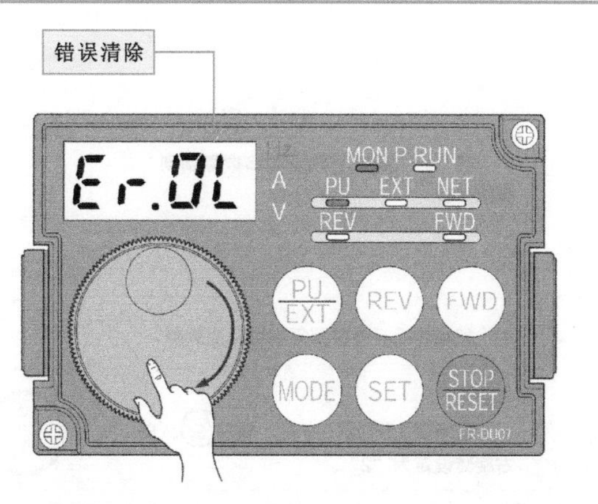

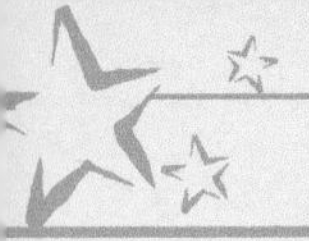

5.1.5 参数复制与核对的操作训练

三菱FR-A700型变频器具有参数复制与核对功能（参数代码为PCPY），能够将指定来源的参数复制到操作面板中，也可将操作面板的参数复制到目标变频器，并对操作面板和变频器中的参数进行对照检查。

【三菱FR-A700型变频器参数复制与核对PCPY设定值含义】

PCPY设定值	0	1	2	3
内容	取消	将复制源的参数复制到操作面板	将操作面板的参数复制到目标变频器	对照变频器与操作面板的参数

1. 参数复制

参数复制操作即为将参数代码PCPY设定为1和2的过程。例如，将一台变频器中的参数先复制到操作面板中，再将该操作面板安装到同型号的另一台变频器上，再次执行参数复制操作，将操作面板中的参数复制到变频器中。由此即可实现一台变频器参数到另一台同型号变频器参数的复制过程。

【三菱FR-A700型变频器参数复制的操作流程】

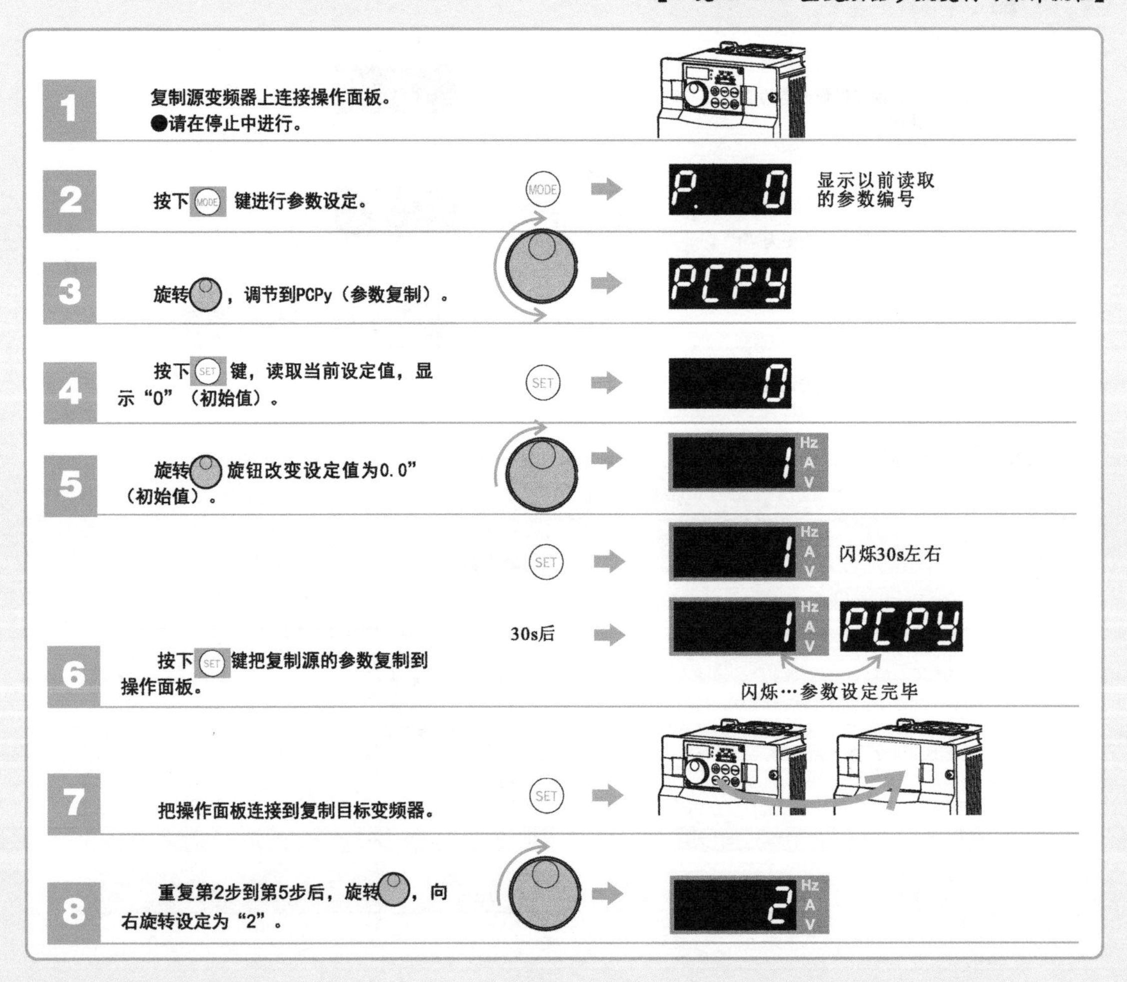

【三菱FR-A700型变频器参数复制的操作流程（续）】

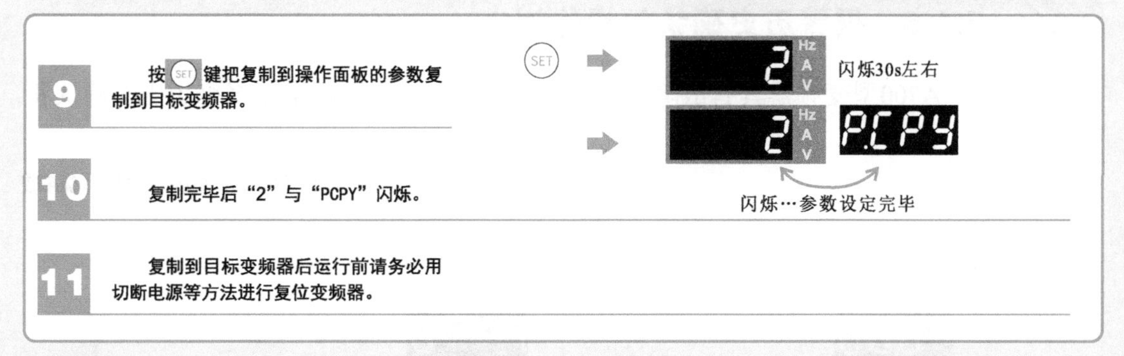

2. 参数核对

多台变频器执行相同参数设定后，或当两台或多台三菱FR-A700型变频器执行参数复制操作后，需要将这些变频器进行参数对照，检查参数是否一致。

【三菱FR-A700型变频器参数核对的操作流程】

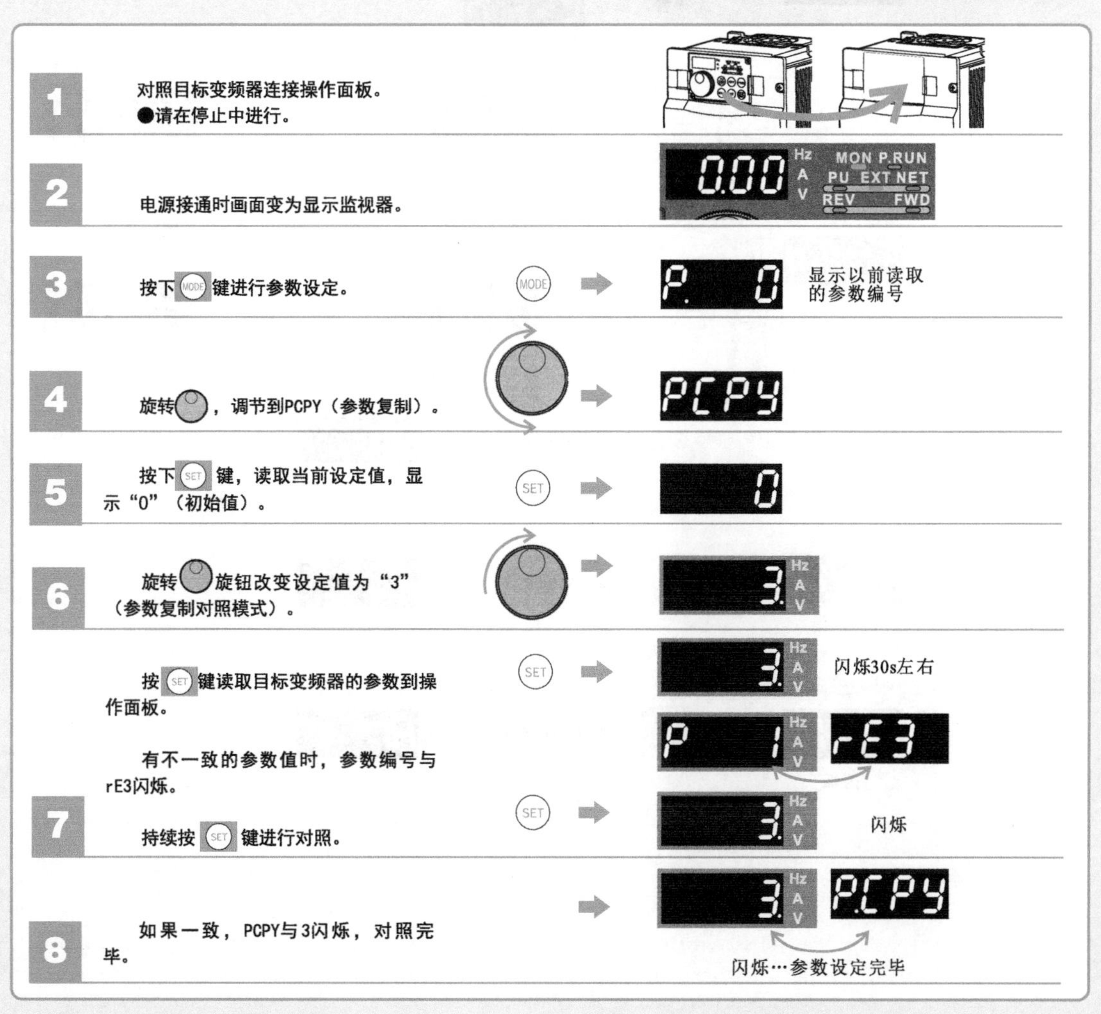

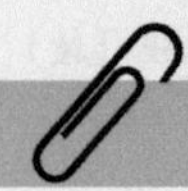

5.1.6 报警历史确认的操作训练

三菱FR-A700型变频器具有故障报警功能，可通过操作面板进行报警历史的确认和查看操作。

【三菱FR-A700型变频器报警历史确认的操作流程】

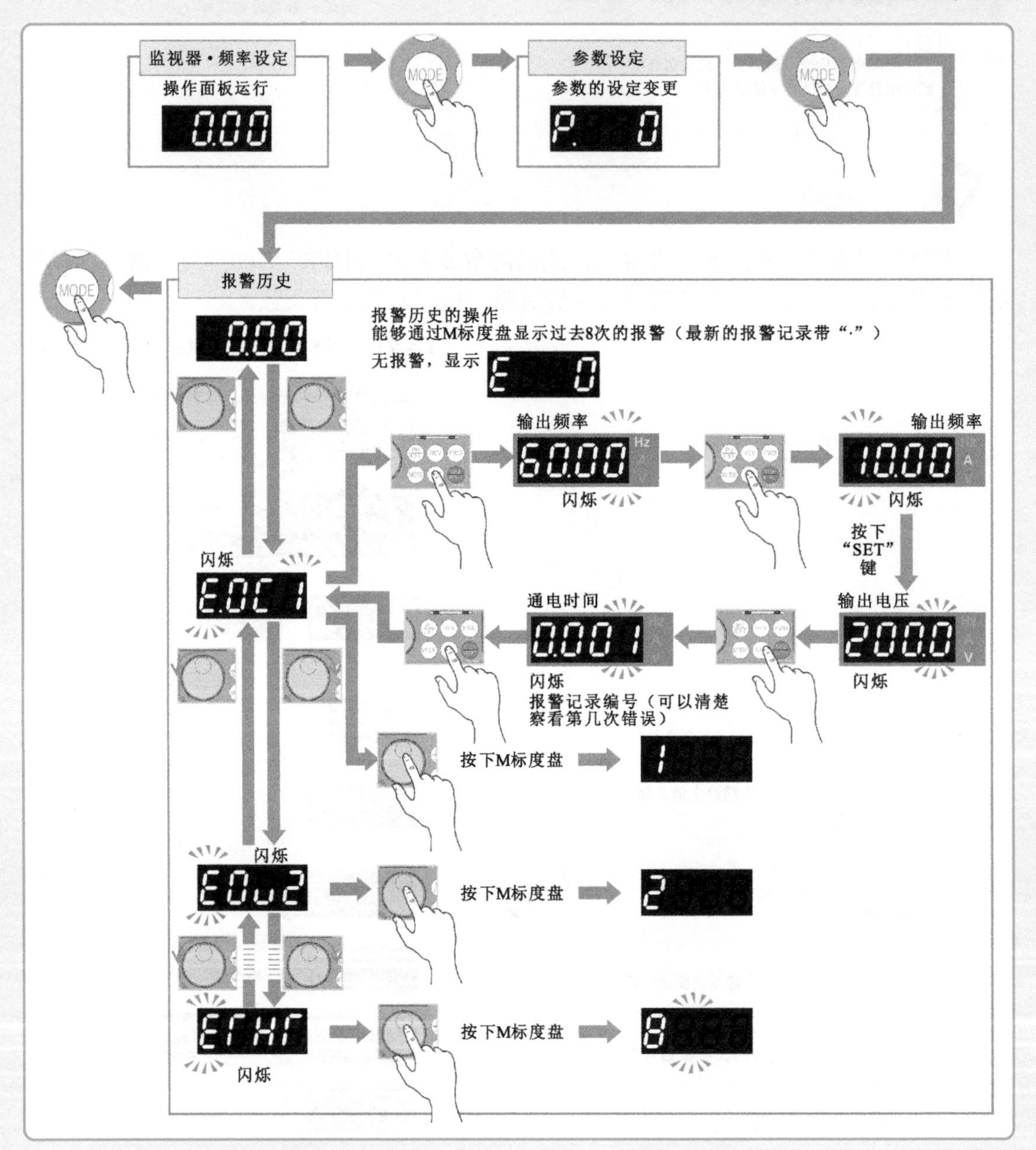

特别提醒

操作三菱FR-A700型变频器操作面板进行报警历史确认、察看等操作后，可进行报警历史清除操作。即通过设定Er. CL报警清除数值为“1”来清除报警历史。具体操作参见参数清除操作中的步骤。

5.1.7　变频器运行调试的操作训练

三菱FR-A700型变频器的运行模式用来改变变频器的运行方式，即EXT（外部）运行模式、PU运行模式和PU点动运行模式。其中，EXT运行模式是指控制信号由外部控制元件（如开关或继电器）等输入的运行模式；PU运行模式是指控制信号由PU接口输入（如操作面板）的运行模式；PU点动运行模式是指通过PU接口输入点动控制信号的运行模式。

下面以外部点动运行模式和PU点动运行模式为例进行运行调试训练。

1. 外部点动运行调试

外部点动运行调试是指在变频器端子上连接外部控制元件（如正反转起动按钮、点动信号等），通过外部控制元件输入点动控制信号，进行起动、停止等运行调整测试。

【三菱FR-A700型变频器与外部控制元件的连接关系】

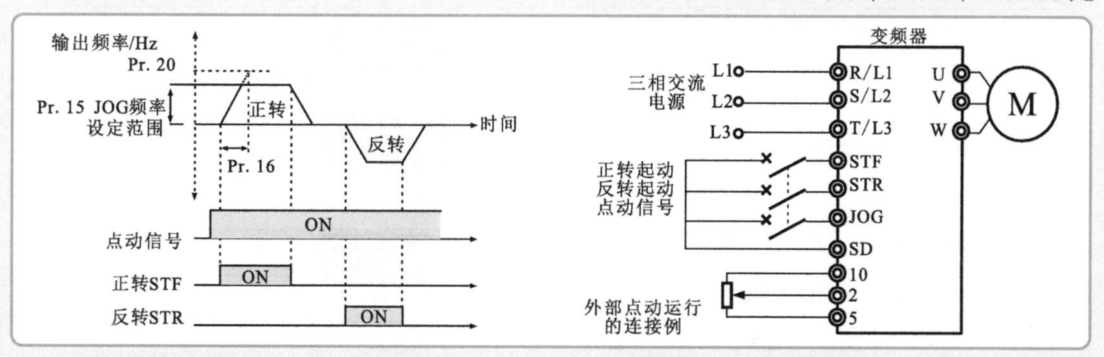

操作变频器面板，进行外部点动运行调试参数设定，完成外部的点动运行调试操作。

【三菱FR-A700型变频器外部点动运行调试操作流程】

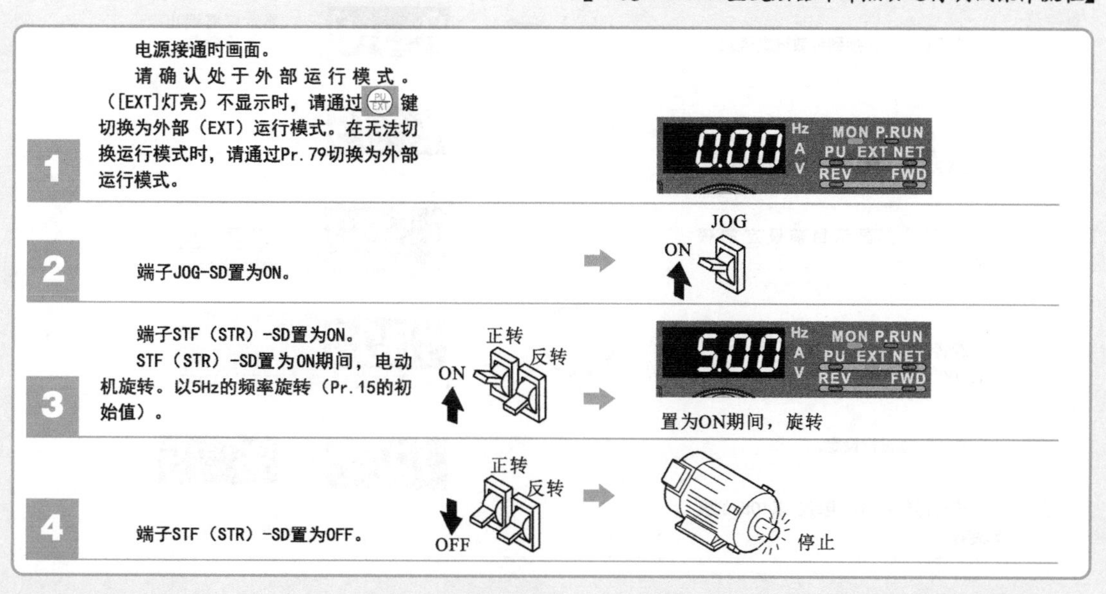

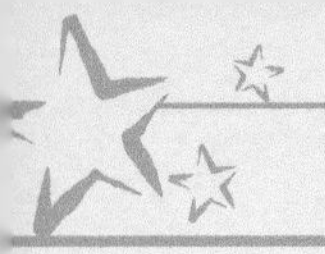

2. PU点动运行调试

PU点动运行调试是指由PU接口输入（如操作面板）点动控制信号，对变频器进行的调整和实验操作。

【三菱FR-A700型变频器PU点动运行调试接线关系】

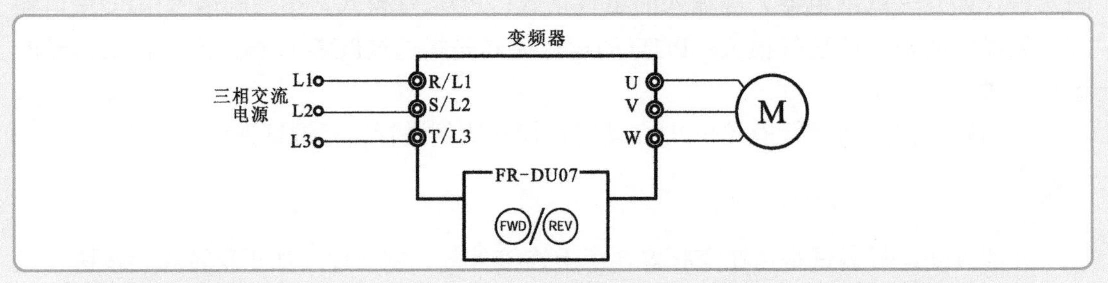

操作变频器面板，进行PU点动运行调试参数设定，完成PU点动运行调试操作。

【三菱FR-A700型变频器外部点动运行调试操作流程】

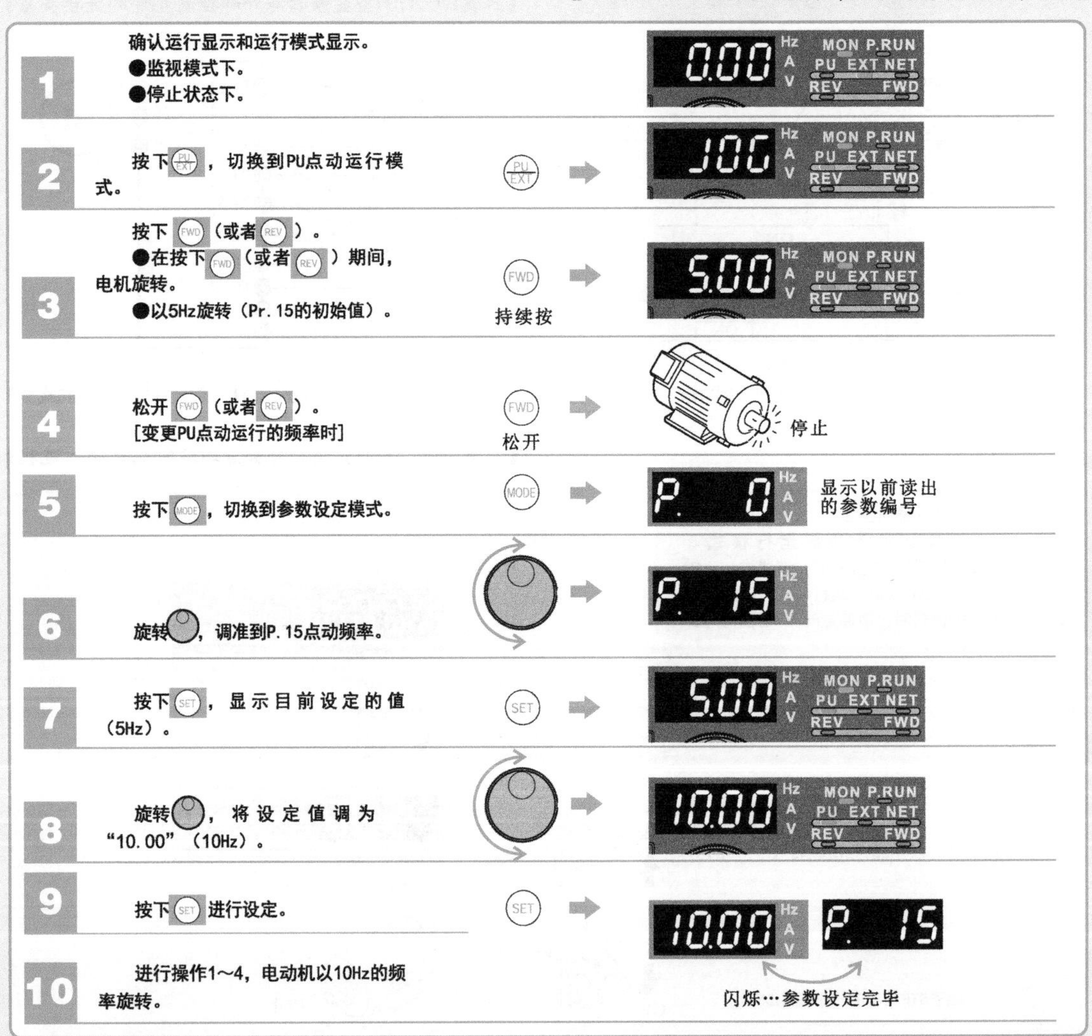

特别提醒

●Pr.29加减速曲线选择＝“1”（S形加减速A）时的加减速时间为到达Pr.3基准频率的时间。

●Pr.15设定值请设定为Pr.13起动频率的设定值以上的值。

●点动信号能够通过Pr.178～Pr.189（输入端子功能选择）分配给输入端子。如果变更端子分配，有可能影响其他功能。请确认各端子的功能再进行设定。

●点动运行中，无法通过RT信号切换到第2加减速（其他的第2功能有效）。

●Pr.79＝“3”或者“6”时，该功能无效。

●位置控制时，JOG运行无效。

参数编号	名称	初始值	设定范围	内容		LED显示 PU灯灭 PU灯亮
79	操作模式选择	0	0	外部/PU切换模式中（用PU/EXT键可以切换PU与外部运行模式，电源投入时为外部运行模式		外部运行模式 PU EXT NET PU运行模式 PU EXT NET
			1	PU运行模式固定		PU EXT NET
			2	外部运行模式固定，可以切换外部和网络运行模式		外部运行模式 PU EXT NET 网络运行模式 PU EXT NET
			3	外部/PU组合运行模式1		PU EXT NET
				运行频率	起动信号	
				用PU（FR-DU07/FR-PU04-CH）设定或外部信号输入【多段速度设定，端子4-5间（AV信号ON时有效）】	外部信号输入（端子STF，STR）	
			4	外部/PU组合运行模式2		
				运行频率	起动信号	
				外部信号输入（端子2，4，1，JOG，多段速选择等）	用PU（FR-DU07/FR-PU04-CH）输入 REV FWD	
			6	切换模式，运行时可进行PU操作，外部操作和网络操作的切换		PU运行模式 PU EXT NET 外部运行模式 PU EXT NET 网络运行模式 PU EXT NET
			7	外部运行模式（PU操作互锁），X12信号ON，可切换到PU运行模式（正在外部运行时输出停止）；X12信号OFF，禁止切换到PU运行模式		PU运行模式 PU EXT NET 外部运行模式 PU EXT NET

注:上述参数与运行模式无关，停止中也可以变更。

5.2 安川变频器的基本操作与调试训练

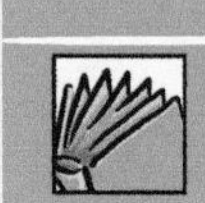

第5章

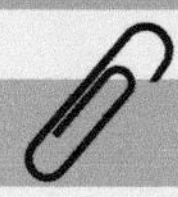

5.2.1 安川变频器的操作说明

安川变频器是一种具有典型应用功能的变频器。操作该变频器前，应首先了解其操作面板（键盘）的基本功能含义，在此基础上对变频器进行各种操作训练。

以安川V1000型变频器为例，了解该类变频器的基本操作说明。

【安川V1000型变频器操作面板（键盘）的功能】

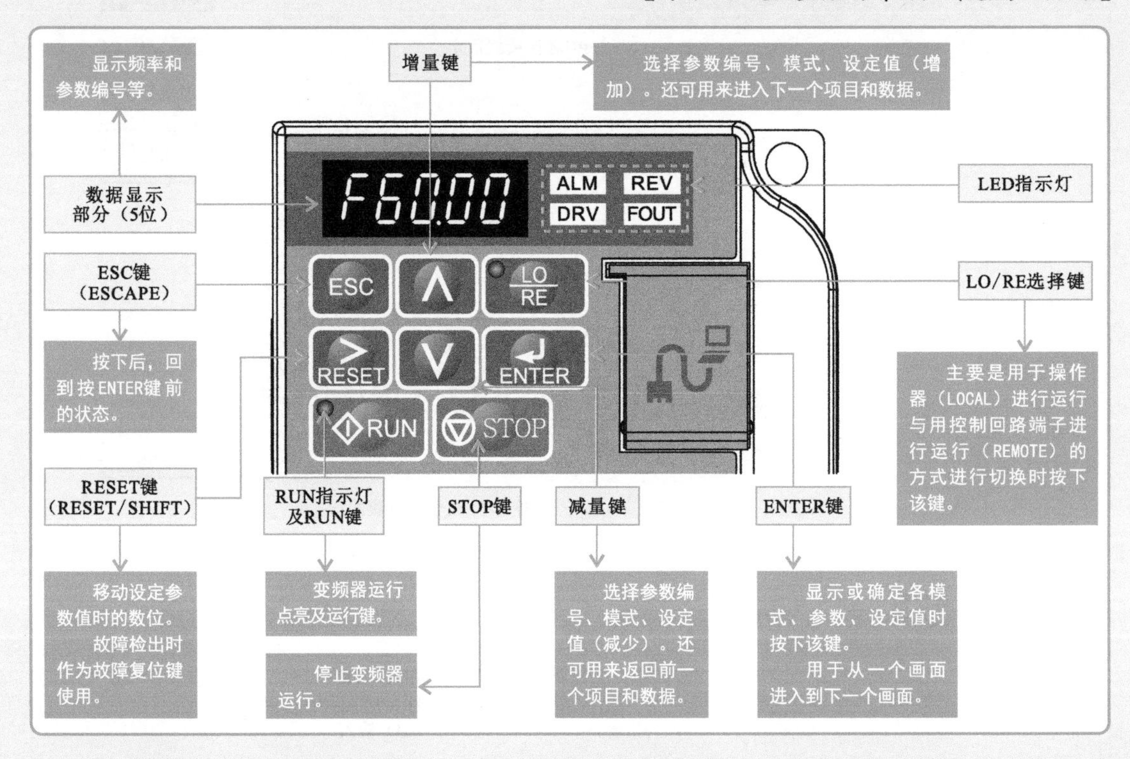

特别提醒

安川V1000型变频器中各指示灯在不同状态下，点亮后表示的含义也有所不同，下面就详细学习一下各指示灯的含义。

指示灯名称	点亮	闪烁	熄灭
ALM	故障检出时	轻故障检出时； OPE（操作故障）检出时； 自学习时的故障发生中	正常
REV	反转指令输入中		正转时指令输入中
DRV	驱动模式自学习时	使用Drive Works EZ时	程序模式时
FOUT	输出频率（Hz）显示中		

安川V1000型变频器使用之前，需要了解其LED操作器显示功能的层次结构，并厘清基本操作流程。

【安川V1000型变频器的基本操作流程】

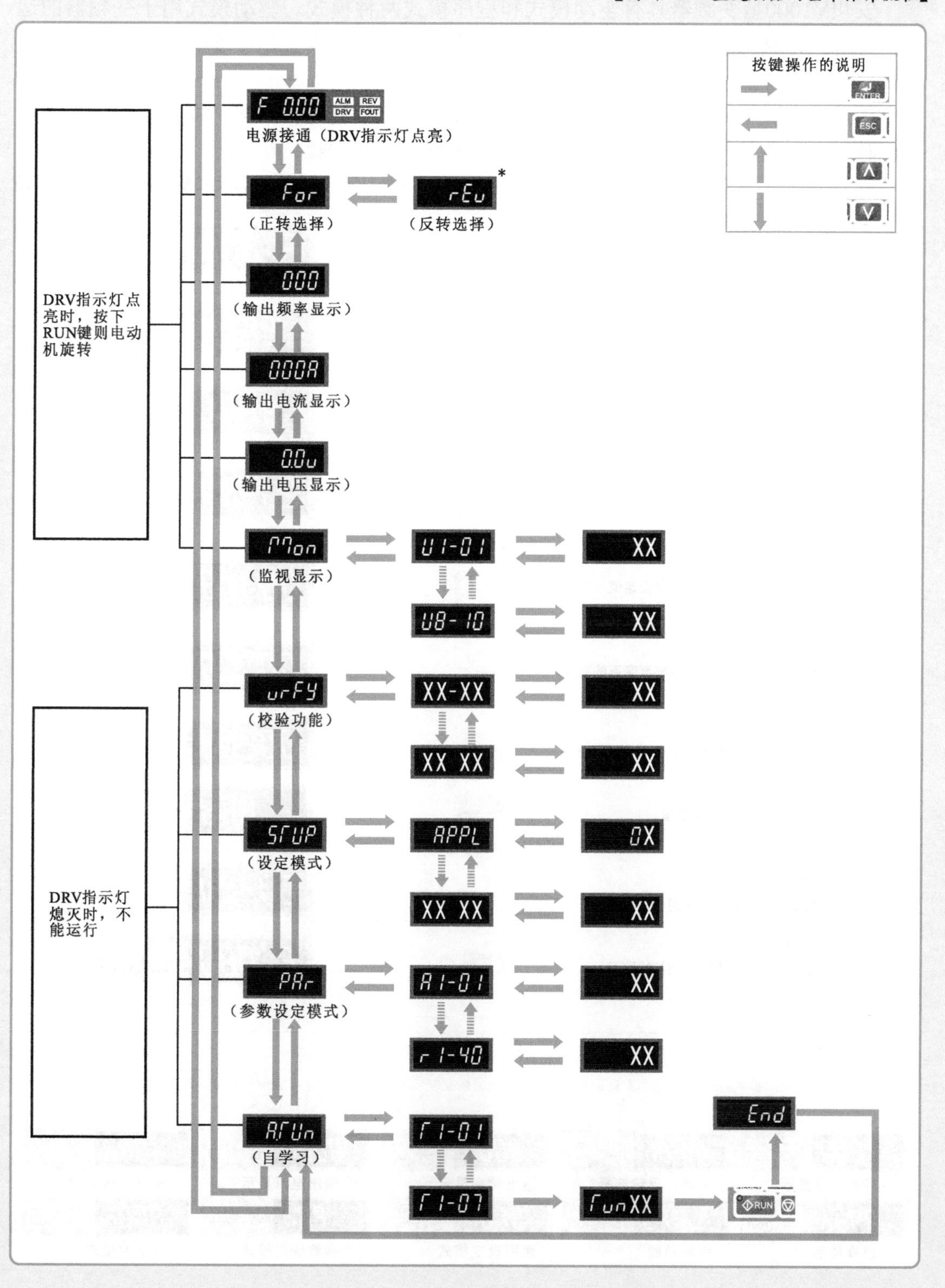

5.2.2 设定参数的操作训练

安川V1000型变频器具有驱动模式和程序模式两种模式。驱动模式用于变频器的运行，并对运行状态进行监视及显示，不能设定程序；程序模式用于变频器所有参数的查看/设定，但不能进行电动机运行的变更。

因此，参数设定操作需要首先进入程序模式，然后进行相应操作即可。例如，将加减速时间（参数代码为C1-01）从初始值10.0s设定为20.0s。

【安川V1000型变频器设定参数的基本操作流程】

步骤	操作	按键	显示	说明
1	接通电源。	初始画面	F 0.00	
2	按下 ∧ ，直至显示设定模式画面。	∧	STUP	
3	按下 ENTER ，显示参数设定画面。	ENTER	APPL	参数设定画面
4	按下 ∧ ，直至显示C1-01。	∧	C1-01	
5	按下 ENTER ，则显示当前设定值（10.0 ）。	ENTER	0010.0	最上位闪烁 10.0s
6	按下 > RESET ，将闪烁位移至变更的数位。	> RESET	0010.0	1闪烁
7	按下 ∧ ，输入0020.0。	∧	0020.0	20.0s
8	按下 ENTER ，输入该值。	ENTER	End	
9	自动回到参数设定画面（步骤4）。		C1-01	
10	按下 ESC ，直至返回初始画面。	ESC	F 0.00	

特别提醒

安川V1000型变频器具有驱动模式和程序模式。驱动模式：进行变频器的运行，并对运行状态监视显示，但不能设定程序；程序模式：进行变频器所有参数的查看/设定，还可自学习，在程序模式时，不能进行电动机运行的变更。

F 0.00	频率指令显示
For	正转、反转选择
0.00	输出频率显示
0.00A	输出电流显示
0.0U	输出电压显示
MOn	监视显示
urFY	校验功能
STUP	通用设定模式
PAr	参数设定模式
ATUn	自学习模式

5.2.3　用途选择设定的操作训练

安川V1000型变频器具有用途选择设定功能，进行用途选择设定时可使变频器的参数设定更加简单。一般根据控制需求选择相应的用途后，基本匹配参数即可完成初始值设定，无须逐一设定。若需要对某一项参数微调，可进入程序模式下调整参数即可。

例如，将变频器用途选择为“02”（传送带），用途选择设定参数代码为A1-06，在该模式下进行相应操作即可。

【安川V1000型变频器用途选择设定的基本操作流程】

步骤	操作	按键	显示	说明
1	接通电源。	初始画面	F 0.00（ALM REV DRV FOUT）	
2	按下∧，直至显示设定模式画面。	∧	STUP	
3	按下ENTER，显示参数设定画面。	ENTER	APPL	参数设定画面
4	按下∧，直至显示A1-06。	∧	A1-06	
5	按下ENTER，则显示当前设定值（00.0 s）。	ENTER	00.0	最上位闪烁 00.0 s
6	按下>RESET，将闪烁位移至更变更的数位。	>RESET	00 10.0	1闪烁
7	按下∧，输入02。	∧	02	02 s
8	按下ENTER，输入该值。	ENTER	End	
9	自动回到参数设定画面（步骤4）。		A1-06	
10	按下ESC，直至返回初始画面。	ESC	F 0.00（ALM REV DRV FOUT）	

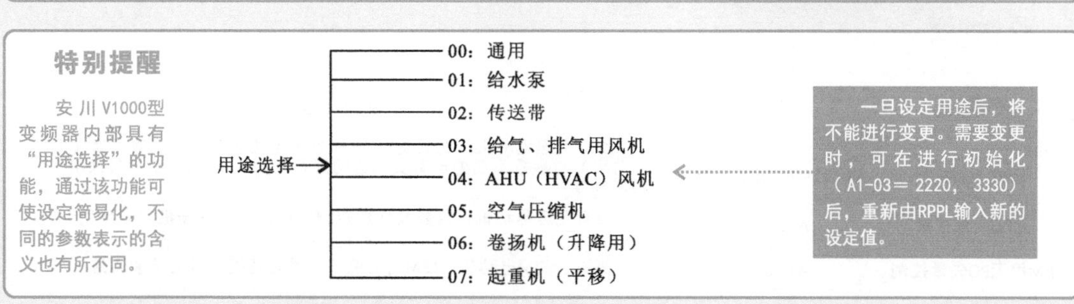

5.2.4 设定控制模式的操作训练

安川V1000型变频器具有3种控制模式，分别为无PG*U/f*控制、无PG矢量控制和PM用无PG矢量控制，需要根据用途选择相应的控制模式。

例如，根据控制要求，需要选择无PG矢量控制模式。首先明确控制模式参数代码为A1-02，操作变频器按键进入该代码下进行设定即可。

【安川V1000型变频器设定控制模式的基本操作流程】

步骤	操作	按键	显示	说明
1	接通电源。	初始画面	F 0.00（ALM REV DRV FOUT）	
2	按下∧，直至显示设定模式画面。	∧	STUP	
3	按下ENTER，显示参数设定画面。	ENTER	APPL	参数设定画面
4	按下∧，直至显示A1-02。	∧	A1-02	
5	按下ENTER，则显示当前设定值（00.0 s）。	ENTER	0000.0	最上位闪烁 00.0 s
6	按下>RESET，将闪烁位移至更变更的数位。	>RESET	0010.0	1闪烁
7	按下∧，输入2。	∧	2	2 s
8	按下ENTER，输入该值。	ENTER	End	
9	自动回到参数设定画面（步骤4）。		A1-02	
10	按下ESC，直至返回初始画面。	ESC	F 0.00（ALM REV DRV FOUT）	

特别提醒

安川V1000型变频器具有3种控制模式，使用过程中可根据用途选择相应的控制模式，各参数含义如下表所列。

控制模式	参数设定	主要用途
无PG V/f控制	A1-02=0（出厂设定）	所有变速电动机，尤其是1台变频器上连接多台电动机的用途（多电动机）与参数不明的现有变频器的置换，如水泵、给气/排气风机、起重机等
无PG矢量控制	A1-02=2	所有变速电动机，需要高性能控制的用途，如卷扬机（升降用）
PM用无PG矢量控制	A1-02=5	使用了SPM电动机，IPM电动机等的递减转矩负载的节能用途

5.2.5 电动机自动调谐的操作训练

安川V1000型变频器电动机自动调谐又称为自学习，是自动检测电动机电气参数（自动调谐）并设定电动机运行时所需参数的功能。

安川V1000型变频器自动调谐类型有3种，分别为*U*/*f*节能控制用自动调谐、旋转型自动调谐、仅对线间电阻的停止型自动调谐。

【安川V1000型变频器自动调谐方式及应用场合】

种类	参数设定	使用条件和优点	使用的控制模式
U/*f* 节能控制用自动调谐	T1-01=3	自动调谐时电动机可旋转；对节能控制所需参数进行自动调谐；选择无PG *U*/*f* 控制模式时，可使用这种自动调谐；在无PG *U*/*f* 控制模式下使用推定形速度搜索时，也进行这种自动调谐	无PG *U*/*f* 控制
旋转型自动调谐	T1-01=0	自动调谐时电动机可旋转；可进行更高精度的电动机控制；如果电动机的负载在额定值的30%以内，则可在电动机接有负载的状态下进行自动调谐；仅在无PG矢量控制模式下可选择这种自动调谐；在使用有恒定输出特性的电动机时或需要高精度的用途时，应在脱离负载的状态下进行旋转型自动调谐	无PG 矢量控制
仅对线间电阻的停止型自动调谐	T1-01=2	电动机电缆长度在50m以上；进行自动调谐后，在现场安装时电动机电缆长度发生变化时；电动机功率和变频器容量不同时；即使选择*U*/*f* 控制，如果电动机电缆较长（50m以上），也进行仅对线间电阻的停止型自动调谐	无PG *U*/*f* 控制 无PG 矢量控制

下面以旋转型自动调谐操作为例。旋转型自动调谐过程可分为选择自动调谐类型、输入电动机铭牌参数、开始自动调谐三个步骤。

1. 选择自动调谐类型

明确旋转型自动调谐的参数代码为T1-01，通过操作面板进入该代码状态下进行操作即可。需要注意的是，进行旋转型自动调谐前，需要将A1-02（控制模式的选择）设定为2（无PG矢量控制）。若未设定为A1-02=2，则不能进行旋转型自动调谐。

【安川V1000型变频器自动调谐方式及应用场合】

步骤	操作说明	按键	显示
1	接通电源。	初始画面	F 0.00　ALM　REV　DRV　FOUT
2	按下 V，直至显示自动调谐画面。	V	A.TUn
3	按下 ENTER，显示参数设定画面。	ENTER	T1-01
4	按下 ENTER，确认T1-01的当前设定值为00（旋转型自动调谐）。	ENTER	00
5	按下 ENTER，输入该值。	ENTER	End
6	自动返回参数设定画面（步骤3）。	RESET	T1-01

2. 输入电动机铭牌数据

选择好旋转型自动调谐功能后，将电动机铭牌上的数据信息（包括电动机输出电能、电动机额定电压、额定电流、基本频率、极数、基本转速等）输入变频器中。设定电动机数据信息参数代码分别为（T1-02～T1-07）。

【安川V1000型变频器自动调谐时电动机铭牌信息的输入操作】

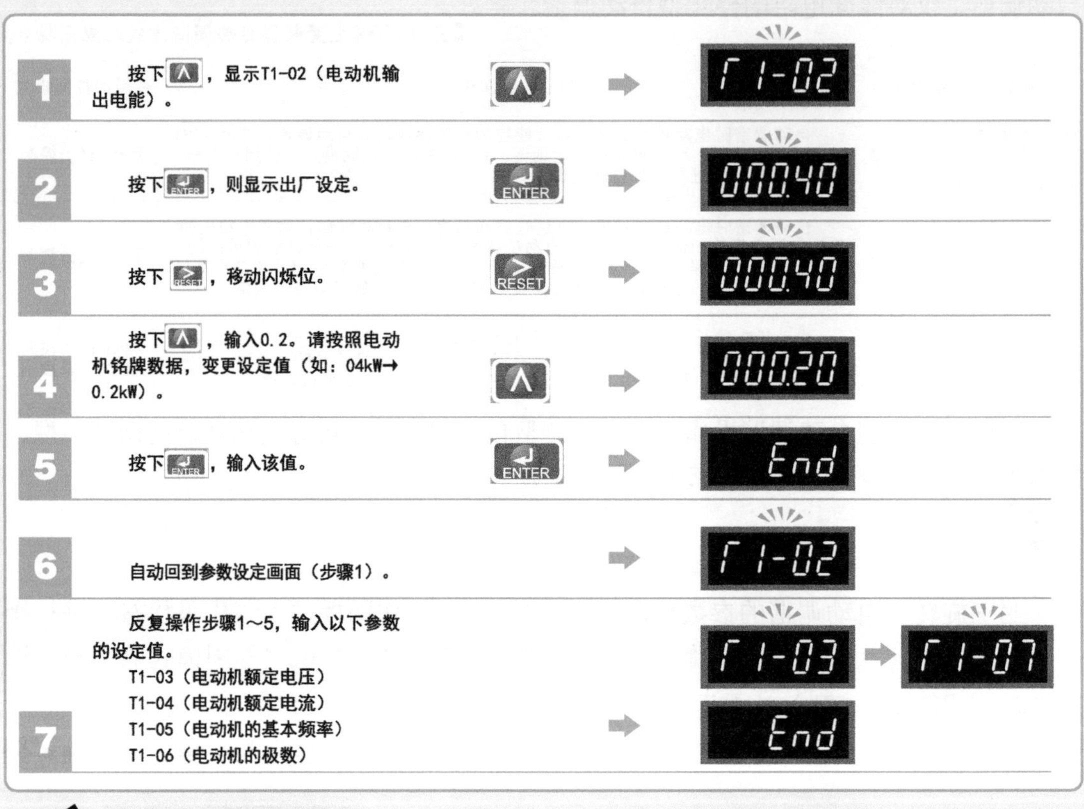

3. 开始自动调谐

电动机铭牌信息全部输入完毕后，按下"∧"键，开始自动调谐，一般为1～2min后自动调谐结束。

【安川V1000型变频器自动调谐执行操作】

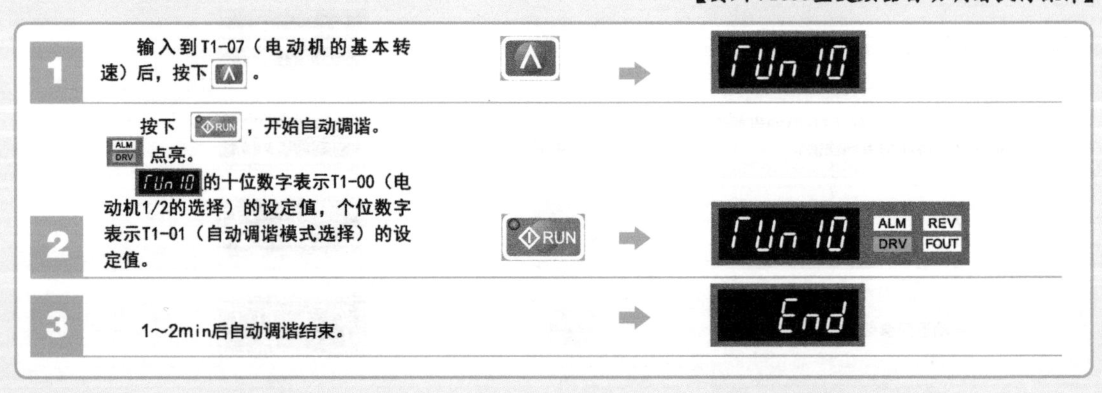

5.2.6　变频器运行调试的操作训练

变频器安装完成并进行基本的参数、模式等设置后，必须对变频器进行细致的调试操作，确保变频器参数设置及其控制系统正确无误后才可投入使用。

安川V1000型变频器的调试方法有多种，包括空载运行调试、负载运行调试、点动运行调试和多段速运行调试4种。

1. 空载运行调试

空载运行是指电动机在不连接机械设备的状态下进行试运行。在确保电动机周围安全、急停回路安装装置动作正常状态下，起动变频器，检查空载电动机旋转是否有异常声音和振动，并检查加速和减速是否顺畅等。

【安川V1000型变频器使用操作器进行空载试运行操作流程】

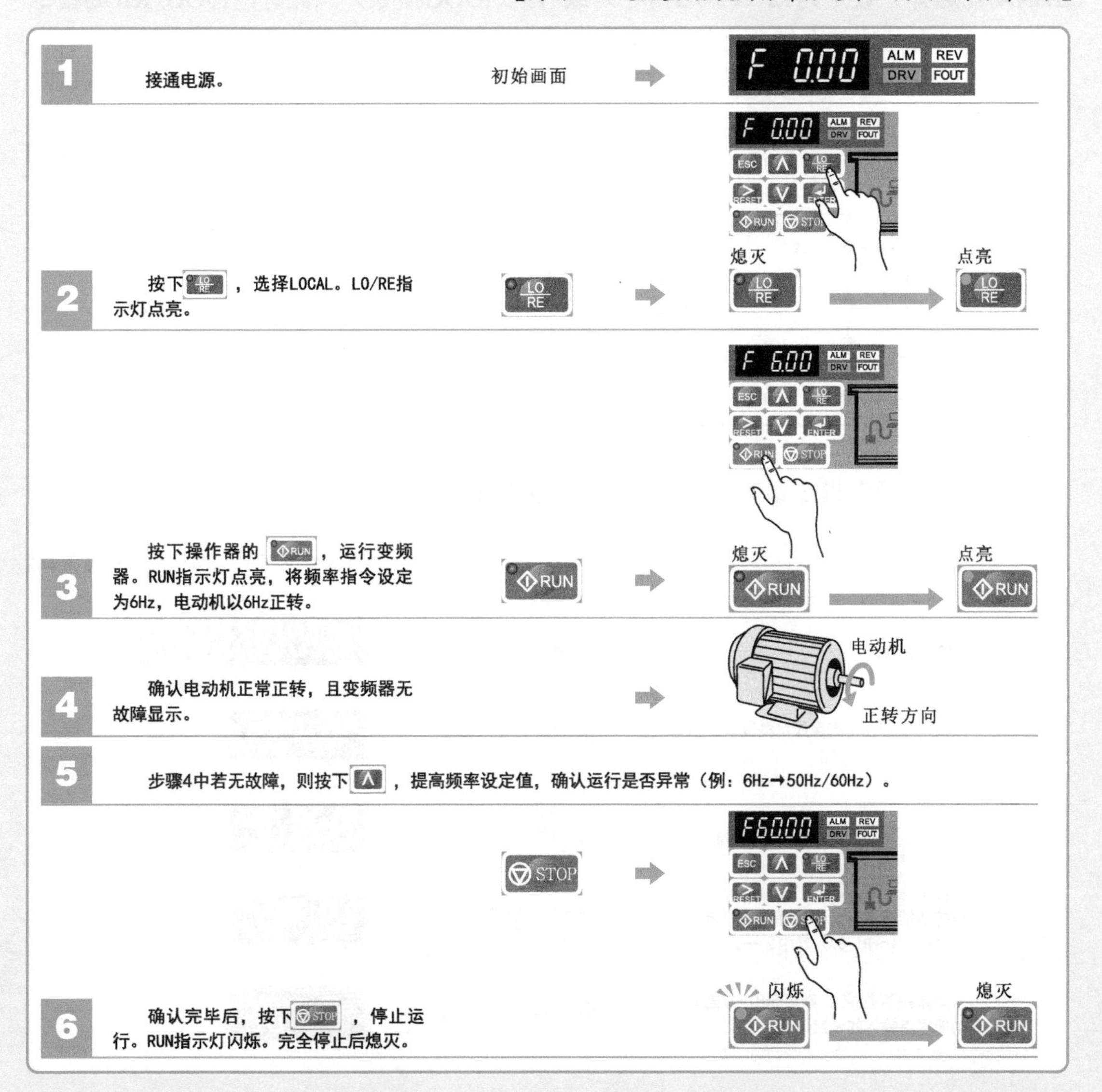

2. 负载运行调试

确认空载状态下的运行后，连接机械系统，进行试运行。负载运行调试与空载运行调试操作方法基本相同。在起动运行后，重点检查机械的动作方向是否正确、加速和减速是否顺畅，确认以上项目后，改变频率指令或旋转方向，确认是否有异常的声音和振动。若存在异常，调整异常部位或参数等，完成负载运行调试。

3. 点动运行调试

点动运行是指在FJOG/RJOG指令下通过端子的ON/OFF动作，以点动频率使变频器运行，进行试运行调试。

在点动运行状态下，必须将参数代码H1-01～H1-07（多功能接点输入端子S1～S7的功能选择）设定为12（FJOG指令）或 13（RJOG指令）。此时，FJOG/RJOG指令最为优先，而其他频率指令将被忽视。

首先将变频器与电动机接线，并连接点动信号控制端子，准备进入点动运行调试阶段。

【安川V1000型变频器外部控制的点动试运行和点动曲线】

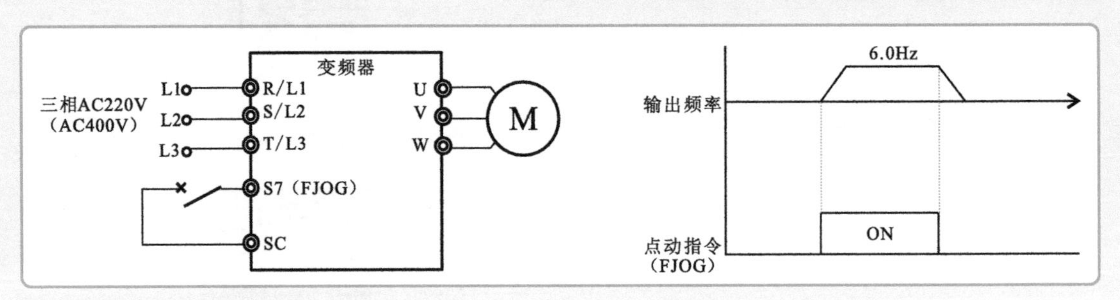

明确点动频率指令参数代码为d1-17，设定H1-07=12、d1-17=6. 0Hz时，开始点动试运行。

【安川V1000型变频器点动试运行操作流程】

步骤	操作说明	按键	显示
1	接通电源。	初始画面	F 0.00（ALM REV DRV FOUT）
2	按下 V ，直至显示参数设定模式画面。	V	PAr
3	按下 ENTER ，显示参数设定画面。	ENTER	A1-01
4	按下 Λ 和 RESET ，设定H1-07（端子S7的功能选择）。请选择多功能接点输入（H1-01～H1-07）其中之一。	Λ RESET	H1-07
5	如果按下 ENTER ，则显示H1-07当前多功能接点输入的设定值。	ENTER	06

【安川V1000型变频器点动试运行操作流程（续）】

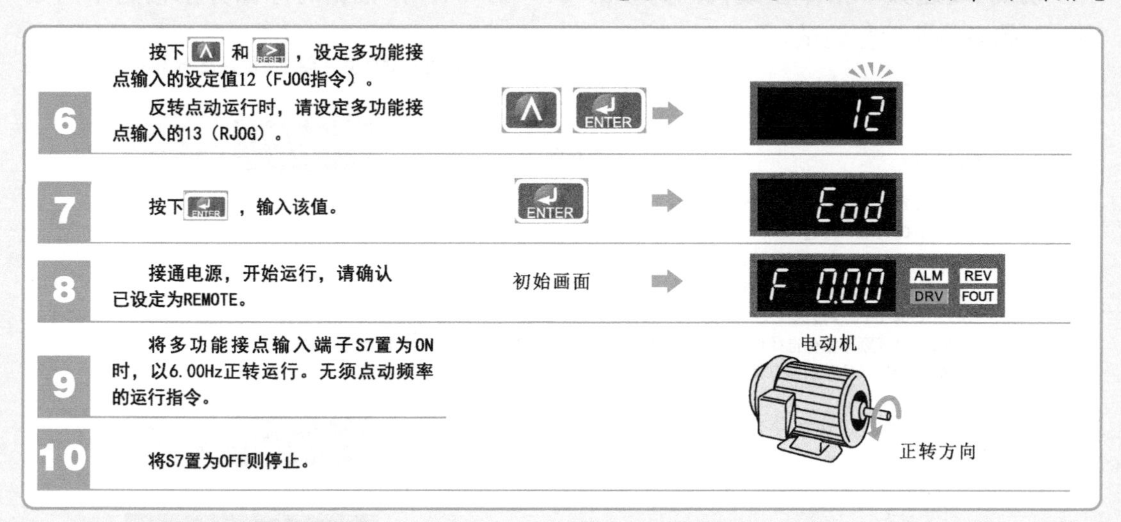

特别提醒

FJOG/RJOG指令是通过端子ON/OFF动作，以点动频率使变频器运行的功能。与通常的点动指令（JOG）不同，如果使用FJOG/RJOG指令，则无须输入运行指令。使用该功能时，必须将H1-01～H1-07（多功能接点输入端子S1～S7的功能选择）设定为12（FJOG指令）或13（FJOG指令）。

NO.	名称	详细内容	设定值	名称	设定范围	出厂设定
d1-17	点动频率指令	多功能输入“点动频率选择”“FJOG指令”“RJOG”指令ON时的频率指令（显示单位可通过01-03设定）	12	FJOG指令（ON，以点动频率d1-17进行正转运行）	0.00～400.00	6.0Hz
			13	RJOG指令（ON，以点动频率d1-17进行反转运行）		

4. 多段速运行调试（4段速）

安川V1000型变频器通过16段的频率指令和点动频率指令，最多可进行17段速的速度切换。下面以使用多功能输入端子、多段速指令1、2为例，进行4段速运行调试。

首先，将变频器与电动机连接，并将变频器多功能端子S5、S6外接控制开关SW1、SW2，根据4段速运行时序图开始多段速运行调试。

【安川V1000型变频器4段速试运行接线关系和调速时序图】

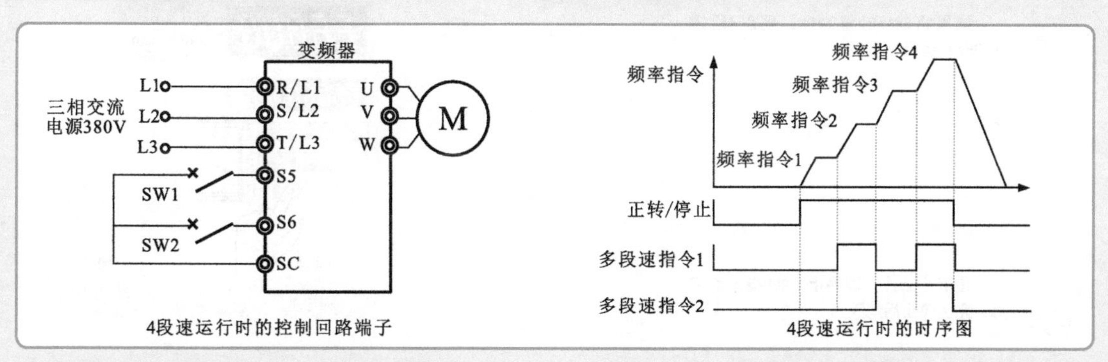

4段速运行时的控制回路端子

4段速运行时的时序图

明确4段速频率指令参数代码为“d1-01～d1-04”，根据时序图分别设定不同频率，开始多段速运行调试。

【安川V1000型变频器4段速运行调试操作流程】

步骤	操作	按键	显示/指示
1	接通电源。	初始画面	F 0.00 ALM REV DRV FOUT
2	在参数设定模式中对以下参数设定频率： （1）d1-01=5Hz:1段速*1 （2）d1-02=20Hz:2段速*2 （3）d1-03=50Hz:3段速 （4）d1-04=60Hz:4段速 *1. 将b1-01（频率指令选择1）设定为（LED操作器）时，第1段速选择d1-01设定的频率。 *2. 请在H3-10（多功能模拟量输入端子A2的功能选择）上选择设定值F（未使用）。		
3	频率设定结束后，按下 ESC ，直至显示初始画面。	ESC	F 5.00 ALM REV DRV FOUT
4	ALM DRV 点亮。	ALM DRV	F 0.00 ALM REV DRV FOUT
5	按下 LO/RE ，选择LOCAL。LO/RE指示灯点亮。	LO/RE	F60.00；熄灭 LO/RE → 点亮 LO/RE
6	如果按下 RUN ，变频器则以5Hz运行。RUN指示灯点亮。	RUN	F 5.00；熄灭 RUN → 点亮 RUN
7	如果将SW1置为ON，则以2段速（20Hz）运行。		F20.00 ALM REV DRV FOUT
8	如果将SW1置为OFF，将SW2置为ON，则以3段速（50Hz）运行。		F50.00 ALM REV DRV FOUT
9	如果将SW1和2置为ON，则以4段速（60Hz）运行。		F60.00 ALM REV DRV FOUT
10	按下 STOP，则停止。RUN指示灯闪烁。完全停止后熄灭。	STOP	F60.00；闪烁 RUN → 熄灭 RUN

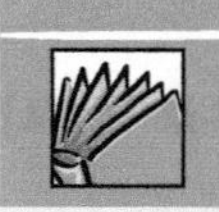

5.3 艾默生变频器的基本操作与调试训练

5.3.1 艾默生变频器的操作说明

艾默生变频器也是一种常用的变频器，操作面板（键盘）是其标准配置。用户可以通过操作面板对变频器进行参数设定、状态监视、运行控制等操作。熟悉操作面板的功能与使用，是正确操作该变频器的前提。下面以艾默生TD3000型变频器为例进行说明。

【艾默生TD3000型变频器操作面板（键盘）的功能】

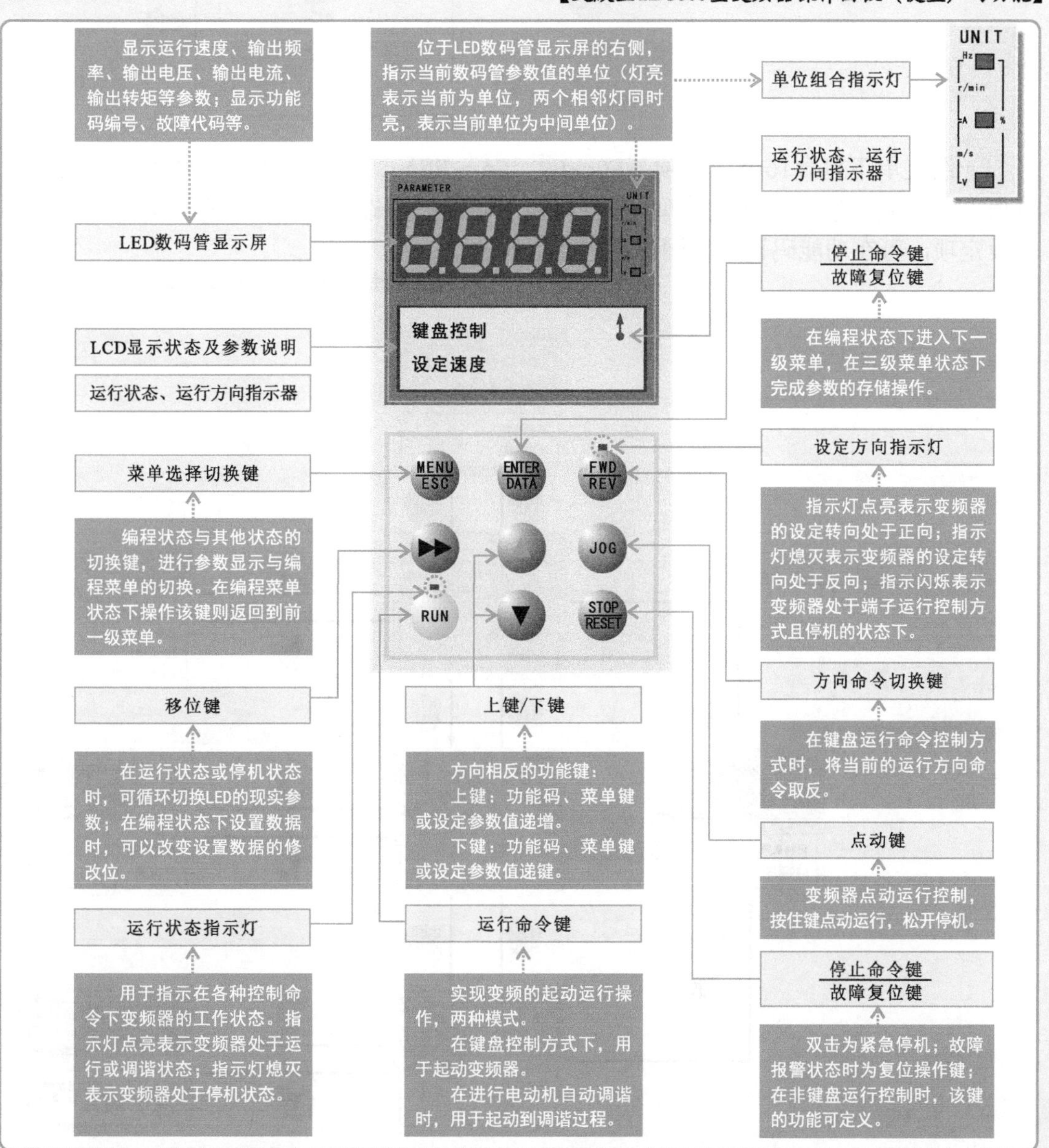

艾默生TD3000型变频器的“MENU/ESC”（菜单）包含了三级菜单，分别为功能参数组（一级菜单）、功能码（二级菜单）和功能码设定值（三级菜单）。

【艾默生TD3000型变频器三级菜单操作流程】

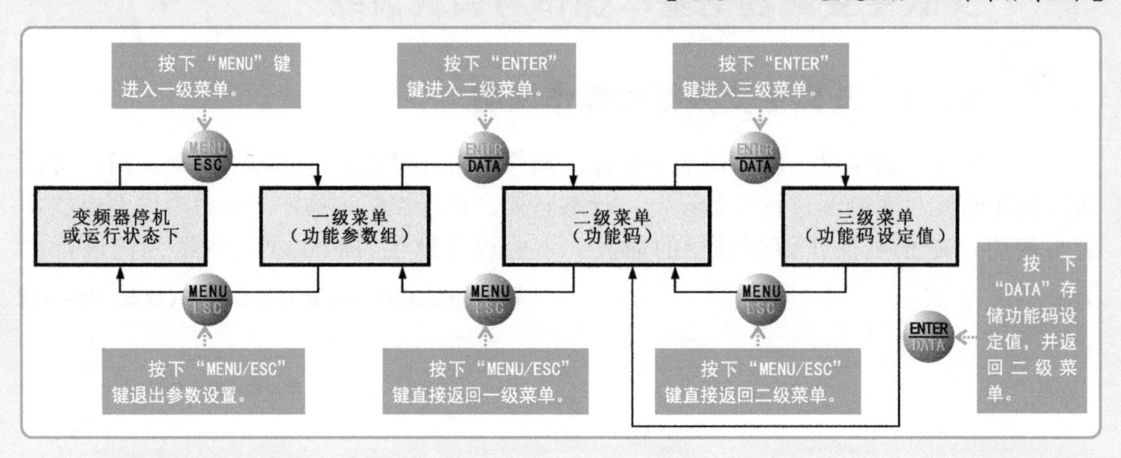

一级菜单下包含16个功能项（F0～F9、FA～FF）。二级菜单为16个功能项的子菜单项，每项中又分为多个功能码，分别代表不同功能的设定项。三级菜单为每个功能码的设定项，可在功能码设定范围内设定功能码的值。

【艾默生TD3000型变频器三级菜单操作示意图】

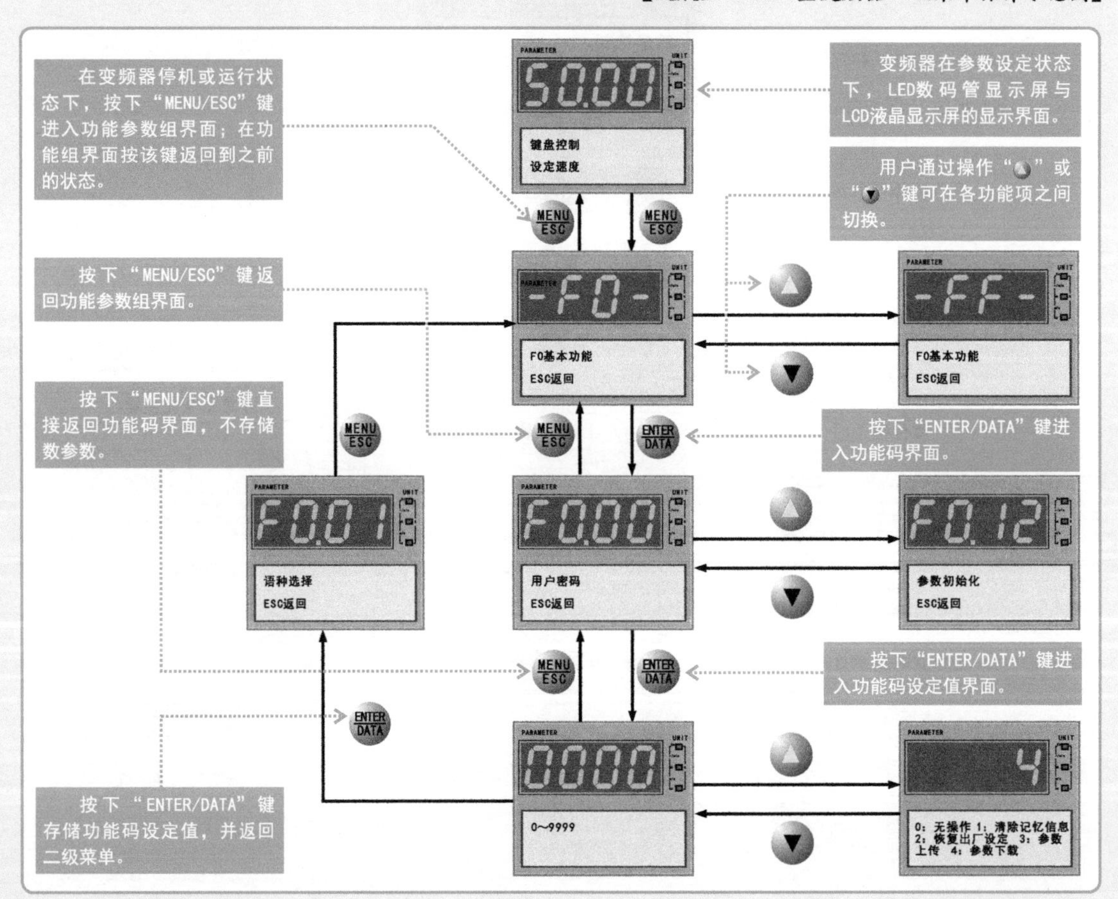

艾默生TD3000型变频器中，第二级菜单是第一级菜单的子选项菜单，这级菜单针对第一级菜单的16个功能项进行功能码设定；第三级菜单是针对第二级菜单中功能码的参数设定项，这一级菜单又可看成是第二级菜单的子菜单。

【艾默生TD3000型变频器三级菜单中的各项功能参数组、功能码含义】

功能参数组	功能码	名称	LCD显示	设定范围
F0基本功能	F0.00	用户密码设定	用户密码	0～9999
	F0.01	语种选择	语种选择	0：汉语　1：英语
	F0.02	控制方式	控制方式	0：开环矢量　1：闭环矢量　2：*U/f*控制
	F0.03	频率设定方式	设定方式	0：数字设定1　1：数字设定2 2：数字设定3　3：数字设定4 4：数字设定5　5：模拟给定 6：通信给定　7：复合给定1 8：复合给定2　9：开关频率给定
	F0.04	频率数字设定	频率设定	（F0.09）～（F0.08）
	F0.05	运行命令选择	运行选择	0：键盘控制　1：端子控制　2：通信控制
	F0.06	旋转方向	方向切换	0：方向一致　1：方向取反　2：禁止反转
	F0.07	最大输出频率	最大频率	MAX{50.00～（F 0.08）}～400.0 Hz
	F0.08	上限频率	上限频率	（F0.09）～（F0.07）
	F0.09	下限频率	下限频率	（F0.00）～（F0.08）
	F0.10	加速时间1	加速时间1	0.1～3600s
	F 0.11	减速时间1	减速时间1	0.1～3600s
	F0.12	参数初始化	参数更新	0：无操作　1：清除记忆信息 2：恢复出厂设定　3：参数上传 4：参数下载
F1电动机参数	F1.00	电动机类型选择	电机类型	0：异步电动机
	F1.01	电动机额定功率	额定功率	0.4～999.9kW
	F1.02	电动机额定电压	额定电压	0～变频器额定电压
	F1.03	电动机额定电流	额定电流	0.1～999.9A
	F1.04	电动机额定频率	额定功率	1.00～400.0Hz
	F1.05	电动机额定转速	额定转速	1～24000r/min
	F1.06	电动机过载保护方式选择	过载保护	0：不动作　1：普通电动机　2：变频电动机
	F1.07	电动机过载保护系数设定	保护系数	20.0%～110.0%
	F1.08	电动机预励磁选择	预励磁选择	0：条件有效　1：一直有效
	F1.09	电动机自动调谐保护	调谐保护	0：禁止调谐　1：允许调谐
	F1.10	电动机自动调谐进行	调谐进行	0：无操作　1：起动调谐 2：起动调谐宏
	F1.11	定子电阻	定子电阻	0.000～9.999Ω
	F1.12	定子电感	定子电感	0.0～999.9mH
	F1.13	转子电阻	转子电阻	0.000～9.999Ω
	F1.14	转子电感	转子电感	0.0～999.9mH
	F1.15	互感	互感	0.0～999.9mH
	F1.16	空载励磁电流	励磁电流	0.0～999.9A

【艾默生TD3000型变频器三级菜单中的各项功能参数组、功能码含义（续）】

功能参数组	功能码	名称	LCD显示	设定范围
F2辅助参数（未全部列出）	F2.00	起动方式	起动方式	0：起动频率起动1：先制动再起动2：转速跟踪起动
	F 2.01	起动频率	起动频率	0.00～10.00Hz
	F2.02	起动频率保持时间	起动保持时间	0.0～10.0s
	F2.03	起动直流制动电流	起动制动电流	0.0%～150.0%（变频器额定电流）
	F2.05	加减速方式选择	加减速方式	0：直线加速 1：S曲线加速
	F2.09	停机方式	停机方式	0：减速停机1 1：自由停机 2：减速停机2
	F2.10	停机直流制动起始频率	制动起始频率	0.00～10.00Hz
	F 2.13	停电再起动功能选择	停电起动	0：禁止 1：允许
	F2.15	点动运行频率设定	点动频率	0.10～10.00Hz
	F2.38	复位间隔时间	复位间隔	2～20s
F3 矢量控制	F3.00	ASR比例增益1	ASR1-P	0.000～6.000
	F3.01	ASR积分时间1	ASR1-I	0（不作用），0.032～32.00s
	F3.02	ASR比例增益2	ASR2-P	0.000～6.000
	F3.03	ASR积分时间2	ASR2-I	0（不作用），0.032～32.00s
	F3.04	ASR切换频率	切换频率	0.00～400.0Hz
	F3.05	转差补偿增益	转差补偿增益	50.0%～250%
	F 3.06	转矩控制	转矩控制	0：条件有效 1：一直有效
	F3.07	电动转矩限定	电动转矩限定	0.0%～200.0%（变频器额定电流）
	F3.11	零伺服功能选择	零伺服功能	0：禁止 1：一直有效 2：条件有效
	F3.12	零伺服位置环比例增益	位置环增益	0.000～6.000
F4 *U*/*f*控制	F4.00	*U*/*f*曲线控制模式	*U*/*f*曲线	0：直线 1：平方曲线 2：自定义
	F4.01	转矩提升	转矩提升	0.0%～30.0%（手动转矩提升）
	F4.02	自动转矩补偿	转矩补偿	0.0（不动作），0.1%～30.0%
	F 4.03	正转差补偿	正转差补偿	0.00～10.00Hz
	F4.04	负转差补偿	负转差补偿	0.00～10.00Hz
	F4.05	AVR功能	AVR功能	0：不动作 1：动作
F5 开关量端子：开关量输入端子	F5.00	FWD REV运转模式	控制模式	0：二线模式1 1：二线模式2 2：三线模式
	F5.01～F5.08	开关量输入端子X1～X8功能	X1端子功能～X8端子功能	0：无功能 1：多段速度端子1 2：多段速度端子2 3：多段速度端子3 4：多段加减速时间端子1 5：多段加减速度时间端子2 6：外部故障常开输入 7：外部故障常闭输入……（共33个设定功能）
F5 开关量端子：开关量输出端子	F5.09	开路集电极输出端子Y1功能选择	Y1功能选择	0：变频器运行准备就绪（READY） 1：变频器运行中1信号（RUN1） 2：变频器运行中2信号（RUN2） 3：变频器零速运行中 4：频率/速度到达信号 5：频率/速度一致信号 6：设定计数值到达 7：指定计数值到达 8：简易PLC阶段运转完成指示 9：欠电压封锁停止中（P.OFF） 10：变频器过载报警 11：外部故障停机 12：电动机过载预报警 13：转矩限定中
	F5.10	开路集电极输出端子Y2功能选择	Y2功能选择	
	F5.11	可编程继电器输出PA/B/C功能选择	继电器功能	

【艾默生TD3000型变频器三级菜单中的各项功能参数组、功能码含义（续）】

功能参数组		功能码	名称	LCD显示	设定范围
F5 开关量 端子	开关量 输出端 子	F5.12	设定计数值到达给定	设定计数值	0～9999
		F5.13	指定计数值到达给定	指定计数值	0～（F5.12）
		F5.14	速度到达检出宽度	频率等效范围	0.0%～20.0%（F0.07）
		F5.19	频率表输出倍频系数	倍频输出	100.0～999.9
F6模拟 量端子	模拟量 输入	F6.00	AI1电压输入选择	AI1选择	0：0～10V；　1：0～5V；　2：10～0V；　3：5～0V； 4：2～10V；　5：10～2V；6：-10～+10V
		F6.01	AI2电压电流输入选择	AI2选择	0：0～10V/0～20mA　　1：0～5V/0～10mA 2：10～0V/20～0mA　　3：5～0V/10～0mA 4：2～10V/4～20mA　　5：10～2V/20～4mA
		F6.02	AI3电压输入选择	AI3选择	0：0～10V　1：0～5V　2：10～0V　3：5～0V 4：2～10V　5：10～2V　6：-10～+10V
		F6.04	主给定通道选择	主给定通达	0：AI1　1：AI2　2：AI3
		F6.05	辅助给定通道选择	辅助通达	0：无　1：AI2　2：AI3
	模拟量 输出	F6.08	AO1多功能模拟量输出端子功能选择	AO1选择	0：运行频率/转速（0～MAX） 1：设定频率/转（0～MAX） 2：ASR速度偏差量 3：输出电流（0～2倍额定值） 4：转矩指令电流 5：转矩估计电流 6：输出电压（0～1.2倍额定值） 7：反馈磁通电流 8：AI1设定输入 9：AI2设定输入 10：AI3设定输入
		F6.09	AO2多功能模拟量输出端子功能选择	AO2选择	
F7过程PID		F7.00	闭环控制功能选择	闭环控制	0：不选择PID 1：模拟闭环选择 2：PG速度闭环
		F7.01	给定量选择	给定选择	0：不动作　1：单循环2：连续循环　3：保持最终值
		F7.03	反馈量输入通道选择	反馈选择	0：模拟端子给定
F8简易PLC		F8.00	PLC运行方式选择	PLC方式	0：不动作　1：单循环2：连续循环　3：保持最终值
		F8.01	计时单位	计时单位	0：秒（s）　1：分（min）
		F8.02～ F8.15	阶段动作选择和阶段运行时间	STn选择STn时间	0～7 0. 0～500m/s
F9通信及总线		F9.00	波特率选择	波特率选择	0：1200bit/s；　1：2400bit/s；　2：4800bit/s； 3：9600bit/s；　4：19200bit/s；　5：38400bit/s； 6：12500bit/s
		F9.04～ F9.11	PZD2～PZD9的连接值	PZD2～ PZD9连接值	0～20
		F9.12	通信延时	通信延时	0～20ms
FA增强功能		FA.00	故障自动复位重试中故障继电器动作选择	故障输出	0：不输出（故障接点不动作） 1：输出（故障接点动作）
		FA.01	P.OFF期间故障继电器动作选择	POFF输出	0：不输出（故障接点不动作） 1：输出（故障接点动作）
		FA.02	外部控制时STOP键的功能选择	STOP功能	0～15
		FA.03	冷却风扇控制选择	风扇控制	0：自动方式运行1：一直运转
		FA.12	变频输入断相保护	输入断相	0：保护禁止 1：报警　2：保护动作
		FA.13	变频输出断相保护	输出断相	0：保护禁止 1：报警　2：保护动作

【艾默生TD3000型变频器三级菜单中的各项功能参数组、功能码含义（续）】

功能参数组	功能码	名称	LCD显示	设定范围
Fb编码器功能	Fb.00	脉冲编码器每转脉冲数选择	脉冲数选择	1～9999
	Fb.01	PG方向选择	PG方向选择	0：正向 1：反向
	Fb.02	PG断线动作	PG断线动作	0：自由停机 1：继续运行（仅限于*U/f*闭环）
	Fb.03	PG断线检测时间	断线检测时间	2.0～10.0s
	Fb.04	零速检测值	零速检测值	0.0（禁止断线保护），0.1～999.9rpm
FC保留功能	FC.00～FC.08	保留功能	保留功能	0
Fd显示及检查	Fd.00	LED运行显示参数选择1	运行显示1	1～255
	Fd.01	LED运行显示参数选择2	运行显示2	0～255
	Fd.02	LED停机显示参数（闪烁）	停机显示	0：设定频率（Hz）/速度（r/min）； 1：外部计数值； 2：开关量输入； 3：开关量输出； 4：模拟输入AI1（V）； 5：模拟输入AI2（V）； 6：模拟输入AI3（V）； 7：直流母线电压（V-AVE）
	Fd.03	频率/转速显示切换	显示切换	0：频率（Hz）；1：转速（r/min）
	Fd.10	最后一次故障时刻母线电压	故障电压	0～999V
FE厂家保留	FE.00	厂家密码设定	厂家密码	****（注：正确输入密码，显示FE.01～FE.14）
FF通信参数	FF.00	运行频率	不显示	运行频率（Hz）
	FF.01	运行转速	不显示	运行转速（r/min）
	FF.02	设定频率	不显示	设定频率（Hz）
	FF.03	设定转速	不显示	设定转速（r/min）
	FF.04	输出电压	不显示	输出电压（V-RMS）
	FF.05	输出电流1	不显示	输出电流（A-RMS）
	FF.06	输出功率	不显示	输出功率（%）
	FF.07	运行线速度	不显示	运行线速度（m/s）
	FF.08	设定线速度	不显示	设定线速度（m/s）
	FF.09	外部计数值	不显示	外部计数值（无单位）
	FF.10	电动机输出转矩	不显示	电动机输出转矩（%）
	FF.11	电动机磁通	不显示	电动机磁通（%）
	FF.12	开关量输入端子状态	不显示	0～1023
	FF.13	开关量输出端子状态	不显示	0～15
	FF.14	模拟输入AI1	不显示	模拟输入AI1值（V）
	FF.15	模拟输入AI2	不显示	模拟输入AI2值（V）
	FF.17	模拟输出AO1	不显示	模拟输出AO1值（V）
	FF.18	模拟输出AO2	不显示	模拟输出AO2值（V）
	FF.19	直流母线电压	不显示	母线电压（V）

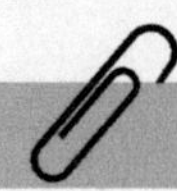

5.3.2　设定参数的操作训练

正确地设置艾默生TD3000型变频器的参数，是确保该变频器正常工作，且充分发挥其性能的前提，掌握基本参数设定的操作方法是操作变频器的关键环节。

例如，将额定功率为21.5 kW的电动机参数，更改为8.5kW电动机参数。

【艾默生TD3000型变频器参数设置操作流程】

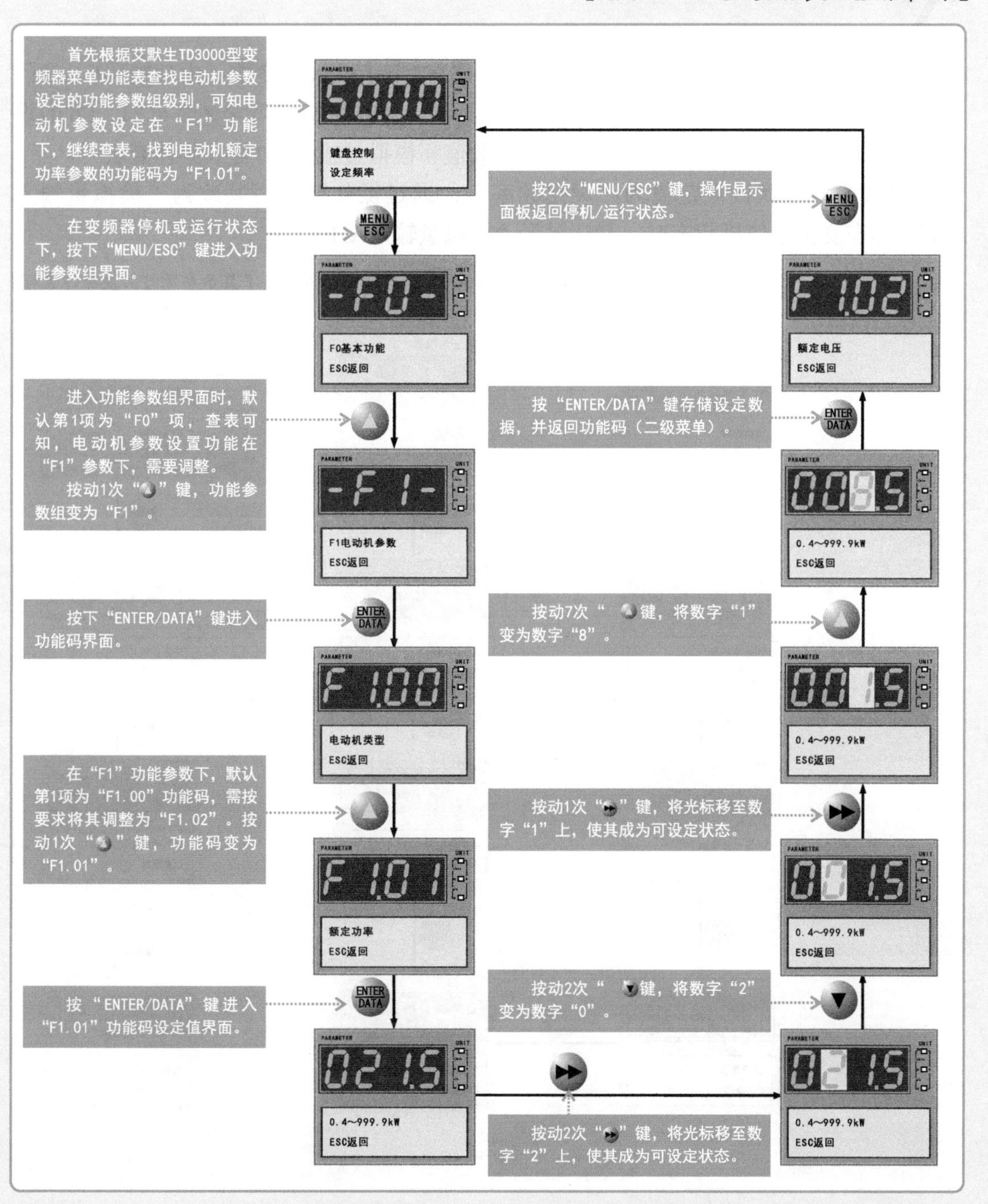

5.3.3 状态参数切换显示的操作训练

艾默生TD3000型变频器在停机或运行状态下，可由LED数码管显示屏显示变频器的各种状态参数。具体显示参数内容可由功能码Fd.00～Fd. 02的设定值选择确定，再通过移位键可以切换显示停机或运行状态下的状态参数。

1. 停机状态下显示参数的切换

在停机状态下，艾默生TD3000型变频器共有8个停机状态参数（由功能码Fd. 02的设定值选择确定），可用“⏩”键循环切换显示。查前面功能码含义表可知，Fd.02设定范围为0～7，分别表示设定频率、外部计数值和模拟量输入AI1等（具体查表）。

Fd.02的出厂默认设定值为“设定频率”，通过操作键盘将其改为“模拟量输入AI1”，即在变频器停机状态时，默认显示“模拟量输入AI1”。

【艾默生TD3000型变频器停机状态下显示参数的切换操作流程】

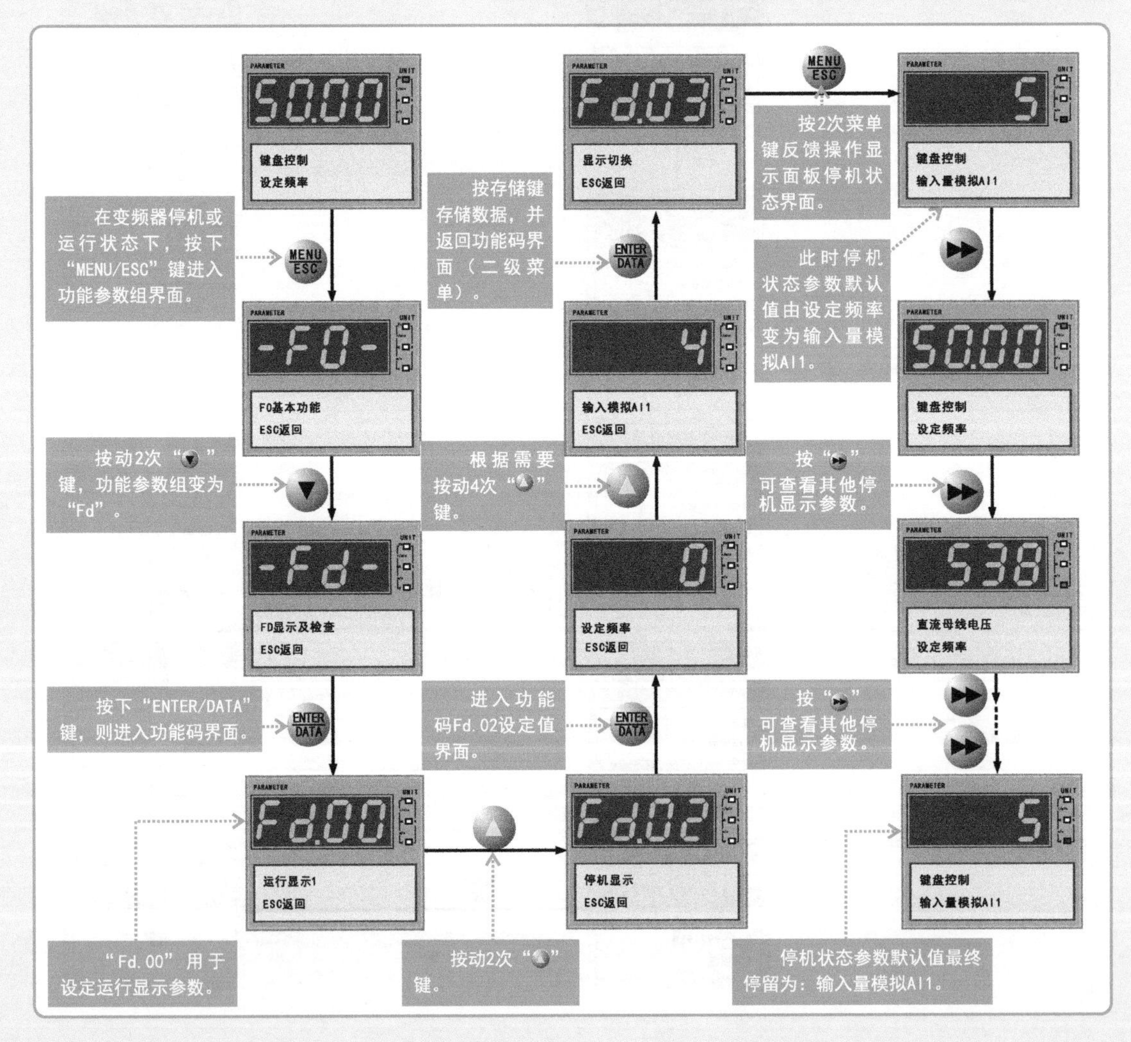

2. 运行状态下显示参数的切换

在运行状态下，艾默生TD3000型变频器共有16个停机状态参数（由功能码Fd. 00、Fd. 01的设定值选择确定），可以用“⏩”键循环切换显示。

数码管显示屏默认运行显示参数由Fd. 00的值决定。操作时，变频器系统首先将Fd. 00、Fd. 01的设定值转换为二进制码，其中Fd. 00的二进制码中最低为1的位决定默认运行显示参数。Fd. 00、Fd. 01的二进制码中1的个数为当前可循环切换显示参数的个数。

例如，将Fd. 00设定值为27，Fd. 01设定值为39。 **【运行状态下显示参数的设置】**

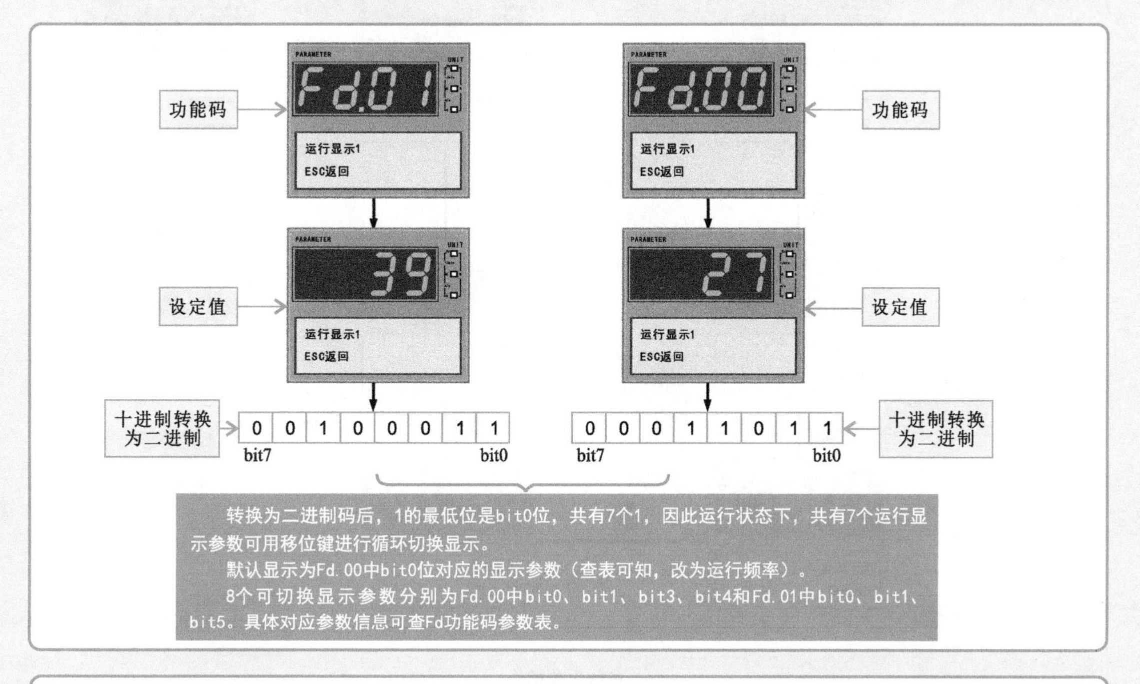

特别提醒

艾默生TD3000变频器功能码Fd. 00、Fd. 01分别显示8种（共16种）基本运行状态参数。每个参数的显示控制开关对应8位二进制码的一位。当二进制码相应为1时，表示显示该参数；为0时表示不显示该参数。

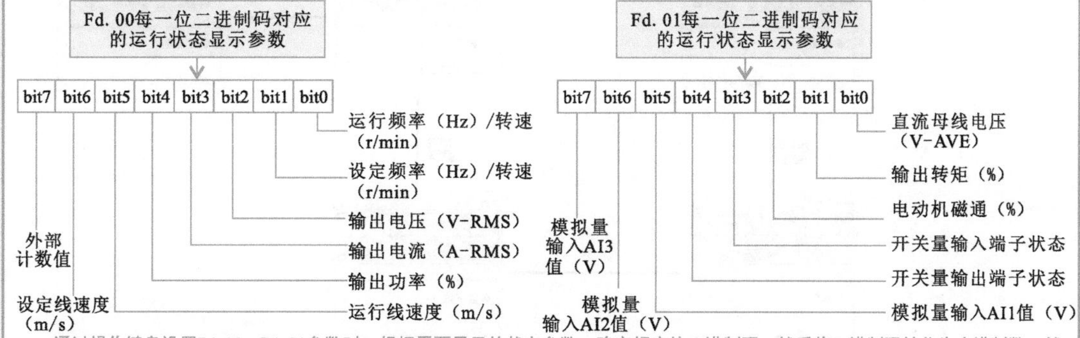

通过操作键盘设置Fd. 00、Fd. 01参数时，根据需要显示的状态参数，确定相应的二进制码，然后将二进制码转化为十进制数，然后再将此十进制数作为参数值进行设置。

Fd. 00、Fd. 01设置的运行状态参数，可在变频器运行过程中，通过移位键循环切换显示。

5.3.4 参数复制的操作训练

参数复制包括参数上传和参数下载两个步骤，其中参数上传是指将变频器控制板中的参数上传到操作显示面板的存储器（EEPROM）中进行保存；参数下载是指将操作显示面板中存储的参数下载到变频器的控制板中，并进行保存。

例如，进行变频器操作显示面板与变频器控制板之间的参数复制操作。首先根据功能码表查找变频器参数复制功能的参数组级别为“F0”下，功能码为“F0.12”。

【运行状态下显示参数的设置】

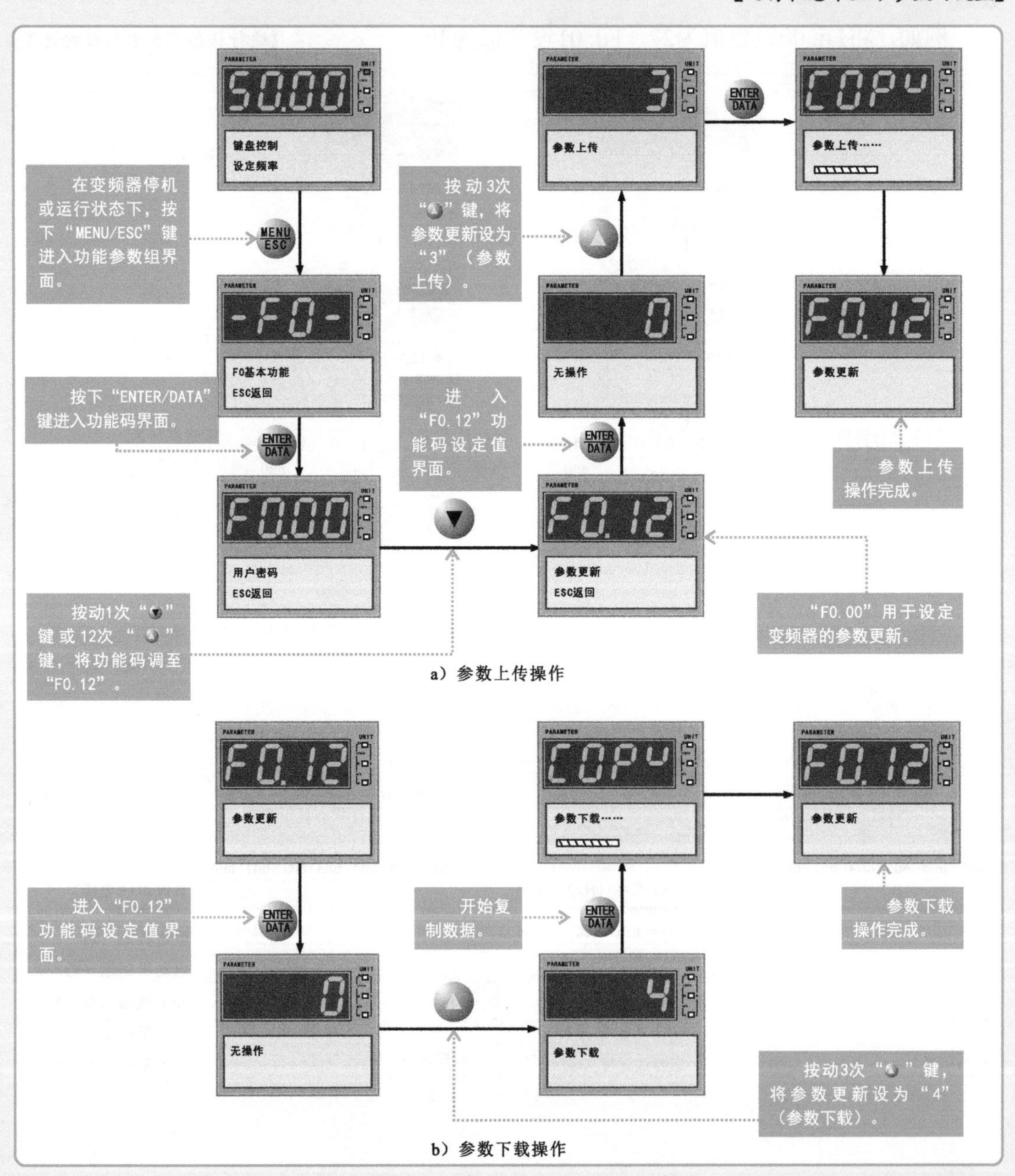

a）参数上传操作

b）参数下载操作

5.3.5 设置密码的操作训练

艾默生TD3000型变频器具有用户密码功能。通过设定密码，限制操作权限，可有效增加参数设置的可靠性和安全性。

例如，这里要求将用户密码设为“1206”。首先根据功能码表查找用户密码设定的功能参数组级别为“F0”（基本功能设定），功能码为“F0.00”。

【设置用户密码的操作流程】

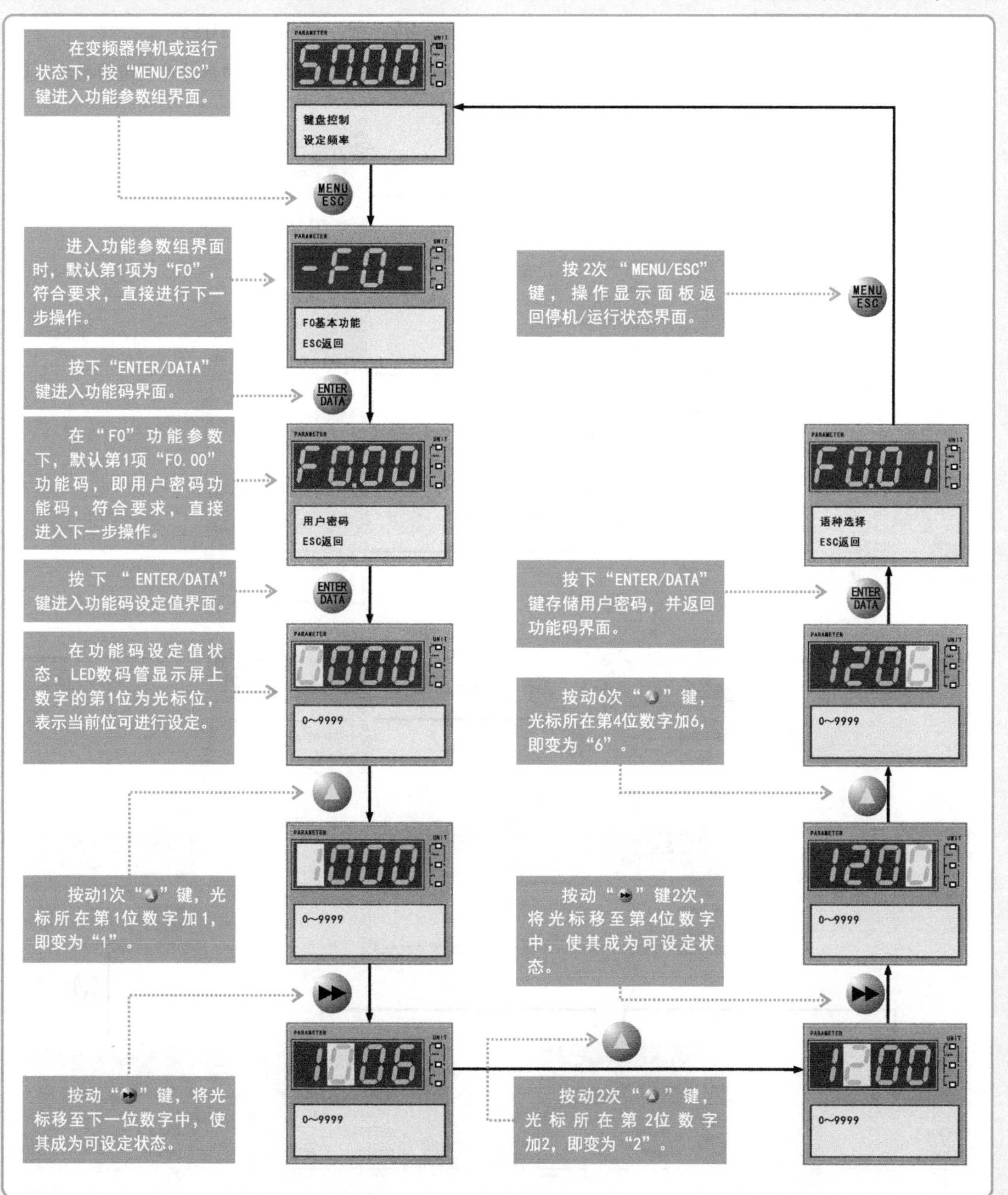

5.3.6 电动机自动调谐的操作训练

对艾默生TD3000型变频器操作中，选择矢量控制运行方式前，用户应先准确输入电动机的铭牌参数，变频器将根据此参数匹配标准电动机参数。此时若要获得更好的控制性能，可使用变频器对电动机进行自动调谐，以获取被控电动机的准确参数。

例如，被控电动机铭牌参数为：额定功率3.5kW，额定电压为380V，额定电流为8A，额定转速为1400r/min。根据功能码表，电动机自动调谐设定的功能参数组级别为“F1”（设置功能码有F1. 01、F1. 02、F1. 03、F1. 05、F1. 09和F1. 10）。

【艾默生TD3000型变频器进行电动机自动调谐的操作流程】

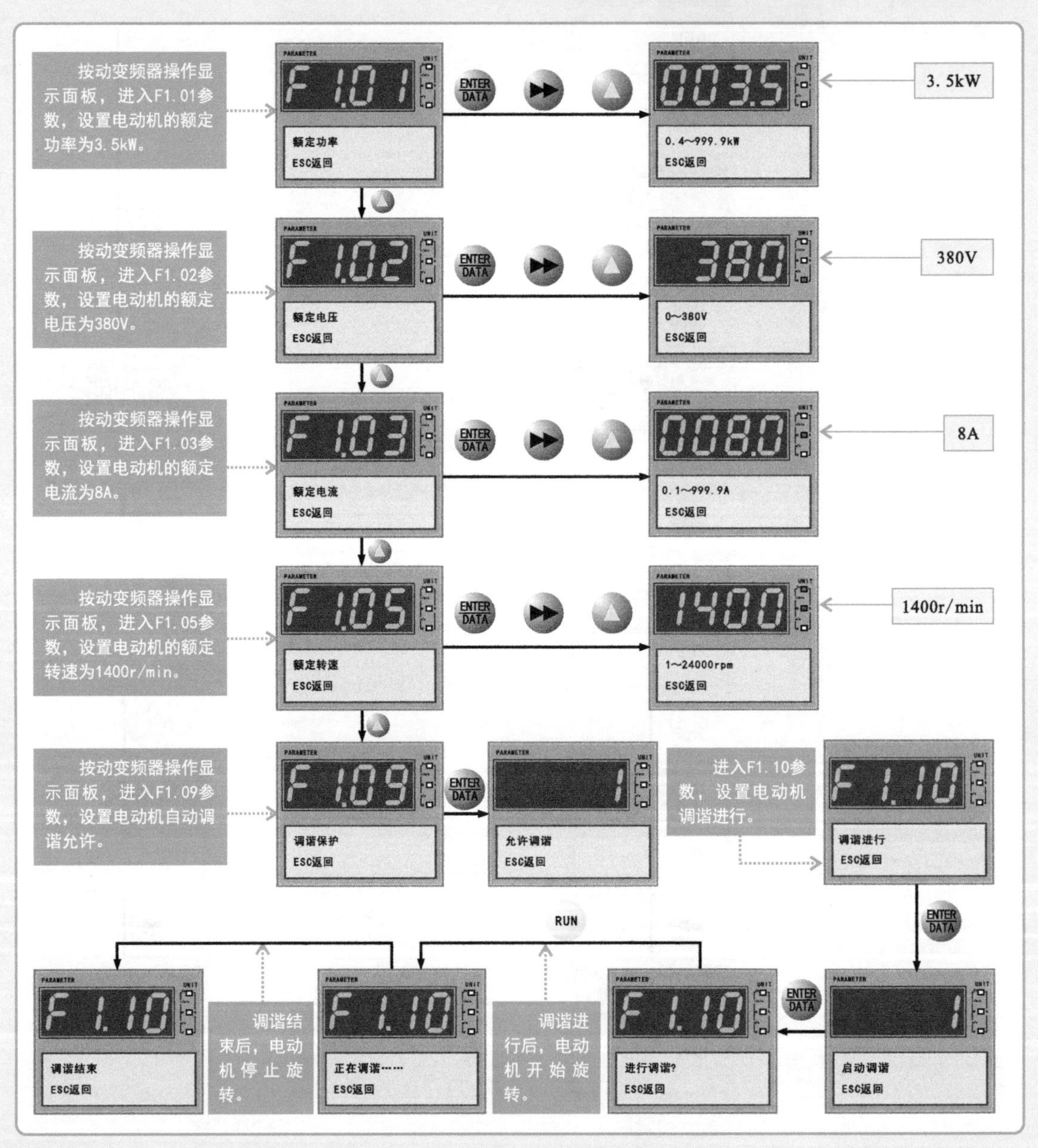

5.3.7 变频器运行调试的操作训练

变频器安装及接线完成后，必须对变频器进行细致的调试操作，确保变频器参数设置及其控制系统正确无误后才可投入使用。

艾默生TD3000型变频器的调试方法有多种，下面以常见的操作显示面板直接调试为例。操作显示面板直接调试是指在直接利用变频器上的操作显示面板，对变频器进行频率设定及控制指令输入等操作，达到对变频器运行状态的调整和测试目的。

操作显示面板直接调试包括通电前的检查、通电检查、设置电动机参数及自动调谐、设置变频器参数及空载试运行调试等环节。

1. 通电前的检查

变频器通电前的检查是变频器调试操作前的基本环节，属于简单调试环节，主要是对变频器及控制系统的接线及初始状态进行检查。

【待调试的电动机变频器控制系统接线图】

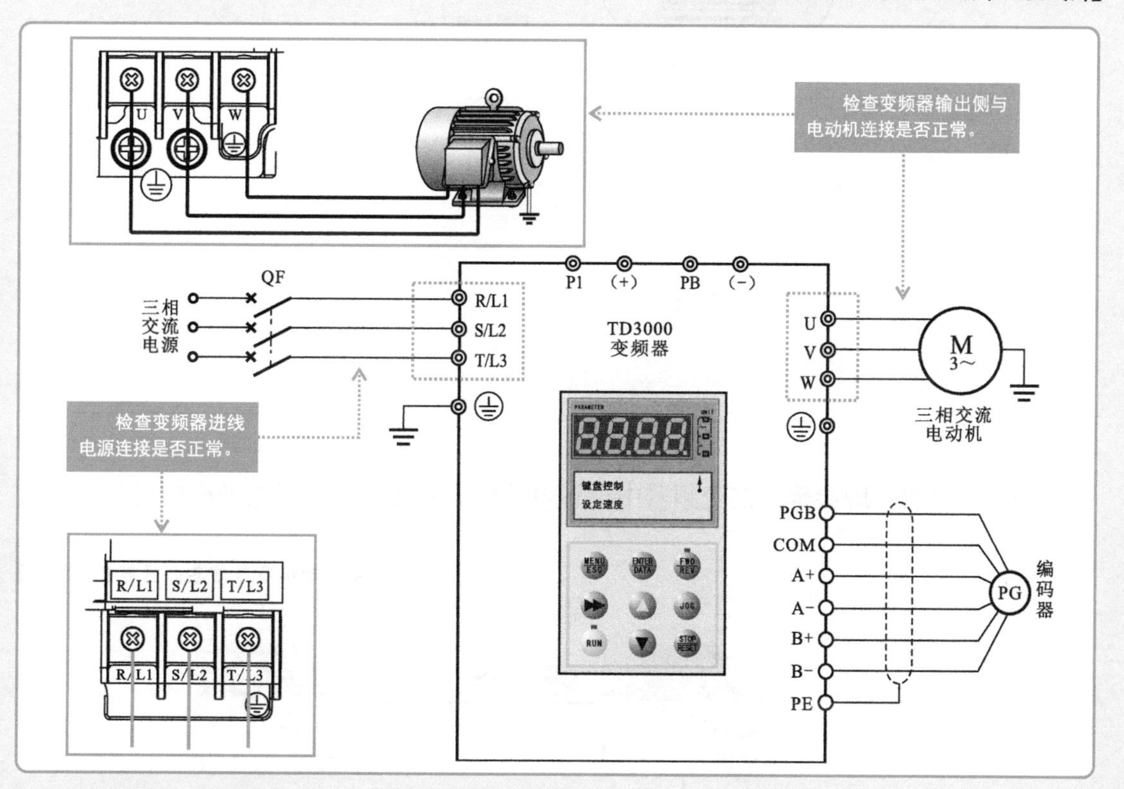

特别提醒

变频器通电前的检查主要包括：

- 确认电源供电的电压正确，输入供电回路中连接好断路器。
- 确认变频器接地、电源电缆、电动机电缆、控制电缆连接正确可靠。
- 确认变频器冷却通风通畅；确认接线完成后变频器的盖子盖好。
- 确定当前电动机处于空载状态（电动机与机械负载未连接）。

2. 通电检查

闭合断路器，使变频器通电，检查变频器是否有异常声响、冒烟、异味等情况；检查变频器操作显示面板有无故障报警信息，确认通电初始化状态正常。若有异常现象，应立即断开电源。

3. 设置电动机参数及自动调谐

明确被控电动机的性能参数，也是调试前重要的准备工作。准确识读被控电动机的铭牌参数，该参数是变频器参数设置过程中的重要参考依据。

【被控电动机的铭牌参数】

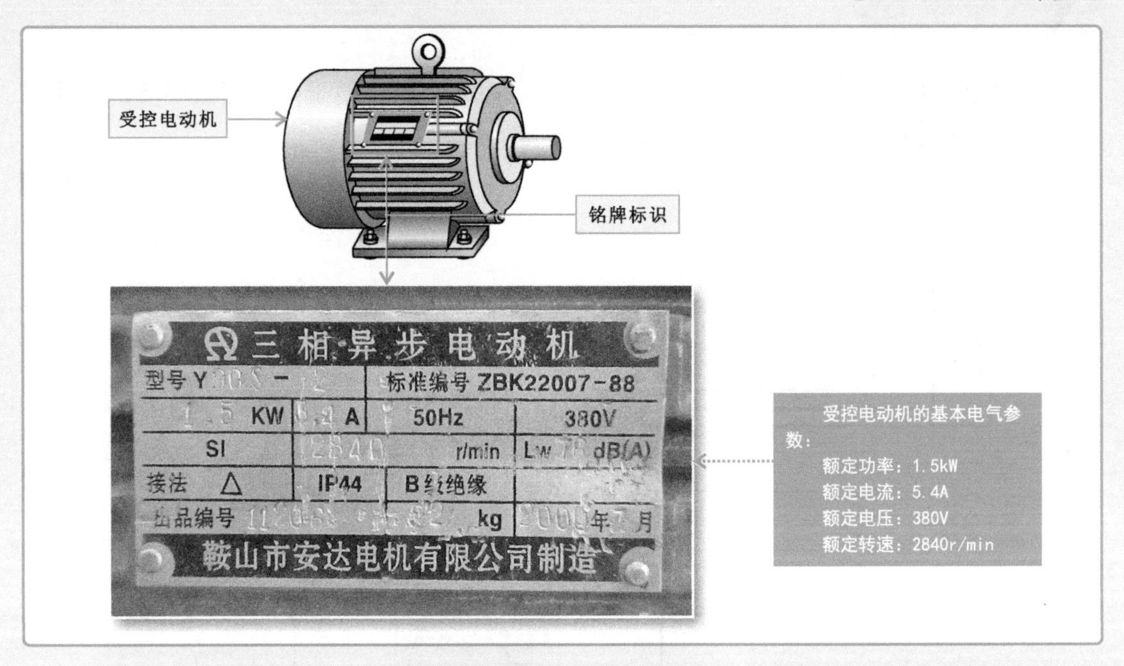

根据电动机铭牌参数，在变频器中设置电动机的参数，并进行电动机的自动调谐操作。

【设置电动机参数信息并进行自动调谐】

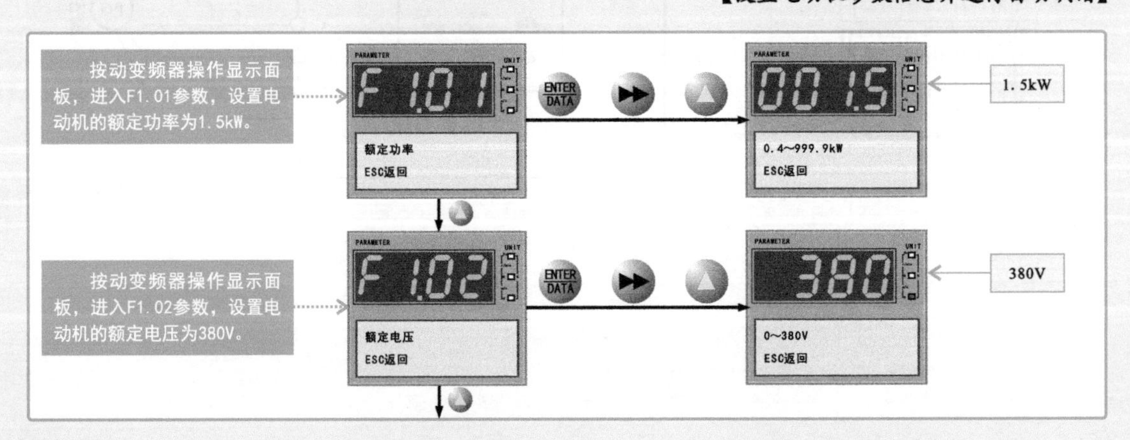

【设置电动机参数信息并进行自动调谐（续）】

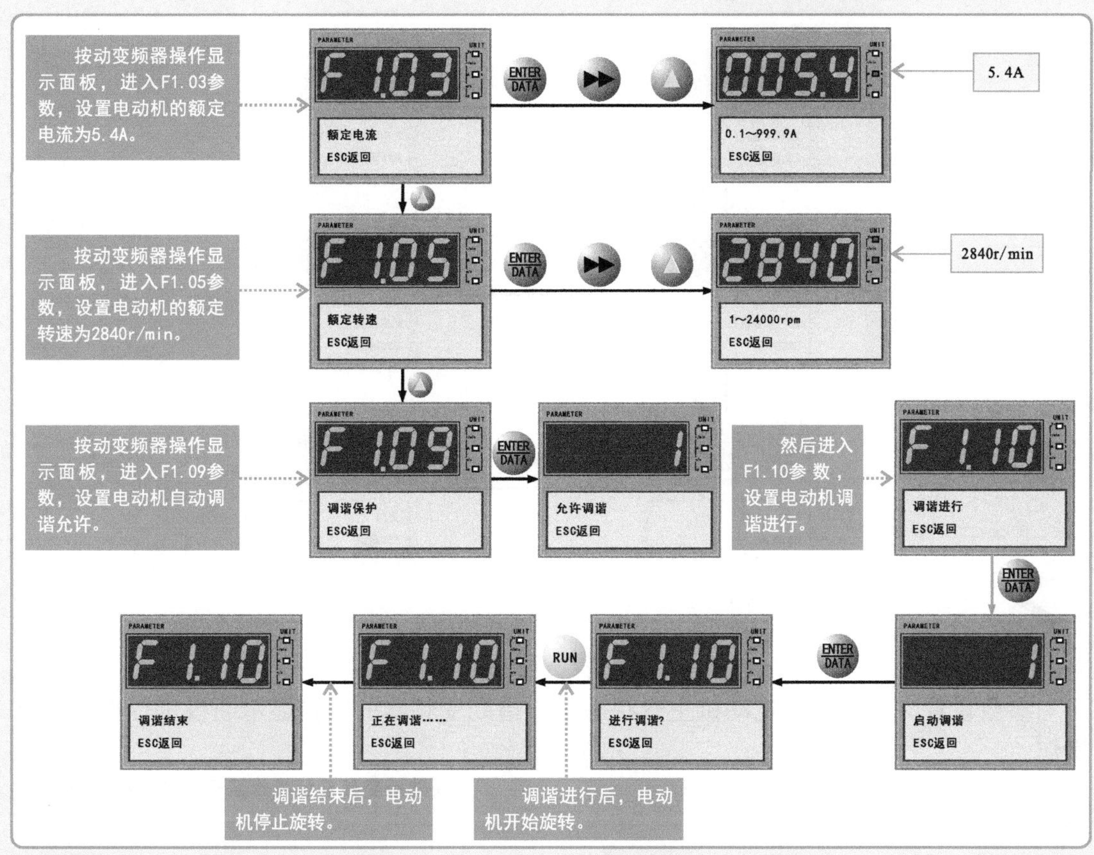

4. 设置变频器参数

正确设置变频器的运行控制参数，即在“F0”参数组下，设定控制方式、频率设定方式、频率设定、运行选择等功能信息。

待参数设置完成后，按变频器的“MENU/ESC”菜单键退出编程状态，返回停机状态。

【设置变频器的参数信息】

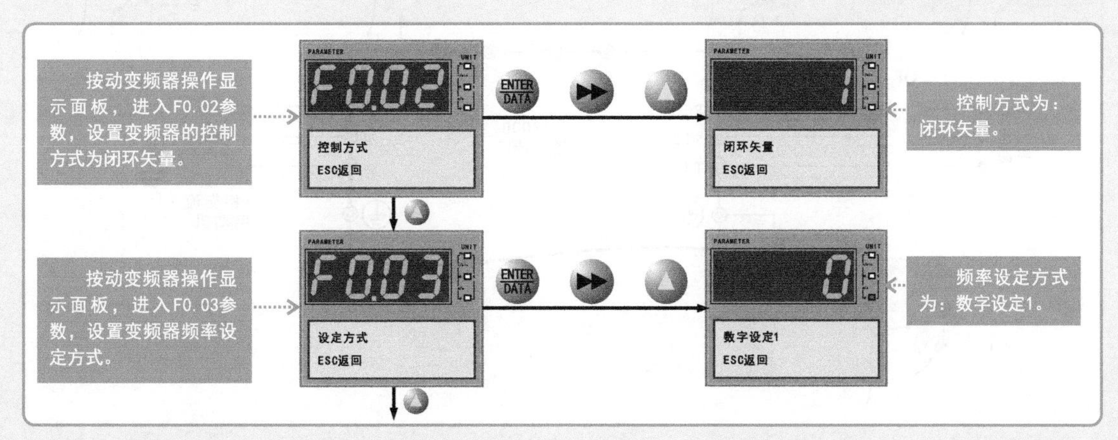

【设置变频器的参数信息（续）】

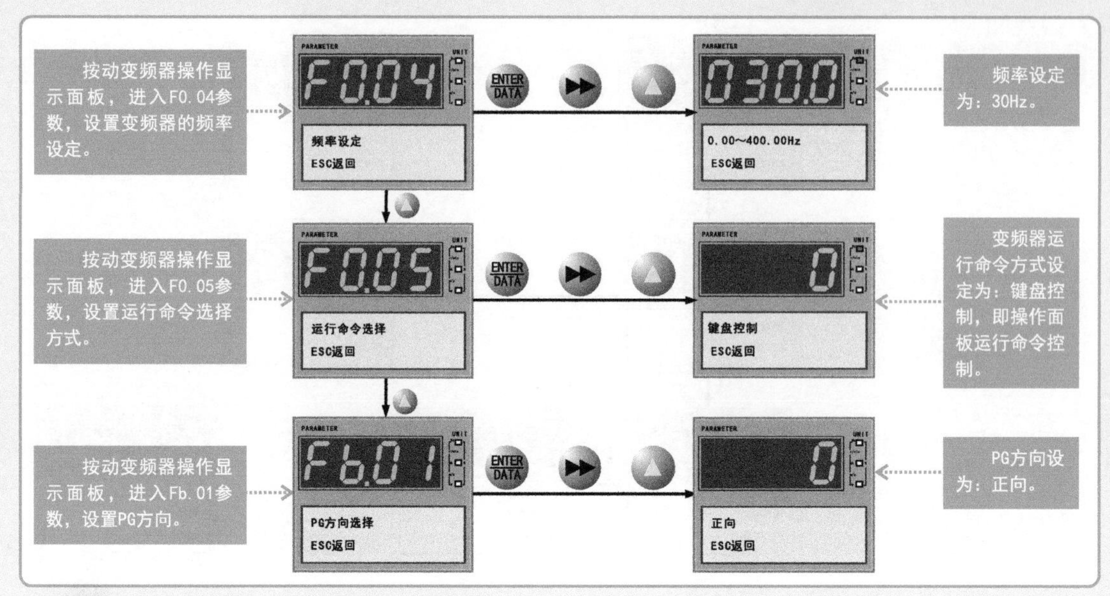

5. 空载试运行调试

参数设置完成后，在电动机空载状态下，借助变频器的操作显示面板进行直接调试操作。

【借助变频器的操作显示面板进行直接调试】

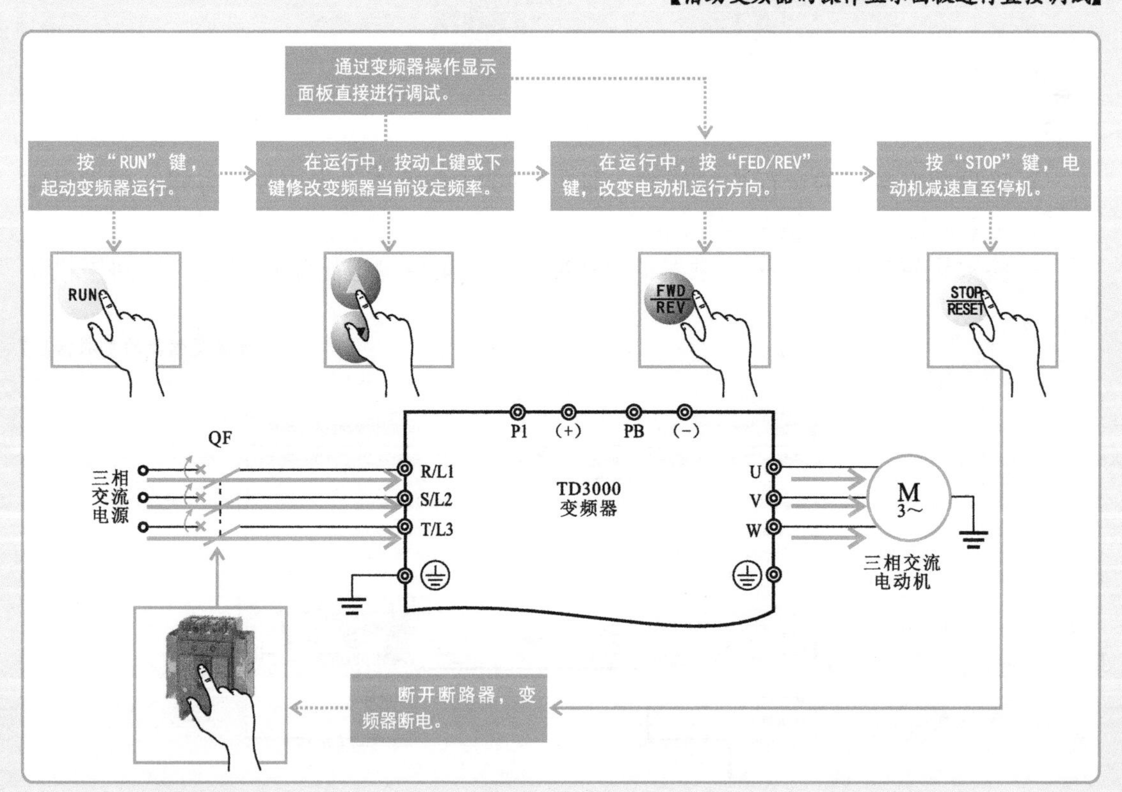

特别提醒

在该变频器与电动机控制关系中，还可通过变频器的操作显示面板进行点动控制调试训练，调试过程中，通电前的检查、电动机参数设置均与上述训练相同，不同的是对变频器参数的设置，除了对变频器进行基本的参数设置外，还需对变频器辅助参数（F2）进行设置。

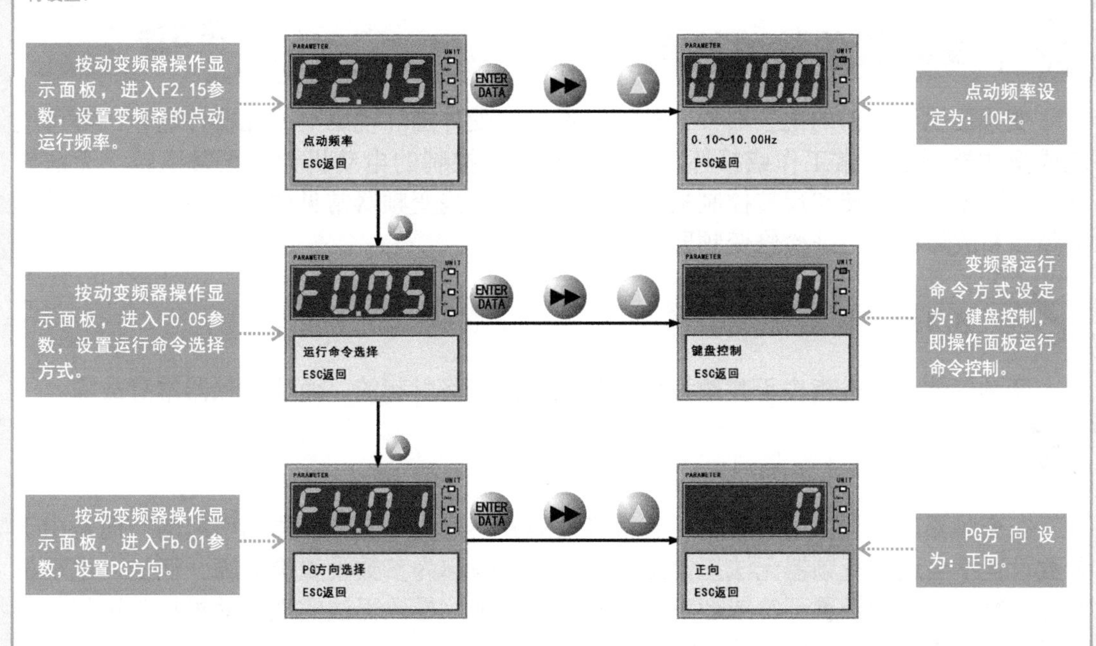

参数设置完成后，在电动机空载状态下，借助变频器的操作显示面板进行点动控制调试操作，见下图。

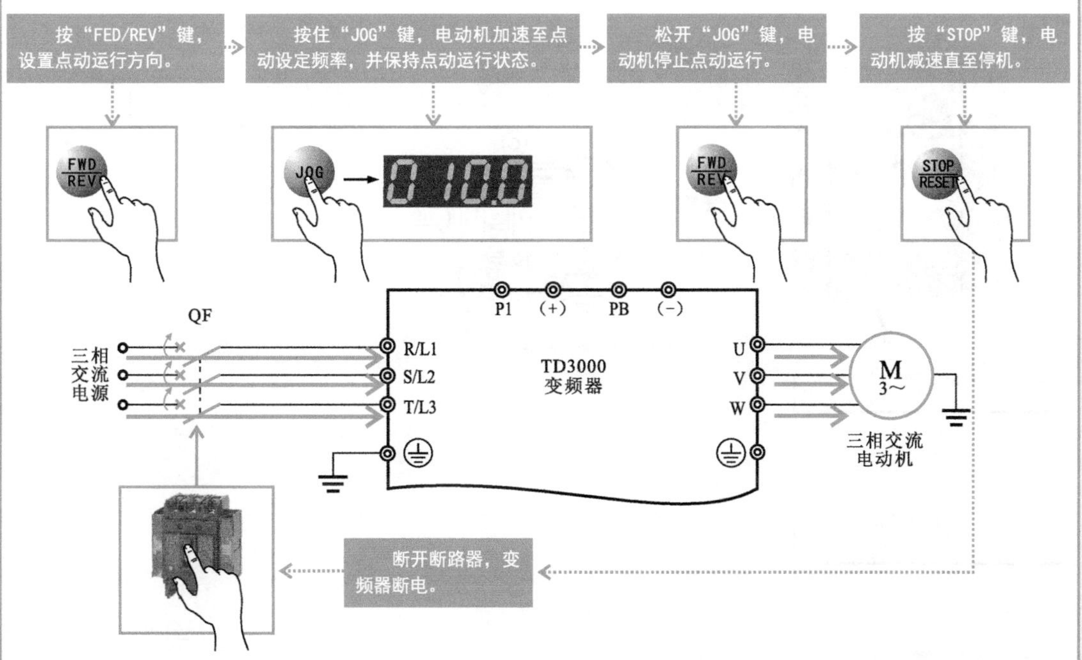

不论采用哪种调试方式，在调试过程中，要求电动机运行平稳、旋转正常，正反向换向正常，加减速正常，无异常振动、无异常噪声。若有异常情况，应立即停机检查。

要求变频器操作面板按键控制功能正常，显示数据正常，风扇运转正常，无异常噪声、振动等。若有异常情况，应立即停机检查。

第6章 变频器的检测与代换训练

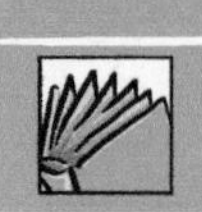

6.1 变频器的故障特点

变频器属于精密的电子器件，若使用不当，受外围环境影响或元器件老化，都可能造成变频器无法正常工作或损坏，进而导致其所控制的电动机无法正常运转（无法转动、转速不均、正转和反转控制失常等）。了解一些变频器常见的故障表现，根据基本故障点和故障原因，是检修变频器的关键。

6.1.1 软故障特点

变频器软故障是指由于参数设置不当或外围电路引起的，而非变频器本身故障。

1. 参数设置不当的故障

在变频器工作异常的情况中，有很多故障并不是由于变频器损坏引起的，而是由于参数设置不当造成变频器无法正常工作，该类故障称为参数设置类故障。例如，电动机额定参数与变频器设置不符或超出变频器参数范围，导致无法实现电动机控制运行；变频器控制方式设置不正确，无法实现相应的控制操作等。

【变频器参数设置不当引起变频器工作异常】

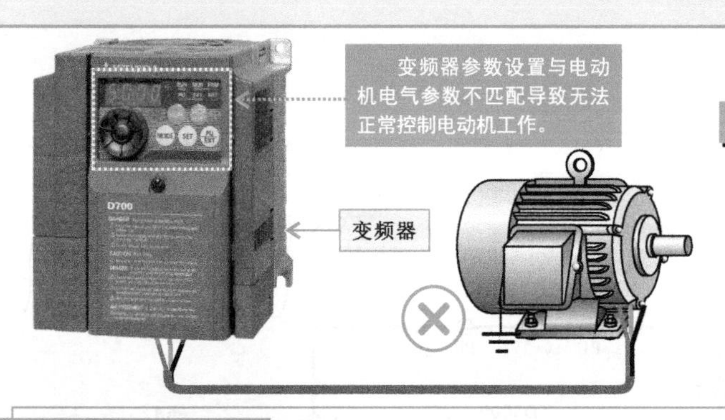

变频器输出参数设置不正确

在设定变频器输出参数时，一般需设置的参数主要有变频器输出的功率、电流、电压、转速、最大频率等，这些参数在设定时要与电动机铭牌标识中的数据一致，否则会引起变频器不能正常工作的故障。

变频器的起动方式设置不正确

变频器的起动方式若设置不正确，也可能会造成无法正常工作的故障。变频器在出厂时设定为面板起动，也可以根据实际的应用选择起动方式（面板、外部端子或通信方式等），变频器设置的起动方式应与相对应的给定参数及控制端子相匹配，否则会引起变频器不工作、工作异常或频繁发生保护动作甚至损坏的故障。

变频器的控制方式设置不正确

变频器的控制方式（频率控制、转矩控制等）设置不正确，也会造成电动机无法正常旋转的故障。每一种控制方式都对应一组数据范围的设定，这些数据设置不正确，变频器无法正常工作。

变频器频率给定参数设置不正确

变频器频率给定参数设置不正确，也会造成变频器不工作、频繁发生保护动作甚至损坏的故障。变频器的频率给定方式有多种，例如面板给定、外部给定、外部电压或电流给定、通信方式给定等，参数设置正确后，还要保证信号源工作正常。

2. 变频器外围电路引发的故障

变频器正常工作时需要与外围设备构成的电路相配合，若外围电路存在异常，则相应变频器也无法正常工作，如变频器出现过电流、过载、过电压、欠电压、过热、输出不平衡等。

【典型变频器的外围基本部件及功能】

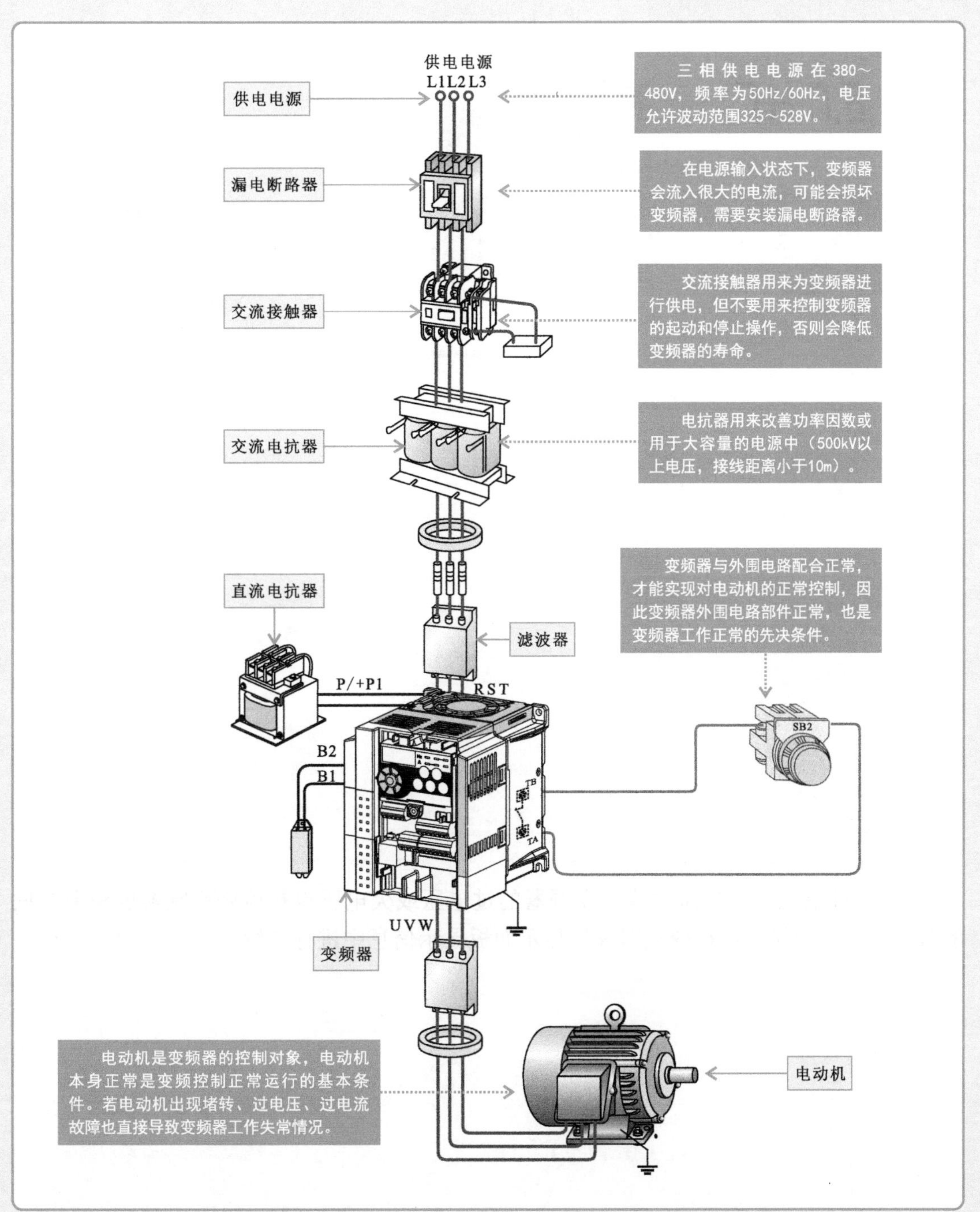

（1）过电流或过载故障　变频器的过电流或过载故障是变频器的常见故障，通常可在变频器操作显示面板中体现出来。

【变频器过电流或过载故障的表现】

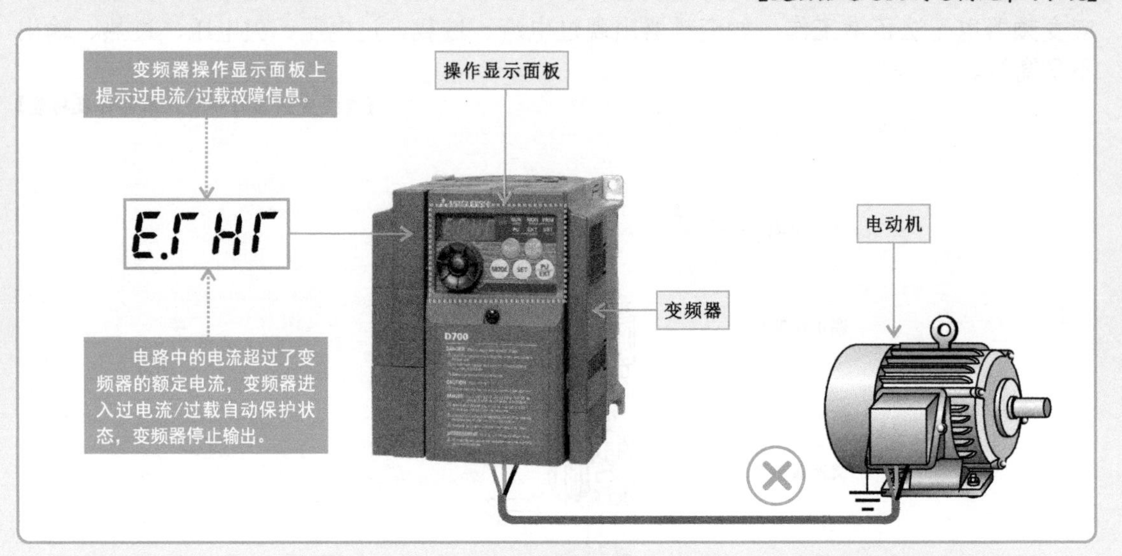

特别提醒

过电流是指流过变频器的电流值超过其额定范围，其故障可分为加速、减速、恒速过电流等，其大多数是由于供电线路断相、电动机负载突变、电磁干扰、电动机内部短路等原因造成的。如果断开负载变频器还存在过电流故障，说明变频器逆变电路已损坏，需要更换变频器。

◆ 若变频器的供电电源断相、输出端的线路断线或电动机绕组相间有对地短路性故障，则可能导致过电流现象。

◆ 电动机负载突变，可能会引起大的冲击电流流过变频器，从而造成过电流保护的现象，该故障在重新起动变频器后就会恢复正常，若变频器经常出现该故障，则应对负载进行检查或更换较大容量的变频器。

◆ 电磁干扰会影响电动机或变频器的电路，变频器在工作中由于整流和变频，周围产生了很多的干扰电磁波，这些高频电磁波对附近的仪表、仪器有一定的干扰。同理，若外围电磁波干扰电动机，则会造成电动机中的漏电流过大，引起变频器过电流保护；若电磁波干扰变频器，则可能会导致变频器输出的控制信号出错，从而导致过电流现象。

◆ 电动机在运行的过程中，在绕组和外壳之间、电缆和大地之间，会产生较大的寄生电容，电流会通过寄生电容流向大地（漏电流），从而引起过电流的现象。

◆ 变频器的容量选择不当，与负载的容量不匹配时，则可能会引起变频器工作失常，从而出现过电流或过载的故障，甚至会损坏变频器。

◆ 过载故障包括变频器过载和电动机过载，造成过载故障的原因大多数是由于加速时间太短，直流制动量过大、电网电压太低、负载过重等造成的，负载过重是指所选的变频器和电动机无法拖动负载。

◆ 变频器本身损坏（变频模块损坏、驱动电路损坏、电流检测电路损坏），也可能会造成过电流的现象。当变频器出现通电就跳闸，其无法复位的故障时，则可能是变频器本身损坏造成的过电流现象。

（2）过电压或欠电压故障　变频器的过电压或欠电压也是检修变频器过程中常见的故障之一，一般也可在变频器操作显示面板显示信息中进行了解。

特别提醒

变频器过电压或欠电压故障中：

过电压故障是指变频器的供电电压超过其额定电压值。造成该故障的原因大多数是由电源电压过高、降速时间设置太短或放电不理想等引起的。例如通用变频器的额定三相电压范围为323～506 V，当运行电压超过限定允许电压范围时，则会出现过电压的现象。若输入电压过高，则可能会引起变频器过电压保护。

欠电压故障是指变频器的供电电压低于其额定电压值，其故障原因与过电压故障正好相反，此故障会造成变频器欠电压保护故障。

【变频器过电压或欠电压故障的表现】

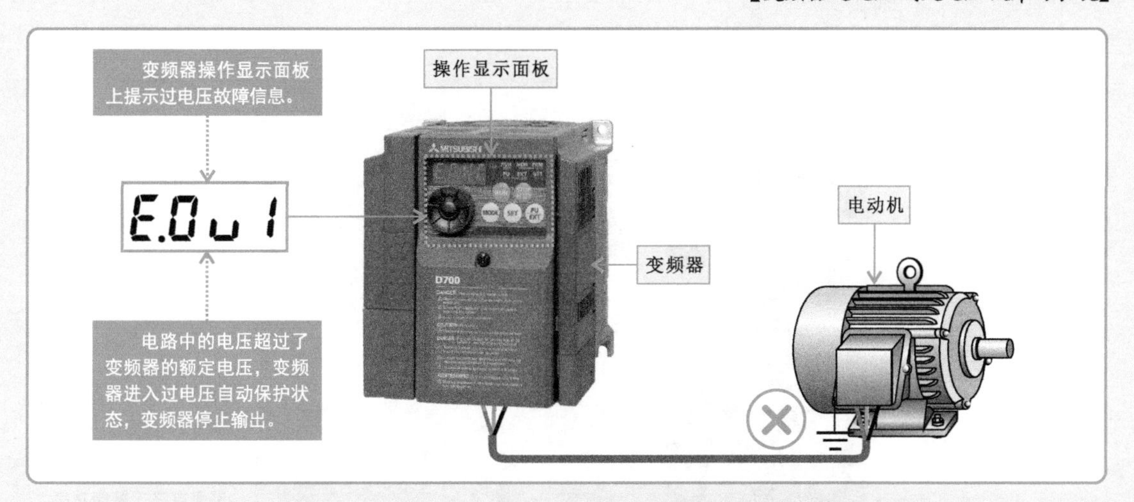

（3）过热保护故障　过热保护故障是指变频器由于温度过高而进行自动保护，造成该故障的原因大多是因周围温度过高、冷却风扇电动机堵转、温度传感器性能不良或电动机过热等造成的。

（4）输出不平衡的故障　输出不平衡的故障是指变频器的U、V、W端输出的电压不等，相差较多，该故障主要表现为电动机抖动、转速不稳，造成此类故障的原因大多是由于电抗器损坏、驱动电路损坏或逆变电路故障。

特别提醒

除了上述常见的几种因素导致变频器无法正常工作外，变频器还受外围部件或环境的影响，例如前级电路中的漏电断路器或漏电报警器不动作，静电干扰、接地故障等，也会造成变频器不工作的故障。在对变频器进行检修时，一定要分清故障部位，排除外围部件或环境的影响后，再对变频器本身进行检测。

6.1.2 硬故障特点

硬故障是指变频器本身硬件的故障，这也是引起变频器工作异常的另一个重要原因。变频器同大多电子产品相同，其产品功能的实现由内部各种各样的电子元器件或零部件按照一定的电路关系实现，这些电子元器件或零部件损坏或性能变差等均会导致变频器工作失常。

一般来说，变频器出现故障主要体现在其内部的主电路、控制电路以及冷却系统部分，可重点对这三个部分进行检修。

1. 变频器主电路故障

变频器主电路包括整流、滤波、变频等基本电路单元，这些电路单元中任何一个元器件或部件损坏或不良，都可能导致变频器整机不工作或工作异常的故障。检修时，可首先对这些电路单元中的易损元器件或部件进行检测和判断，如三相桥式整流堆、平滑滤波电容和变频模块等。

【典型变频器主电路故障特点】

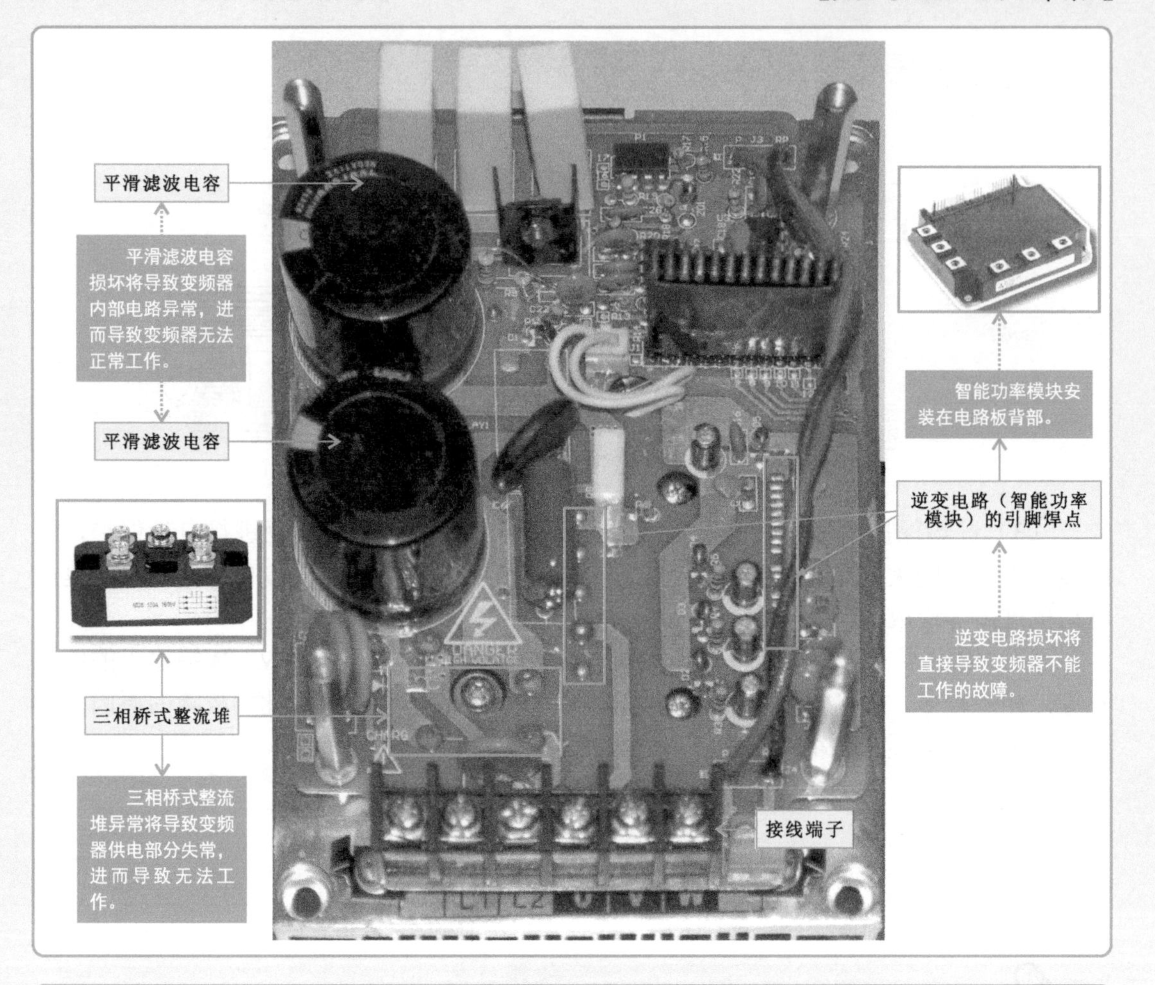

特别提醒

变频器的大多数故障都是由滤波电容器损坏造成的，滤波电容器的寿命主要与加在其两端的直流电压和内部温度有关。变频器在设计时，已经选定了电容器的型号，因此变频器内部的温度对电解电容器的寿命起决定作用。由此滤波电容器会直接影响到变频器的使用寿命，一般温度超过额定范围10℃，电容器的寿命减半。因此一方面在安装时要考虑适当的环境温度，另一方面可以采取措施减少脉动电流，从而延长电解电容器的寿命。

2. 变频器控制电路故障

变频器控制电路部分是变频器的核心电路，该电路中集中了微处理器（CPU、MPU）、存储器等大规模集成电路。一般情况下控制电路出现故障的概率较小，但由于集成芯片各引脚之间的距离较小，集成度较高，因此要注意防止导电物质掉入，若变频器工作在粉尘大、湿度大的情况下，要注意防尘防潮，否则极易引起故障。

特别提醒

在控制电路板上还安装有继电器、电阻器或电容器等大量的分立式或贴片式的元器件，若这些元器件损坏或引脚焊点有虚焊、脱焊等现象，都可能会造成变频器无法正常工作，因此在对变频器进行检修前，一定要分清故障部位是出在主电路部分还是控制电路，以免造成不必要的麻烦。

【变频器控制电路故障特点】

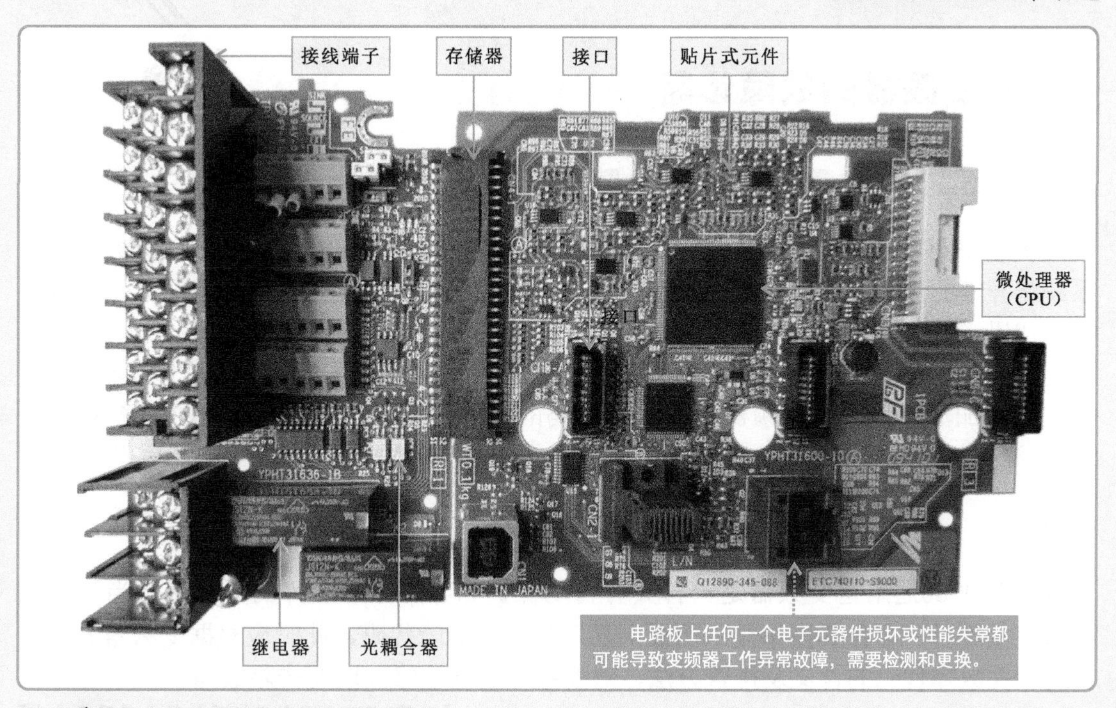

3. 变频器冷却系统故障

冷却系统是变频器中的重要组成部分，冷却风扇是该部分中的核心元件。由于冷却风扇具有一定的使用寿命，当使用寿命临近时，风扇产生很大的振动，从而导致变频器散热不良，造成过热保护的现象（跳闸）。

【变频器冷却系统故障特点】

6.2 变频器的故障诊断

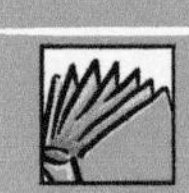

6.2.1 常用变频器的故障代码

大多变频器本身具有异常故障显示和保护功能。当变频器故障发生时，变频器自身系统将异常的故障或报警信息提示在显示屏上，我们通常称这些故障或报警显示信息为故障代码。

不同品牌、型号的变频器，出现故障后所显示的故障代码表现形式也不相同，为了让大家更加清晰地了解变频器出现故障代码的一些特征，下面我们挑选并归纳总结了3种典型变频器的故障代码，以此为例了解变频器故障代码中的具体信息。

1. 三菱D700通用型变频器的故障代码

三菱D700通用型变频器是一种具有自动保护和异常显示故障的变频器。当该变频器出现故障时，会在其操作显示面板上显示相应的故障代码，此时应根据变频器的型号查询相关故障代码的含义及排查方法，对变频器进行检修，以便排除故障。

【三菱D700通用型变频器故障代码显示方式】

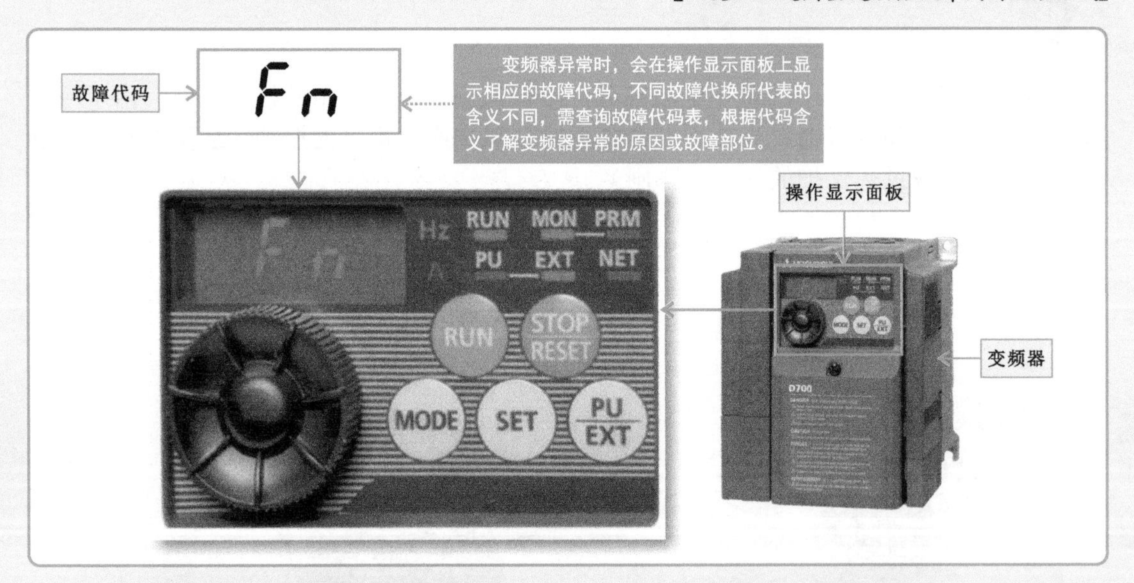

三菱D700通用型变频器故障代码表示的含义及排查方法见下表所列。

【三菱D700通用型变频器故障代码表示的含义及排查方法】

故障代码标识	故障代码含义	故障范围（原因）	排查方法
HOLD	操作面板锁定	◇操作面板锁定时，“STOP/RESET”键以外的操作将无法进行	按“MODE”键2s后操作锁定解除
LOCD	密码设定中	◇正在设定密码功能，不能显示或设定参数	在密码注册／解除中输入密码，解除密码功能后再进行操作

【三菱D700通用型变频器故障代码表示的含义及排查方法（续）】

故障代码标识	故障代码含义	故障范围（原因）	排查方法
Er1	禁止写入错误	◇参数写入选择设定为禁止写入的情况下试图进行参数的设定 ◇频率跳变的设定范围重复 ◇PU和变频器不能正常通信	1. 检查参数写入选择的设定值 2. 检查频率跳变的设定值 3. 检查PU与变频器的连接
Er2	运行中写入错误	◇运行中或在STF（STR）为ON时的运行中进行了参数写入	1. 将参数写入禁止选择（Pr.77）中设定为2（可以在所有运行模式中不受运行状态限制地写入参数） 2. 停止运行后再进行参数的设定
Er3	校正错误	◇模拟量输入的偏置、增益的校正值过于接近	检查参数C3、C4、C6、C7的设定值
Er4	模式指定错误	◇参数写入禁止选择（Pr.77）≠2时，在外部、电路运行模式下试图进行参数设置	1. 检查运行模式是否为“PU运行模式” 2. 将Pr.77设定为2后进行参数设定
Err.	变频器复位中	◇通过RES信号、通信以及PU发出复位指令时 ◇关闭电源后显示	将复位指令置为OFF
0L	过电流	◇转矩提升设定值过大 ◇加速或减速时间设置过短 ◇负载过重 ◇外围设备异常 ◇起动频率过大 ◇失速防止动作水平的设定值不合适	1. 降低转速提升设定值 2. 调整加减速设定时间 3. 减轻负载 4. 尝试采取通用磁通矢量控制方式 5. 调整起动频率 6. 重新设定失速防止动作水平的设定值
oL	过电压	◇进行了急减速运行 ◇使用了再生回避功能	延长减速时间
PS	PU停止	◇按下了操作面板的“STOP/RESET”键使PU停止	将起动信号设置为OFF，用“PU/EXT”键解除
rb	再生制动预报警	◇制动电阻使用率过高 ◇再生功能选择（Pr.30）使用率设定值不正确 ◇特殊再生制动器（Pr.70）使用率的设定值不正确	1. 延长减速时间 2. 重新设定再生功能选择（Pr.30）使用率设定值 3. 重新设定特殊再生制动器（Pr.70）使用率的设定值
TH	电子过电流保护预报警	◇负载过大 ◇使用了急加速运行 ◇电子过电流保护的设定值不当	1. 减轻负载 2. 降低运行频度 3. 正确设置电子过电流保护设定值
MT	维护信号输出	◇维护定时器的设定值高于维护定时器报警输出时间的设定值	在维护定时器中写入“0”
UV	电压不足	◇电源电压异常	检查供电电源部分
Fn	冷却风扇故障	◇冷却风扇工作异常	更换冷却风扇
E.OC1	加速时过电流切断	◇进行了急加速运行 ◇用于升降的下降加速时间过长 ◇输出短路或有接地情况 ◇失速防止动作不合适 ◇再生频度过高	1. 延长加速时间 2. 常开脱开电动机起动 3. 检查接线是否正常，排除短路及接地 4. 调整失速防止动作设定值 5. 设定基准电压
E.OC2	恒速时过电流切断	◇负载发生急剧变化 ◇输出短路或接地 ◇失速防止动作不合适	1. 检查负载，消除急剧变化隐患 2. 检查接线，排除短路及接地 3. 调整失速防止动作设定值
E.OC3	减速、停止中过电流切断	◇进行了急减速运行 ◇存在输出短路或接地情况 ◇电动机的机械制动动作过早 ◇失速防止动作设置不当	1. 延长减速时间 2. 检查接线是否正常，排除短路及接地 3. 检查机械制动动作 4. 调整失速防止动作设定值
E.OV1	加速时再生过电压切断	◇加速度太缓慢 ◇失速防止动作水平设定值低于无负载电流	1. 缩短加速时间 2. 重新设定失速防止动作水平设定值，使其高于无负载电流
E. OV2	恒速时再生过电压切断	◇负载发生急剧变化 ◇失速防止动作水平设定值低于无负载电流	1. 消除负载急剧变化故障 2. 重新设定失速防止动作水平设定值，使其高于无负载电流

【三菱D700通用型变频器故障代码表示的含义及排查方法（续）】

故障代码标识	故障代码含义	故障范围（原因）	排查方法
E. OV3	减速、停止时再生过电压切断	◇进行了急减速运行 ◇制动频度过高	1. 延长减速时间 2. 减少制动频度 3. 必要时使用再生回避功能或使用制动电阻
E.THT	变频器过载切断	◇电动机在过载状态下运行 ◇周围环境温度过高	1. 减轻电动机负载 2. 调整变频器周围环境温度
E.THM	电动机过载切断	◇电动机在过载状态下使用 ◇电动机参数设定值不正确 ◇失速防止动作设定值不当	1. 减轻电动机负载 2. 恒转矩电动机时，将适用电动机设定为恒转矩电动机 3. 重新设定失速防止动作设定值
E.FIN	散热片过热	◇变频器周围环境温度过高 ◇冷却散热片堵塞 ◇冷却风扇损坏	1. 改善变频器周围环境温度 2. 清洁冷却散热片 3. 更换冷却风扇
E.ILF	输入断相	◇三相电源输入端接线断线 ◇输入断相保护选择参数设定值异常	1. 重新连接电源线 2. 修复断线部位 3. 调整输入断相保护选择参数设定值
E.OLT	失速防止	◇电动机在过载状态下使用	减轻负载
E.BE	制动晶体管异常检测	◇负载惯性过大 ◇制动的使用频率不合适 ◇制动电阻选择不当	1. 调小负载惯性 2. 调整制动的使用频度 3. 重新选择合适的制动电阻 4. 更换变频器
E.GF	起动时输出侧接地过电流	◇电动机接地是否正常 ◇连接线接地短路	修复接地部位
E.LF	输出断相	◇电动机接线异常 ◇输出断相保护选择设定值异常	1. 重新接线 2. 调整输出断相保护选择设定值
E.OHT	外部热敏继电器动作	◇电动机过热 ◇输入端子功能选择参数（Pr.178～Pr.182）中的设定值设为了OH信号	1. 降低负载和运行频度 2. 调整输入端子功能选择参数设定值
E.PTC	PTC热敏电阻动作	◇PTC热敏电阻连接异常 ◇PTC热敏电阻保护水平参数（Pr.561）设定值异常	减轻负载
E.PE	参数存储元件异常	◇参数读写次数过多	减少参数写入次数
E.PUE	PU脱离	◇参数单元电缆连接不良 ◇复位选择/PU脱离检测/PU停止选择参数（Pr.75）设定值不当 ◇RS-185通信数据不正确 ◇PU通信校验时间间隔参数（Pr.122）设定值不当	1. 重新连接好参数单元电缆 2. 检查Pr.75设定值 3. 确认通信数据和设定值 4. 增大Pr.122设定值，或设定为“9999”（无通信校验）
E.CPU	CPU错误	◇变频器周围有产生过大噪声干扰的设备 ◇CPU损坏	1. 采取抗噪声措施 2. 检修电路
E.1OH	浪涌电流抑制电路异常	◇反复进行了电源的ON/OFF操作	重新调整电路，避免频繁进行ON/OFF操作

2. 西门子420系列变频器的故障代码

西门子420系列变频器具有完善的自动保护和异常显示功能。当该类变频器出现故障时，会在其操作显示面板上显示相应的故障代码，此时应根据变频器的型号查询相关故障代码的含义及排查方法，对变频器进行检修，以便排除故障。

【西门子420系列变频器故障代码显示方式】

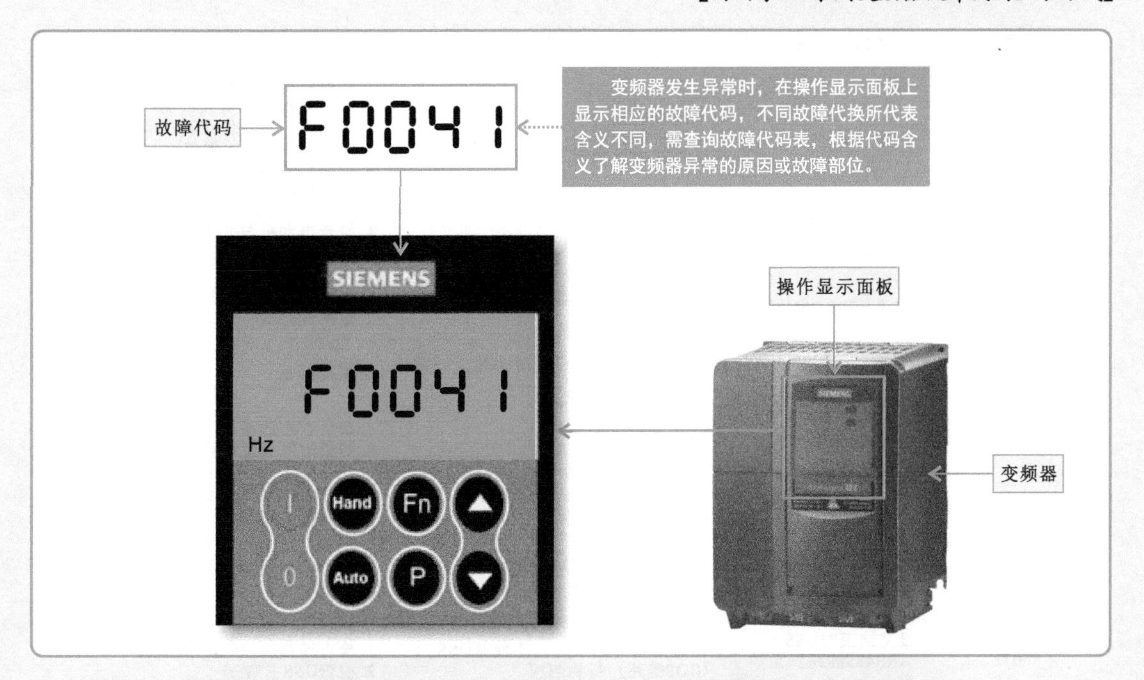

西门子420系列变频器故障代码表示的含义及排查方法见下表所列。

【西门子420系列变频器故障代码表示的含义及排查方法】

故障代码标识	故障代码含义	故障范围	排查方法
F001	过电流	◇电动机的功率与变频器的容量不对应 ◇电动机的导线短路 ◇接地故障	1. 电动机的功率必须与变频器的容量相对应，即P0307和P0206的参数 2. 电缆的长度不得超过允许的最大值 3. 电动机的电缆和电动机内部不得有短路或接地故障 4. 输入变频器的电动机参数必须与实际使用的电动机参数相对应 5. 输入变频器的定子电阻值必须正确无误，即P0350的参数 6. 电动机的冷却风道必须畅通，电动机不得过载 7. 可通过增加斜坡时间 8. 减少“提升”的数值
F002	过电压	◇直流回路的电压（r0026）超过了跳闸电平（P2172） ◇由于供电电源电压过高，或者电动机处于再生制动方式下引起过电压 ◇斜坡下降过快，或者电动机由大惯量负载带动旋转，而处于再生制动状态下	1. 电源电压必须变频器铭牌规定的范围以内，即P0210的参数 2. 直流回路电压控制器必须有效，且正确进行了参数化，即P1240的参数 3. 斜坡下降时间必须与负载的惯量相匹配，即P1121的参数
F003	欠电压	◇供电电源故障 ◇冲击负载超过了规定的限定值	1. 电源电压必须在变频器铭牌规定的范围以内，即P0210的参数 2. 检查电源是否短时掉电或有瞬时的电压降低
F004	变频器过温	◇冷却风机故障 ◇环境温度过高	1. 变频器运行时冷却风机须正常运转 2. 调制脉冲的额频率须设定为默认值 3. 冷却风道的入口和出口不得堵塞 4. 环境温度可能高于变频器的允许值
F005	变频器I2t过温	◇变频器过载 ◇工作/停止间隙周期时间不符合要求 ◇电动机功率（P0307）超过变频器的负载能力（P0206）	1. 负载的工作/停止间隙周期时间不得超过指定的允许值 2. 电动机的功率必须与变频器的容量相匹配，即P0307和P0206的参数

【西门子420系列变频器故障代码表示的含义及排查方法（续）】

故障代码标识	故障代码含义	故障范围	排查方法
F0011	电动机I2t过温	◇电动机过载 ◇电动机数据错误 ◇长期在低速状态下运行	1. 检查电动机的数据 2. 检查电动机的负载情况 3. “提升”设置值过高，即P1310、P1311、P1312的参数 4. 电动机的热传导时间常数必须正确 5. 检查电动机的I2t过温报警值
F0041	电动机定子电阻自动检测故障	◇电动机定子电阻自动检测故障	1. 检查电动机与变频器的连接情况 2. 检查输入变频器的电动机数据
F0051	参数EEPROM故障	◇存储不挥发的参数时，出现读/写错误	1. 进行出厂复位并重新参数化 2. 更换变频器
F0052	功率组件故障	◇读取功率组件的参数时出错，或数据非法	更换变频器
F0060	Asic超时	◇内部通信故障	1. 确认存在的故障 2. 如果故障重复出现，更换变频器
F0070	CB设定值故障	◇在通信报文结束时，不能从CB（通信板）接收设定值	1. 检查CB板的连接线 2. 检查通信主站
F0071	报文结束时USS（RS232-链路）无数据	◇在通信报文结束时，不能从USS（BOP链路）得到响应	1. 检查通信板（CB）的接线 2. 检查USS主站
F0072	报文结束时USS（RS485链路）无数据	◇在通信报文结束时，不能从USS（BOP链路）得到响应	1. 检查通信板（CB）的接线 2. 检查USS主站
F0080	ADC输入信号丢失	◇断线 ◇信号超出限定值	检查模拟输入的接线
F0085	外部故障	◇由端子输入信号触发的外部故障	封锁触发故障的段子输入信号
F0101	功率组件溢出	◇软件出错或处理器故障	1. 运行自检测程序 2. 更换变频器
F0221	PID反馈信号低于最小值	◇PID反馈信号低于P2268设置的最小值	1. 改变P2268的设置值 2. 调整反馈增益系数
F0222	PID反馈信号低于最小值	◇PID反馈信号低于P2267设置的最小值	1. 改变P2267的设置值 2. 调整反馈增益系数
F0450	BIST检测故障	◇故障部分的检测故障 ◇控制板的检测故障 ◇功能检测故障 ◇I/O模块的检测故障 ◇通电检测时内部RAM故障	1. 变频器可以运行，但有的功能不能正常工作 2. 更换变频器

特别提醒

相同品牌，不同型号的变频器，具体的故障代码及含义也有所不同，例如西门子6RA70变频器，当该类变频器的操作显示面板显示常见的故障代码如下：

“F001”表明电路板电路出现故障；
“F006”表明欠电压；
“F014”表明并行接口电报故障；
“F018”表明开关量输出短路或过载；
“F028、F028”表明电动机过热（具体故障参数可通过维修手册查询）等。

3. 艾默生TD3000型变频器的故障代码

艾默生TD3000型变频器也具备完善的异常故障显示功能。当该变频器出现故障时，会在其操作显示面板上显示相应的故障代码，此时应根据变频器的型号查询相关故障代码的含义及排查方法，对变频器进行检修，以便排除故障。

【艾默生TD3000型变频器故障代码显示方式】

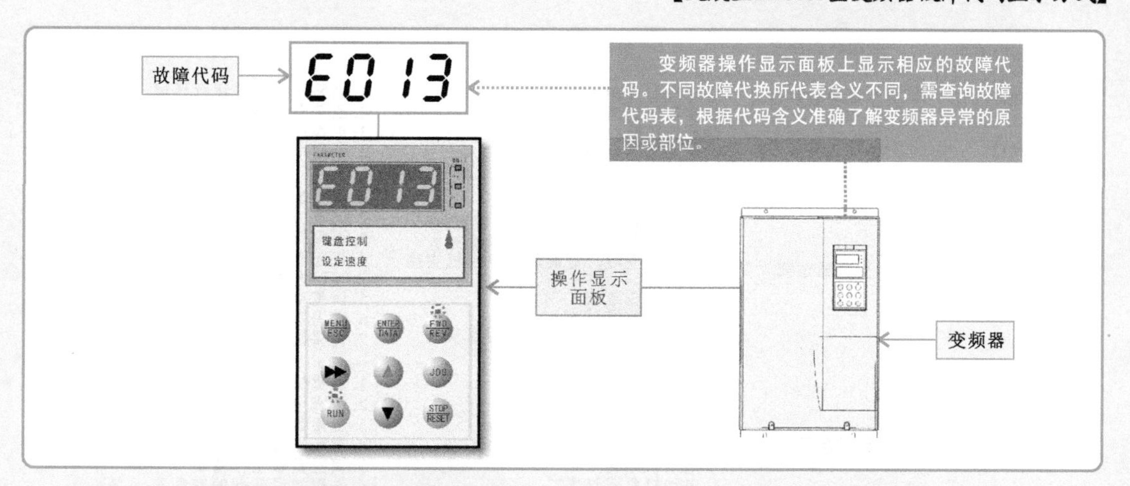

艾默生TD3000型变频器故障代码表示的含义及排查方法见下表所列。

【艾默生TD3000型变频器故障代码表示的含义及排查方法】

故障代码标识	故障代码含义	故障范围（原因）	排查方法
E001	变频器加速运行过电流	◇加速时间设置过短 ◇*U/f* 曲线或转矩提升设置不当 ◇变频器容量偏小 ◇瞬停发生时，对旋转中电动机实施再起动 ◇码盘故障或码盘断线	1. 调整加速时间 2. 调整*U/f* 曲线或转矩提升 3. 选用容量等级匹配的变频器 4. 将起动方式F2.00设置为转速跟踪再起动方式 5. 检查码盘及其接线
E002	变频器减速运行过电流	◇减速时间设置过短 ◇负载惯性较大 ◇变频器容量偏小 ◇码盘故障或码盘断线	1. 调整减速时间 2. 外接制动电阻或制动单元 3. 选用容量等级匹配的变频器 4. 检查码盘及其接线
E003	变频器恒速运行过电流	◇供电电源电压偏低 ◇变频器容量偏小 ◇负载过重 ◇顺停发生时，对旋转中电动机实施再起动 ◇闭环矢量高速运行，突然码盘断线	1. 检查输入电源并进行稳压 2. 选用容量等级匹配的变频器 3. 检查负载或更换大容量变频器 4. 将起动方式F2.00设置为转速跟踪再起动方式 5. 检查码盘接线
E004	变频器加速运行过电压	◇输入电压异常 ◇矢量控制运行时，速度调节器参数设置不当 ◇起动正在旋转的电动机	1. 检查输入电源并进行稳压 2. 调整速度调节器参数 3. 将起动方式F2.00设置为转速跟踪再起动方式
E005	变频器减速运行过电压	◇输入电压异常 ◇减速时间设置过短 ◇负载惯性较大	1. 检查输入电源并进行稳压 2. 调整减速时间 3. 外接制动电阻或制动单元
E006	变频器恒速运行过电压	◇输入电压发生异常变化 ◇矢量控制运行时，速度调节器参数设置不当	1. 安装输入电抗器 2. 调整速度调节器参数
E007	变频器控制电源过电压	◇控制电源异常	检查输入电源
E008	输入侧断相	◇变频器三相输入电源断相	检查三相输入电源及配线
E009	输出侧断相或开路	◇变频器三相输出断线或断相 ◇三相负载严重不对称	1. 检查变频器三相配线 2. 检查负载对称性
E010	功率模块故障	◇变频器瞬间过电流 ◇变频器三相输出相间接地短路 ◇变频器通风不良 ◇冷却风扇损坏 ◇功率模块内部损坏	1. 根据过电流故障检修方法检修 2. 检查输出连线，重新配线 3. 清洁变频器通风风道 4. 更换冷却风扇 5. 更换功率模块

【艾默生TD3000型变频器故障代码表示的含义及排查方法（续）】

故障代码标识	故障代码含义	故障范围（原因）	排查方法
E011	功率模块散热器过	◇环境温度超过要求 ◇变频器通风不良 ◇冷却风扇故障 ◇温度检测电路损坏	1. 调整变频器的运行环境 2. 改善变频器的通风散热 3. 更换冷却风扇 4. 检测电路排除故障
E012	三相桥式整流堆散		
E013	变频器过载	◇加速时间设置过短 ◇*U/f* 曲线设置不当导致电流过大 ◇转矩提升设置不当导致电流过大 ◇瞬停发生时，对旋转中电动机实施再起动 ◇电源电压过低 ◇电动机负载过大 ◇闭环矢量控制运行时，码盘反向	1. 调整加速时间 2. 调整*U/f* 曲线 3. 调整转矩提升 4. 将起动方式F2.00设置为转速跟踪再起动方式 5. 调整电源电压 6. 选用容量匹配的变频器 7. 调整码盘接线或换码盘功能设置
E014	电动机过载	◇*U/f* 曲线设置不良 ◇电源电压过低 ◇电动机大负载长时间运行 ◇电动机过载保护系数设置不当 ◇电动机堵转 ◇电动机负载过大 ◇闭环矢量控制运行时，码盘反向	1. 调整*U/f* 曲线 2. 检查电源电压并调整 3. 更换为变频电动机 4. 重新设置电动机过载保护系数 5. 调整负载工作情况 6. 选用容量匹配的变频器 7. 调整码盘接线或换码盘功能设置
E015	外部设备故障	◇外部设备故障端子动作	检查外部设备故障端子动作原因
E016	EEPROM读写故障	◇干扰过大造成读写错误 ◇EEPROM损坏	1. 按STOP/RESET复位，重试 2. 更换芯片
E017	通信错误	◇上位机与变频器波特率设置不匹配 ◇串行信道干扰造成通讯错误 ◇通信超时	1. 调整波特率 2. 检查通信连线 3. 重试
E018	接触器未吸合	◇电源电压过低 ◇输入断相 ◇接触器故障 ◇上电缓冲电阻损坏 ◇控制电路故障	1. 检查电源电压 2. 检查电源电压有无断相 3. 更换接触器 4. 更换缓冲电阻 5. 检查控制电路
E019	电流检测电路故障	◇电流检测器故障 ◇电流放大电路故障 ◇辅助电源故障 ◇控制板与驱动板连接不良	检查电路，更换损坏元器件
E020	CPU错误	◇DSP受严重干扰 ◇双DSP通信错误	按STOP/RESET键复位或检修电路
E021	模拟闭环反馈断线故障	◇PID运行时，模拟反馈通道选择功能4或5时，反馈输入信号断线或小于1V/2mA	1. 检查连线，重现连接 2. 调整反馈量信号的输入类型
E022	外部模拟电压电流给定信号断线故障	◇F0.03选择模拟给定方式，模拟给定通道设定为功能4或5时，模拟给定信号断线或小于1V/2mA ◇转矩控制时，模拟转矩指令通道设置功能4或5时，模拟给定信号断线或小于1V/2mA	1. 检查连线，重新连接 2. 调整给定量信号的输入类型
E023	键盘EEPROM读写故障	◇键盘读写参数发生错误 ◇EEPROM损坏	1. 按STOP/RESET键复位重试 2. 更换芯片检修电路
E024	调谐错误	◇电动机铭牌参数设置错误 ◇调谐得到的参数与标准参数偏差过大 ◇调谐超时	1. 按电动机铭牌参数正确设置 2. 检查电动机与负载连接 3. 检查电动机接线
E025	编码器错误	◇有速度传感器矢量控制（或PG闭环PID运行）码盘信号断线 ◇有速度传感器矢量控制（或PG闭环PID运行）码盘信号线反	1. 检查码盘连线，重新接线 2. 检查码盘接线，重接线路；或调整码盘方向功能参数
E026	变频器掉载	◇在矢量控制运行中，负载消失或减少 ◇掉载保护相关功能设置不当	1. 检查负载 2. 设置合适的掉载保护功能参数

【艾默生TD3000型变频器故障代码表示的含义及排查方法（续）】

故障代码标识	故障代码含义	故障范围（原因）	排查方法
E027	制动单元故障	◇制动电路故障	检修制动电路部分
E028	参数设定错误	◇电动机额定参数设置错误 ◇变频器与被控电动机的功率等级不匹配，低于变频器正常控制电动机下限 ◇设置了PG闭环PID功能，又同时设置了矢量控制方式	1. 正确设置电动机额定参数 2. 变频器与被控电动机功率进行匹配设置 3. 运行PG闭环PID，设置为*U/f*控制方式

特别提醒

正确读取故障代码，可直接、快速找到故障原因，并对其排查。

外部设备故障

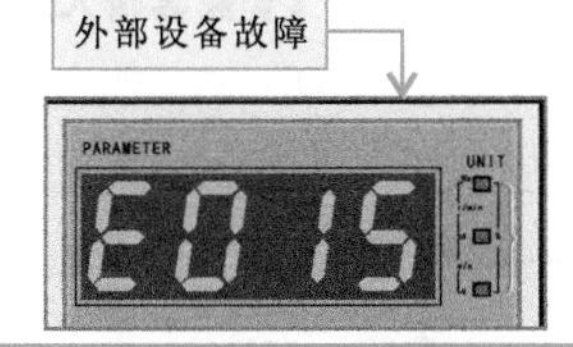

编码器错误

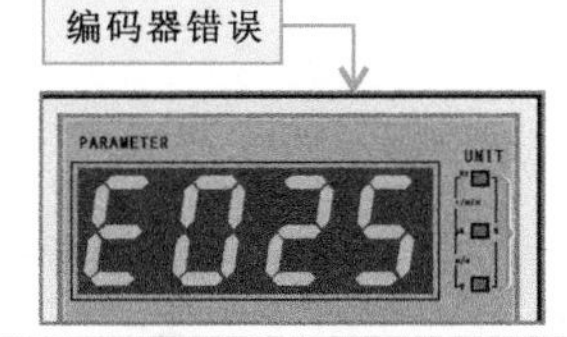

输入侧断相

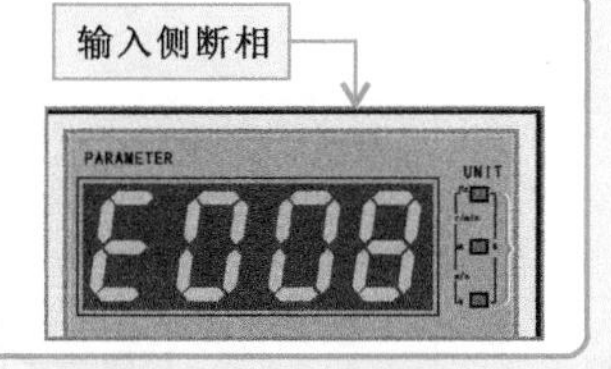

6.2.2 变频器的基本测量方法

变频器出现故障后，需要采取一定的手段或借助一定的检测方法进行故障检测，通过对检测结果中数据的分析，才能对故障原因做出正确的判断。

目前，常用的变频器测量方法主要有静态检测和动态检测两种。当静态检测正常时，才可进行动态检测。

1. 变频器的静态测量方法

静态检测是指在变频器断电的情况下，使用万用表检测各种电子元器件、电气部件、各端子之间的阻值或变频器的绝缘电阻等是否正常，来判断故障点。

以检测变频器正反转控制端子与公共端子间的通断状态为例。在断电状态下使用万用表进行测量。

【变频器静态测量案例】

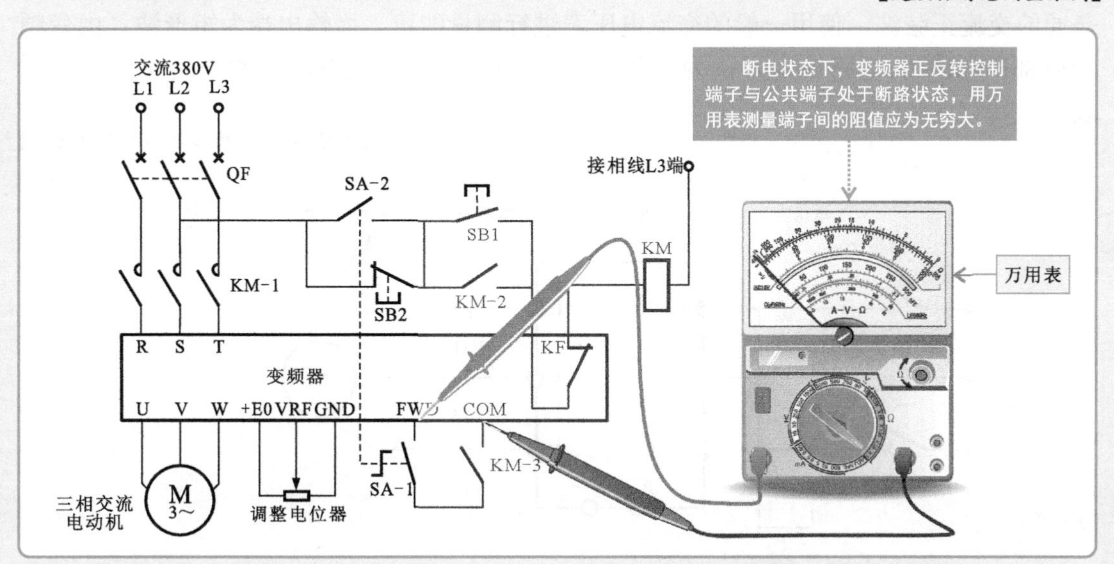

2. 变频器的动态测量方法

动态测量即通电测量，测量变频器通电后的输入/输出电压、电流、功率等是否正常。

（1）变频器输入/输出电流的测量　变频器输入和输出端的电流一般采用动铁式交流电流表进行测量。由于变频器输入端的电流具有不平衡特点，实际测量时一般三相同时测量。

【变频器输入/输出电流的测量方法】

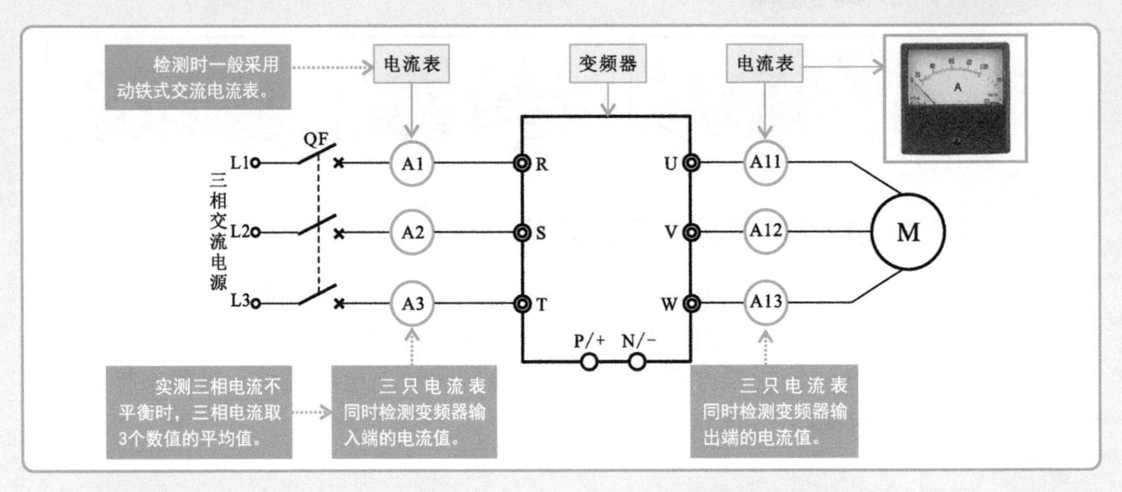

特别提醒

动铁式交流电流表测量的是电流的有效值，通电后两块铁产生磁性，相互吸引，使指针转动，指示电流值，具有灵敏度和精度高的特点。

另外值得注意的是，在变频器的操作显示面板上，通常能够即时显示变频器的输入/输出电流参数，即使在变频器输出频率发生变化时，也能够显示正确的数值，因此通过变频器操作显示面板获取变频器输入、输出端电流数值是一种比较简单、有效的方法。

（2）变频器输入/输出电压的测量　测量变频器输入/输出电压时，输入端电压为普通的交流正弦波，使用一般的交流电压表进行测量即可；而输出端为矩形波（由变频器内部PWM控制电路决定），为了防止PWM信号干扰，测量时一般采用整流式电压表。

【变频器输入/输出电压的测量方法】

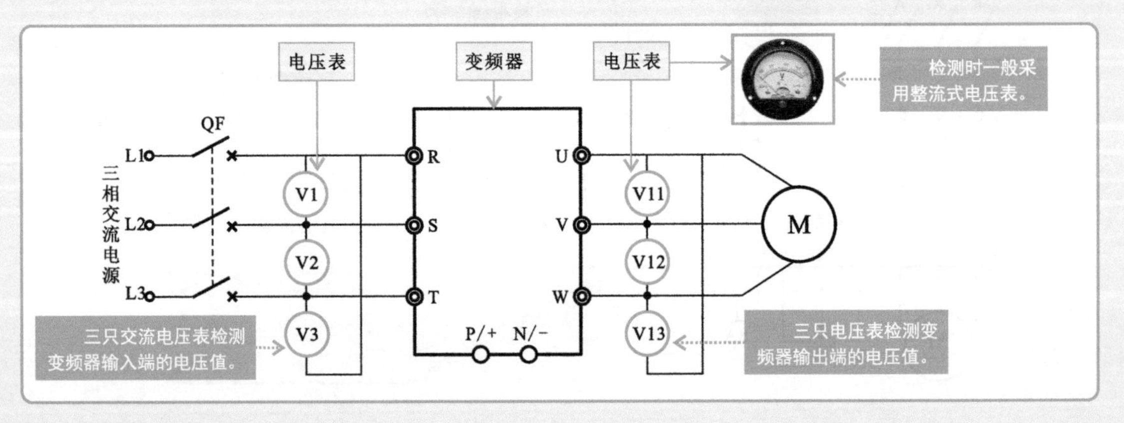

特别提醒

整流式电压表是指由包含整流器件的测量变换电路与磁电系仪表组合成的机械式指示仪表，按交流电流的有效值进行显示，具有测量精度高的特点。若采用一般万用表检测输出端三相电压时，因可能会受到干扰，所读的数据会不准确（一般数值会偏大），只能作参考。

另外值得注意的是，在变频器的操作显示面板上即使在变频器输出频率发生变化时，也能够显示正确的数值，因此通过变频器操作显示面板获取变频器输入、输出端电压数值是一种比较简单、有效的方法。

（3）变频器输入/输出功率的测量　变频器输入/输出功率的测量方法与电流测量方法相似，多数情况是通过电动式功率表进行测量，通常也同时对三相的功率进行测量。

【变频器输入/输出功率的测量方法】

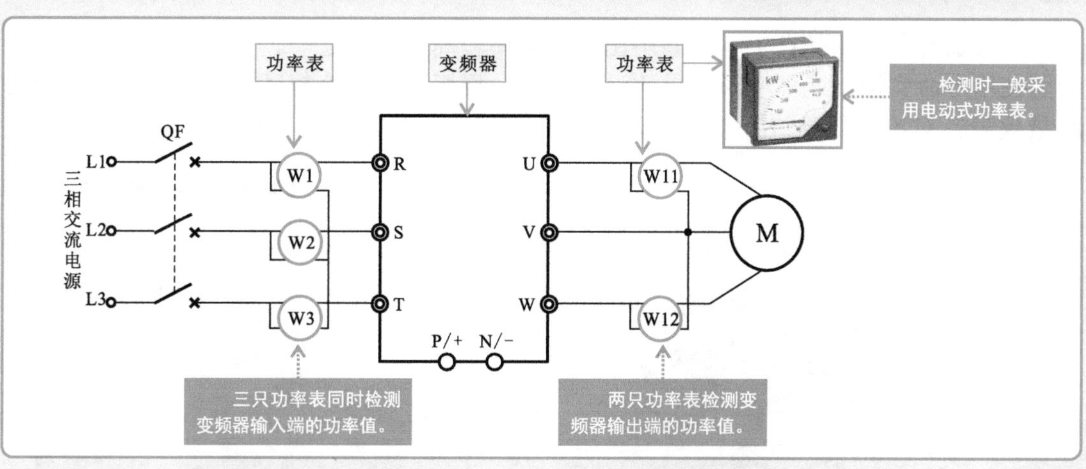

特别提醒

变频器输入/输出电流与电压的关系如下：

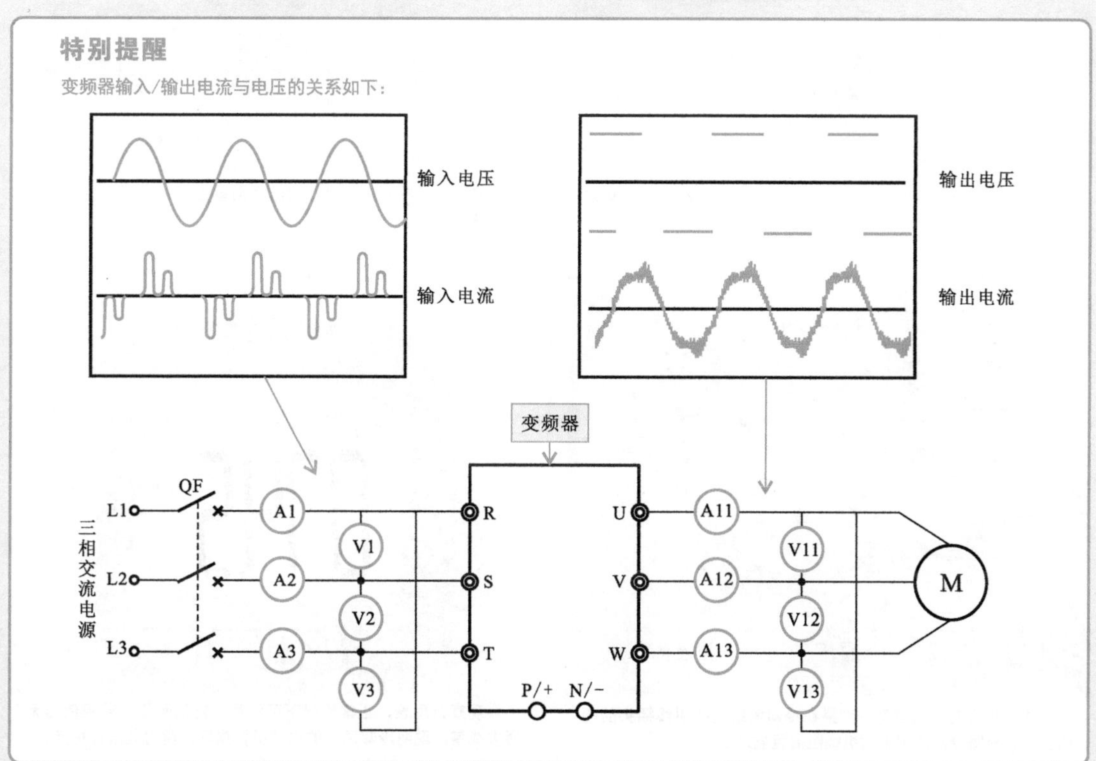

6.3 变频器的检测训练

初步了解变频器的常见故障表现、原因、故障代码以及测量方法后，下面综合运用这些知识，对变频器内易损电子元器件或部件（如冷却风扇、逆变电路、三相桥式整流堆和平滑滤波电容等）、变频器绝缘性能等进行检测训练。

6.3.1 冷却风扇的检测训练

变频器冷却风扇是在实际检修中出现故障率较高的部件之一。在使用过程中，可能会因使用寿命到期，或环境影响导致过早老化、损坏。怀疑冷却风扇异常时，需要借助测量仪表针对冷却风扇进行检测。若确定冷却风扇损坏，应用同规格冷却风扇进行更换。

【变频器冷却风扇的检测训练】

首先打开变频器的通风窗挡板，将挡板下的冷却风扇从变频器中取出。

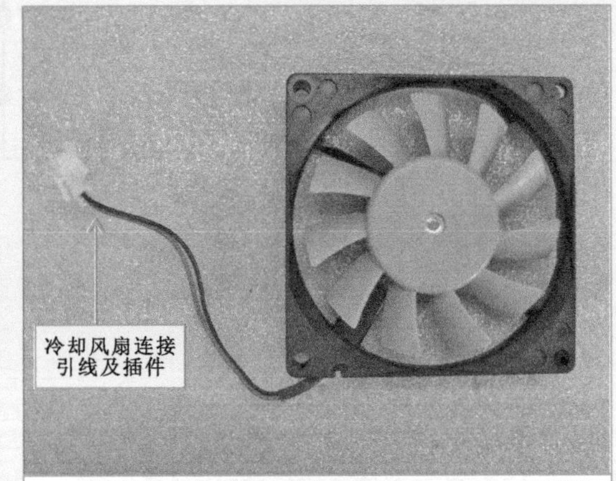

将取下的冷却风扇进行清洁和简单处理，为下一步检测做好准备。

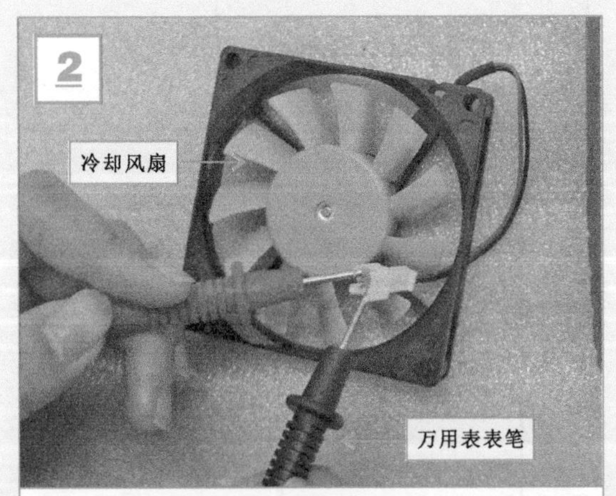

将万用表的红黑表笔分别搭在冷却风扇连接引线插头的两引脚上，检测冷却风扇电动机绕组的阻值。

观察万用表，正常情况下可测得一定的阻值。若阻值为无穷大或零，说明冷却风扇的电动机已损坏，需对其进行更换。

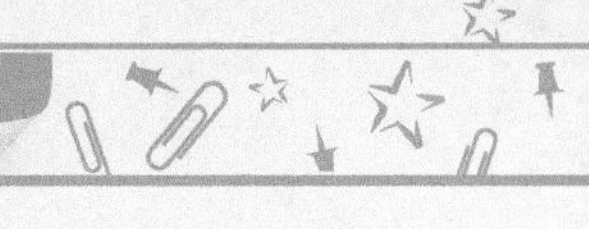

6.3.2 逆变电路的检测训练

逆变电路是变频器中的核心电路部分，也是变频器中故障率最高的部分之一。目前，大多数变频器中的逆变电路集成在一起，制作成一只相对独立的智能功率模块，该模块出现异常将导致整个变频器不工作、不开机或开机保护等故障。

用万用表检测智能功率模块主要端子间的阻值。即检测变频器“P/+”端与“U、V、W”端和“N/-”与“U、V、W”端之间的正反向阻值（导通状态）来判断好坏。

【智能功率模块的检测】

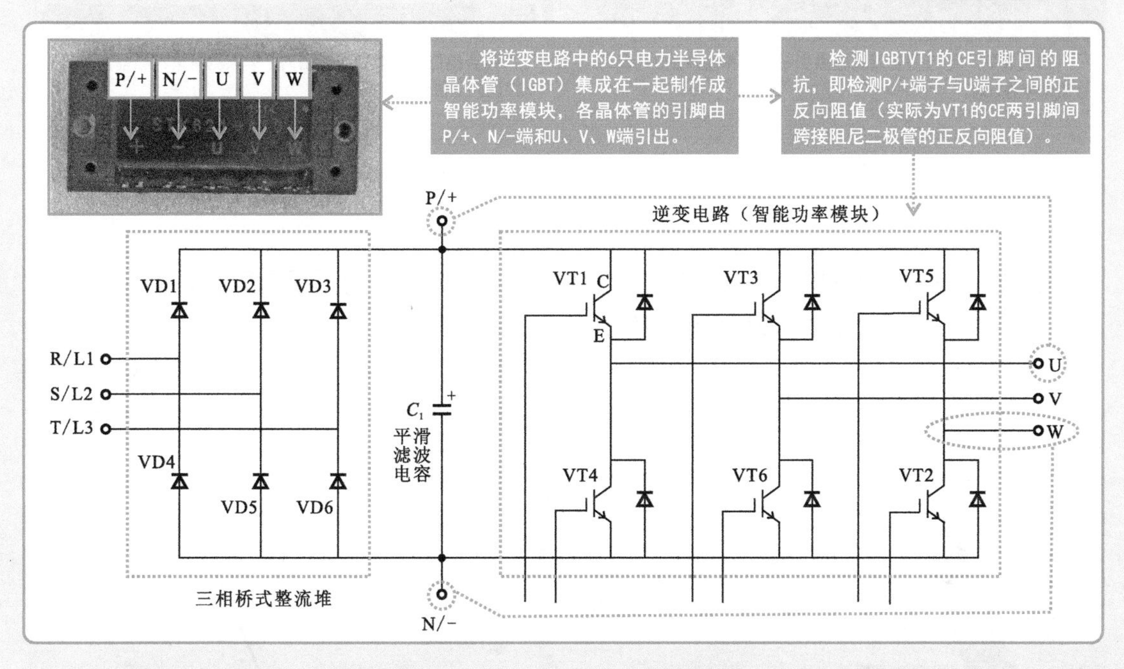

根据检测示意图，首先检测IGBT VT1的C、E引脚之间的正反向阻值，这两个引脚之间的阻值可通过检测智能功率模块的U端和P/+端获得。

【检测IGBT VT1的C、E引脚之间的正反向阻值】

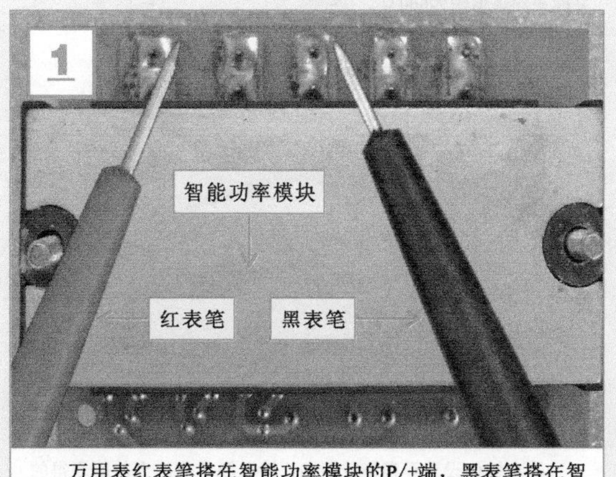

万用表红表笔搭在智能功率模块的P/+端，黑表笔搭在智能功率模块的U端。

结合档位设置观察指针指向，读取测量值：当前测得VT1CE之间的正向阻值约为600Ω。

【检测IGBT VT1的C、E引脚之间的正反向阻值（续）】

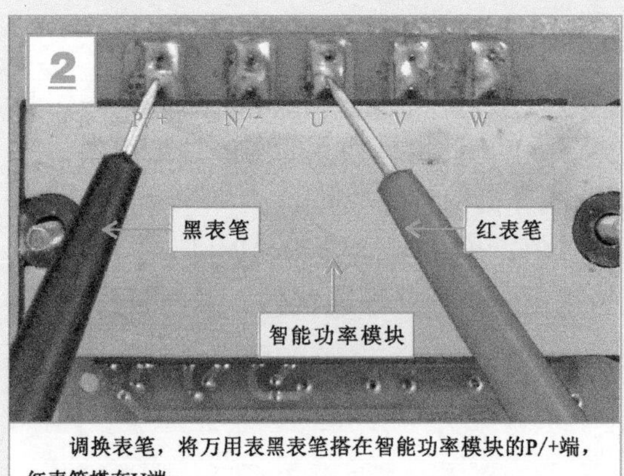

调换表笔，将万用表黑表笔搭在智能功率模块的P/+端，红表笔搭在U端。

结合档位设置观察指针指向，读取测量值：当前所测得的VT1反向阻值趋于无穷大。

特别提醒

智能功率模块中，VT3和VT5的检测方法与上述方法相同，实测结果均满足反向阻值趋于无穷大；正向阻值为600Ω左右的情况。

接着，采用相同的方法检测IGBT VT4的C、E引脚之间的正反向阻值，这两个引脚之间的阻值可通过检测智能功率模块的U端和N/-端获得。

【检测IGBT VT4的C、E引脚之间的正反向阻值】

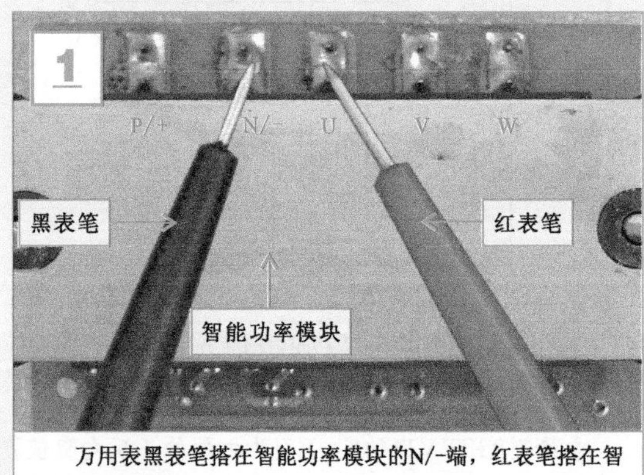

万用表黑表笔搭在智能功率模块的N/-端，红表笔搭在智能功率模块的U端。

结合档位设置观察指针指向，读取测量值：当前所测得的VT4正向阻值约为600Ω。

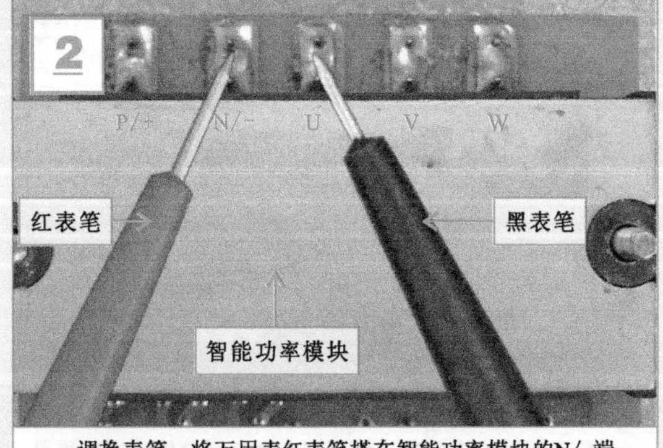

调换表笔，将万用表红表笔搭在智能功率模块的N/-端，黑表笔搭在U端。

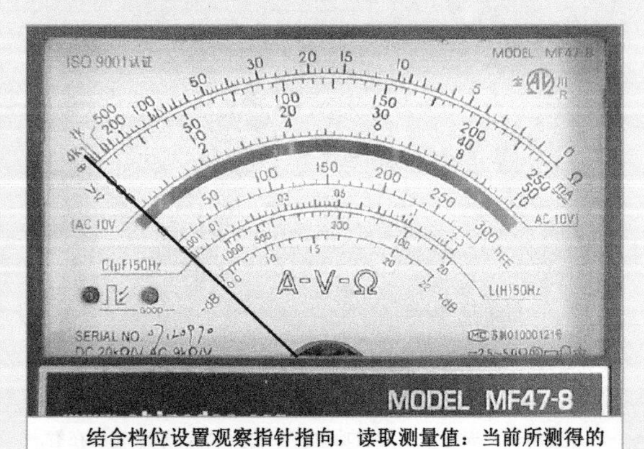

结合档位设置观察指针指向，读取测量值：当前所测得的VT4反向阻值趋于无穷大。

特别提醒

智能功率模块中，VT2和VT6的检测方法与上述方法相同，实测结果均满足反向阻值趋于无穷大；正向阻值为600Ω左右的情况。值得注意的是，检测逆变电路中的智能功率模块时，应确认平滑滤波电路中的滤波电容放电以后才可以进行。

在检测逆变电路中的智能功率模块时，可能会由于平滑滤波电容的影响，导致不导通的两引脚之间的实际测试结果不为∞；而且由于智能功率模块型号、测试用万用表的型号或种类不同，测试的结果也不一定相同，一般导通引脚之间的阻值为几百欧姆至几千欧姆不等，如果实测各项数值（导通情况下）基本相等，则可判断为良好。

另外，有些变频器中，逆变电路部分的结构也有所不同，有些采用智能功率模块，有些为功率模块，也有些由分离的6只IGBT构成，但其检测的基本方法相似，判断依据也大体一致。

下表为正常情况下测得智能功率模块引脚间的正反向阻值规律。

内部晶体管名称	万用表表笔		测量结果	内部晶体管名称	万用表表笔		测量结果
	红表笔接端子名称	黑表笔接端子名称			红表笔接端子名称	黑表笔接端子名称	
VT1	U	P/+	无穷大	VT4	U	N/-	有一定阻值
	P/+	U	有一定阻值		N/-	U	无穷大
VT3	V	P/+	无穷大	VT6	V	N/-	有一定阻值
	P/+	V	有一定阻值		N/-	V	无穷大
VT5	W	P/+	无穷大	VT2	W	N/-	有一定阻值
	P/+	W	有一定阻值		N/-	W	无穷大

检测变频器逆变电路时，需要首先明确内部逆变电路的结构形式。不同的电路结构形式，测量结果和判断依据也不同。因此，根据具体型号或电路说明，找准检测部位和判断依据是正确测量逆变电路的基本前提。

特别提醒

在对逆变电路（智能功率模块）进行检测时，已将变频器外壳打开，用检测仪表直接检测智能功率模块的引脚处。在进行普通维护及检查时，可直接在变频器引线端子部分进行检测，检测方法与判断依据均与上述方法相同。

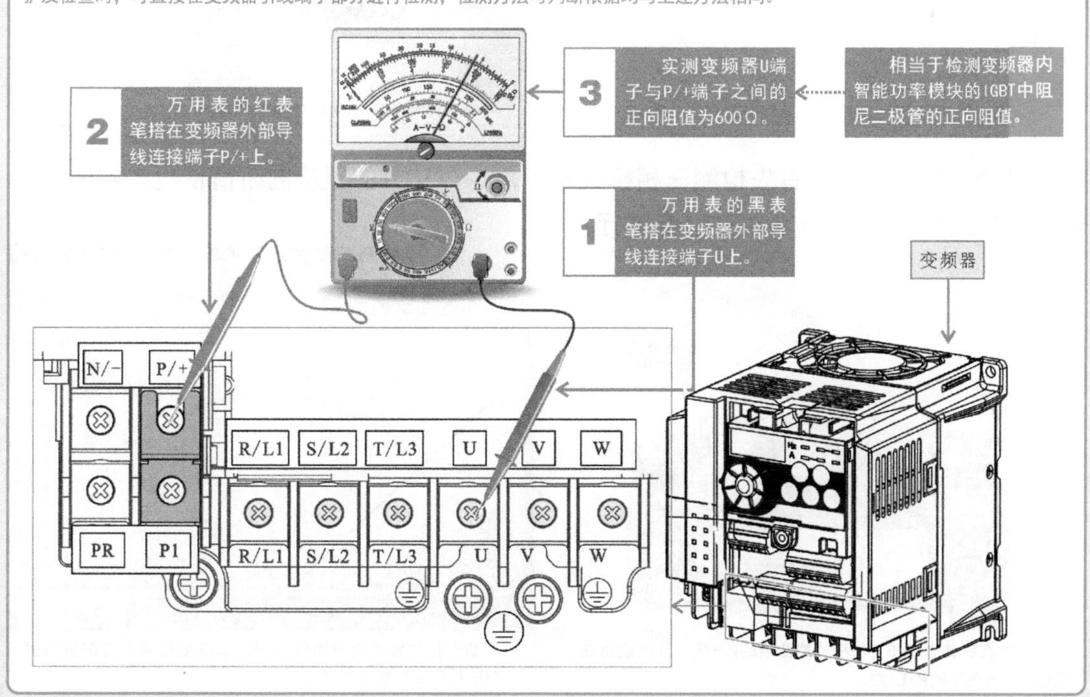

6.3.3 三相桥式整流堆的检测训练

整流电路中的三相桥式整流堆是该电路中的核心部件，该器件出现异常将导致整个变频器出现无供电条件、不工作等故障。

可用万用表检测三相桥式整流堆引脚间正反向阻值（内部整流二极管的导通情况），即检测变频器“P/+”端与“R/L1、S/L2、T/L3”端和“N/-”与“R/L1、S/L2、T/L3”端之间的正反向阻值（导通状态）的方法判断好坏。

【三相桥式整流堆的检测】

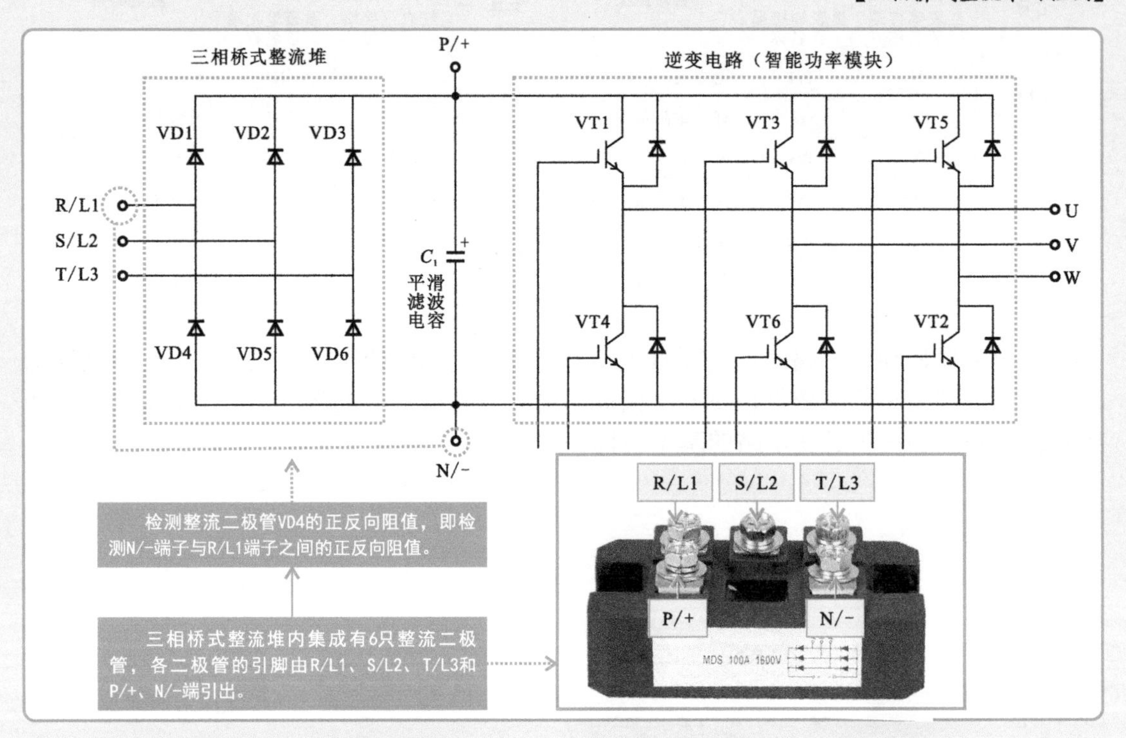

结合检测示意图，首先检测三相桥式整流堆中，VD1的正反向阻值情况，实际检测时可在桥式整流堆的P/+端和R/L1端进行。

【检测三相桥式整流堆VD1的正反向阻值】

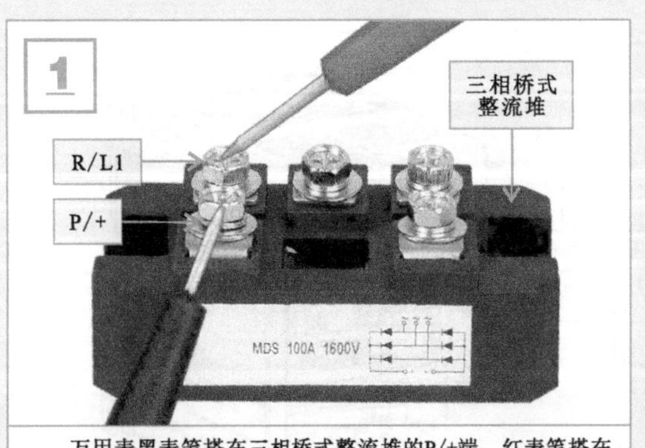

万用表黑表笔搭在三相桥式整流堆的P/+端，红表笔搭在三相桥式整流堆的R/L1端。

结合档位设置观察指针指向，读取测量值：当前所测得VD1的反向阻值趋于无穷大。

【检测三相桥式整流堆VD1的正反向阻值（续）】

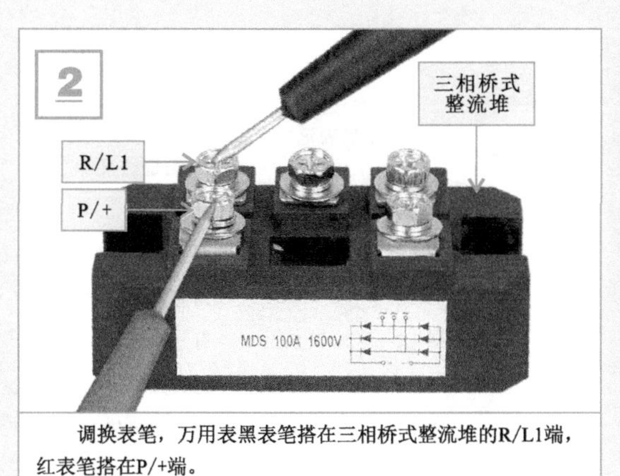

调换表笔，万用表黑表笔搭在三相桥式整流堆的R/L1端，红表笔搭在P/+端。

结合档位设置观察指针指向，读取测量值：当前所测得VD1的正向阻值约为650Ω。

特别提醒

三相桥式整流堆中，VD2和VD3的检测方法与上述方法相同，实测结果满足反向阻值趋于无穷大（不导通）；正向阻值为650Ω左右（导通）等情况。

接着，采用相同的方法检测三相桥式整流堆VD4的正反向阻值，此次操作可在三相桥式整流堆的N/-端和R/L1端测得。

【检测三相桥式整流堆VD4的正反向阻值】

万用表黑表笔搭在三相桥式整流堆的N/-端，红表笔搭在三相桥式整流堆的R/L1端。

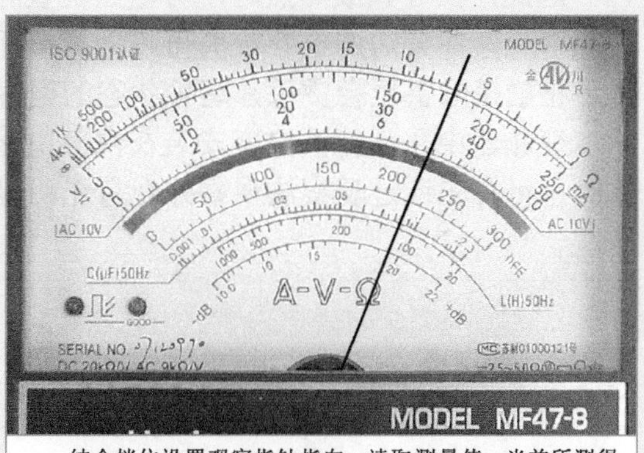

结合档位设置观察指针指向，读取测量值：当前所测得VD4的正向阻值约为650Ω。

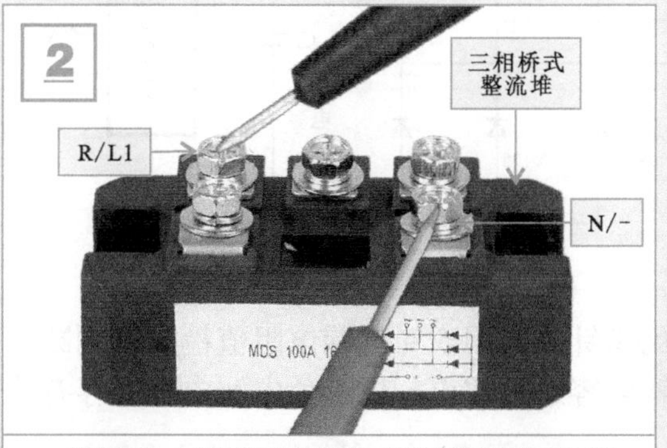

调换表笔，万用表黑表笔搭在三相桥式整流堆的R/L1端，红表笔搭在N/-端。

结合档位设置观察指针指向，读取测量值：当前所测得VD4的反向阻值趋于无穷大。

特别提醒

三相桥式整流堆中，VD5和VD6的检测方法与上述方法相同，实测结果满足反向阻值趋于无穷大；正向阻值为650Ω左右等情况。下表为正常情况下三相桥式整流堆各引脚之间的正反向阻值情况，可作为实际检修时对检测结果的判断依据。

桥内二极管名称	万用表表笔		测量结果	桥内二极管名称	万用表表笔		测量结果
	红表笔接端子名称	黑表笔接端子名称			红表笔接端子名称	黑表笔接端子名称	
VD1	R/L1	P/+	无穷大	VD4	R/L1	N/−	有一定阻值
	P/+	R/L1	有一定阻值		N/−	R/L1	无穷大
VD2	S/L2	P/+	无穷大	VD5	S/L2	N/−	有一定阻值
	P/+	S/L2	有一定阻值		N/−	S/L2	无穷大
VD3	T/L3	P/+	无穷大	VD6	T/L3	N/−	有一定阻值
	P/+	T/L3	有一定阻值		N/−	T/L3	无穷大

6.3.4 平滑滤波电容的检测训练

平滑滤波电容损坏引起的故障在变频器中十分常见。一般电解电容损坏主要体现在电容容量变小、漏电、短路等情况，而且若长期工作在高温环境下，平滑滤波电容的使用寿命会大大缩短。

因此，在寻找故障点时，可重点检查与热源靠得比较近的滤波电容，如散热片旁及大功率元器件旁边的电容，离得越近，损坏的可能性就越大。有些电容漏电比较严重，用手指触摸时甚至会烫手，这种状态的电容必须及时更换。

变频器中平滑滤波电容安装在内部电路板上，体积较大，外观特征明显，怀疑其异常时，可首先通过观察法观察外观有无明显鼓包、漏液情况存在。

【变频器整流滤波电路中的平滑滤波电容】

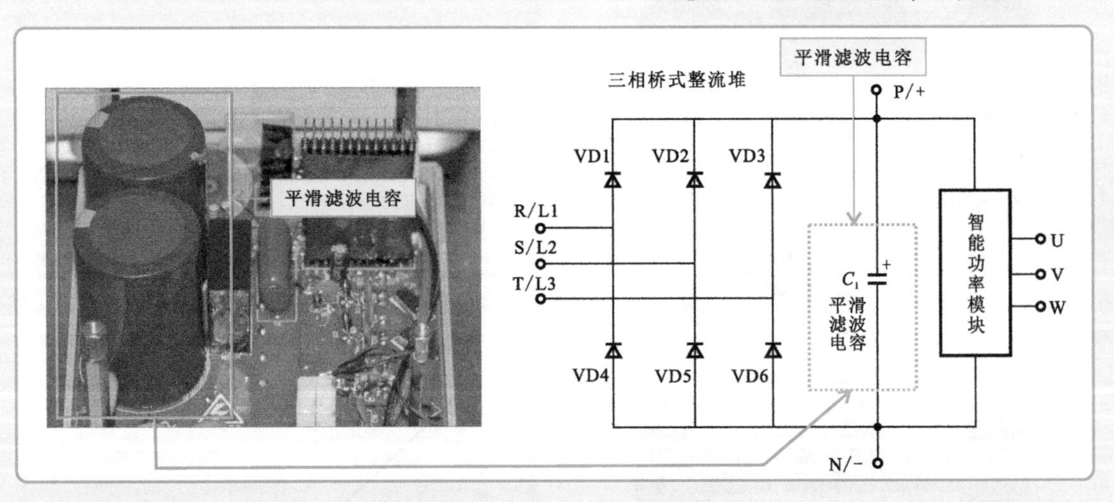

在对有极性电容进行开路检测时，常使用指针式万用表对其漏电阻值检测以判断性能的好坏。在检测前，一般还需要对待测电解电容进行放电，以避免电解电容中存有残留电荷而影响检测的结果。

首先，检测平滑滤波电容的正向漏电电阻（充放电特性）。

【检测平滑滤波电容的正向漏电电阻（充放电特性）】

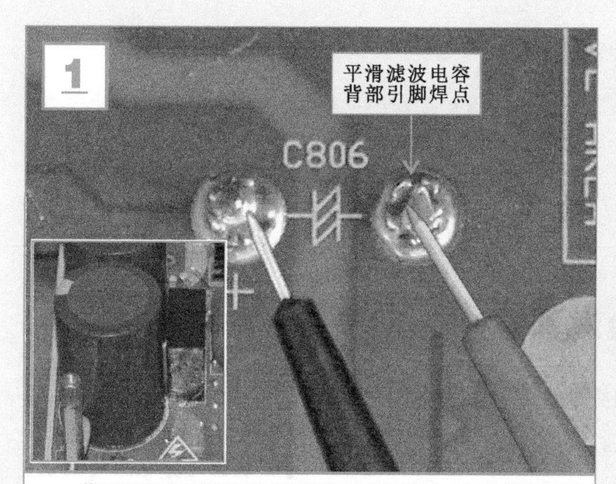

将万用表黑表笔搭在平滑滤波电容的正极，红表笔搭在平滑滤波电容的负极。

表笔接通时，指针应向右有一个较大角度的摆动；然后逐渐向左摆回，直至停止在一个固定位置。

接着，检测平滑滤波电容的反向漏电电阻（充放电特性）。

【检测平滑滤波电容的反向漏电电阻（充放电特性）】

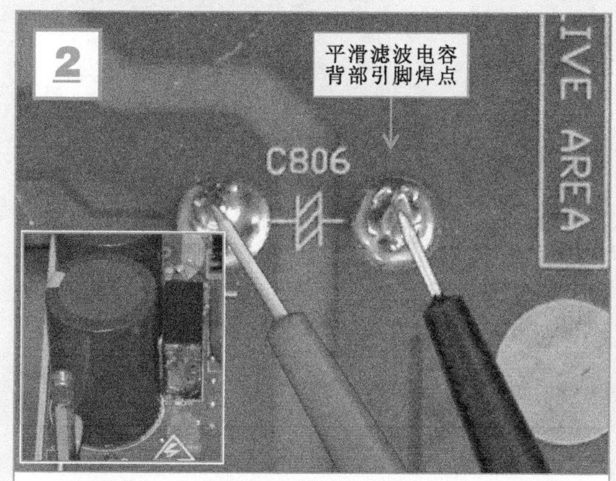

调换表笔，红表笔搭在平滑滤波电容的正极，黑表笔搭在负极上，检测平滑滤波电容的反向漏电电阻。

表笔接通时，指针应向右有一个较大角度的摆动；然后逐渐向左摆回，直至停止在一个固定位置。

特别提醒

正常情况下，在刚接通的瞬间，万用表的指针会向右（电阻小的方向）摆动一个较大的角度。当表针摆动到最大角度后，接着表针又会逐渐向左摆回，直至表针停止在一个固定位置（一般为几百千欧姆），这说明该电解电容有明显的充放电过程。所测得的阻值即为该电解电容的正向漏电阻值，正向漏电电阻越大，说明电容的性能越好，漏电流也越小。调换表笔后，检测平滑滤波电容的反向漏电电阻。通常，反向漏电电阻小于正向漏电电阻。若测得的电解电容器正反向漏电电阻值很小（几百千欧以下），则表明电解电容的性能不良，不能使用。

在检修变频器时，出现时好时坏的现象，排除了接触不良的可能性以外。一般情况下就是平滑滤波电容损坏引起的故障，所以在碰到此类故障时。可将平滑滤波电容重点检查一下。

除此之外，还可以使用数字式万用表检测电容的电容量，在电容的表面通常标识有电容量，检测前可确定电容量的大小并调整好数字式万用表的量程（电容检测档），将数字式万用表的红、黑表笔分别搭在电容的两引脚上，观察数字式万用表显示屏测得的电容量，正常情况下，应接近标称值；若检测的电容量与标称值偏差较大，则表明被测电容可能损坏。

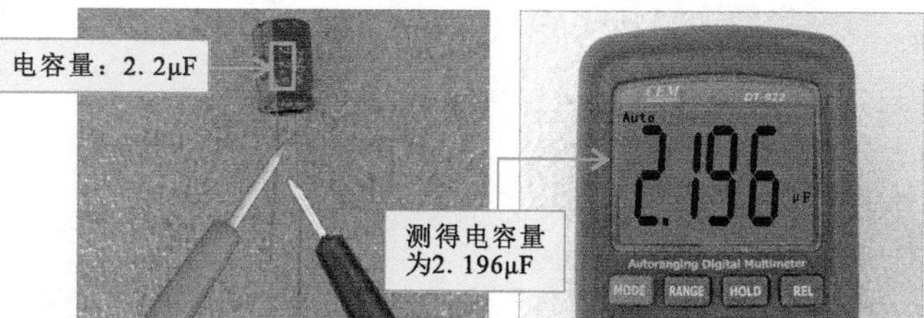

特别提醒

在变频器工作异常时，某个电路模块不工作，除了电路模块本身可能存在异常外，也可能为外围元器件或基本工作条件不满足引起，因此除了对变频器中易损元器件进行检测外，还需要对变频器核心电路的外围电路，工作条件进行测量。

例如，智能功率模块正常工作除需要整流滤波电路送来约540V直流高压外，其内部的逻辑电路部分还需要约15V的直流低压以及由控制电路送来控制信号，这些信号任何一个不正常，都将导致智能功率模块无输出的情况。

若无540V直流电压应检查整流滤波电路部分。

若无15V直流低压应检查开关电源电路部分和整流滤波电路部分。

若无控制信号，则应检查变频器的控制电路部分。

6.3.5 变频器绝缘性能的检测训练

当怀疑变频器存在漏电情况时，可借助绝缘电阻表对变频器进行绝缘测试。这里，我们主要对变频器主电路部分进行绝缘测试。

【变频器绝缘电阻的测试】

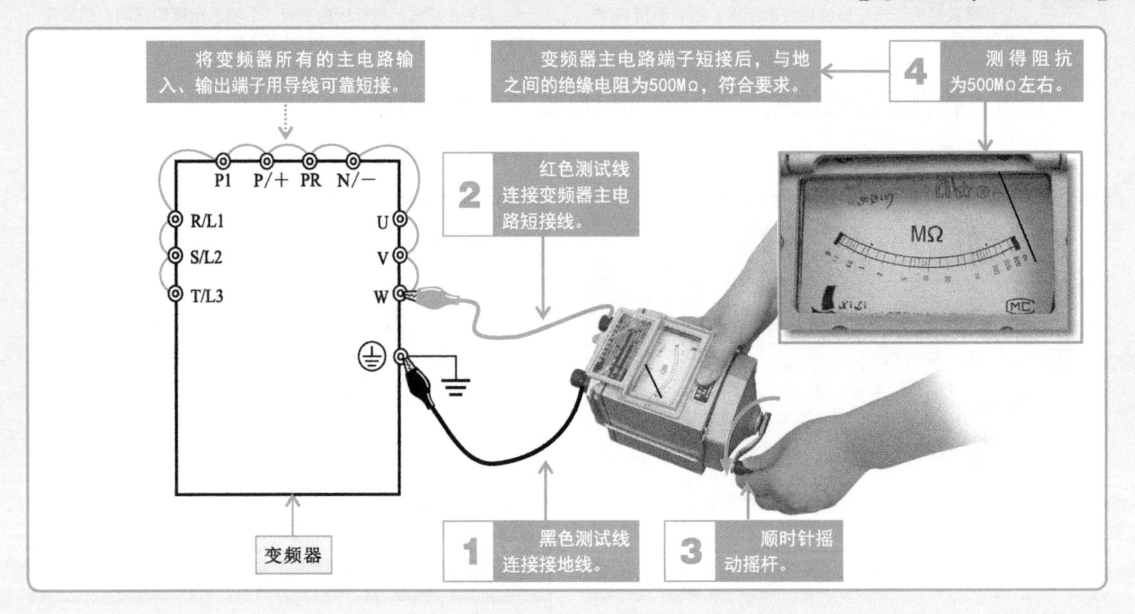

特别提醒

由于变频器出厂时已经进行过绝缘试验，因此为了防止操作不当对变频器造成损坏，一般尽量不要再进行绝缘测试。但如果检修需要，必须对变频器进行绝缘测试时，应特别注意：

- 必须首先拆除变频器与电源、变频器与负载电动机之间的所有连线。
- 将所有的主电路输入、输出端子用导线可靠短接。
- 切勿仅连接单个主电路端子对地进行绝缘测试，否则可能会损坏变频器。
- 不可对控制端子进行绝缘测试。
- 测试完成后，应拆除所有端子上的短接线。

特别提醒

在存放、使用及运输变频器时，由于其所在环境的温度、湿度、粉尘、振动等因素的影响，以及变频器内部组成器件的磨损、老化等原因，都可能造成变频器出现故障隐患，需要对变频器进行必要的测量和检查，实际操作时需要注意：

- 在未可靠切断变频器的供电电源时，不可直接或通过金属工具接触变频器内的主电路端子及变频器内部的其他任何器件。
- 操作面板是所有指示灯均熄灭后，再打开变频器盖板。
- 变频器在运行中存在高压危险，维护和检查人员应严格按照规范要求进行操作。
- 需断电检查时，应可靠切断电源并在等待至少5min以上时，再进行操作。
- 维护人员在动手操作前，应将手表、戒指等所有的金属物品取下，并注意穿着符合要求的绝缘服装，使用绝缘工具。

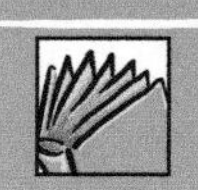

6.4 变频器的代换训练

第6章

变频器由半导体器件和许多电子元件构成，还有一些零部件，如冷却风扇、平滑滤波电容、逆变电路（功率模块）等，由于其构成和物理特性，在使用一定时间后会发生劣化，从而降低变频器的性能，甚至会引起故障。因此，若检修过程中，发现这些元器件或零部件损坏，需要对其进行更换。

另外，有些情况下，变频器损坏严重无法修复时，还会对整个变频器进行代换。

6.4.1 变频器中冷却风扇的代换训练

冷却风扇主要用于变频器中半导体等发热器件的散热冷却，在使用一定年限（一般为10年）后，或检查中发现其出现异常声响、振动时，需要对冷却风扇进行更换。

【变频器冷却风扇的代换方法】

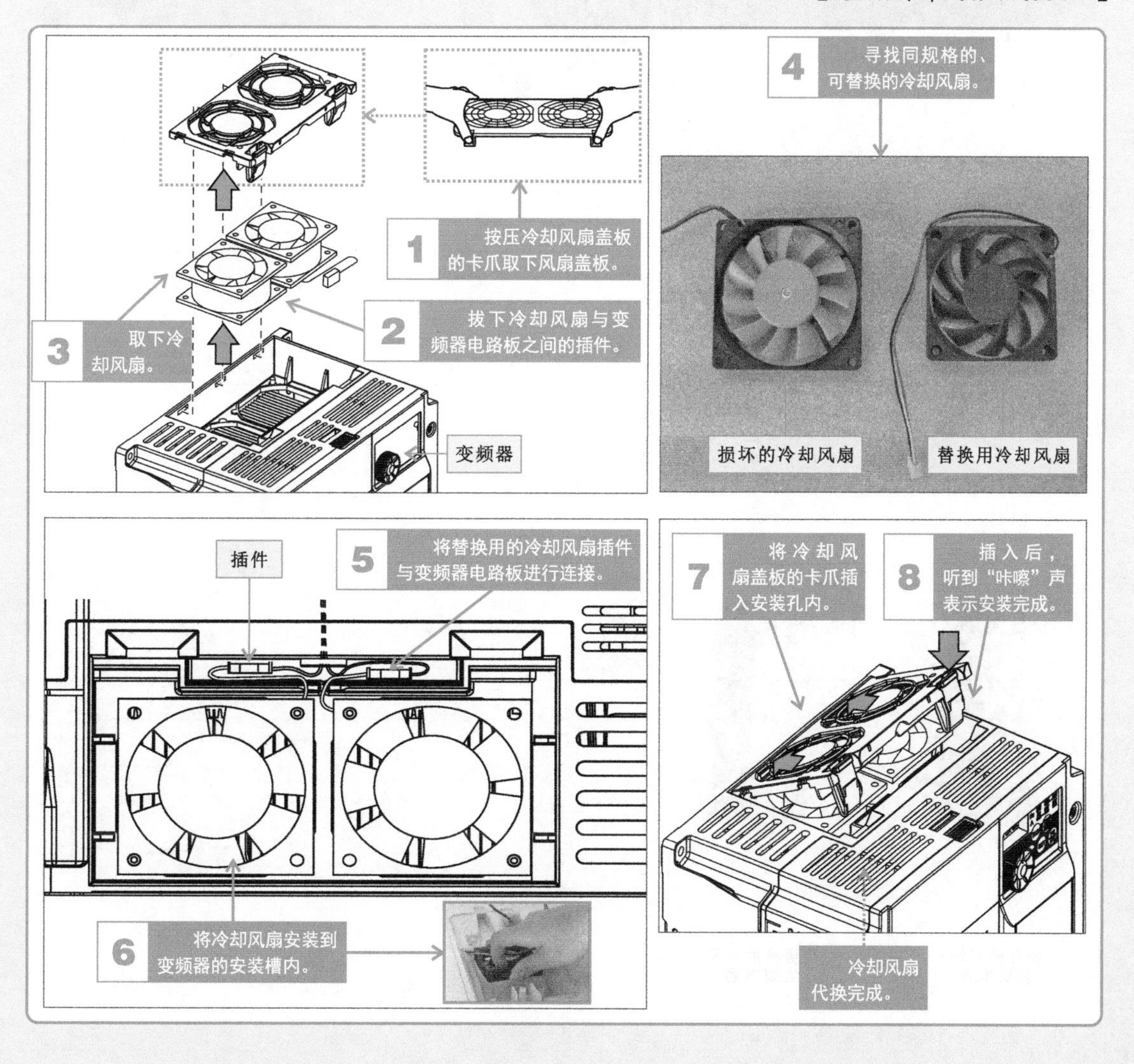

特别提醒

更换冷却风扇时，应切断变频器的电源。另外由于切断电源后，由于变频器内部仍存有余电（大容量滤波电容中的残余电荷），容易引发电击，因此需在主机盖板装好后进行。更换时，还应注意风扇的风向。若风扇风向错误，会缩短变频器的使用时间。

6.4.2 变频器中平滑滤波电容的代换训练

在变频器中，主电路部分使用了大容量的平滑滤波电容，由于脉动电流等影响，平滑滤波电容的特性会变差，因此，在变频器使用一定年限（约10年）后需要进行更换，以确保变频器稳定可靠运行。

【变频器平滑滤波电容的代换方法】

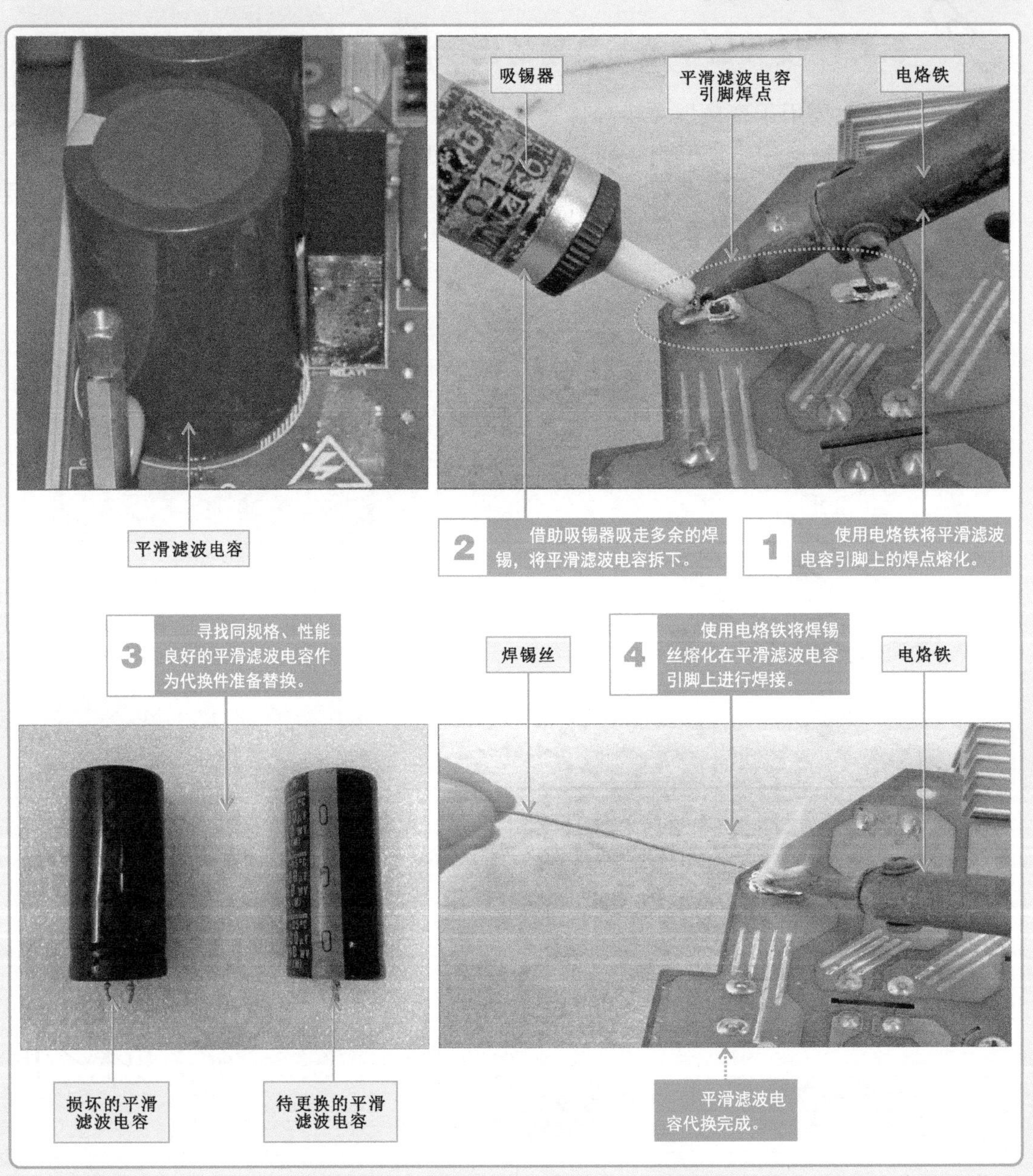

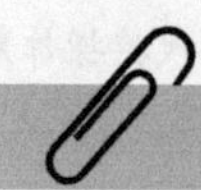

6.4.3 变频器中逆变电路的代换训练

变频器中逆变电路大都封装在一个完整的模块内。当怀疑逆变电路工作异常，经初步检测判断为内部损坏时，需要将整个模块进行更换。

实际操作时，需要首先借助电烙铁将原损坏的模块焊下。

【变频器逆变电路模块的拆焊操作】

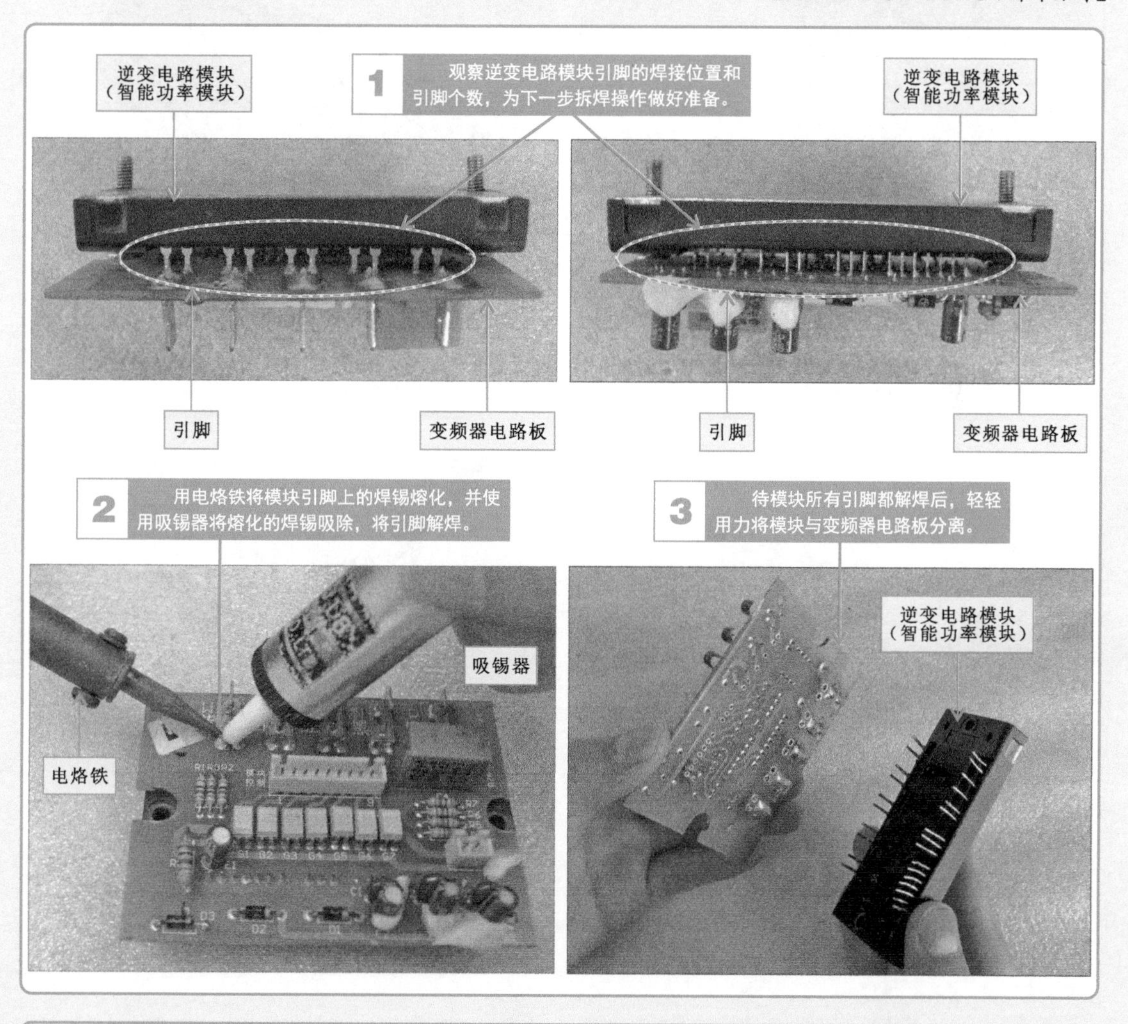

特别提醒

逆变电路模块所有引脚都需要进行解焊操作，注意引脚上的焊锡要吸除干净。在进行拆焊操作过程中，需要注意，应选择合适规格的电烙铁，不可损伤、损坏电路板焊盘。

拆下损坏的逆变电路模块（智能功率模块）后，则应根据原逆变电路模块的型号标识，选择相同的模块进行代换。

选择好代换用逆变电路模块后，将新模块的引脚按照变频器电路板上原逆变电路功率模块的引脚固定孔穿入，然后使用电烙铁和焊锡丝将其焊接固定在变频器电路板上，确定焊接无误后即可完成逆变电路的代换。

【变频器逆变电路模块的代换操作】

1 根据智能功率模块上的标识信息，识别其型号（STK621-410），作为选配替换件的依据。

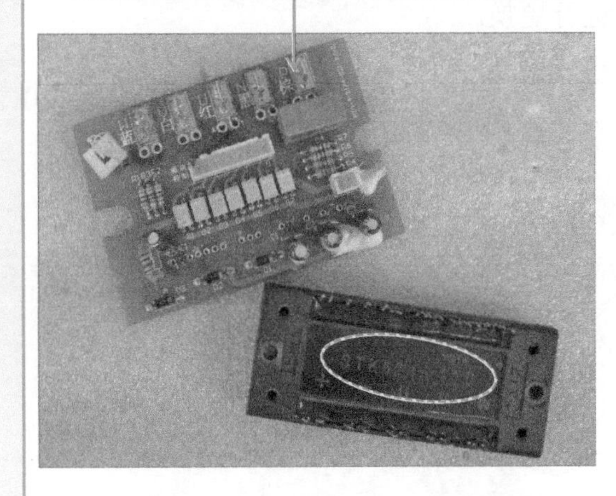

2 根据损坏智能功率模块的型号，选购与其型号相同的智能功率模块。

3 将新的智能功率模块的引脚按照变频电路板上智能功率模块的引脚固定孔穿入。

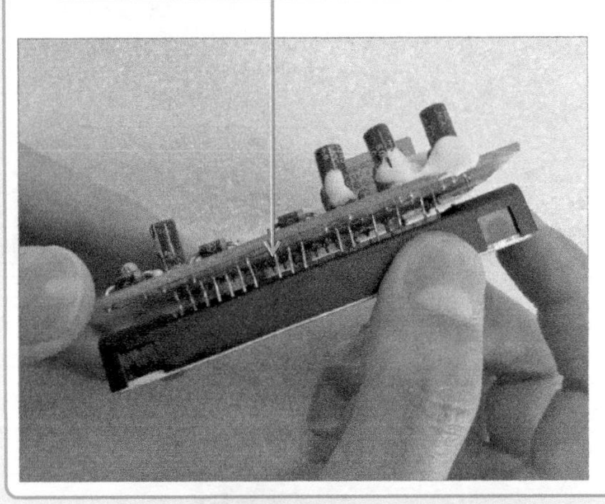

4 使用电烙铁熔化焊锡丝将智能功率模块的引脚焊接固定在变频电路板上。

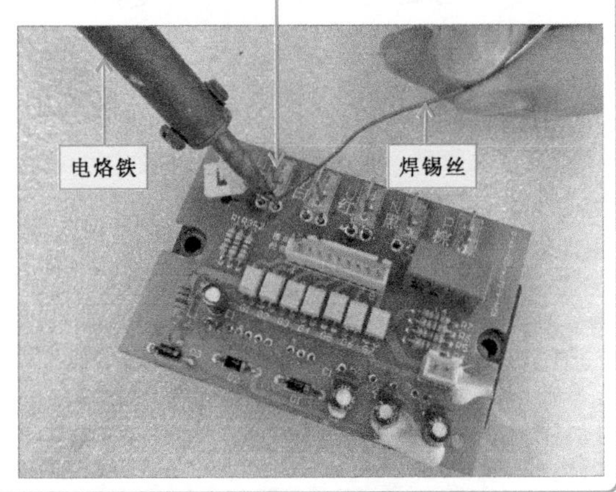

特别提醒

不同品牌和型号的变频器中，逆变电路的安装方式和位置不同，在进行具体代换操作时，需要根据实际电路进行分析，并选择适当的拆换方法，确保变频器整体性能不受影响。

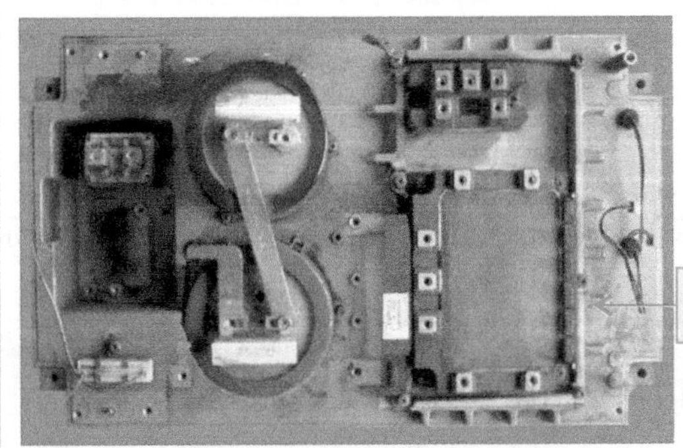

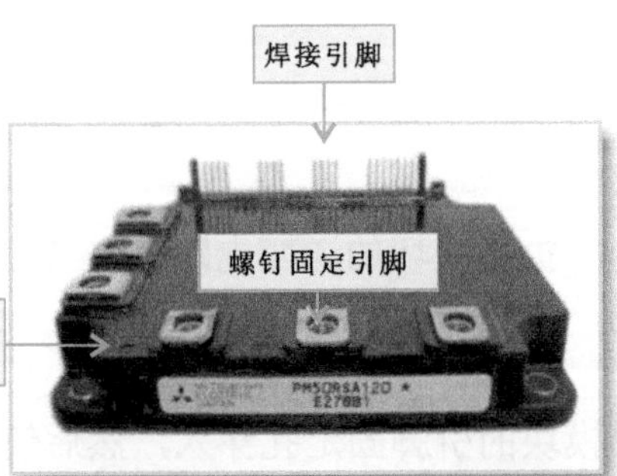

6.4.4 变频器整机的代换训练

当变频器损坏严重无法修复，或达到使用寿命时，为确保系统安全可靠运行，需要更换整个变频器主机。实际操作时，要求切断变频器电源10 min后，使用万用表测量无电压的情况下才可进行。

下面以三菱FR-A700型变频器为例。一般情况下，需要更换变频器主机时，可以保持变频器外接控制电路连线不动（确保变频器与外部电气部件连接关系正确），即将控制电路端子板从旧的变频器上取下，安装到新的变频器上即可。

【变频器控制电路端子板的拆卸方法】

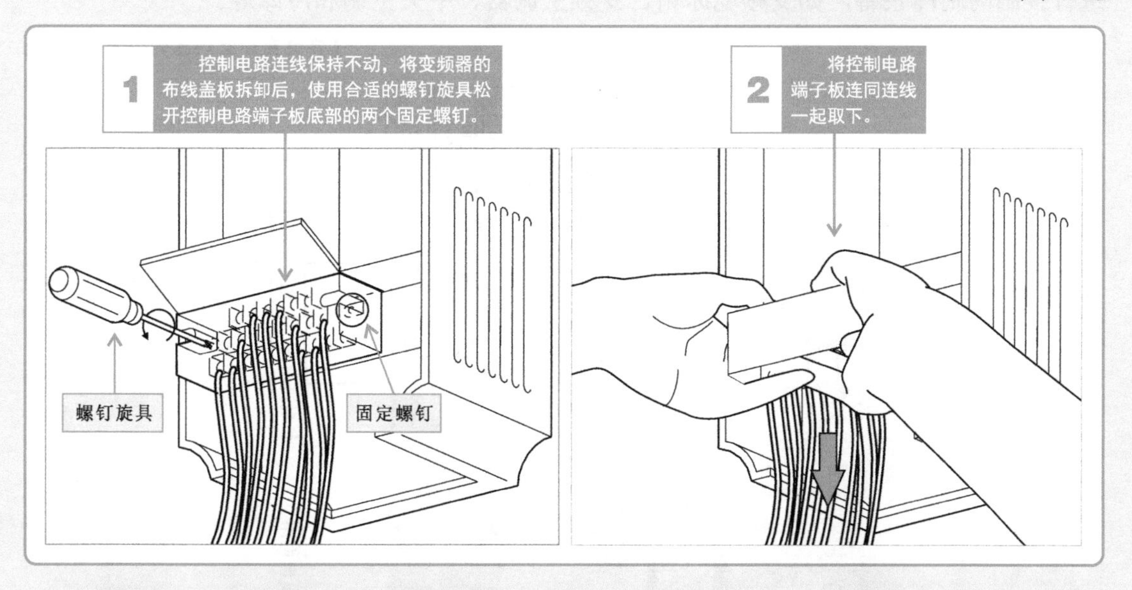

将拆卸下来的控制电路端子板重新安装到更换的新变频器上，拆卸或安装时，不要将控制电路上的跳线插针弄弯。

【控制电路端子板安装到新变频器中】

第7章 变频电路在制冷设备中的应用

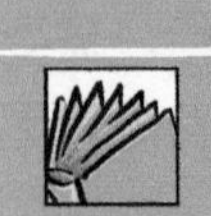

7.1 典型制冷设备中的变频电路

7.1.1 变频电路与制冷设备的关系

变频制冷设备是指由变频器或变频电路对变频压缩机、水泵电动机的起动、运行等进行控制的制冷设备，如变频电冰箱、变频空调器、中央空调和冷库等。

【典型变频空调器的关系示意图】

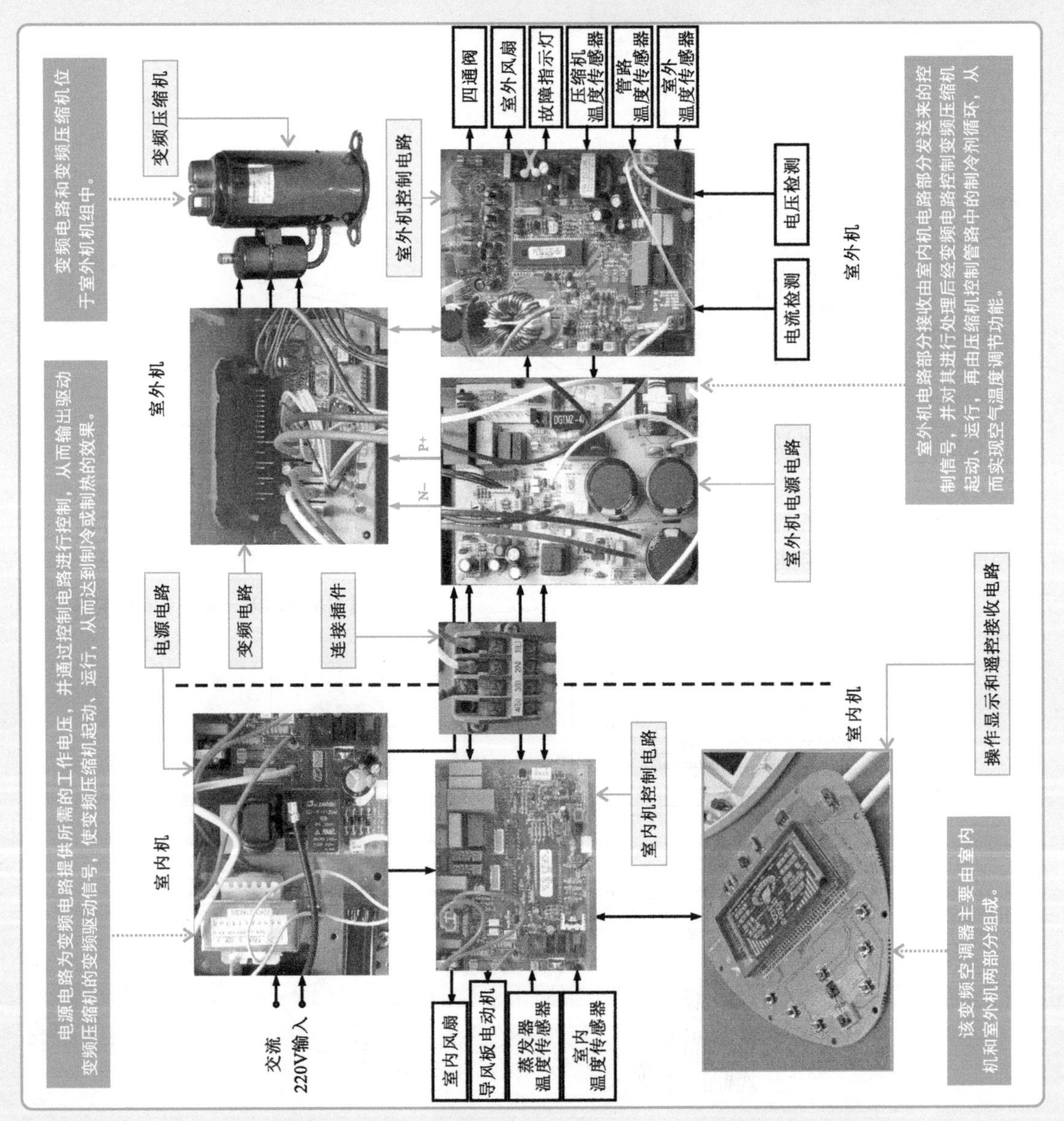

在变频空调器中，变频电路通常安装在室外机的变频压缩机附近。

【典型变频空调器的关系示意图】

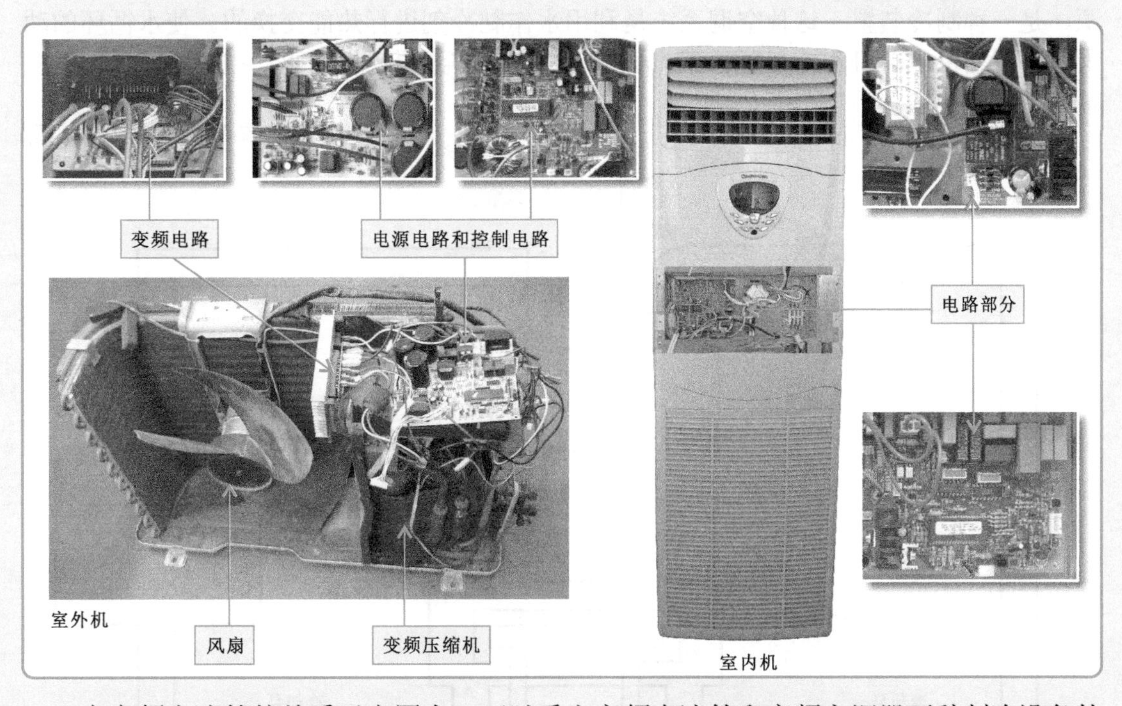

在变频电冰箱的关系示意图中，可以看出变频电冰箱和变频空调器两种制冷设备的结构和组成均不相同，但其变频系统都是由变频电路和变频压缩机构成，也是通过变频电路输出变频驱动信号控制变频压缩机起动、运行的，从而实现制冷功能。

【典型变频电冰箱的关系示意图】

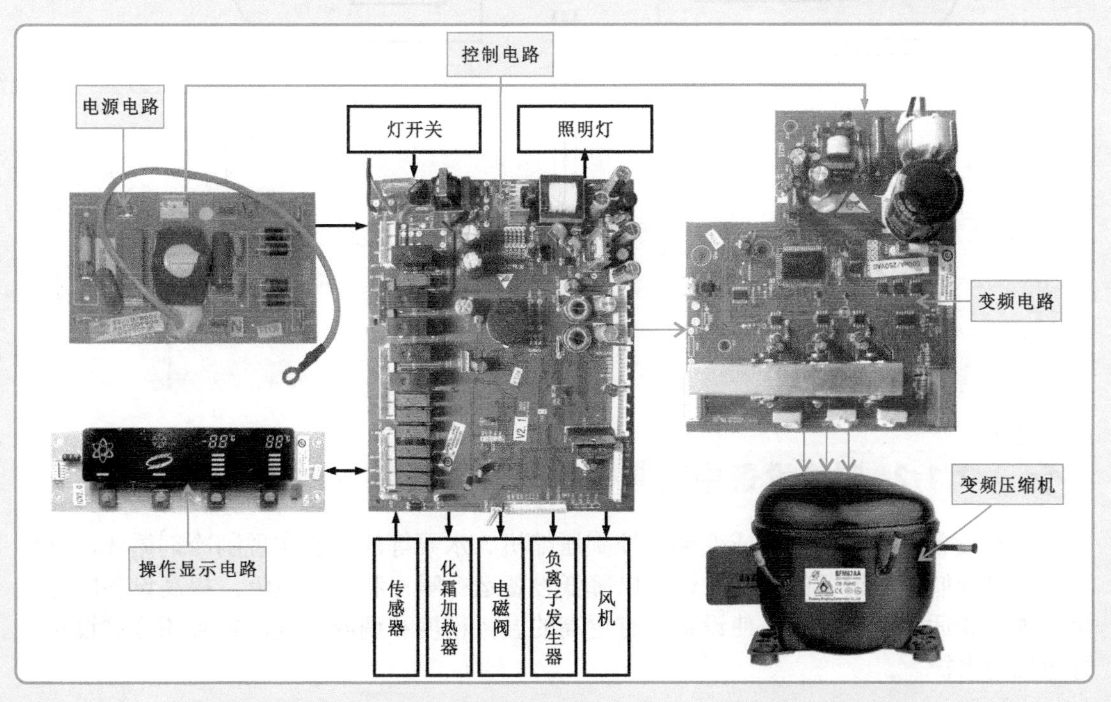

在中央空调系统的关系示意图中，可知中央空调系统主要由制冷主机、冷却水塔、蒸发器盘管（热交换系统）等部分组成。制冷主机也叫作制冷装置，是中央空调的制冷源，是一种制冷装置。这种空调系统是利用水作制冷剂进行热能交换的。使水循环的动力源是压缩机电动机和冷却泵。压缩机电动机和冷却泵电动机的驱动控制电路采用了变频驱动控制技术。

【中央空调系统的关系示意图】

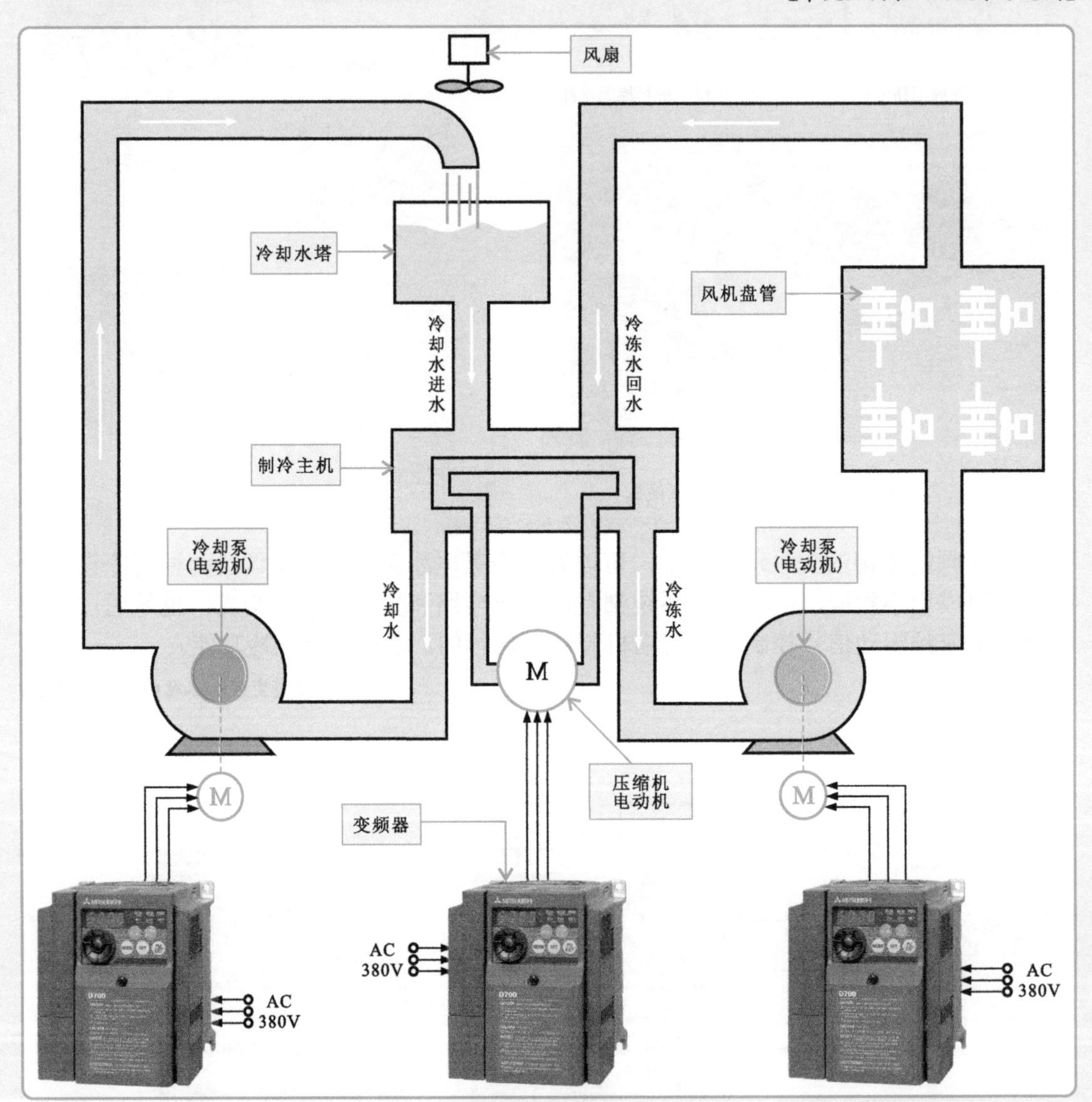

7.1.2 制冷设备中变频电路的功能特点

制冷设备采用变频电路或变频器控制压缩机、水泵等的转速实现制冷剂循环，这样不仅可以降低制冷设备的能耗，还可以降低设备运行噪声和起动电流，提高设备的适应负荷能力和适用电压范围，使设备具有更高的温控精度和调温速度，并且还可对设备进行全面的保护。

1. 具有高效节能作用

变频制冷设备起动性能好，可以迅速降温与升温。在刚开机的阶段，变频压缩机运转频率很高，可以快速达到设定的温度。变频电路（变频器）具有低频维持功能，当达到设定的温度后，变频电路将降低变频压缩机的运转速度，不会频繁起停，从而减小制冷设备的耗电量。

【变频空调器控制室内温度恒定】

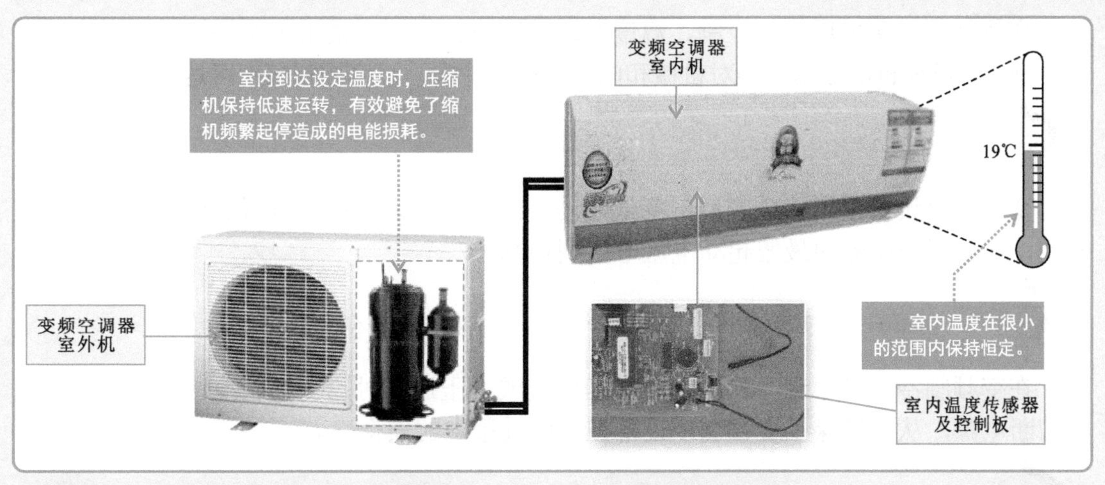

2. 降低噪声

变频制冷设备不会频繁起停压缩机且运转平衡，因此减小起动、运行时的振动，从而减少噪声。

3. 降低起动电流

变频制冷设备主要采用超低频起动，起动电流比运转电流低，因而开机时压缩机运转功率较低，对电网的冲击较小，进而确保了电表和电网上其他电器能够正常运转。

【变频空调器与定频空调器起动电流的比较】

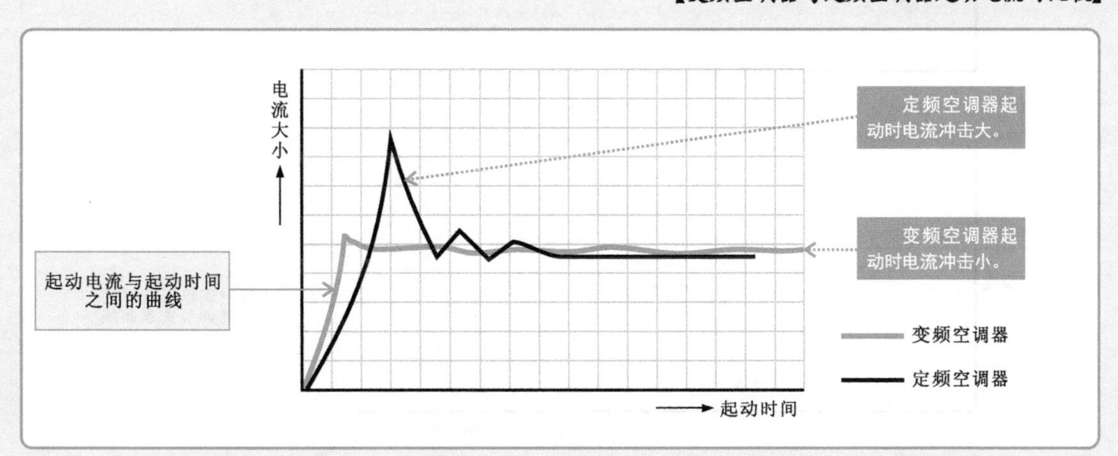

4. 很强的适应负荷变化能力

变频制冷设备可自动适应负荷的变化，例如使变频空调器平稳运行，控温能力强，刚开机或房间内的温度较高时，可实现高频强劲的快速运转；当室内温度达到设定温度时，变频电路或变频器会降低压缩机的转速，逐步稳定到设定温度并保持低速运转。

5. 提高温控精度

变频制冷设备采用降频控制，温度波动范围小。它主要采用了不停机控制温度的方式，避免了压缩机的频繁起动对机械和电器元件的冲击，温度控制精度可达到±5 ℃。

6. 广泛的电压适用范围

变频制冷设备采用降频起动，降低起动时的负荷，因此在低电压的情况下也可快速起动，如变频空调器的最低起动电压可达到150V。

7. 提供全面保护功能

在变频制冷设备中带有保护电路，当电流或电压过大时，变频制冷设备自行实施保护切断电源，从而确保了变频制冷设备在使用过程中的安全性。

8. 提高调温速度

变频制冷设备可根据室内温度自动控制压缩机的高/低频运转，从而达到温度的快速调节，如变频空调器的制冷/制热速度比常规空调器快1～2倍。

【变频空调器控制室内温度恒定】

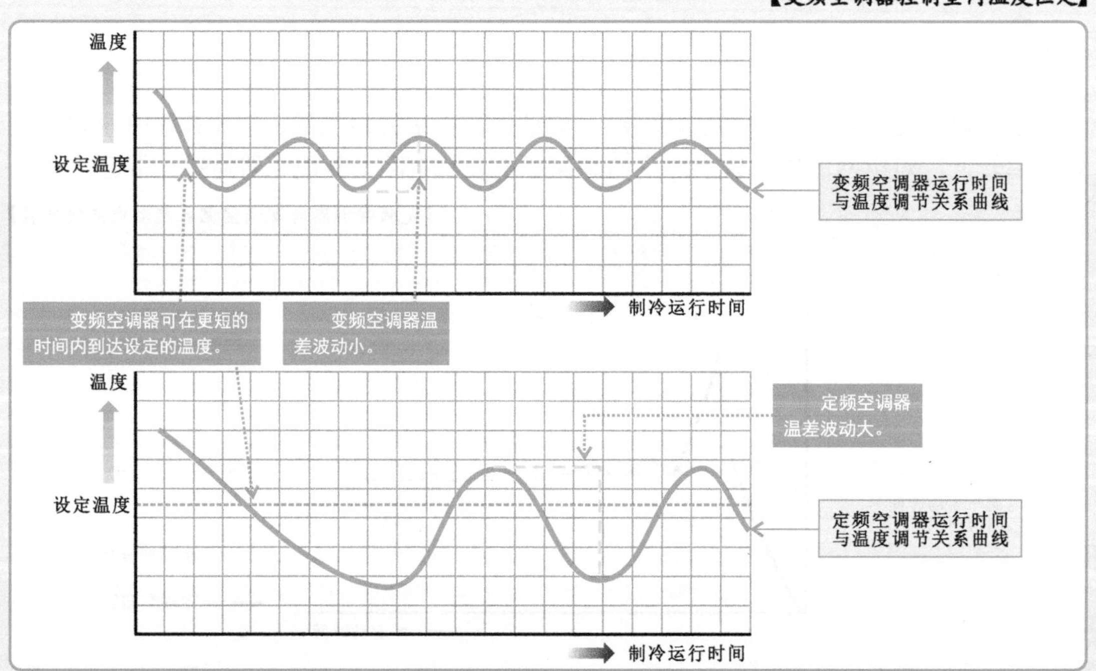

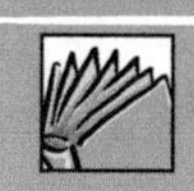

7.2 制冷设备中的变频控制原理

7.2.1 空调器变频电路的结构原理

设有变频电路的空调器称为变频空调器。变频空调器的电路主要分为室内、室外两部分，室内机部分主要由电源电路、控制电路和遥控接收电路组成，室外机部分主要由电源电路、控制电路和变频电路组成，这两部分电路通过通信电路建立关联。

变频电路和变频压缩机位于空调器室外机机组中。变频电路在室外机控制电路控制及电源电路供电的条件下，输出驱动变频压缩机的变频驱动信号，使变频压缩机起动、运行，从而达到制冷或制热的效果。

【变频空调器的电路组成】

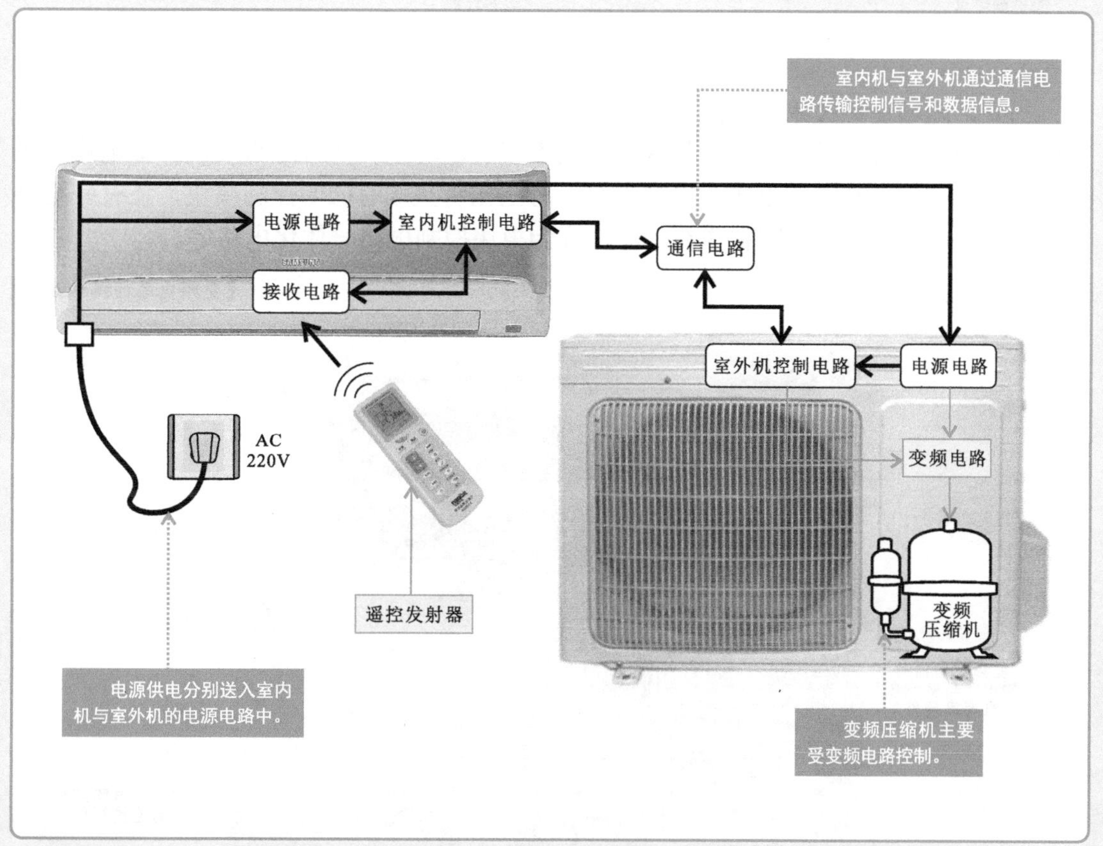

1. 变频空调器中变频电路的结构和功能特点

在典型变频空调器中变频电路板的实物外形中，可以看到，变频电路主要是由智能功率模块、光耦合器、连接插件或接口等组成的。

【变频电路的结构组成】

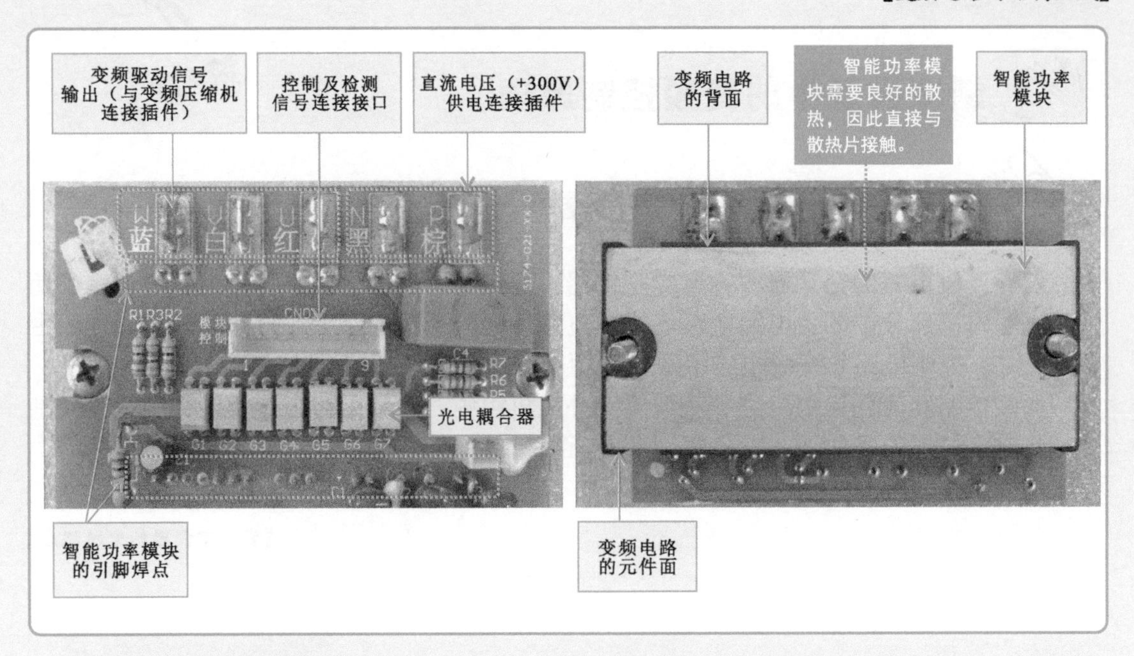

另外，随着变频技术的发展，应用于变频空调器中的变频电路也日益完善，很多新型变频空调器中的变频电路不仅具有智能功率模块的功能，而且还将一些外部电路集成到一起，如有些变频电路集成了电源电路，有些则将集成有CPU控制模块，还有些则将室外机控制电路与变频电路制作在一起，称为模块控制电路一体化电路等。

【变频电路的结构组成】

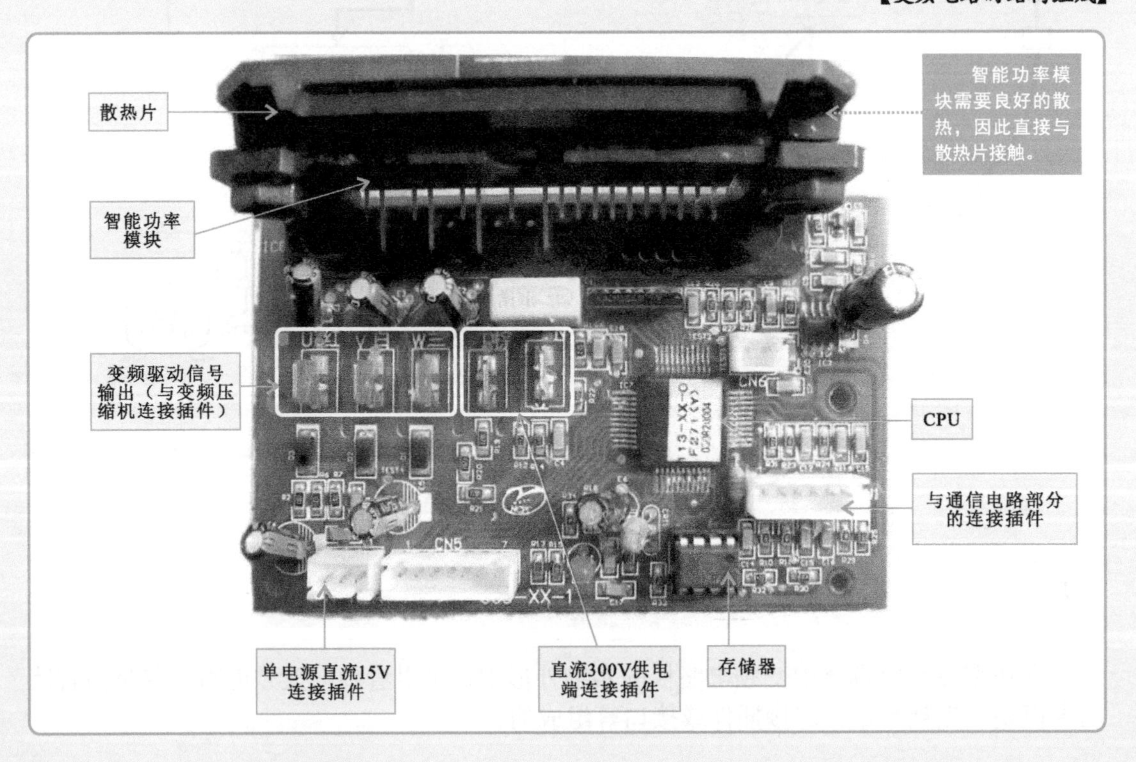

特别提醒

在变频电路中，智能功率模块是电路中的核心部件，其通常为一只体积较大的集成电路模块，内部包含变频控制电路、驱动电流、过电压与过电流检测电路和功率输出电路（逆变器），一般安装在变频电路背部或边缘部分。

通过智能功率模块的内部结构简图，可以看到其内部由逻辑控制电路和6只带阻尼二极管的IGBT组成的逆变电路构成（例如STK621-410型智能功率模块的内部结构简图）。

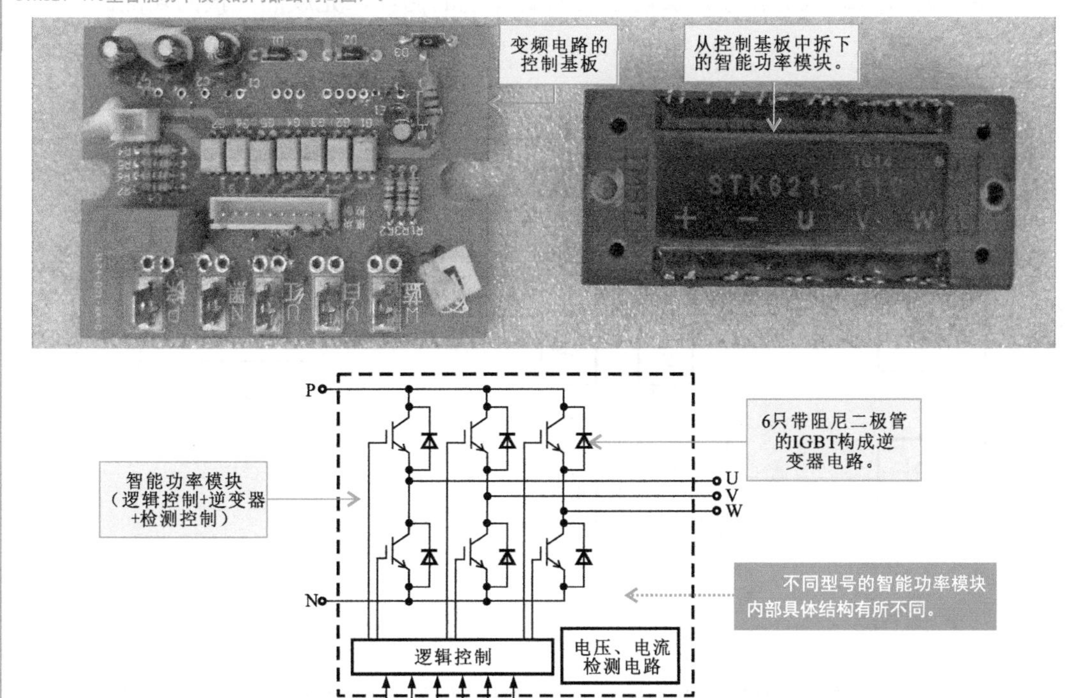

变频空调器中常用智能功率模块主要有PS21564-P/SP、PS21865/7/9-P/AP、PS21964/5/7-AT/AT、PS21765/7、PS21246、FSBS15CH60等多种。这几种智能功率模块将微处理器输出的控制信号放大、逆变器电路逆变后，对空调器的变频压缩机进行控制。

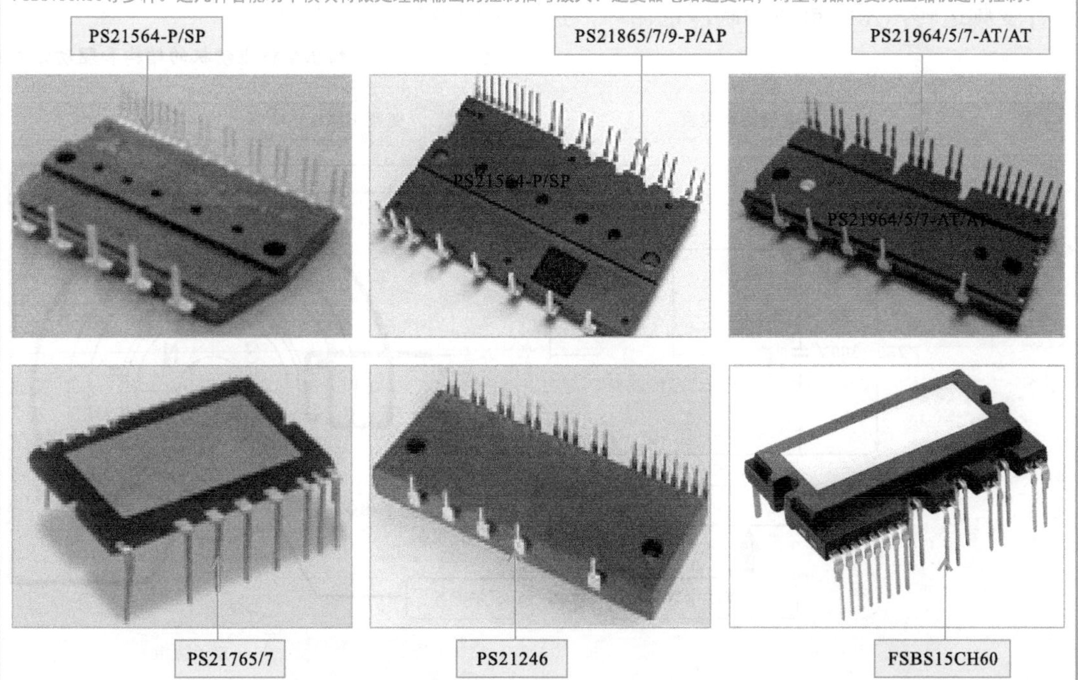

2. 变频空调器中变频电路的工作原理

变频电路是变频空调器中特有的电路模块，其主要功能就是为变频压缩机提供驱动信号，用来调节压缩机的转速，实现空调器制冷剂的循环，完成热交换的功能。

【变频空调器中变频电路的流程框图】

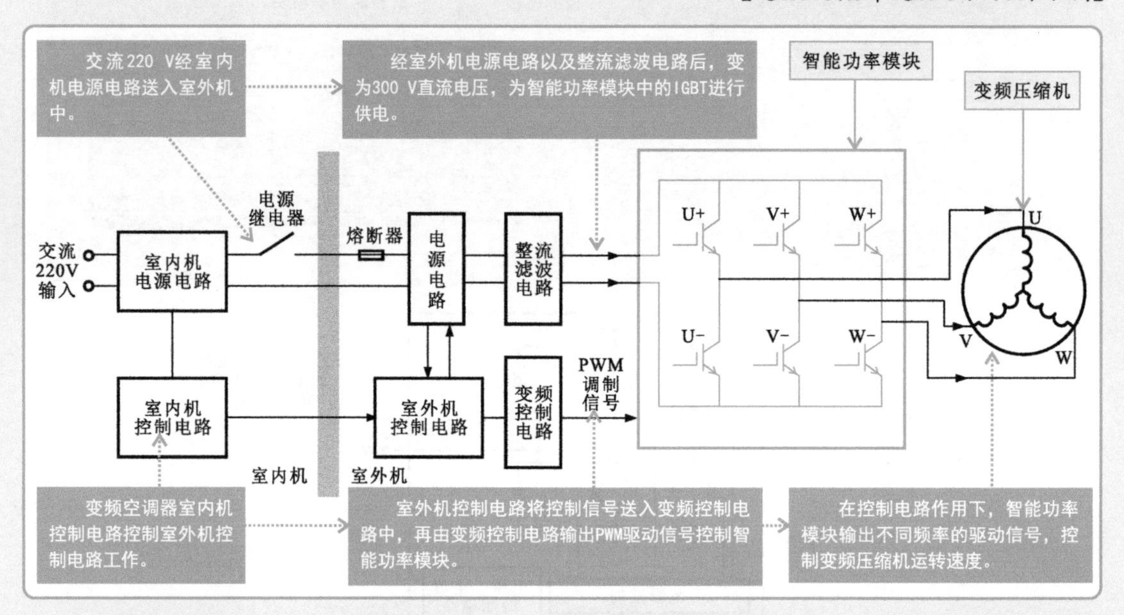

智能功率模块在控制信号的作用下，将供电部分送入的300V直流电压逆变为不同频率的交流电压（变频驱动信号）加到变频压缩机的三相绕阻端，使变频压缩机起动，进行变频运转，压缩机驱动制冷剂循环，进而达到冷热交换的目的。

【变频压缩机电动机的结构和驱动方式】

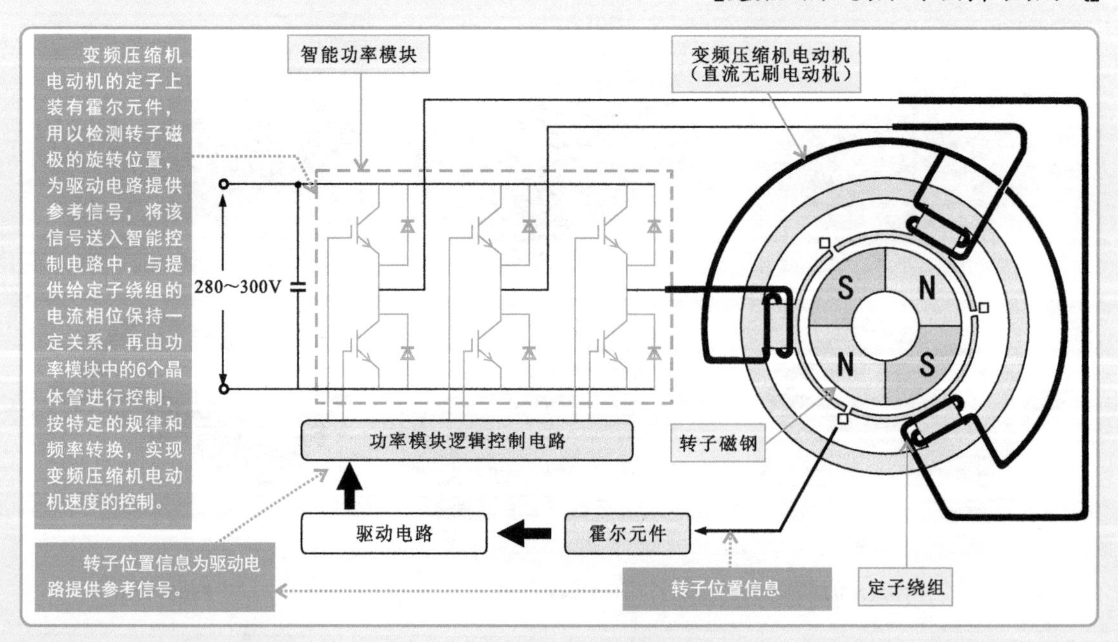

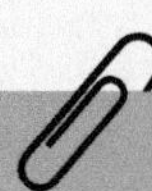

7.2.2 电冰箱变频电路的结构原理

具有变频电路的电冰箱称为变频电冰箱，该类电冰箱与变频空调器的特点和优势相似，具有高效节能、噪声低、适应负荷能力强、起动电流小、温控精度高、适用电压范围广、调温速度快、具有全面保护功能等特点。

变频电冰箱也是通过变频电路输出变频驱动信号控制变频压缩机起动、运行的，从而实现制冷功能的。

1. 变频电冰箱中变频电路的结构和功能特点

在典型变频电冰箱的变频电路中，电路部分由300V直流电压进行供电，由变频电路产生驱动控制信号，经逆变器为变频压缩机提供变频电流。

【变频电冰箱中变频电路的流程框图】

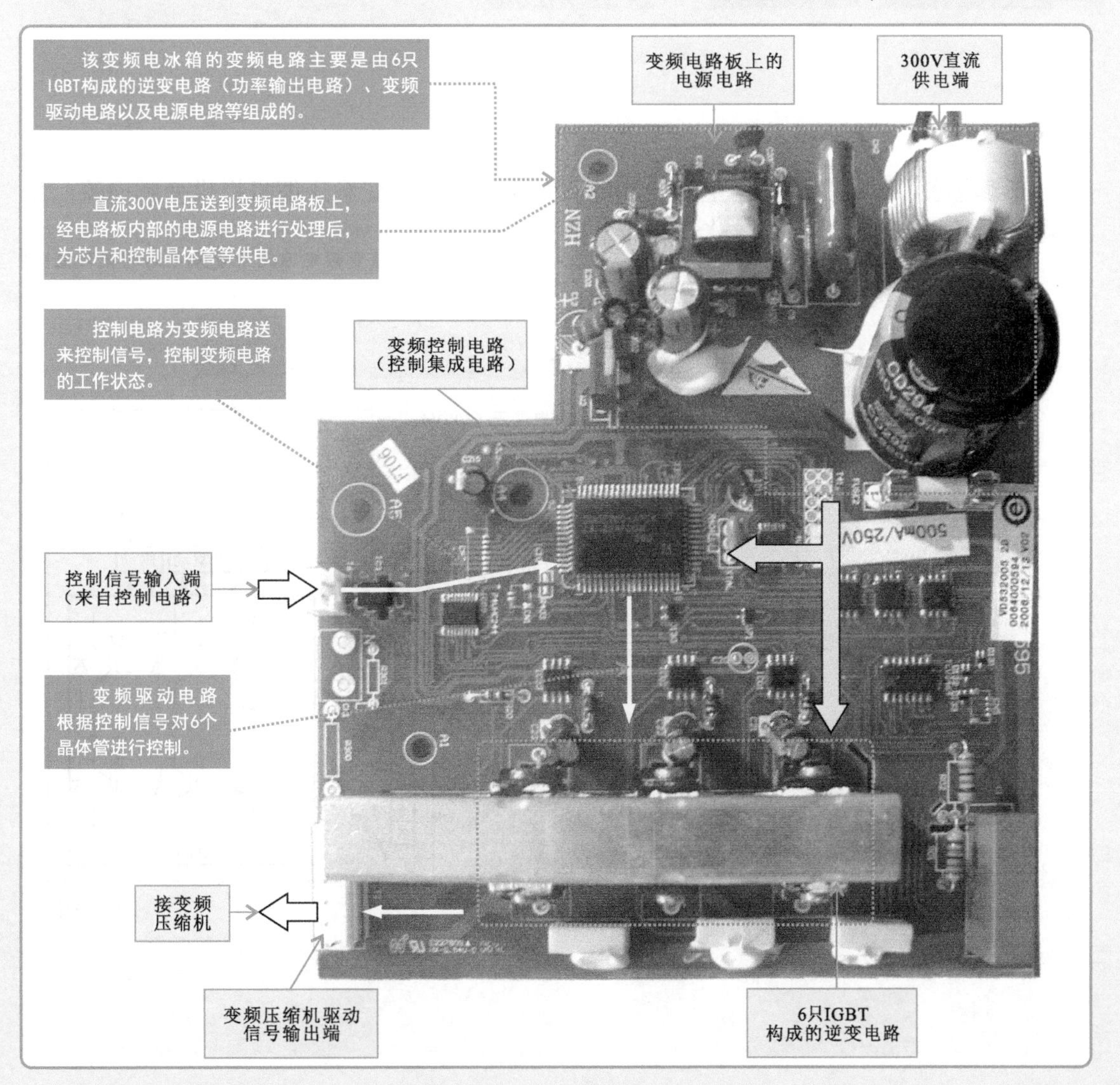

特别提醒

变频电路中设有6只驱动IGBT（门控管），这6只IGBT构成了逆变电路（即功率输出电路），在PWM驱动信号的控制下，轮流导通或截止，将直流供电变成（逆变）变频压缩机所需的变频驱动信号。

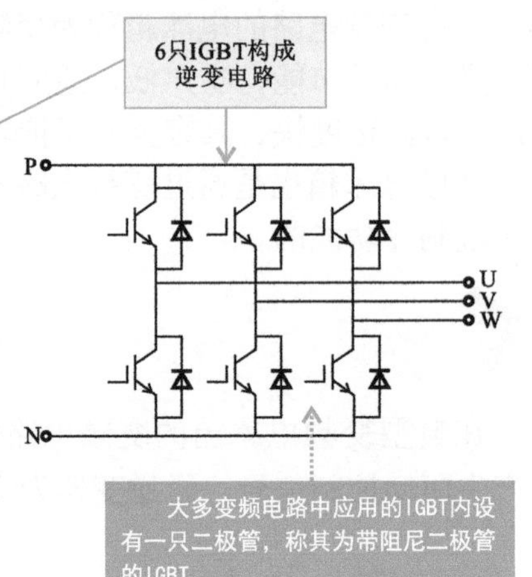

2. 变频电冰箱中变频电路的工作原理

变频电冰箱中，变频电路主要的功能就是为电冰箱的变频压缩机提供变频电流，用来调节压缩机的转速，实现电冰箱制冷剂的循环控制。

【变频电冰箱中变频电路的流程框图】

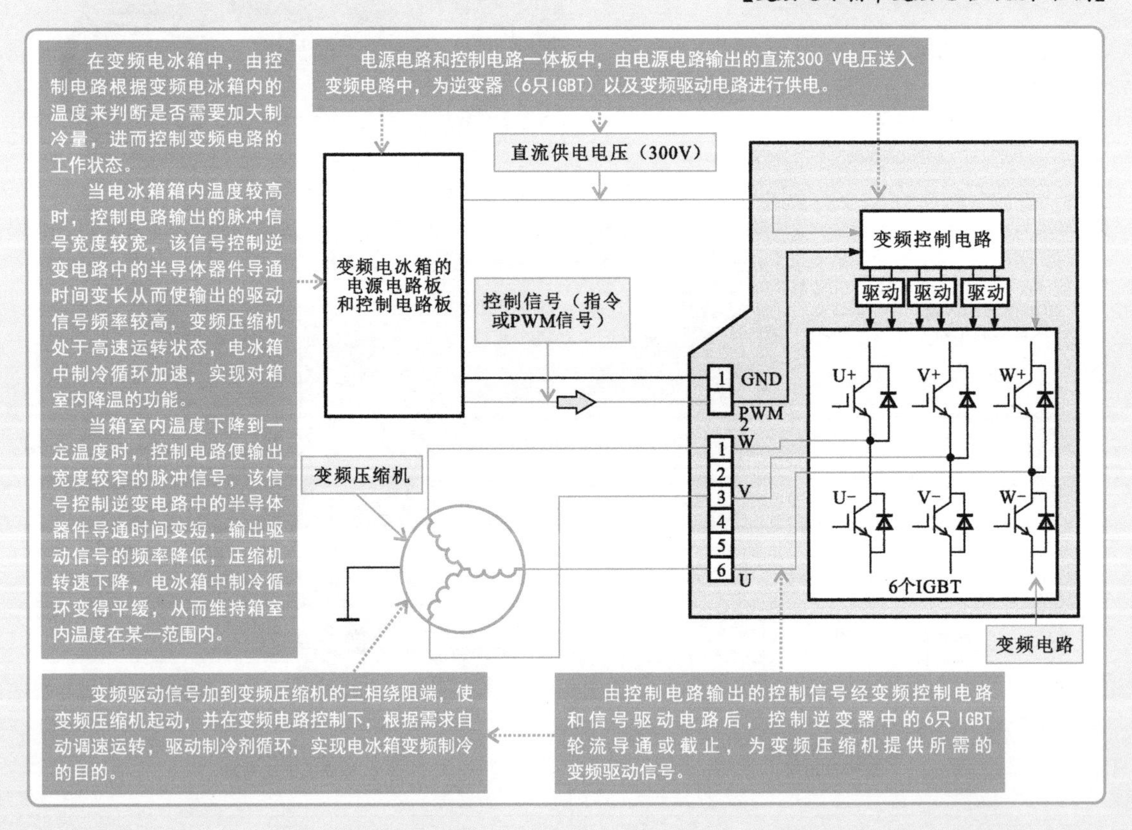

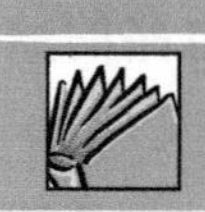

7.3 制冷设备中变频电路的应用案例

7.3.1 海信KFR—4539（5039）LW/BP型变频空调器中的变频电路

海信KFR—4539（5039）LW/BP型变频空调器的变频电路主要由控制电路、过电流检测电路、变频模块和变频压缩机构成。

【海信KFR—4539（5039）LW/BP型变频空调器中的变频电路】

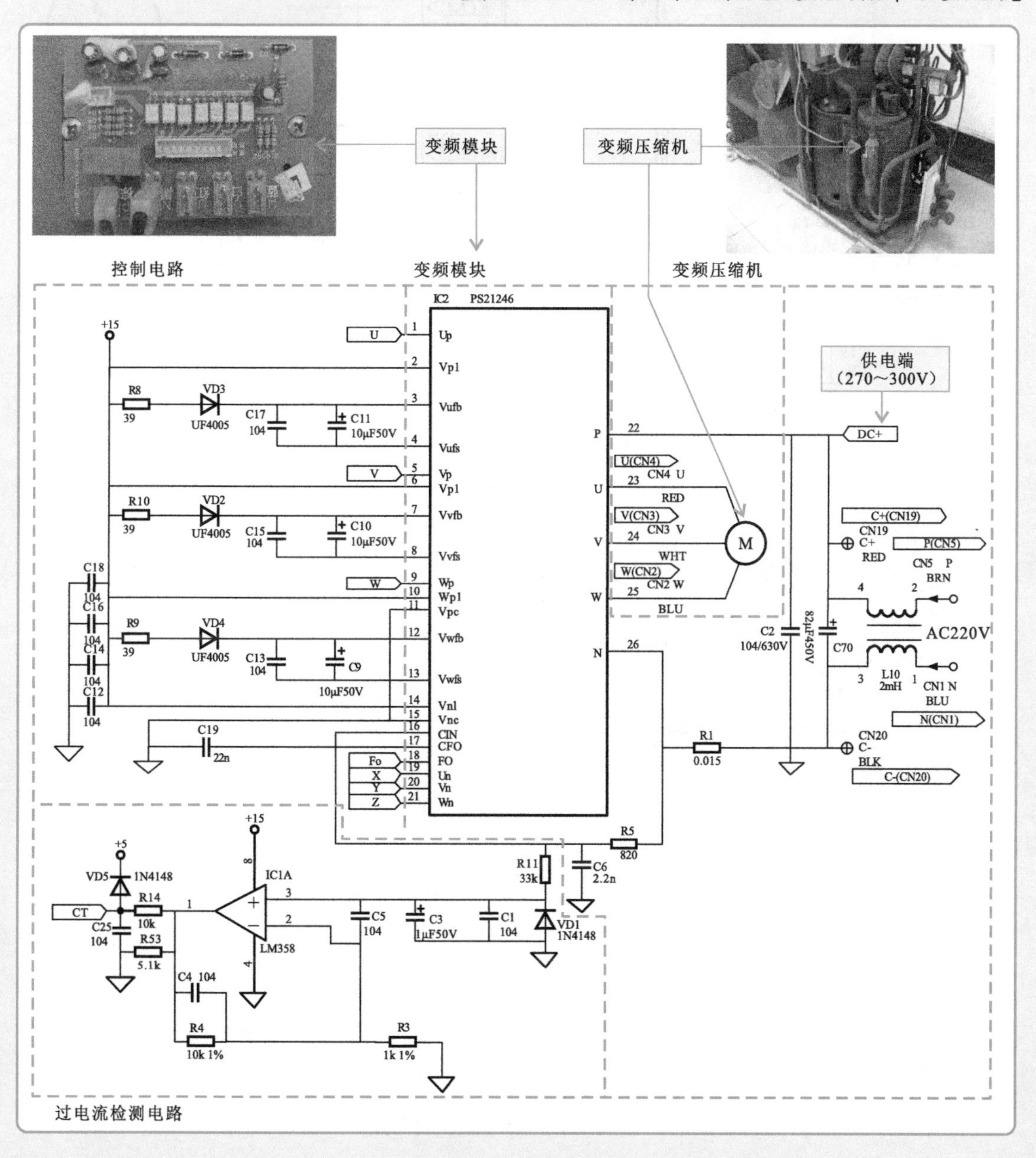

电源供电电路为变频模块提供＋15V直流电压后，由室外机控制电路中的微处理器为变频模块IC2（PS21246）提供控制信号，经变频模块IC2（PS21246）内部电路的放大和变换，为变频压缩机提供变频驱动信号，驱动变频压缩机起动运转。

【海信KFR—4539（5039）LW/BP变频空调器的变频电路的工作过程】

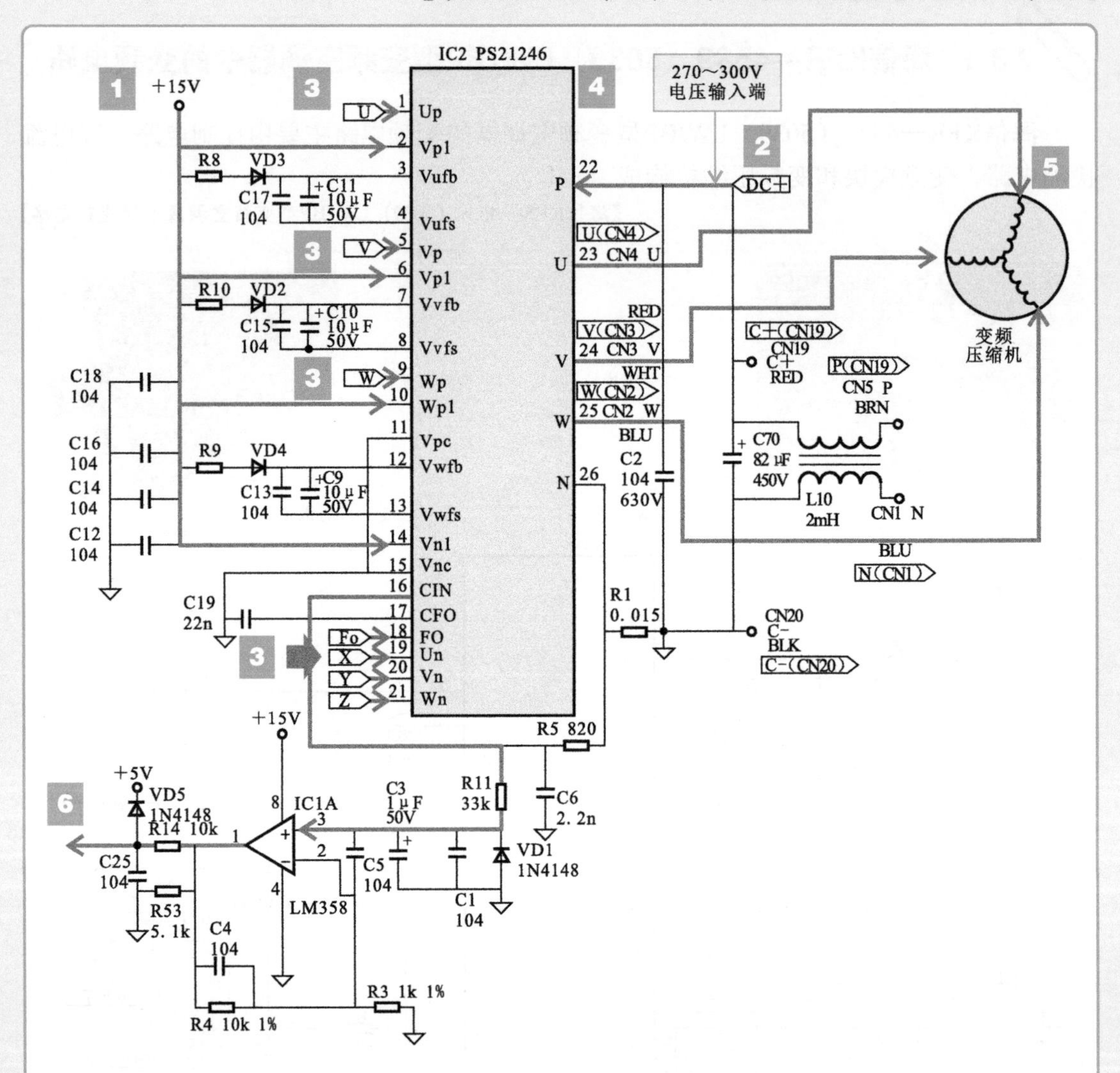

1 电源供电电路输出的＋15V直流电压分别送入变频模块IC2（PS21246）的②脚、⑥脚、⑩脚和⑭脚中，为变频模块提供所需的工作电压。

2 变频模块IC2（PS21246）的㉒脚为＋300V电压输入端，为该模块的IGBT提供工作电压。

3 室外机控制电路中的微处理器CPU为变频模块IC2（PS21246）的①脚、⑤脚、⑨脚、⑱～㉑脚提供控制信号，控制变频模块内部的逻辑电路电路工作。

4 控制信号经变频模块IC2(PS21246)内部电路的逻辑控制后，由㉓～㉕脚输出变频驱动信号，分别加到变频压缩机的三相绕组端。

5 变频压缩机在变频驱动信号的驱动下起动运转工作。

6 过电流检测电路用于对变频电路进行检测和保护，当变频模块内部的电流值过高时，过电流检测电路便将过电流检测信号送往微处理器中，由微处理器对室外机电路实施保护控制。

特别提醒

变频模块PS21246的内部主要由HVIC1、HVIC2、HVIC3和LVIC 四个逻辑控制电路，6个功率输出IGBT（门控管）和6个阻尼二极管等部分构成的。+300V的P端为IGBT提供电源电压，由供电电路为其中的逻辑控制电路提供+5V的工作电压。由微处理器为PS21246输入控制信号，经功率模块内部的逻辑处理后为IGBT控制极提供驱动信号，U、V、W端为直流无刷电动机绕组提供驱动电流。

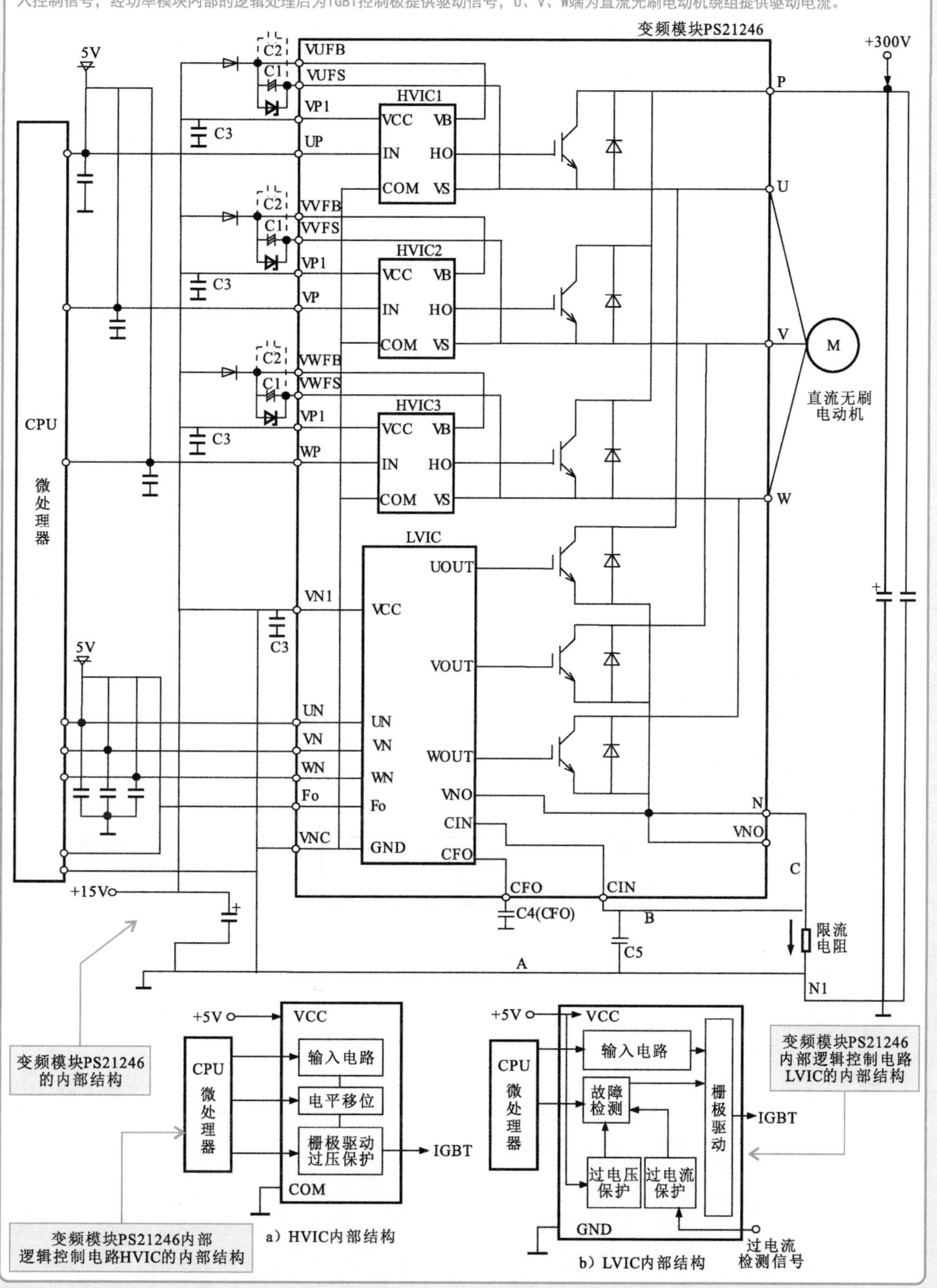

a）HVIC内部结构

b）LVIC内部结构

7.3.2 海信KFR—25GW/06BP型变频空调器中的变频电路

海信变频空调器KFR-25GW/06BP采用智能变频模块作为变频电路对变频压缩机进行调速控制，同时智能变频模块的电流检测信号会送到微处理器中，由微处理器根据信号对变频模块进行保护。在电路中，变频电路满足供电等工作条件后，由室外机控制电路中的微处理器（MB90F462-SH）为变频模块IPM201/PS21564提供控制信号，经变频模块IPM201/PS21564内部电路的逻辑控制后，为变频压缩机提供变频驱动信号，驱动变频压缩机起动运转。

【海信KFR—25GW/06BP型变频空调器的变频电路】

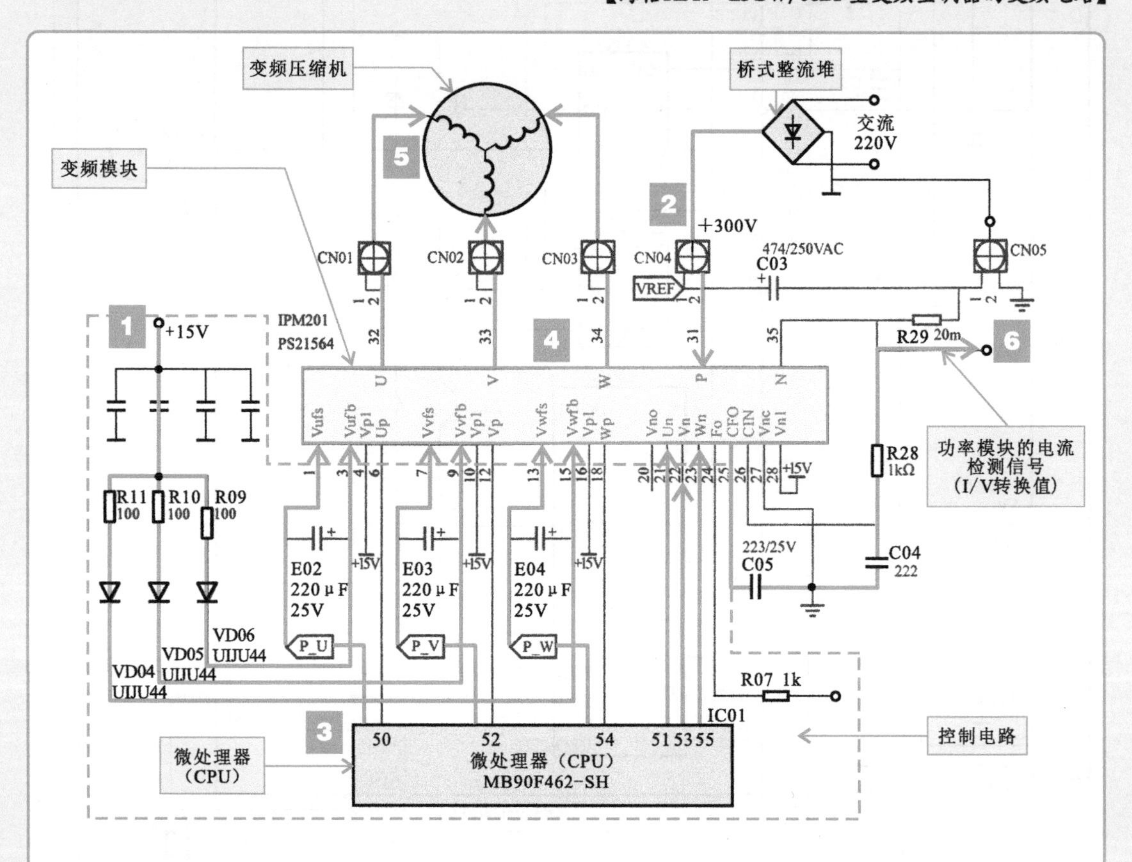

1 电源供电电路输出的+15V直流电压分别送入变频模块IPM201/PS21564的③脚、⑨脚和⑮脚中，为变频模块提供所需的工作电压。

2 交流220V电压经桥式整流堆输出+300V直流电压经接口CN04加到变频模块IPM201/PS21564的㉛脚，为该模块的IGBT提供工作电压。

3 室外机控制电路中的微处理器CPU（MB90F462-SH）为变频模块PM201/PS21564的①脚、⑥脚、⑦脚、⑫ 脚、⑬脚、⑱脚、 ㉑～㉓脚提供控制信号，控制变频模块内部的逻辑控制电路工作。

4 控制信号经变频模块PM201/PS21564内部电路的逻辑控制后，由㉜～㉞脚输出变频驱动信号，经接口CN01、CN02、CN03分别加到变频压缩机的三相绕组端。

5 变频压缩机在变频驱动信号的驱动下起动运转工作。

6 过电流检测电路用于对变频驱动电路进行检测和保护，当变频模块内部的电流值过高时，过电流检测电路便将过电流检测信号送往微处理器中，由微处理器对室外机电路实施保护控制。

特别提醒

右图为PS21564型智能功率模块的实物外形、引脚排列及内部结构，其各引脚功能见表所列。

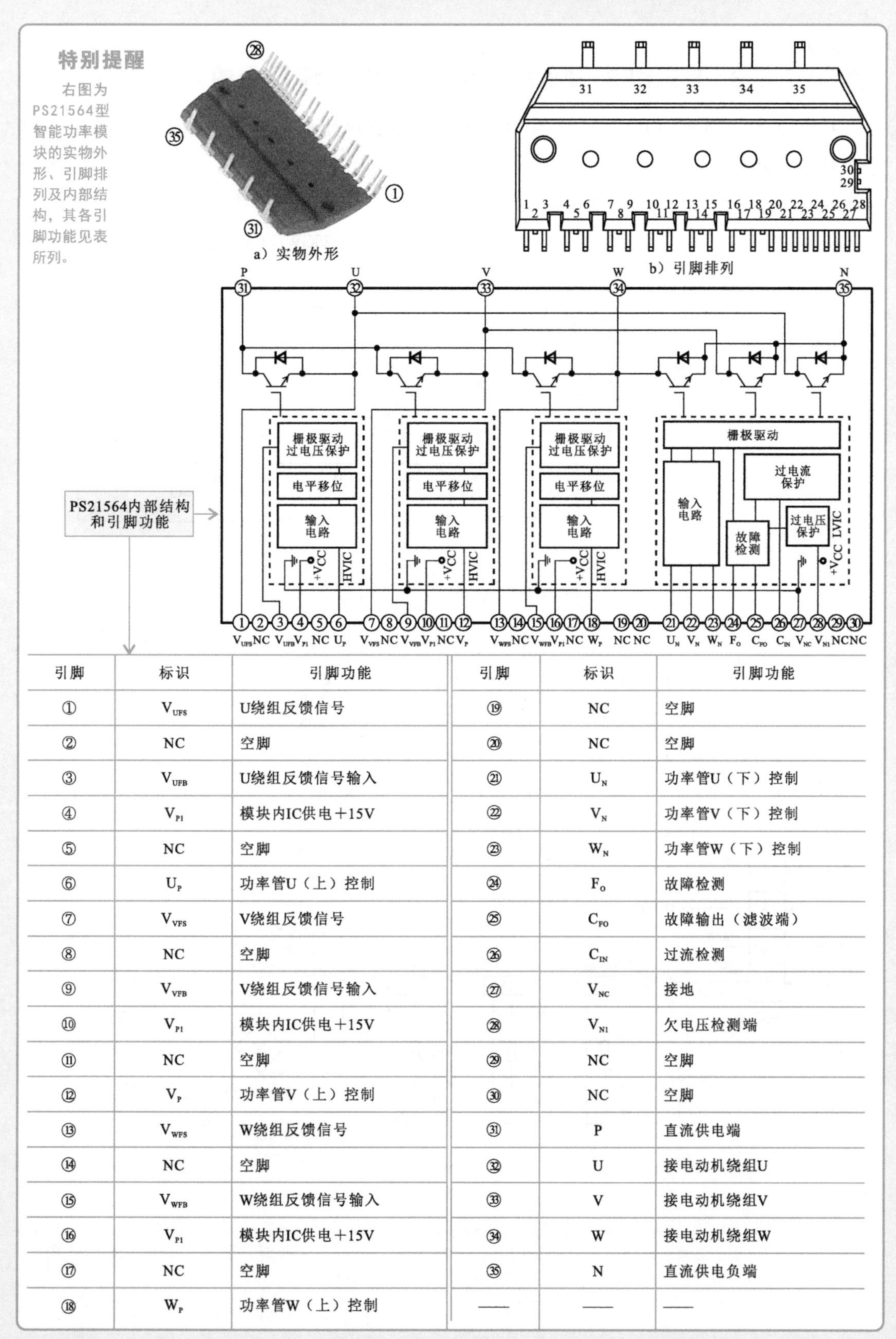

a）实物外形

b）引脚排列

引脚	标识	引脚功能	引脚	标识	引脚功能
①	V_{UFS}	U绕组反馈信号	⑲	NC	空脚
②	NC	空脚	⑳	NC	空脚
③	V_{UFB}	U绕组反馈信号输入	㉑	U_N	功率管U（下）控制
④	V_{P1}	模块内IC供电+15V	㉒	V_N	功率管V（下）控制
⑤	NC	空脚	㉓	W_N	功率管W（下）控制
⑥	U_P	功率管U（上）控制	㉔	F_O	故障检测
⑦	V_{VFS}	V绕组反馈信号	㉕	C_{FO}	故障输出（滤波端）
⑧	NC	空脚	㉖	C_{IN}	过流检测
⑨	V_{VFB}	V绕组反馈信号输入	㉗	V_{NC}	接地
⑩	V_{P1}	模块内IC供电+15V	㉘	V_{N1}	欠电压检测端
⑪	NC	空脚	㉙	NC	空脚
⑫	V_P	功率管V（上）控制	㉚	NC	空脚
⑬	V_{WFS}	W绕组反馈信号	㉛	P	直流供电端
⑭	NC	空脚	㉜	U	接电动机绕组U
⑮	V_{WFB}	W绕组反馈信号输入	㉝	V	接电动机绕组V
⑯	V_{P1}	模块内IC供电+15V	㉞	W	接电动机绕组W
⑰	NC	空脚	㉟	N	直流供电负端
⑱	W_P	功率管W（上）控制	——	——	——

7.3.3 长虹KFR—28GW/BC3型变频空调器中的变频电路

长虹变频空调器KFR—28GW/BC3采用智能变频模块作为变频电路对变频压缩机进行控制，室外机主电路板为智能变频模块提供直流电压和控制信号，变频模块得到电压后开始工作，根据控制信号输出相应的变频驱动信号送到变频压缩机中。

【长虹KFR—28GW/BC3型变频空调器中的变频电路】

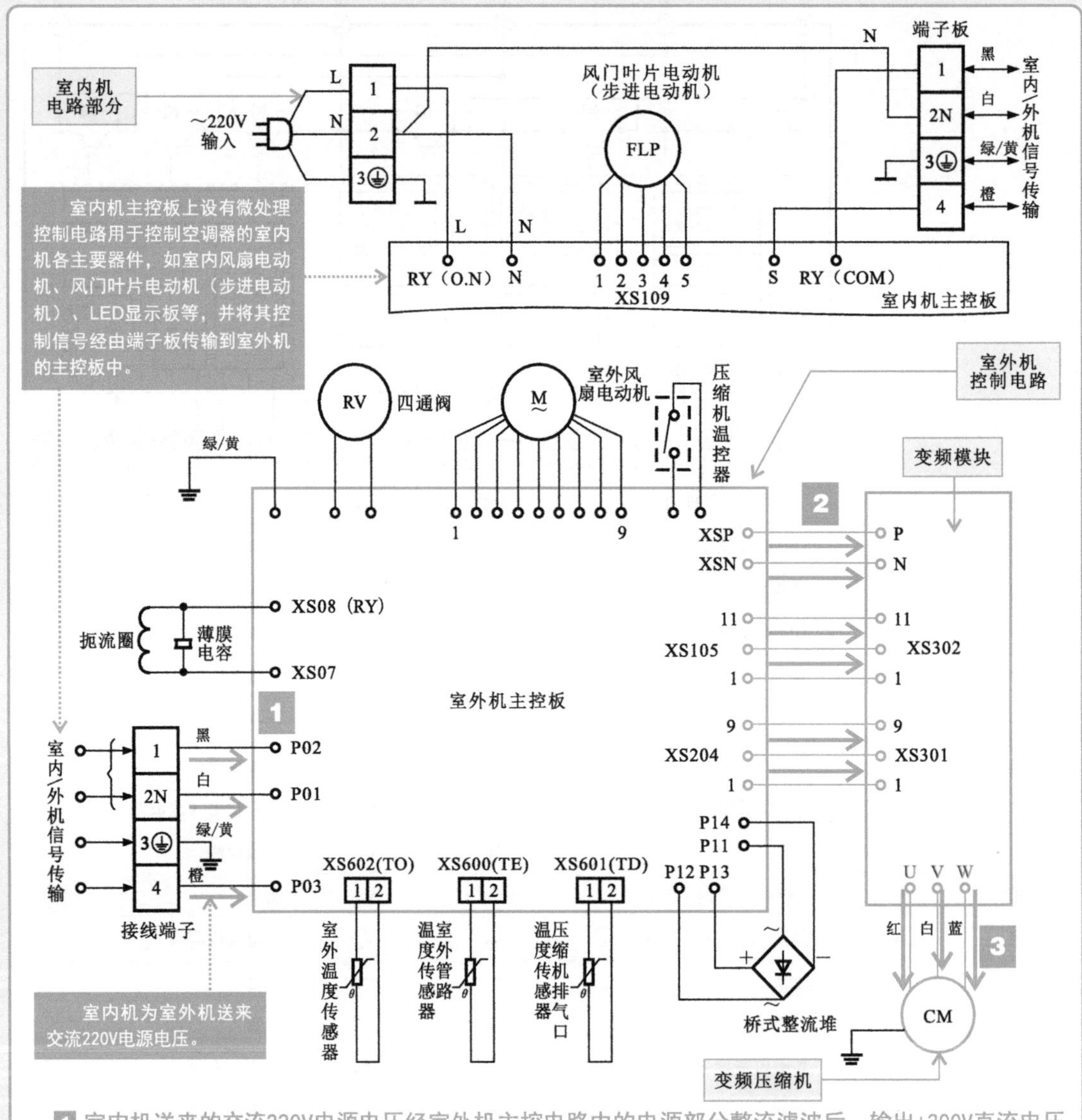

1 室内机送来的交流220V电源电压经室外机主控电路中的电源部分整流滤波后，输出+300V直流电压送入变频模块中。

2 室外机主控电路中的微处理器为变频模块提供控制信号，控制变频模块内部的逻辑电路工作。

3 控制信号经变频模块内部电路的逻辑处理后，由U、V、W端输出变频驱动信号，分别加到变频压缩机的三相绕组端。变频压缩机在变频驱动信号的驱动下起动运转工作。

7.3.4　海信KFR—35GW型变频空调器中的变频电路

海信KFR-35GW型变频空调器的变频电路主要由智能功率模块STK621-601、光耦合器G1～G7、插件CN01～CN03和CN06等部分构成。

【海信KFR—35GW型变频空调器中的变频电路】

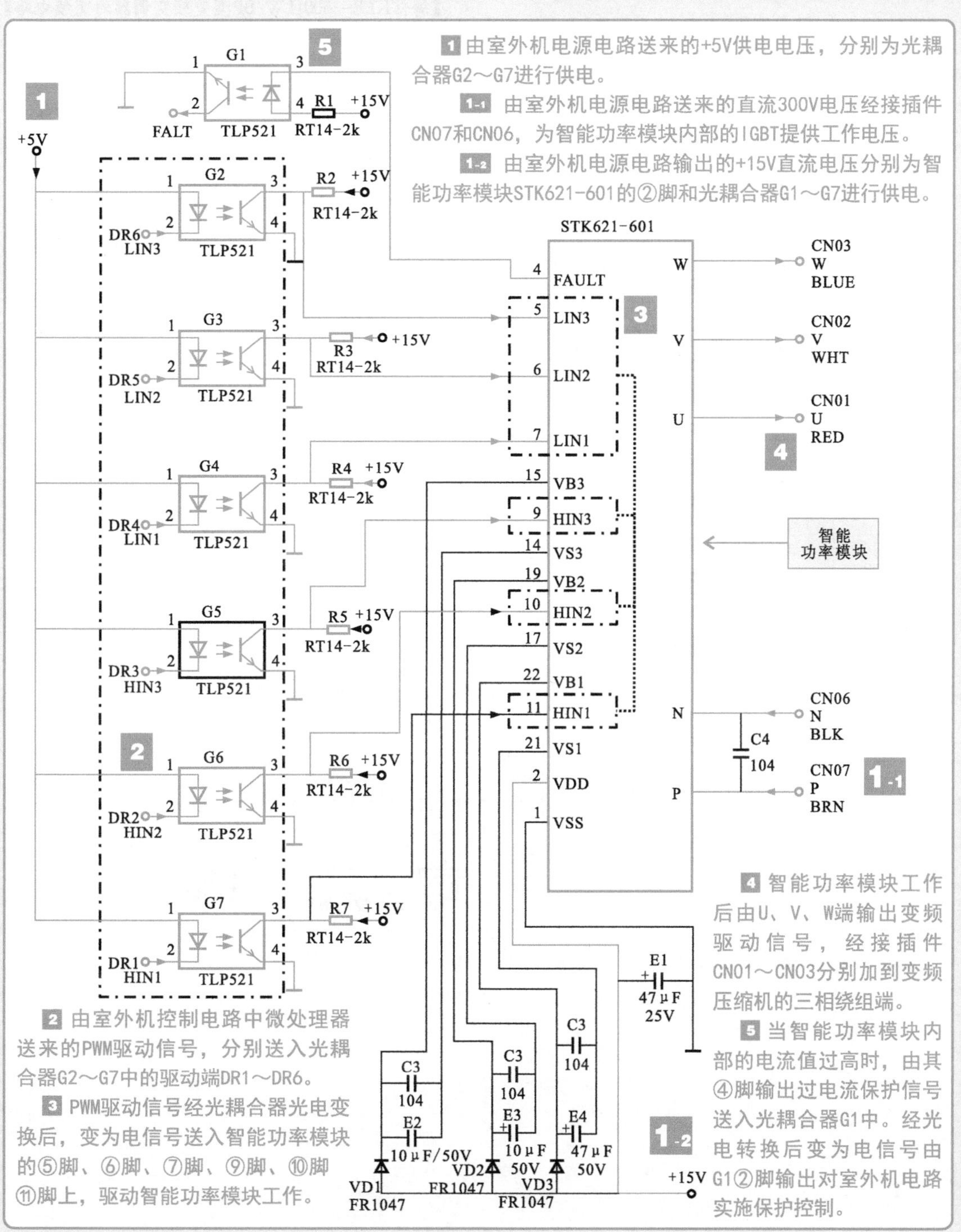

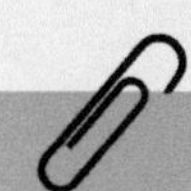

7.3.5 海信KFR—5001LW/BP型变频空调器中的变频电路

海信KFR—5001LW/BP型变频空调器采用智能变频模块作为变频电路对变频压缩机进行控制，微处理器送来的控制信号通过光耦合器送到变频模块中。

【海信KFR—5001LW/BP型变频空调器的变频电路】

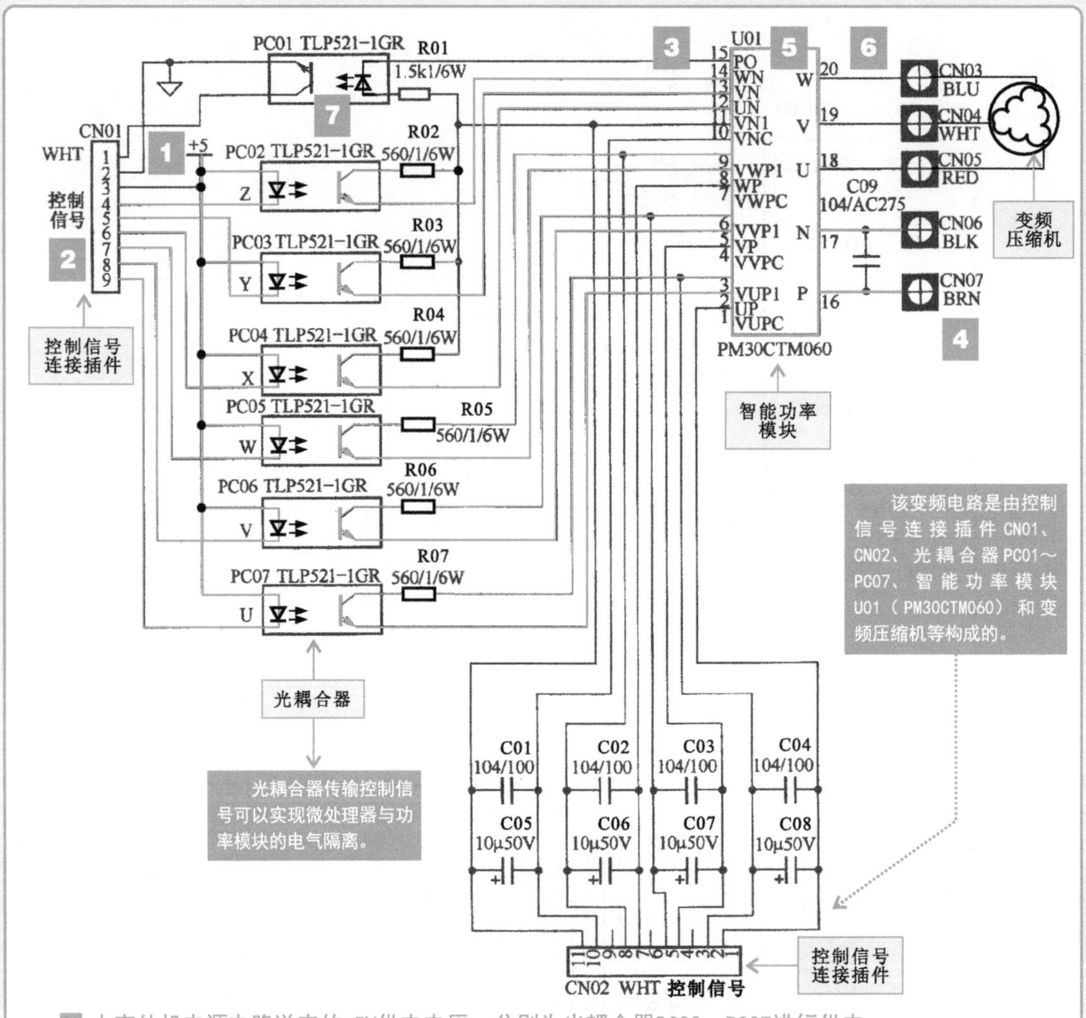

1 由室外机电源电路送来的+5V供电电压，分别为光耦合器PC02～PC07进行供电。

2 由微处理器送来的控制信号，首先送入光耦合器PC02～PC07中。

3 光耦合器POC2～POC7送出电信号，分别送入智能功率模块U01中，驱动内部逆变电路工作。

4 室外机电源电路送来的直流300V电压经插件CN07和CN06，送入智能功率模块内部的IGBT逆变电路中。

5 智能功率模块在控制电路控制下将直流电压逆变为变频压缩机的变频驱动信号。

6 智能功率模块工作后由U、V、W端输出变频驱动信号，经插件CN03～ CN05分别加到变频压缩机的三相绕组端，驱动器工作。

7 当逆变器内部的电流值过高时，由其⑪脚输出过电流检测信号送入光耦合器PC01中，经光电转换后，变为电信号送往室外机控制电路中，由室外机控制电路实施保护控制。

特别提醒

PM30CTM060型变频功率模块共有20个引脚，主要由4个逻辑控制电路、6个功率输出IGBT、6个阻尼二极管构成。

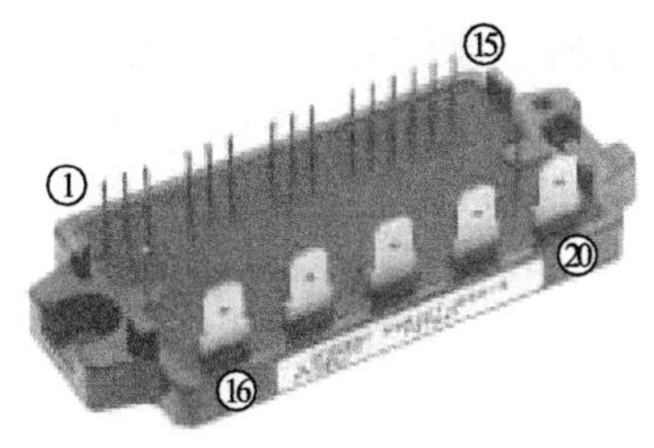

a）实物外形

b）引脚排列

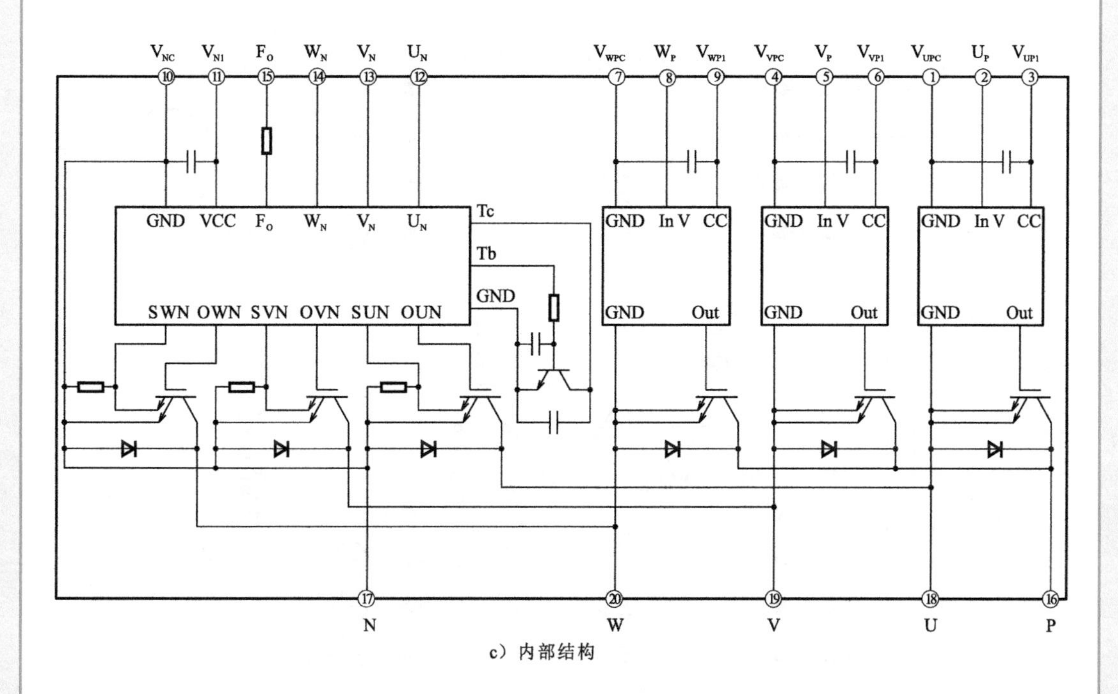

c）内部结构

引脚	标识	引脚功能	引脚	标识	引脚功能
①	V_{UPC}	接地	⑪	V_{N1}	欠电压检测端
②	U_P	功率管U（上）控制	⑫	U_N	功率管U（下）控制
③	V_{UP1}	模块内IC供电	⑬	V_N	功率管V（下）控制
④	V_{VPC}	接地	⑭	W_N	功率管W（下）控制
⑤	V_P	功率管V（上）控制	⑮	F_O	故障检测
⑥	V_{VP1}	模块内IC供电	⑯	P	直流供电端
⑦	V_{WPC}	接地	⑰	N	直流供电负端
⑧	W_P	功率管W（上）控制	⑱	U	接电动机绕组U
⑨	V_{WP1}	模块内IC供电	⑲	V	接电动机绕组V
⑩	V_{NC}	接地	⑳	W	接电动机绕组W

7.3.6 中央空调器中的变频电路

典型中央空调系统中，通常使用变频器对变频压缩机、水泵电动机和风扇电动机进行变频起动和调速控制。该变频控制电路采用3台西门子MidiMaster ECO通用型变频器分别控制中央空调系统中的回风机电动机M1和送风机电动机M2、M3。

【典型中央空调中的变频电路】

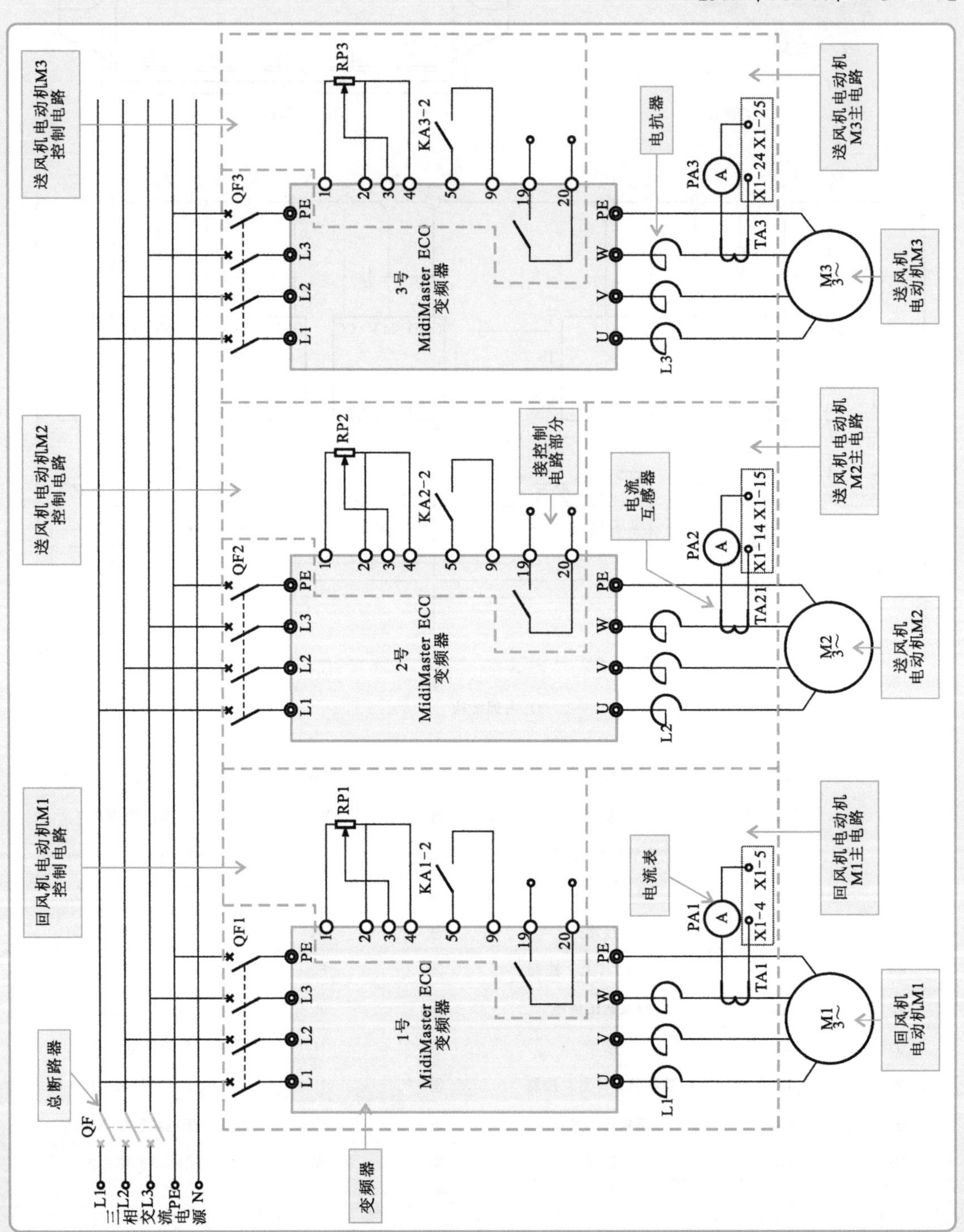

【典型中央空调中的变频电路（续）】

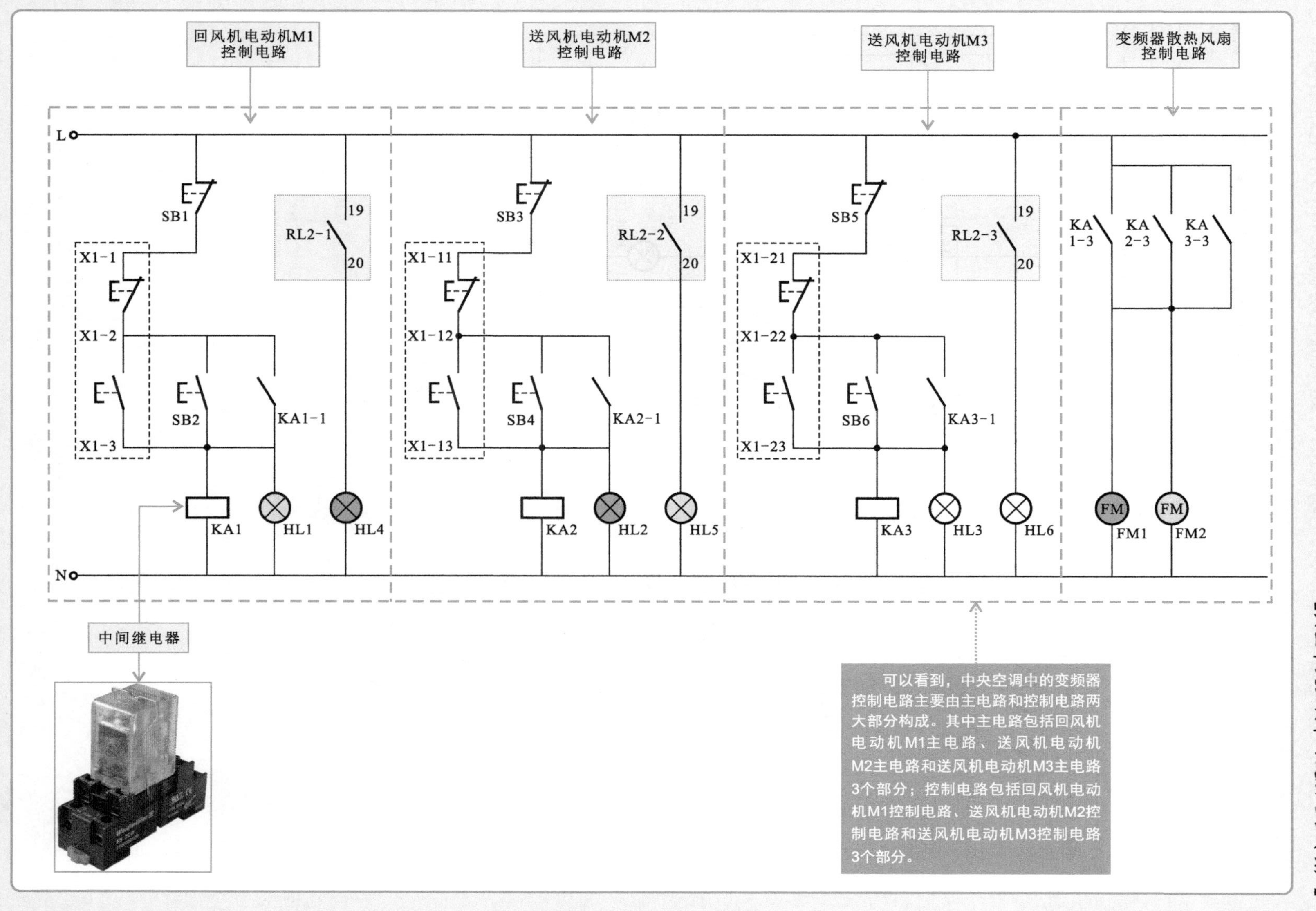

中央空调变频电路中，回风机电动机M1、送风机电动机M2和M3的电路结构和变频控制关系均相同，以回风机电动机M1为例具体了解电路控制过程。

【典型中央空调回风机电动机变频电路的识读】

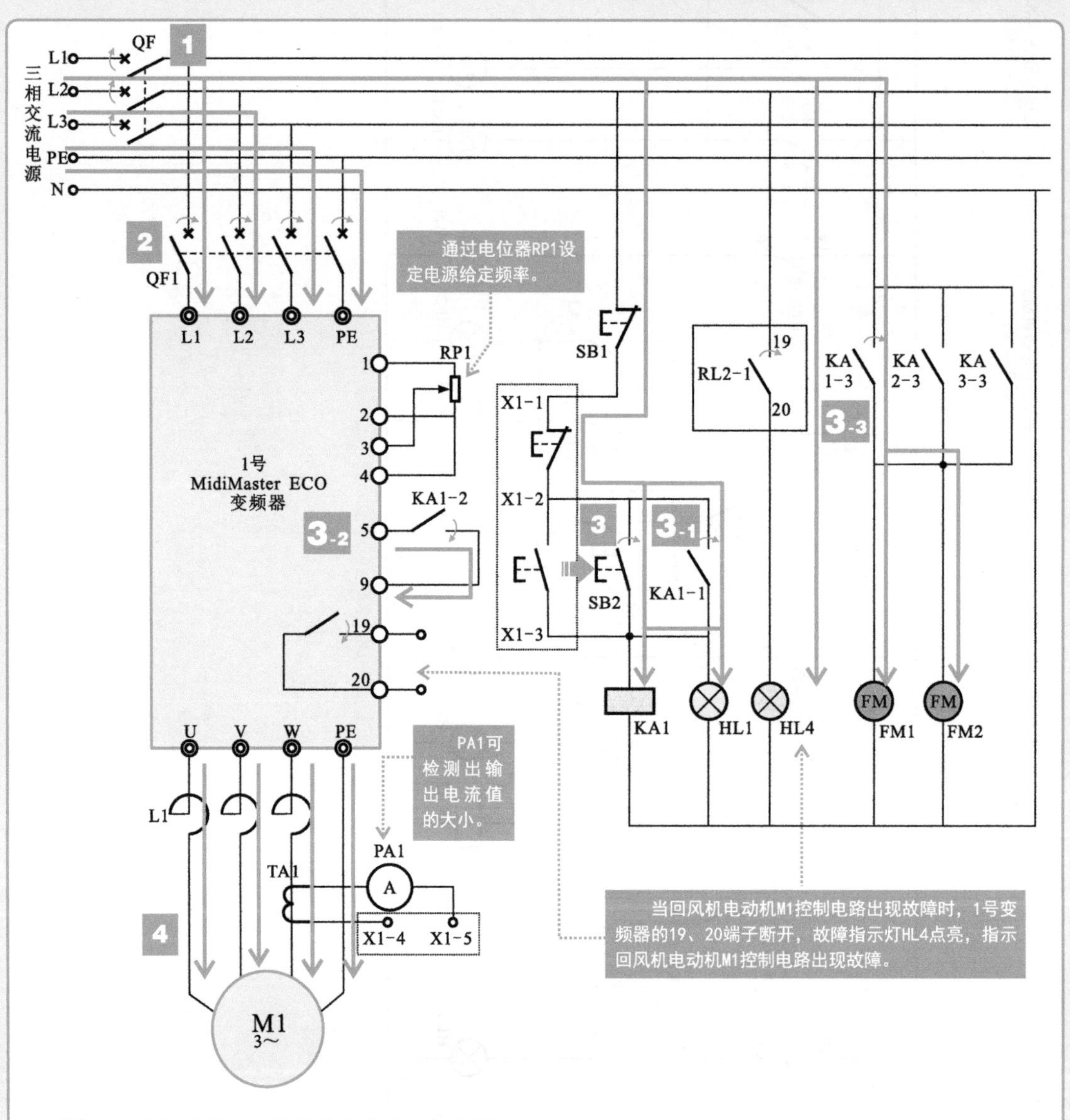

1 合上总断路器QF，接通中央空调三相电源。

2 合上断路器QF1，1号变频器得电。

3 按下起动按钮SB2，中间继电器KA1线圈得电。

3-1 KA1常开触头KA1-1闭合，实现自锁功能。同时运行指示灯HL1点亮，指示回风机电动机M1起动工作。

3-2 KA1常开触头KA1-2闭合，变频器接收到变频起动指令。

3-3 KA1常开触头KA1-3闭合，接通变频柜散热风扇FM1、FM2的供电电源，散热风扇FM1、FM2起动工作。

4 变频器内部主电路开始工作，U、V、W端输出变频驱动信号，信号频率按预置的升速时间上升至与频率给定电位器设定的数值，回风机电动机M1按照给定的频率运转。

【典型中央空调回风机电动机变频电路的识读（续）】

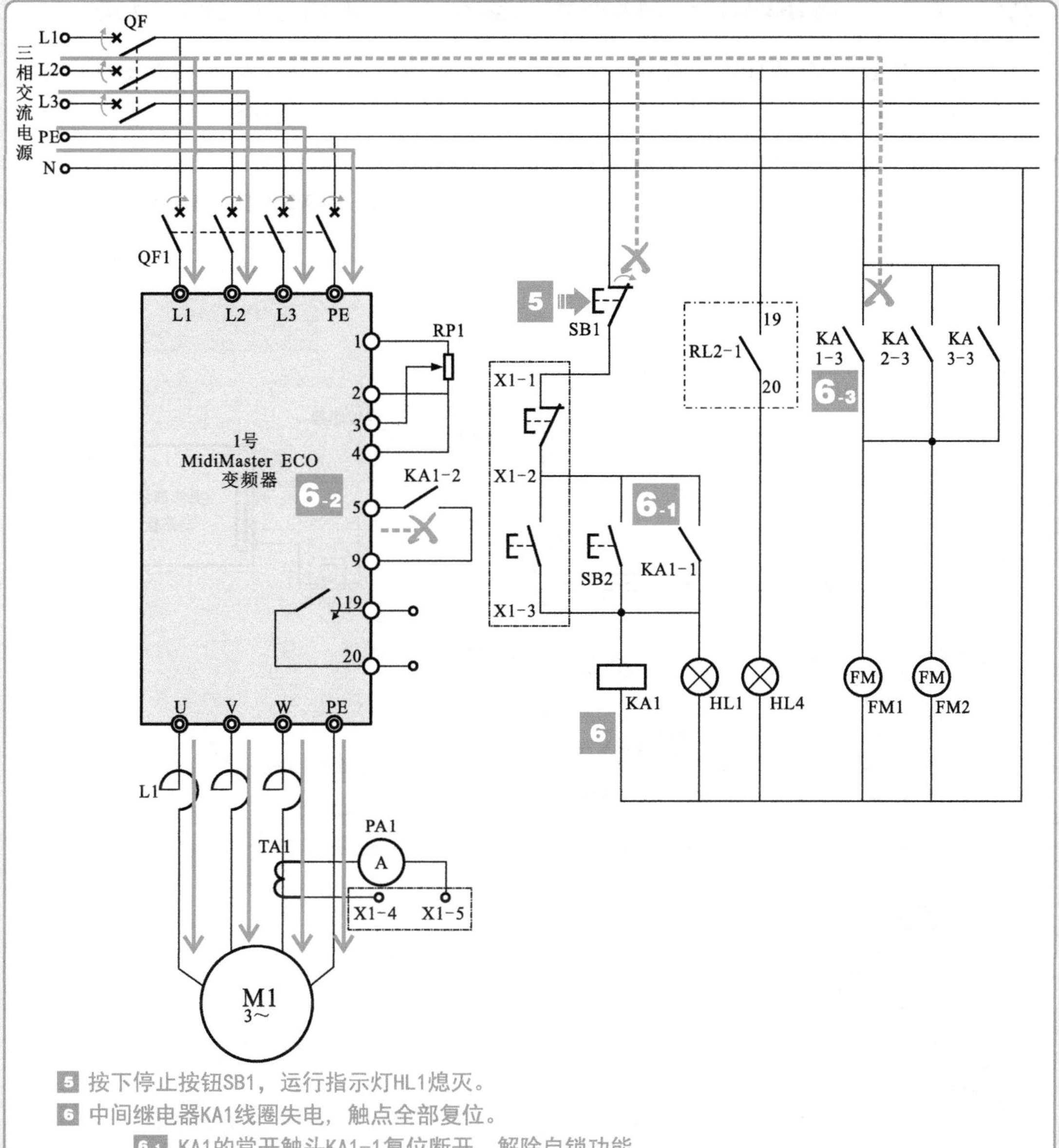

5 按下停止按钮SB1，运行指示灯HL1熄灭。

6 中间继电器KA1线圈失电，触点全部复位。

6-1 KA1的常开触头KA1-1复位断开，解除自锁功能。

6-2 KA1常开触头KA1-2复位断开，变频器接收到停机指令。

6-3 KA1常开触头KA1-3复位断开，切断变频柜散热风扇FM1、FM2的供电电源，散热风扇停止工作。

7 变频器内部电路处理由U、V、W端输出变频停机驱动信号，加到回风机电动机M1的三相绕组上，M1转速降低，直至停机。

特别提醒

当需要回风机电动机M1停机时，按下停止按钮SB1，运行指示灯HL1熄灭。同时中间继电器KA1线圈失电。常开触头KA1-1复位断开，解除自锁功能；常开触头KA1-2复位断开，变频器接收到停机指令。经变频器内部电路处理由其U、V、W端输出变频停机驱动信号。变频停机驱动信号加到回风机电动机M1的三相绕组上，回风机电动机M1转速降低，直至停机。常开触头KA1-3复位断开，切断变频柜散热风扇FM1、FM2的供电电源。散热风扇FM1、FM2停止工作。

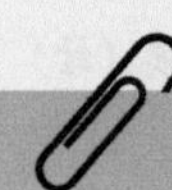

7.3.7 海尔BCD—248WBSV型变频电冰箱中的变频电路

在海尔BCD—248WBSV型变频电冰箱的电气接线图中，可以看到，该变频电冰箱整机电路主要由操作显示电路板、控制电路板、变频电路板、传感器、加热器、风扇电动机、电磁阀、门开关、照明灯和变频压缩机等部分构成。

【海尔BCD—248WBSV型变频电冰箱电气接线图】

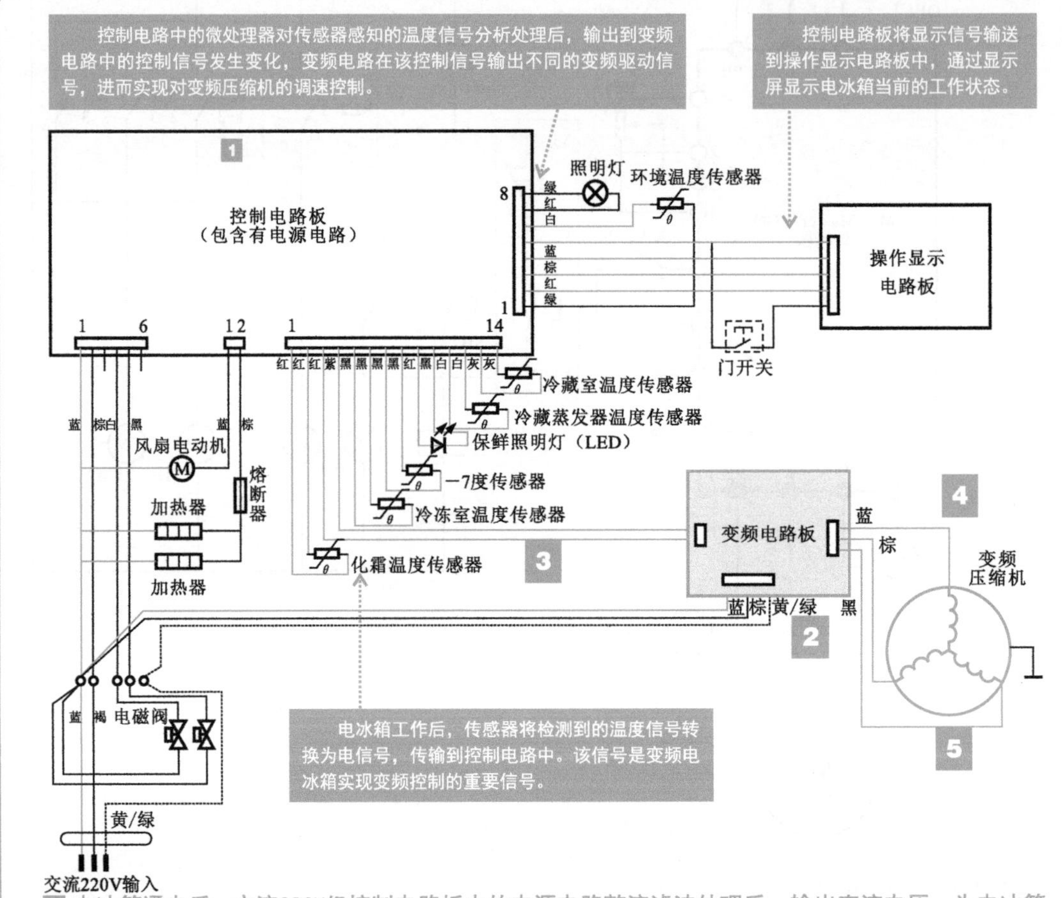

1 电冰箱通电后，交流220V经控制电路板中的电源电路整流滤波处理后，输出直流电压，为电冰箱的显示电路板、传感器等提供工作电压。

2 变频电路中一般也包含有电源电路，用于将220V电压整流滤波后变为300V直流电压，为变频电路供电。

3 控制电路通过插件，给变频电路板传输控制信号，控制变频板中的变频模块。

4 电路向变频压缩机提供变频驱动信号。

5 变频驱动信号加到变频压缩机的三相绕阻端，使变频压缩机起动运转，驱动制冷剂循环进而达到电冰箱制冷的目的。

特别提醒

变频电冰箱中，温度传感器的作用十分关键，它是控制电路对变频电路实施不同控制状态的依据，也是实现变频电路对变频压缩机进行变频调速的基础。

第8章 变频电路在工业设备中的应用

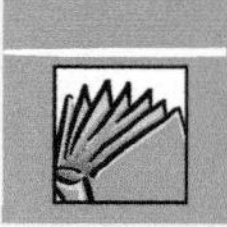

8.1 典型工业设备中的变频电路

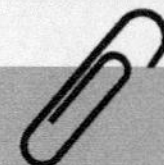

8.1.1 变频电路与工业设备的关系

工业设备中的变频电路是指由变频控制电路实现对工业设备中电动机的起动、运转、变速、制动和停机等各种控制功能的电路。工业设备变频控制系统主要由变频控制箱（柜）和电动机构成。

【典型变频电路与工业设备的关系】

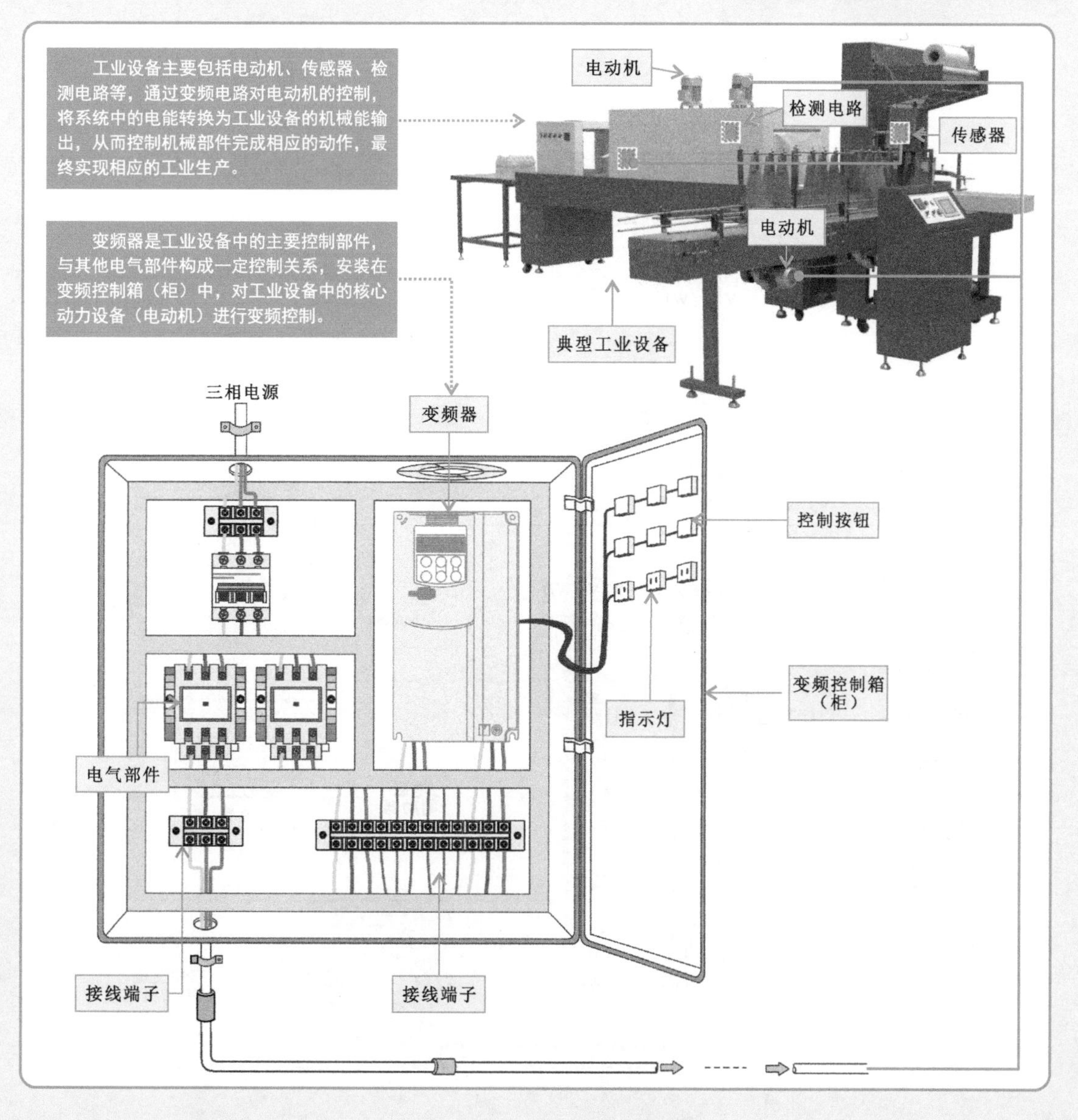

变频电路与工业设备的关系主要体现在变频电路对工业设备中电动机的起动、停机、调速控制关系中，根据典型工业设备控制箱的连接关系图，可以了解具体的控制关系。

【典型工业设备控制箱的连接关系】

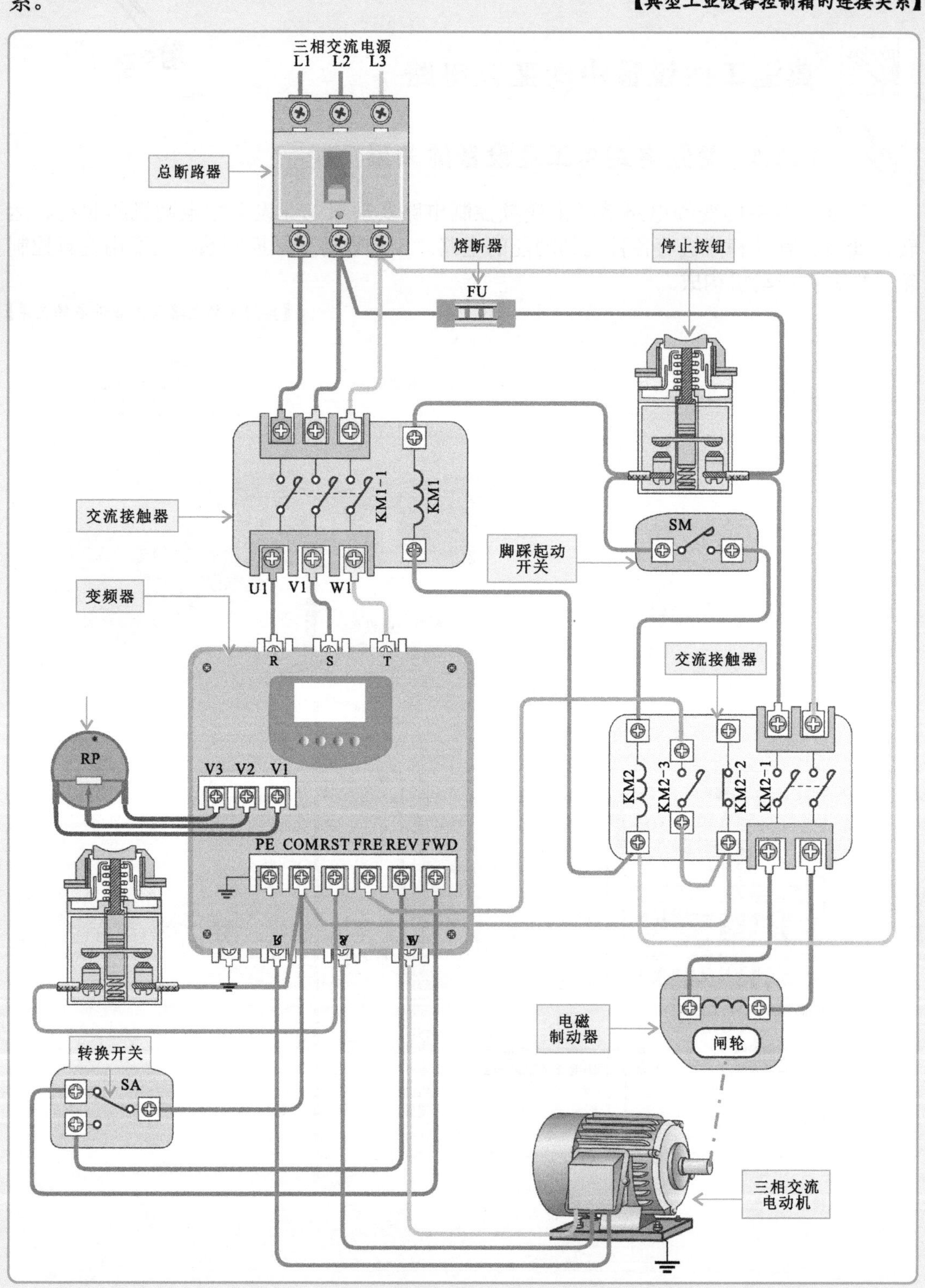

8.1.2 工业设备中变频电路的控制方式

在工业设备控制系统中加入变频器，并由变频器对工业设备中电动机的供电电压、电流和供电的频率进行控制。不同工业设备中，电动机所连接的负载不同，不同的负载对变频电路的具体控制方式也有不同的要求。

通常情况下，根据负载的控制特性不同，工业设备中的变频电路主要有开环控制和闭环控制两种方式。

1. 开环控制方式

开环控制方式是指电动机变频控制系统中，变频器的控制方式设定为U/f控制方式，该控制方式不对电动机的速度进行调节，适用于对变频调速控制系统的转速没有特殊要求的场合。

一般在水泵和风机类负载的控制电路中多将变频器设定为U/f控制方式，即变频器采用开环控制方式。

【开环控制方式】

2. 闭环控制方式

闭环控制方式是指电动机变频控制系统中，变频器的控制方式设定为转差频率控制、矢量控制、直接转矩控制等方式，这些控制方式中对电动机进行了速度检测和反馈控制，主要适用于电动机的转矩和转速有严格要求的场合。

一般在起重机、提升机、电梯、带式传输机等负载的控制电路中多采用闭环控制方式，即变频器采用闭环控制方式。

【闭环控制方式】

特别提醒

通常，我们将起重机、提升机、电梯、带式传输机等类负载称为位能负载，其重要特征是：在电动机没有运转时也存在负载转矩，而且为全部负载转矩。因此，该类负载的控制系统中，当电动机低速和零速时，要求电动机的转矩输出能力能够承担全部负载转矩。一般变频器的U/f控制方式不能满足上述要求，因此在上述类型的电动机控制系统中，需要采用具有闭环控制方式的变频电路。

8.1.3 工业设备中变频电路的控制过程

工业设备中的变频电路控制过程与传统工业设备控制电路基本类似，只是在电动机的起动、停机、调速、制动、正反转等运转方式上以及耗电量方面有明显的区别。采用变频器控制的设备，工作效率更高，更加节约能源。下面以典型三相交流电动机的点动及连续运行变频调速控制电路为例，介绍工业设备中变频电路的控制过程。

【典型三相交流电动机的点动及连续运行变频调速控制电路】

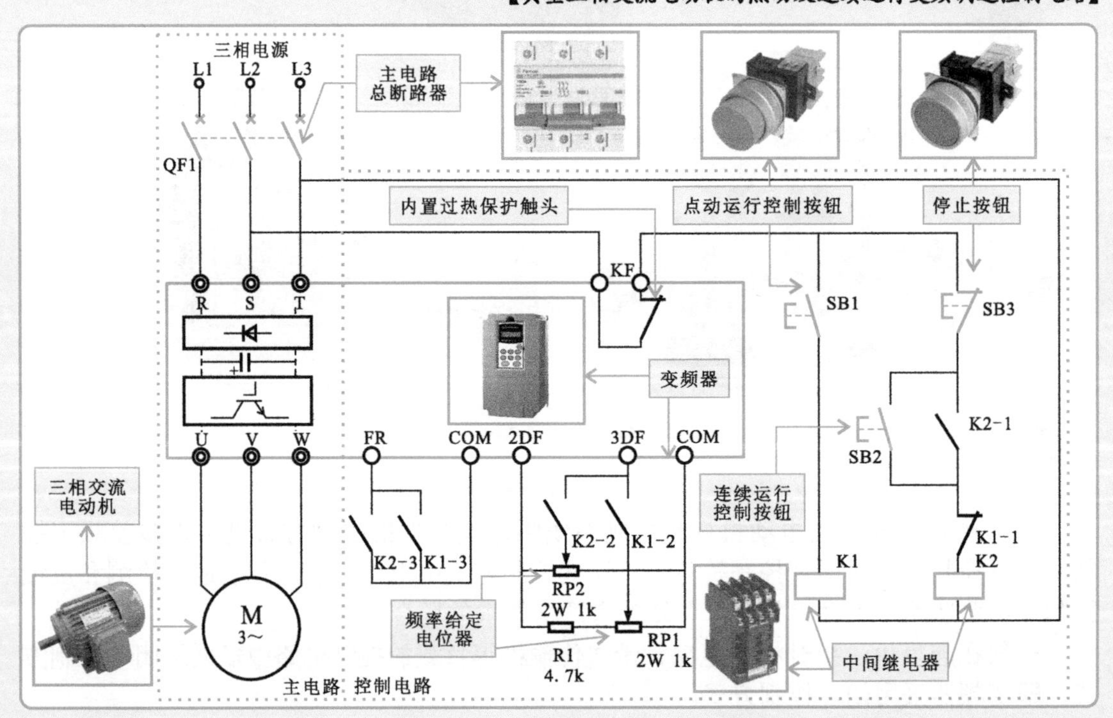

特别提醒

在典型三相交流电动机点动及连续变频调速控制电路中，主电路部分主要包括主电路总断路器QF1、变频器内部的主电路（三相桥式整流电路、中间波电路、逆变电路等部分）、三相交流电动机等。

控制电路部分主要包括控制按钮SB1～SB3、继电器K1/K2、变频器的运行控制端FR、内置过热保护端KF以及三相交流电动机运行电源频率给定电位器RP1/RP2等。控制按钮用于控制继电器的线圈，从而控制变频器电源的通断，进而控制三相交流电动机的起动和停止；同时继电器触点控制频率给定电位器有效性，通过调整电位器控制三相交流电动机的转速。

1. 点动运行控制过程

三相交流电动机点动运行控制时，需要先合上总断路器QF1，然后由点动运行按钮SB1控制电动机的点动运行，下面就学习一下具体的点动控制过程。

【点动运行控制过程】

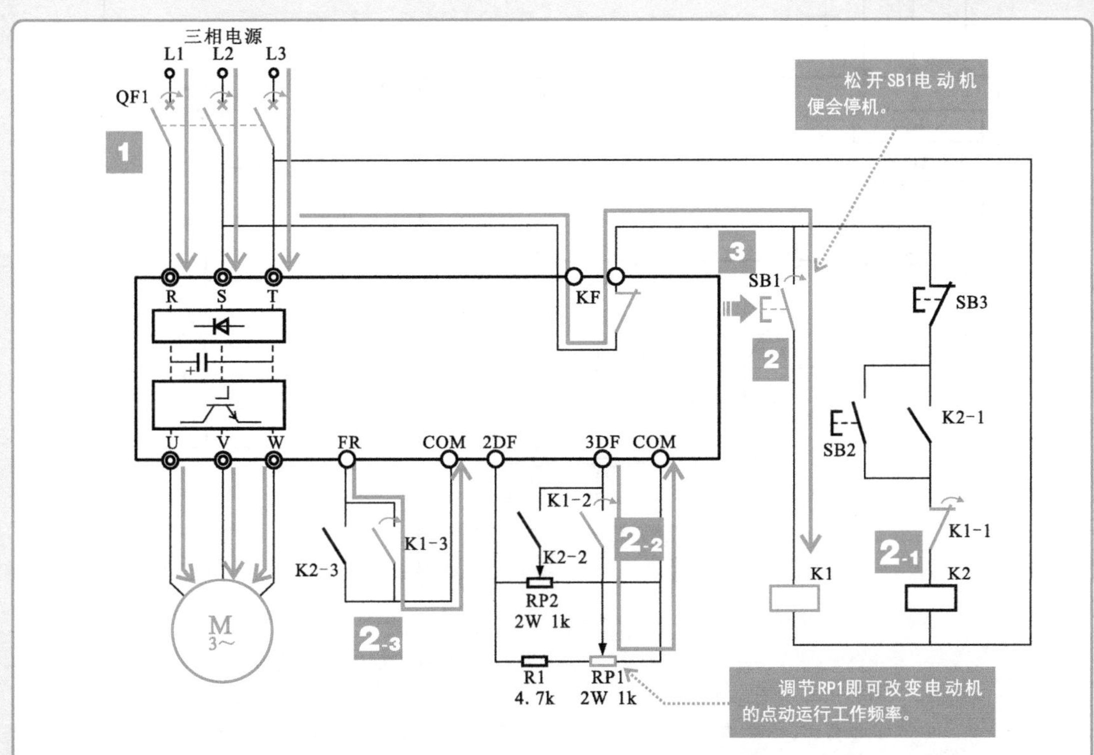

1 合上主电路的总断路器QF1，接通三相电源，变频器主电路输入端R、S、T得电，控制电路部分也接通电源进入准备状态。

2 当按下点动控制按钮SB1时，继电器K1线圈得电，对应的触头动作。

- 2-1 常闭触头K1-1断开，实现联锁控制，防止继电器K2得电。
- 2-2 常开触头K1-2闭合，变频器的3DF端与频率给定电位器RP1及COM端构成回路，此时RP1电位器有效，调节RP1电位器即可获得三相交流电动机点动运行时需要的工作频率。
- 2-3 常开触头K1-3闭合，变频器的FR端经K1-3与COM端接通，变频器内部主电路开始工作，U、V、W端输出变频电源，电源频率按预置的升速时间上升至与给定对应的数值，三相交流电动机得电起动运行。

3 电动机运行过程中，松开按钮SB1，则继电器K1线圈失电，常闭触头K1-1复位闭合，为继电器K2工作做好准备；常开触头K1-2复位断开，变频器的3DF端与频率给定电位器RP1触点被切断；常开触头K1-3复位断开，变频器的FR端与COM端断开，变频器内部主电路停止工作，三相交流电动机失电停转。

2. 连续运行控制过程

三相交流电动机连续运行控制时，主要是由连续控制按钮SB2实现该项功能，下面就学习一下具体的连续控制过程。

【连续运行控制过程】

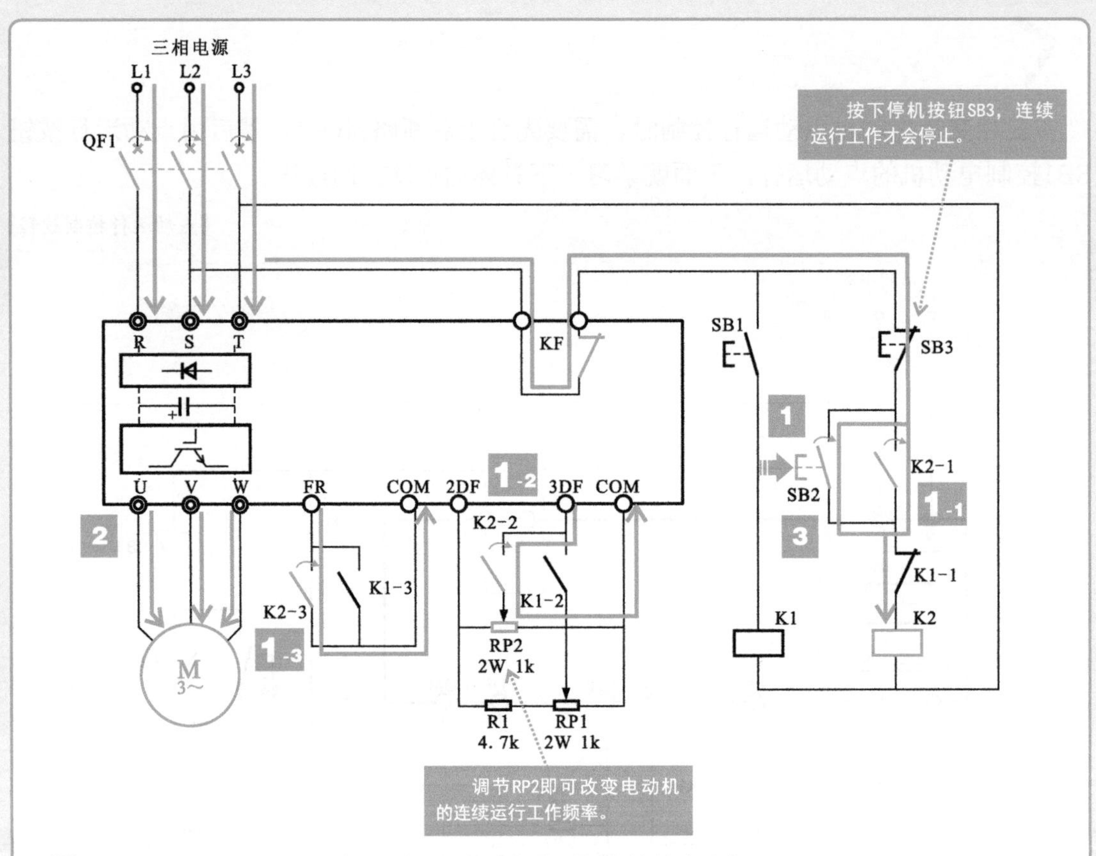

1 当按下连续控制按钮SB2时，继电器K2线圈得电，对应的触头动作。

1-1 常开触头K2-1闭合，实现自锁功能（当手松开按钮SB2后，继电器K2仍保持得电）。

1-2 常开触头K2-2闭合，变频器的3DF端与频率给定电位器RP2及COM端构成回路，此时RP2电位器有效，调节RP2电位器即可获得三相交流电动机连续运行时需要的工作频率。

1-3 常开触头K2-3闭合，变频器的FR端经K2-3与COM端接通。

2 变频器内部主电路开始工作，U、V、W端输出变频电源，电源频率按预置的升速时间上升至与给定对应的数值，三相交流电动机得电起动运行。

3 电动机运行过程中，由于继电器的自锁功能，松开按钮SB2，电动机也会工作。只有按下停止按钮SB3时，继电器K2线圈才会失电，常开触头K2-1复位断开，解除自锁；常开触头K2-2复位断开，变频器的3DF端与频率给定电位器RP2触点被切断；常开触头K2-3复位断开，变频器的FR端与COM端断开，变频器内部主电路停止工作，三相交流电动机失电停转。

特别提醒

传统的工业设备控制电路中都安装有过热保护继电器，在变频电路控制的工业设备中，由于变频电路所使用的变频器都具有过热、过载保护功能，因此，若电动机出现过载、过热故障时，变频器内置过热保护触头（KF）便会断开，将切断继电器线圈供电，变频器主电路断电，三相交流电动机停转，起到过热保护的功能。

8.2 工业设备中变频电路的应用案例

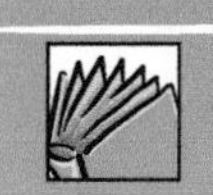

8.2.1 变频电路在恒压供气系统中的应用

恒压供气系统的控制对象为空气压缩机电动机，通过变频器对空气压缩机电动机的转速进行控制，可调节供气量，使其系统压力维持在设定值上，从而达到恒压供气的目的，下面以采用三菱FR-A540型通用变频器的变频电路为例对其解析。

【恒压供气变频器控制线路】

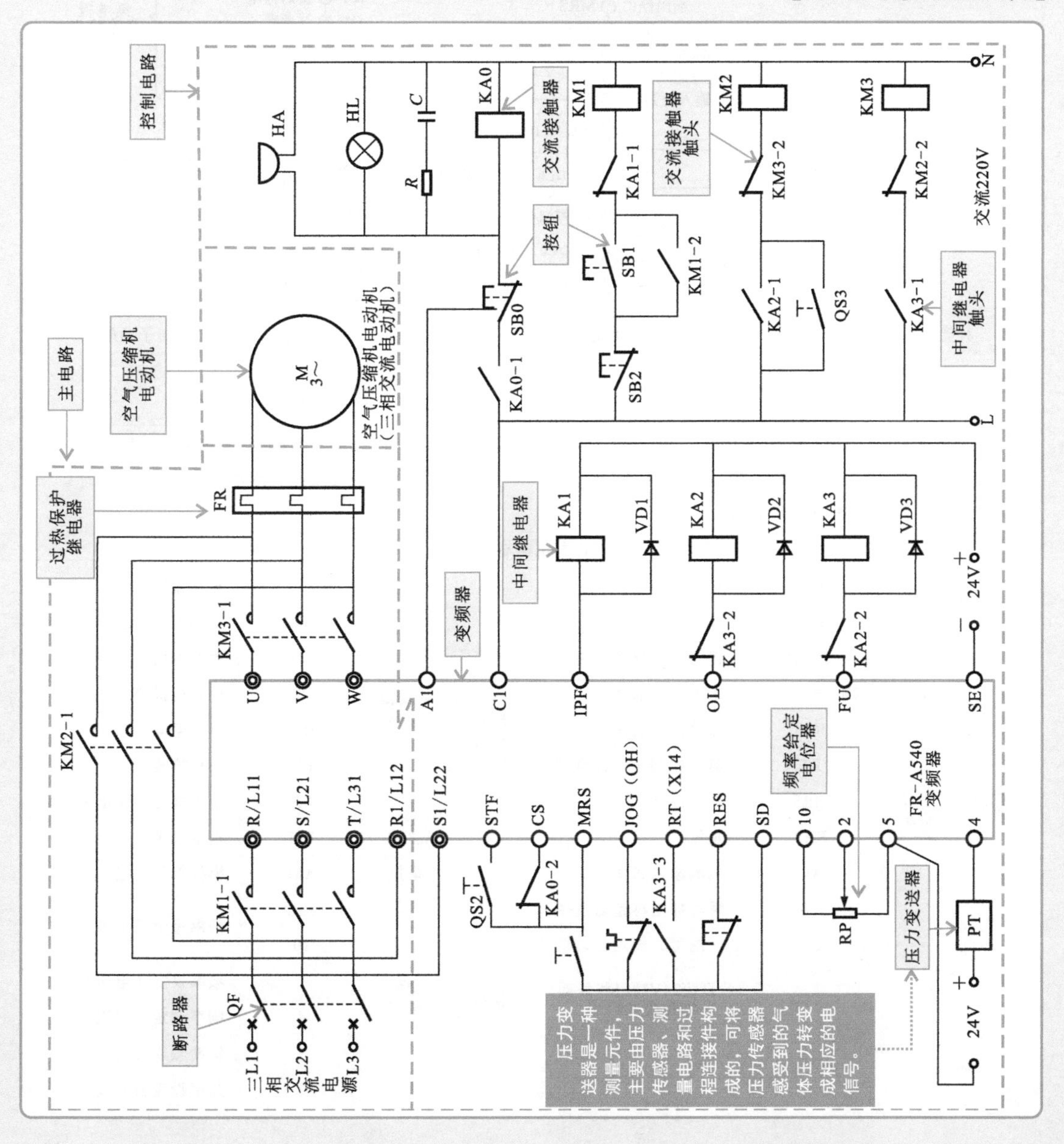

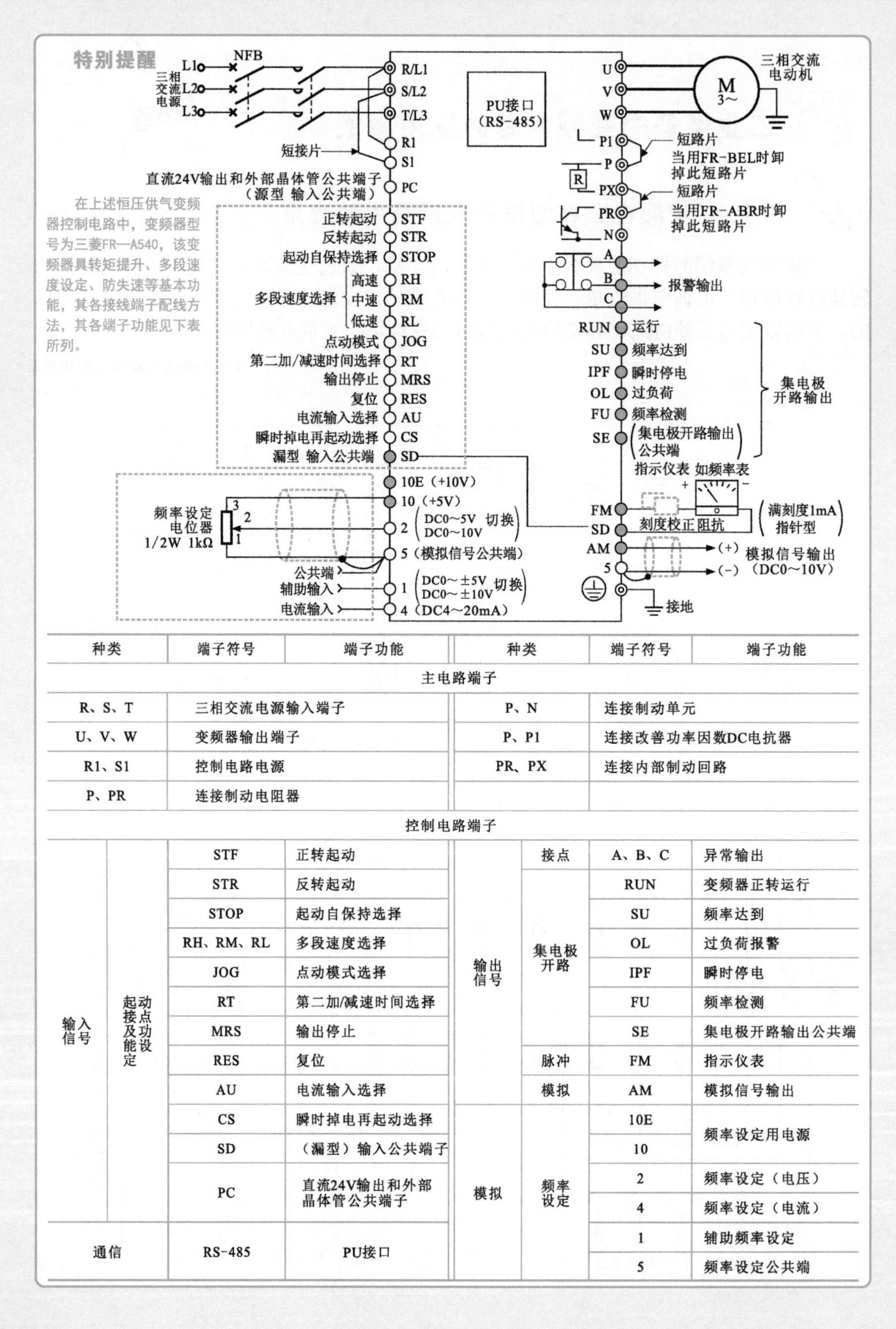

在上述恒压供气变频器控制电路中，变频器型号为三菱FR—A540，该变频器具转矩提升、多段速度设定、防失速等基本功能，其各接线端子配线方法，其各端子功能见下表所列。

种类	端子符号	端子功能	种类	端子符号	端子功能
主电路端子					
R、S、T	三相交流电源输入端子		P、N	连接制动单元	
U、V、W	变频器输出端子		P、P1	连接改善功率因数DC电抗器	
R1、S1	控制电路电源		PR、PX	连接内部制动回路	
P、PR	连接制动电阻器				

控制电路端子

种类		端子符号	端子功能	种类		端子符号	端子功能
输入信号	起动接点及功能设定	STF	正转起动	输出信号	接点	A、B、C	异常输出
		STR	反转起动		集电极开路	RUN	变频器正转运行
		STOP	起动自保持选择			SU	频率达到
		RH、RM、RL	多段速度选择			OL	过负荷报警
		JOG	点动模式选择			IPF	瞬时停电
		RT	第二加/减速时间选择			FU	频率检测
		MRS	输出停止			SE	集电极开路输出公共端
		RES	复位		脉冲	FM	指示仪表
		AU	电流输入选择		模拟	AM	模拟信号输出
		CS	瞬时掉电再起动选择	模拟	频率设定	10E	频率设定用电源
		SD	（漏型）输入公共端子			10	
		PC	直流24V输出和外部晶体管公共端子			2	频率设定（电压）
						4	频率设定（电流）
通信		RS-485	PU接口			1	辅助频率设定
						5	频率设定公共端

恒压供气系统在正常运行时，可实现电动机变频起动的功能，若该供电气系统出现故障时，则可以实现故障报警的功能，具体的解析过程如下：

【恒压供气变频器控制线路的解析过程】

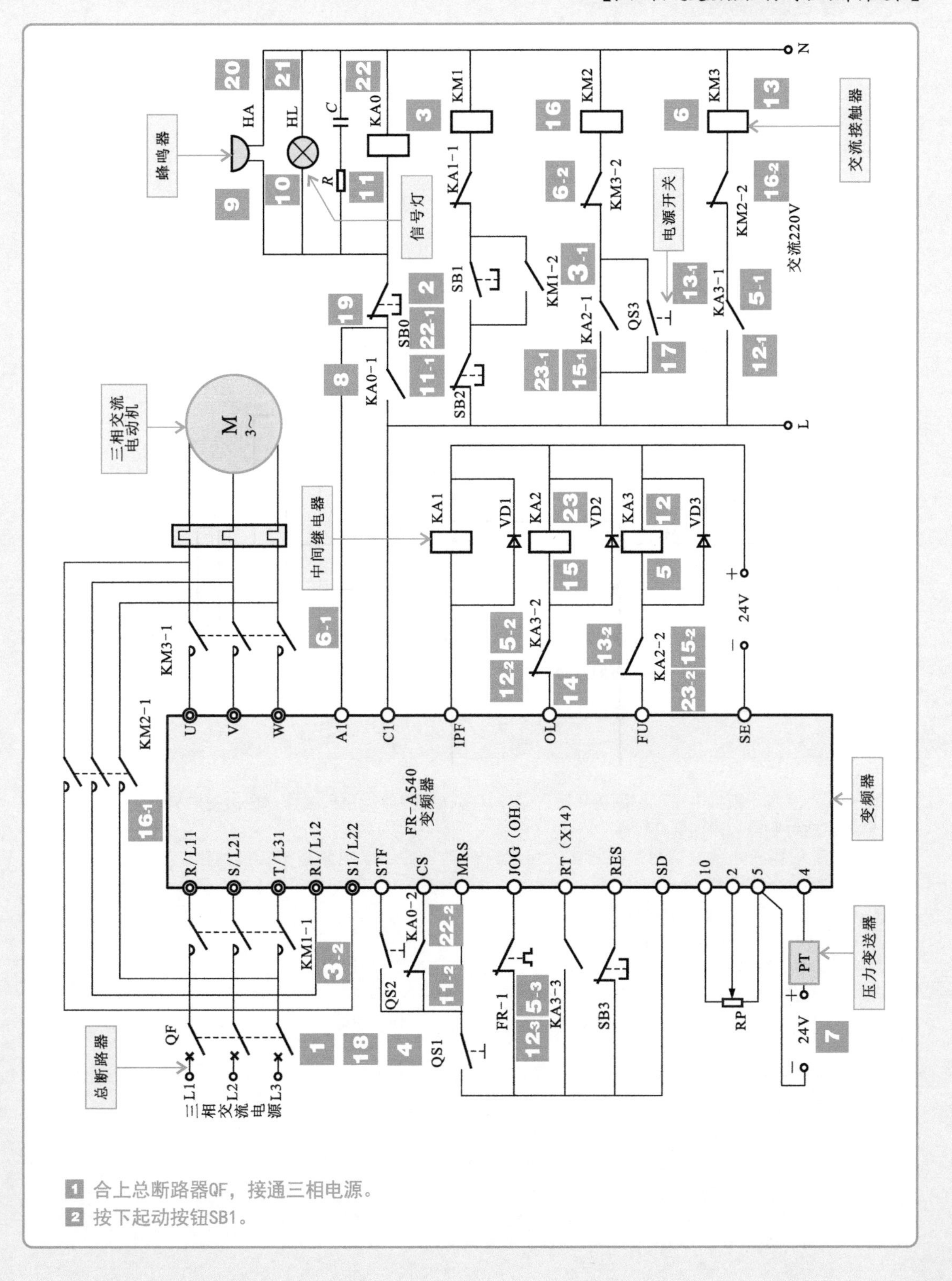

1 合上总断路器QF，接通三相电源。

2 按下起动按钮SB1。

【恒压供气变频器控制线路的解析过程（续）】

2 → 3 交流接触器KM1线圈得电。

3-1 常开辅助触头KM1-2闭合，实现自锁功能。

3-2 常开主触头KM1-1闭合，变频器的主电路输入端R、S、T得电。

4 合上变频器起动电源开关QS2和运行联锁开关QS1，变频器接收到变频起动指令，经变频器内部电路处理由其FU端输出低电平。

4 → 5 中间继电器KA3线圈得电。

5-1 常开触头KA3-1闭合，接通交流接触器KM3线圈供电回路。

5-2 常闭触头KA3-2断开，防止中间继电器KA2线圈得电。

5-3 常开触头KA3-3闭合，变频器进行PID控制。

5-1 → 6 交流接触器KM3线圈得电。

6-1 常开主触头KM3-1闭合，变频器U、V、W端输出的变频起动驱动信号，经KM3-1后加到空气压缩机电动机的三相绕组上，空气压缩机电动机起动运转。

6-2 常闭辅助触头KM3-2断开，防止交流接触器KM2线圈得电，起联锁保护作用。

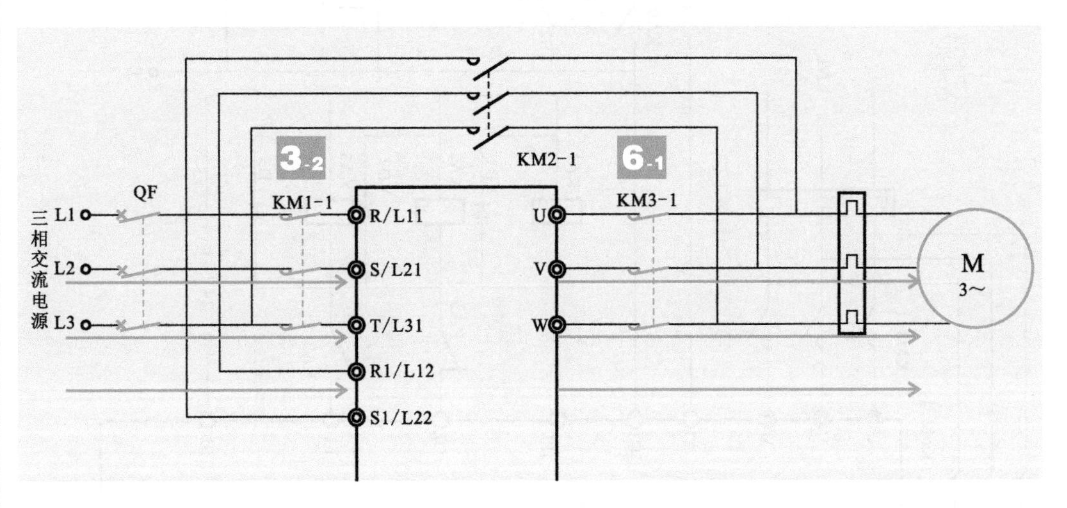

6-1 → 7 空气压缩机电动机起动运转后，带动空气压缩机进行供气工作，压力变送器PT将检测的气压信号转换为电信号输送到变频器中。

8 当变频器或外围电路发生故障时，可以使电动机的供电电源直接切换到输入电源（工频电源），故障输出端子A1、C1闭合。

8 → 9 蜂鸣器HA发出报警提示声。

8 → 10 信号灯HL点亮，指示变频器出现故障。

8 → 11 中间继电器KA0线圈得电。

11-1 常开触头KA0-1闭合，实现自锁功能。

11-2 常闭触头KA0-2断开，变频器接收到停机指令，经变频器内部电路处理由其FU端输出高电平。

11-2 → 12 中间继电器KA3线圈失电。

12-1 常开触头KA3-1复位断开，切断交流接触器KM3供电回路。

12-2 常闭触头KA3-2复位闭合，为中间继电器KA2线圈得电做好准备。

12-3 常开触头KA3-3复位断开，变频器停止PID控制，系统转入工频供电方式。

12-1 → 13 交流接触器KM3线圈失电。

13-1 常开主触头KM3-1复位断开，切断空气压缩机的变频起动驱动信号。

【恒压供气变频器控制线路的解析过程（续）】

13-2 常闭辅助触头KM3-2复位闭合，为交流接触器KM2线圈得电做好准备。

14 经一段时间延时后，由其变频器OL端输出低电平。

14 → 15 中间继电器KA2线圈得电。

15-1 常开触头KA2-1闭合，接通交流接触器KM2供电回路。

15-2 常开触头KA2-2断开，防止中间继电器KA3线圈得电。

15-1 → 16 交流接触器KM2线圈得电。

16-1 常开主触头KM2-1闭合，空气压缩机电动机接通三相电源，工频起动运转。

16-2 常闭辅助触头KM2-2断开，防止交流接触器KM3线圈得电。

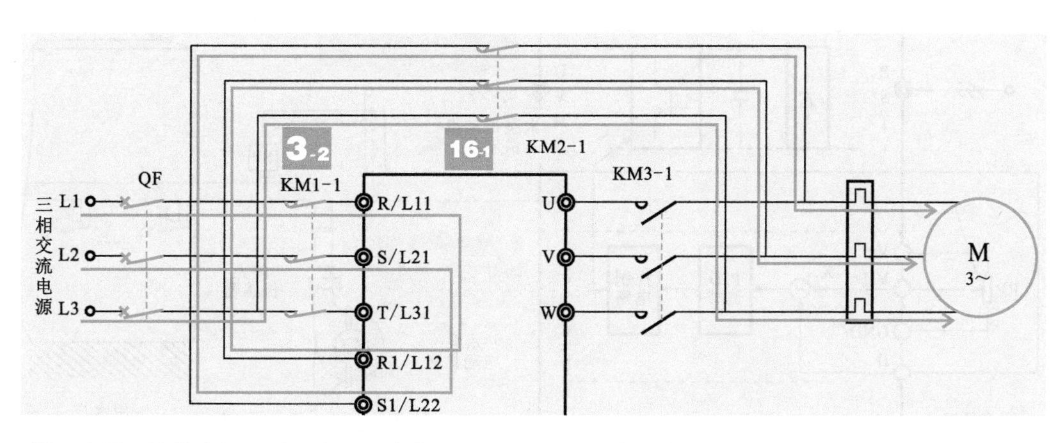

17 当需要检修变频器时，合上检修电源开关QS3，维持交流接触器KM2线圈得电，三相交流电动机直接由交流接触器触头KM2-1供电，继续工作。

18 断开变频器起动电源开关QS2和运行联锁开关QS1，禁止变频起动指令的输入。

19 按下故障解除按钮SB0。

19 → 20 切断蜂鸣器HA的供电电源，蜂鸣器HA停止报警。

19 → 21 切断信号灯HL的供电电源，信号灯HL熄灭。

19 → 22 中间继电器KA0线圈失电。

22-1 常开触头KA0-1复位断开，解除自锁功能。

22-2 常闭触头KA0-2复位闭合，变频器停止工作。

22-2 → 23 中间继电器KA2线圈失电。

23-1 常开触头KA2-1断开，但由于检修电源开关QS3处于闭合状态，因此仍能维持交流接触器KM2线圈的得电。

23-2 常闭触头KA2-2复位闭合，解除对中间继电器KA3的联锁功能。

在这种状态下可对变频器及外围电路进行控制。

特别提醒

压力变送器是一种测量元件，主要由压力传感器、测量电路和过程连接件构成，可将压力传感器感受到的气体压力转变成相应的电信号。

为了满足供应气体压力恒定，可通过调节电路中的电位器RP，对压力变送器送来的压力信号进行设定和调整，用以控制变频器U、V、W端输出的功率大小，从而控制供气压缩机电动机的转矩，进而达到恒压供气的目的。

在变频器控制电路中，在工频-变频切换时需要注意：

◆ 电动机从变频控制电路切出前，变频器必须停止输出。

如上述线路中，先通过中间继电器KA2控制变频器运行信号被切断，然后在通过延时时间继电器，延时一段时间后（至少延时0.1s），KM2被切断，将电动机切出变频控制电路。不允许变频器停止输出和KM2切断同时动作。

◆ 当变频运行切换到工频运行时：采用同步切换的方法，即切换前变频器输出频率应达到工频（50Hz），切换后延时0.2～0.4s后，KM3闭合，此时电动机的转速应控制在额定转速的80%以内。

◆ 当由工频运行切换到变频运行时：应保证变频器的输出频率与电动机的运行频率一致，以减小冲击电流。

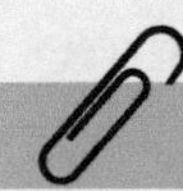

8.2.2 变频电路在单水泵恒压供水变频电路中的应用

对单水泵供水系统最终是为了满足用户对流量的需要，因此流量是供水系统最根本的控制对象，而管道中水压力就可作为控制流量变化的参考变量。若要保持供水系统中某处压力的恒定，只需保证该处的供水量同用水流量处于平衡状态即可，即实现恒压供水。在实际恒压供水系统中，一般在管路中安装有压力传感器，由压力传感器实时检测管路中水的压力大小，并将压力信号转换为电信号，送至变频器中。

【恒压供水工作原理】

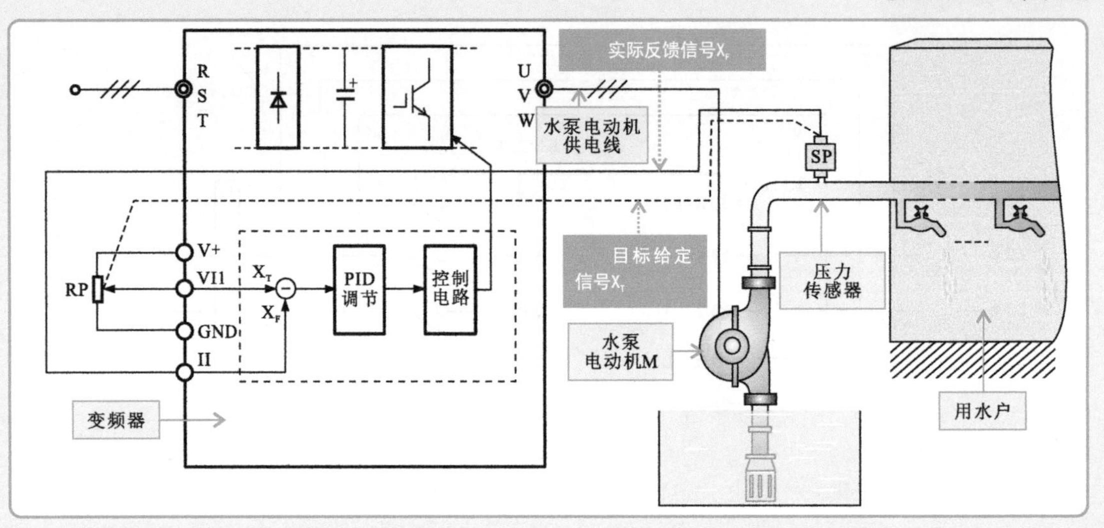

特别提醒

通过恒压供水工作原理示意图可以看到，变频器有两个控制信号：一个是目标给定信号X_T，一个是实际反馈信号X_F，其中，目标给定信号X_T由外接电位器RP设定给变频器（通过计算恒压时水流量等效的电压值）；实际反馈信号X_F则是由压力传感器SP反馈回来的，是监测到的实际压力值相对应的模拟信号量。

目标给定信号X_T与实际反馈信号X_F相减即得到比较信号，该比较信号经变频器内部的PID调节（目前风机/水泵类专用变频器内部均设置有该项功能）处理后，即可得到频率给定信号，该信号控制变频器的输出频率。

一般来说，当用水量减少，供水能力大于用水需求时，水压上升，实际反馈信号X_F变大，目标给定信号X_T与X_F的差减小，该比较信号经PID处理后的频率给定信号变小，变频器输出频率下降，水泵电动机M转速下降，供水能力下降。

当用水量增加，供水能力小于用水需求时，水压下降，实际反馈信号X_F减小，目标给定信号X_T与X_F的差增大，PID处理后的频率给定信号变大，变频器输出频率上升，水泵电动机M转速上升，供水能力提高，直到压力大小等于目标值、供水能力与用水需求之间达到平衡时为止，即实现恒压供水。

下面以典型单水泵恒压供水变频控制电路为例进行解析，该控制电路采用康沃CVF-P2风机水泵专用型变频器，具有变频-工频切换控制功能，可在变频电路发生故障或维护检修时，切换到工频状态维持供水系统工作。

该电路主要是由变频主电路和控制电路两部分构成的，其中变频主电路包括变频器、变频供电接触器KM1、KM2的主触头KM1-1、KM2-1、工频供电接触器KM3的主触头KM3-1以及压力传感器SP等部分构成；控制电路则主要是由变频供电起动按钮SB1、变频供电停止按钮SB2、变频运行起动按钮SB3、变频运行停止按钮SB4、工频线路停止按钮SB5、工频切换控制按钮SB6、中间继电器KA1、KA2、延时时间继电器KT1及接触器KM1、KM2、KM3线圈及其辅助触头等部分构成。

【单水泵恒压供水变频控制电路】

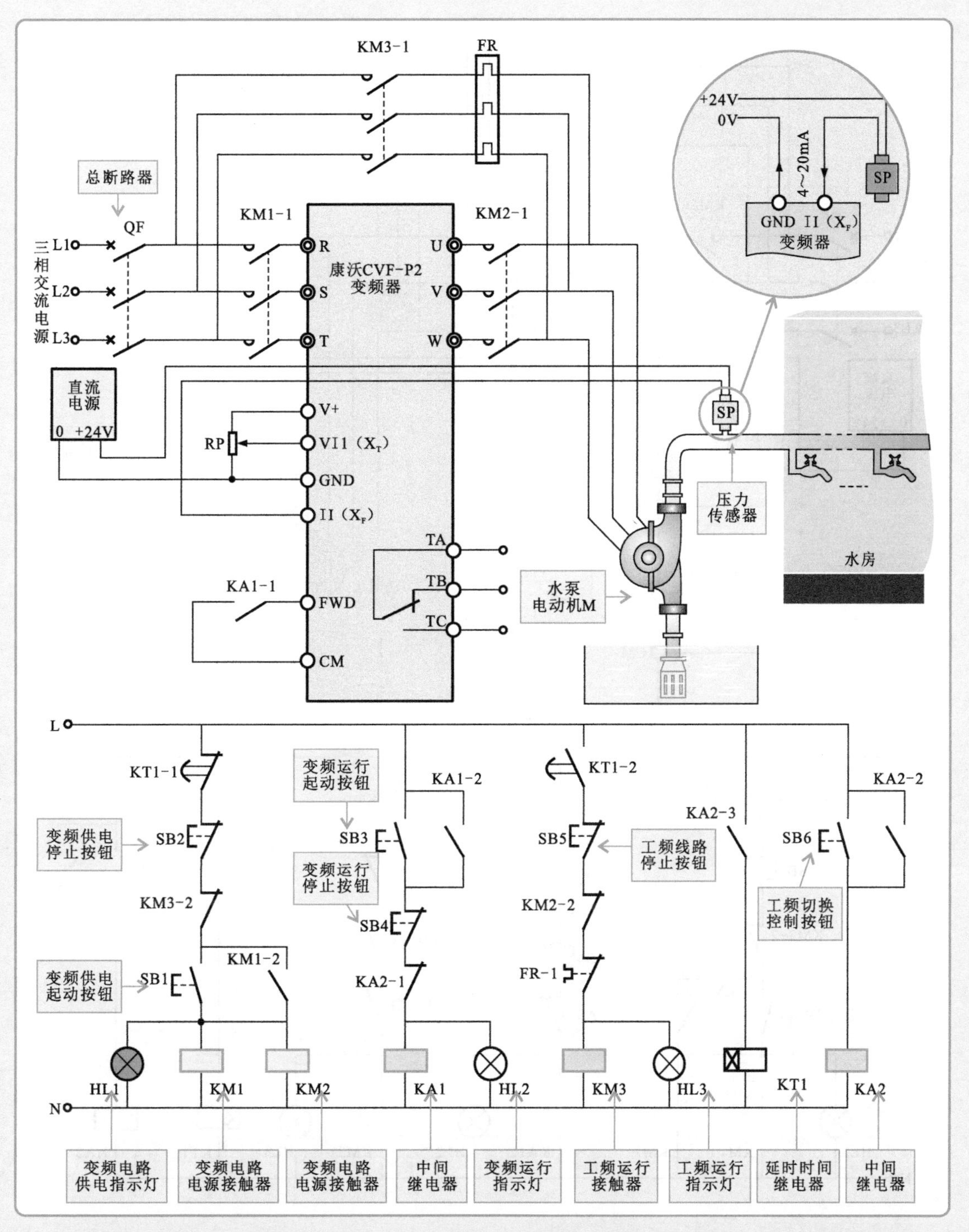

分析恒压供水变频控制电路，首先闭合主电路断路器QF，分别按下变频供电起动按钮SB1、变频运行起动按钮SB3后，控制系统进入变频控制工作状态。同时，将压力传感器反馈的信号与设定信号相比较作为控制变频器输出的依据，使变频器根据实际水压情况，自动控制电动机运转速度，实现恒压供水的目的。

【单水泵恒压供水变频控制电路的解析过程】

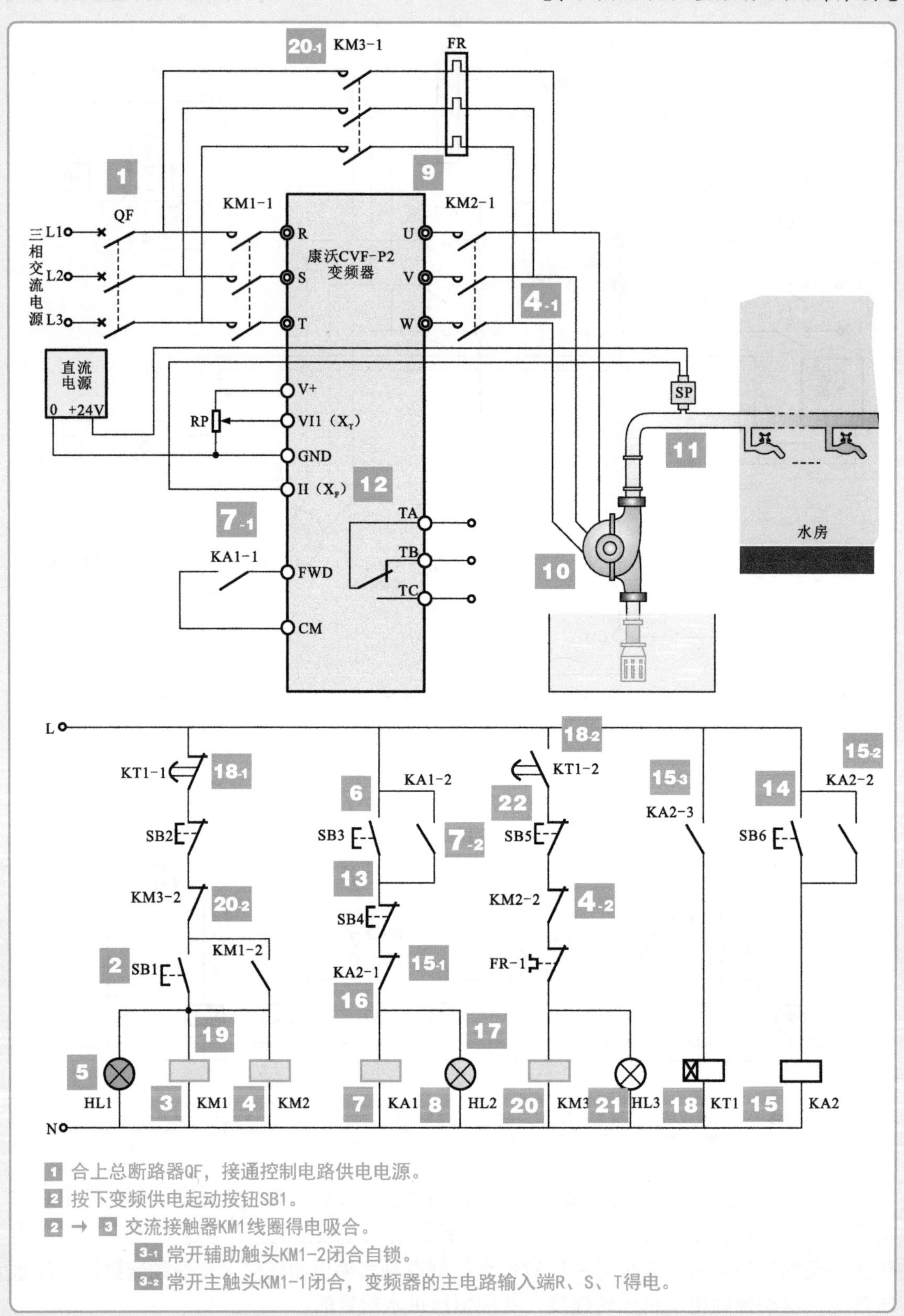

1 合上总断路器QF，接通控制电路供电电源。

2 按下变频供电起动按钮SB1。

2 → 3 交流接触器KM1线圈得电吸合。

3-1 常开辅助触头KM1-2闭合自锁。

3-2 常开主触头KM1-1闭合，变频器的主电路输入端R、S、T得电。

【单水泵恒压供水变频控制电路的解析过程（续）】

2 → 4 交流接触器KM2线圈得电吸合。

4-1 常开主触头KM2-1闭合，变频器输出侧与电动机相连，为变频器控制电动机运行做好准备。

4-2 常闭辅助触头KM2-2断开，防止交流接触器KM3线圈得电，起联锁保护作用。

2 → 5 变频电路供电指示灯HL1点亮。

6 按下变频运行起动按钮SB3。

6 → 7 中间继电器KA1线圈得电。

7-1 中间继电器KA1的常开辅助触头KA1-1闭合，变频器FWD端子与CM端子短接。

7-2 中间继电器KA1的常开辅助触头KA1-2闭合自锁。

6 → 8 变频运行指示灯HL2点亮。

7-1 → 9 变频器接收到起动指令（正转），内部主电路开始工作，U、V、W端输出变频电源，经KM2-1后加到水泵电动机M的三相绕组上。

10 水泵电动机M开始起动运转，将蓄水池中的水通过管道送入水房，进行供水。

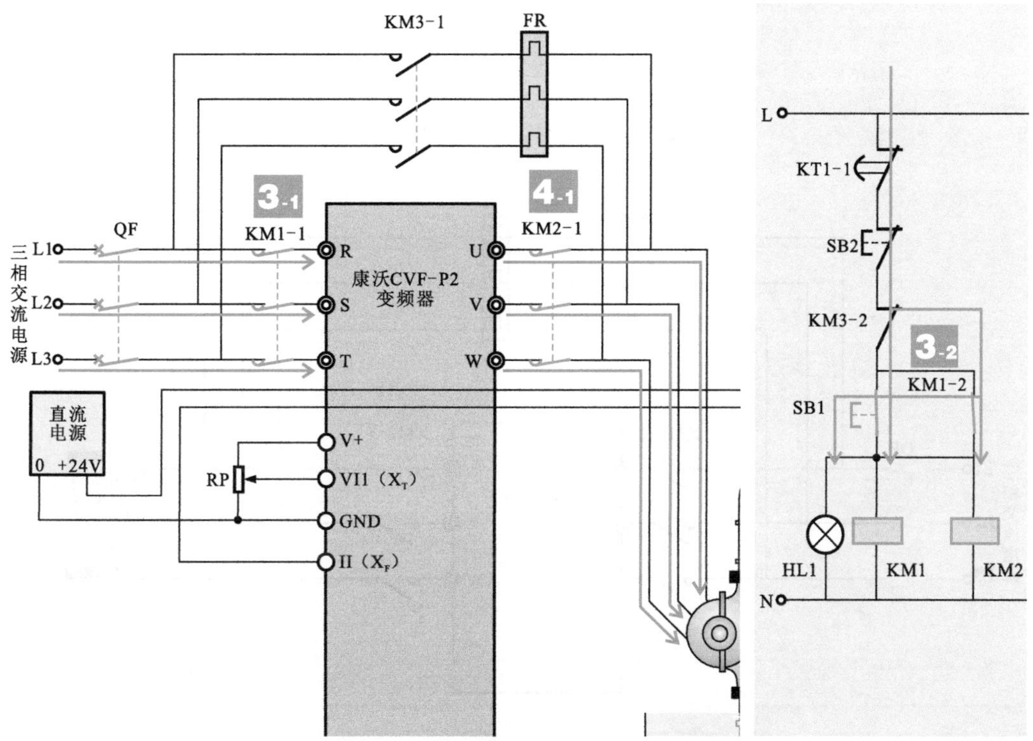

11 水泵电动机M工作时，供水系统中的压力传感器SP实施检测供水压力状态，并将检测到的水压力转换为电信号反馈到变频器端子II（X_F）上。

12 变频器端子II（X_F）将反馈信号与初始目标设定端子VI1（X_T）给定信号相比较，将比较信号经变频器内部PID调节处理后得到频率给定信号，用于控制变频器输出的电源频率升高或降低，从而控制电动机转速增大或减小。

13 若需要变频控制电路停机时，按下变频运行停止按钮SB4即可。若需要对变频电路进行检修或长时间不使用控制电路时，需按下变频供电停止按钮SB2以及断路器QF，切断供电电路。

该控制电路具有工频-变频切断功能，当变频电路维护或出现故障时，可将电路切换到工频运行状态。按下工频切换控制按钮SB6，控制系统将自动延时切换到工频运行状态，由工频电源为水泵电动机M供电，用以在变频电路进行维护或检修时，维持供水系统工作。

【单水泵恒压供水变频控制电路的解析过程（续2）】

14 按下工频切换控制按钮SB6。

14 → 15 中间继电器KA2线圈得电。

15-1 常闭触头KA2-1断开。

15-2 常开触头KA2-2闭合自锁。

15-3 常开触头KA2-3闭合。

15-1 → 16 中间继电器KA1线圈失电释放，KA1的所有触头均复位，其中KA1-1复位断开，切断变频器运行端子回路，变频器停止输出。

15-1 → 17 变频运行指示灯HL2熄灭。

15-3 → 18 延时时间继电器KT1线圈得电。

18-1 延时断开触头KT1-1延时一段时间后断开。

18-2 延时闭合的触头KT1-2延时一段时间后闭合。

18-1 → 19 交流接触器KM1、KM2线圈均失电，同时变频电路供电指示灯HL1熄灭，交流接触器KM1、KM2的所有触头均复位，主电路中将变频器与三相交流电源断开。

18-2 → 20 工频运行接触器KM3线圈得电。

20-1 常开主触头KM3-1闭合，水泵电动机M1接入工频电源，开始运行。

20-2 常闭辅助触头KM3-2断开，防止KM2、KM1线圈得电，起联锁保护作用。

20-2 → 21 工频运行指示灯HL3点亮。

22 若需要工频控制电路停机时，按下工频线路停止按钮SB5即可。

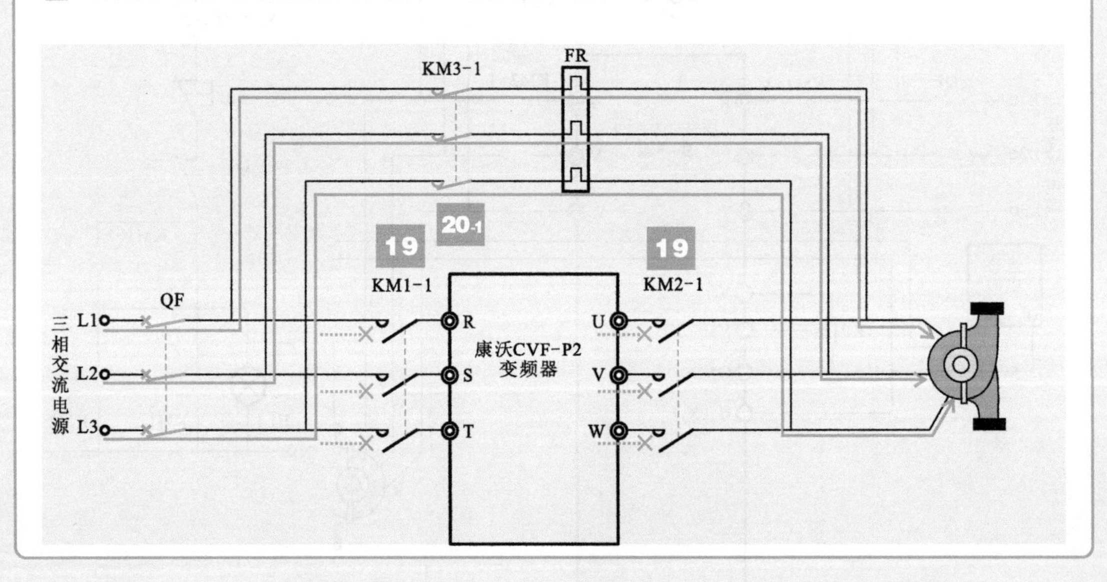

特别提醒

目前，市场上有专门的“风机、泵电动机专用型变频器”，一般情况下可直接选用。但对于用在杂质或泥沙较多场合的水泵，应根据其对过载能力的要求，考虑选用通用型变频器。此外，齿轮泵属于恒转矩负载，应选用*U/f* 控制方式的通用型变频器为宜。大部分变频器都给出两条“负补偿”的*U/f* 线。对于具有恒转矩特性的齿轮泵以及应用在特殊场合的水泵，则应以能够带动为原则，根据具体工况进行设定。

在变频器控制电路中，在进行工频-变频切换时需要注意：

◆ 电动机从变频控制电路切出前，变频器必须停止输出。

例如上述电路中，首先通过中间继电器KA2控制变频器运行信号被切断，然后在通过延时时间继电器，延时一段时间后（至少延时0.1s），KM2被切断，将电动机切出变频控制电路。不允许变频器停止输出和KM2切断同时动作。

◆ 当变频运行切换到工频运行时：采用同步切换的方法，即切换前变频器输出频率应达到工频（50Hz），切换后延时0.2～0.4s后，KM3闭合，此时电动机的转速应控制在额定转速的80%以内。

◆ 当由工频运行切换到变频运行时，应保证变频器的输出频率与电动机的运行频率一致，以减小冲击电流。

特别提醒

在对电动机变频控制电路进行分析时，应首先了解控制电路中变频器的类型和控制方式。例如，在上述单水泵电动机控制电路中，变频器型号为康沃CVF-P2，该变频器为风机水泵专用变频器，其内部有自带的PID调节器，采用U/f控制方式，实现恒压供水比较简单。下图为康沃CVF-P2系列变频器各接线端子配线，其各端子功能见下表所列。

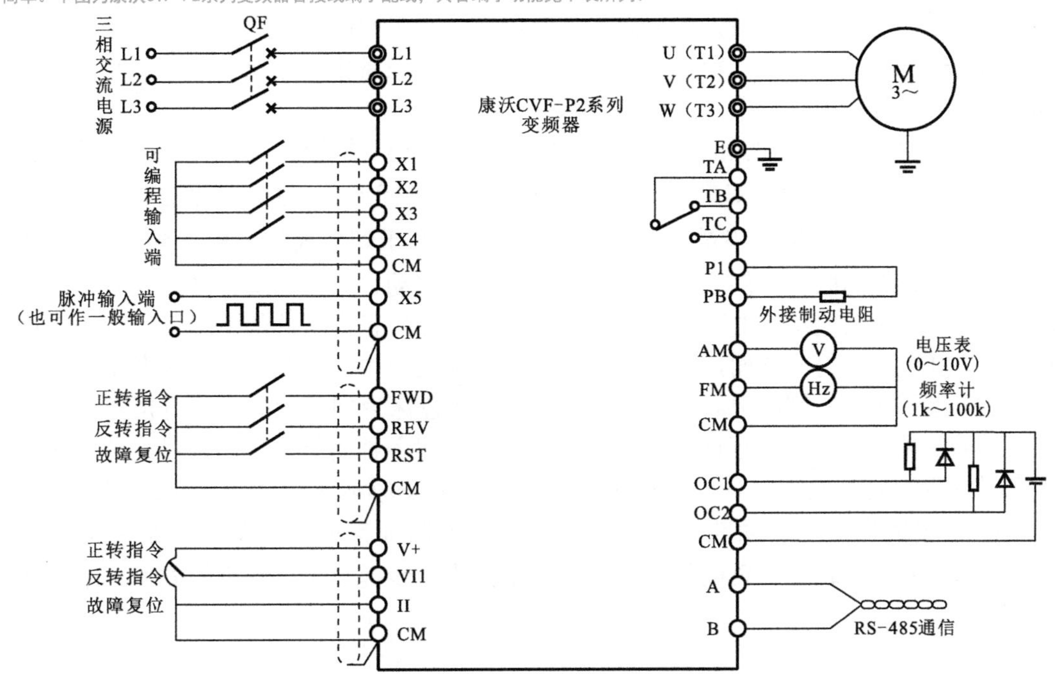

种类	端子符号	端子功能	种类	端子符号	端子功能
主电路端子					
R、S、T		三相交流电源输入端子	P1		直流侧电压正端子
U、V、W		变频器输出端子	PB		P1、PB间可接直流制动电阻
E		接地端子			
控制电路端子					
模拟输入	V+	向外提供+5V/50mA电源或+10V/10mA电源	控制端子	RST	故障复位输入端子
	VI1	频率设定电压信号输入端1		CM	控制端子的公共端
	II	频率设定电流信号输入正端（电流流入端）	模拟输出	AM	可编程电压信号输出端，外接电压表头
	CM	频率设定电压信号公共端（V+、V-电源地），频率设定电流信号输入负端		FM	可编程频率信号输出端，外接频率计
控制端子	X1	多功能输入端子1		CM	AM、FM端子的公共端
	X2	多功能输入端子2	OC输出	OC1、OC2、CM	可编程开路集电极输出
	X3	多功能输入端子3	故障输出	TA、TB、TC	变频器正常：TA-TB闭合；TA-TC断开 变频器故障：TA-TB断开；TA-TC闭合
	X4	多功能输入端子4			
	X5	多功能输入端子5			
	FWD	正转控制命令端子			
	REV	反转控制命令端子	通信端子	A、B	RS-458通信端子

8.2.3 变频电路在数控机床中的应用

在工业领域中，大多复杂的机床类设备采用数控装置控制代替复杂的继电器控制，使其结构更加简单，可靠性大大提高。下面以常见的工业刨床为例介绍。

刨床是一种应用十分广泛的切削类机床设备，该设备由三相电动机作为动力源实现驱动，在工作过程中有以下几点控制要求：

1）控制程序：刨床的加工过程可在程序的控制下自动运行；2）转速的调节：刨床的刨削率和高速返回的速率都必须能够十分方便地进行调节；3）点动功能：刨床必须能够点动，常称为“刨床步进”和“刨床步退”，以利于切削前的调整；4）联锁功能：①与横梁、刀架的联锁。刨床的往复运动与横梁的移动、刀架的运行之间，必须有可靠的联锁。②与油泵电动机的联锁。一方面，只有在油泵正常供油的情况下，才允许进行刨床的往复运动；另一方面，如果在刨床往复运动过程中，油泵电动机因发生故障而停机，刨床将不允许在刨削中间停止运行，而必须等刨床返回至起始位置时再停止。

采用变频器对刨床进行调速控制很容易实现上述各种功能需求，且可避免传统继电器控制电路的复杂性，另外，目前多数机床设备的变频调速控制结合可编程序控制器（PLC）可实现自动控制功能。拖动系统的简化使附加损失大为减少，采用变频调速后，电动机的有效转矩与负载的机械特性匹配，进一步提高了电动机的效率，节能效果十分可观。

【变频器在数控机床中的应用】

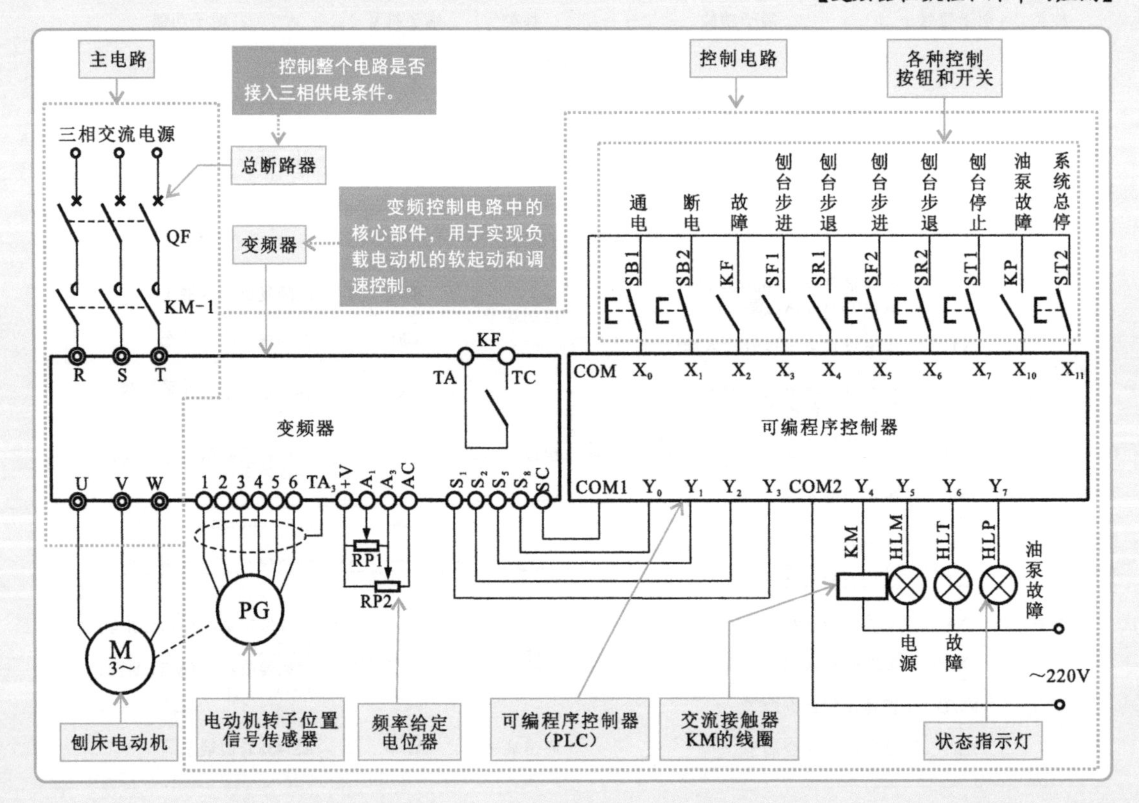

特别提醒

在刨床变频控制电路中，三相电源总断路器QF、变频器、频率给定电位器RP1、RP2、PLC可编程序控制器、交流接触器KM、各功能控制按钮、各状态指示灯等为该变频控制线路的核心部件。

其中，刨床的刨削速度和返回速度分别通过电位器RP1和RP2来调节。刨床步进和步退的转速由变频器预置的点动频率决定。

SB1、SB2为变频器电源的通断状态控制按钮，SF1、SF2、SR1、SR2为刨台步进、步退控制开关（往复运动的起动控制），ST1、ST2分别为刨台停止和系统总停关（急停）控制按钮，KF为变频器的故障信号输出端与PLC输入端子连接，KP为油泵故障控制开关（受油泵系统输出检测信号控制，系统油泵部分未画出）。

HLM指示灯为电源指示灯，HLT为故障指示灯，HLP为刨台系统油泵故障指示灯。

刨床变频电路的控制过程包括待机、起动、调速和故障指示等过程，结合刨床变频电路中主要部件的功能特点和连接关系，完成对刨床变频控制电路的识读与分析。

【连续运行起动控制过程】

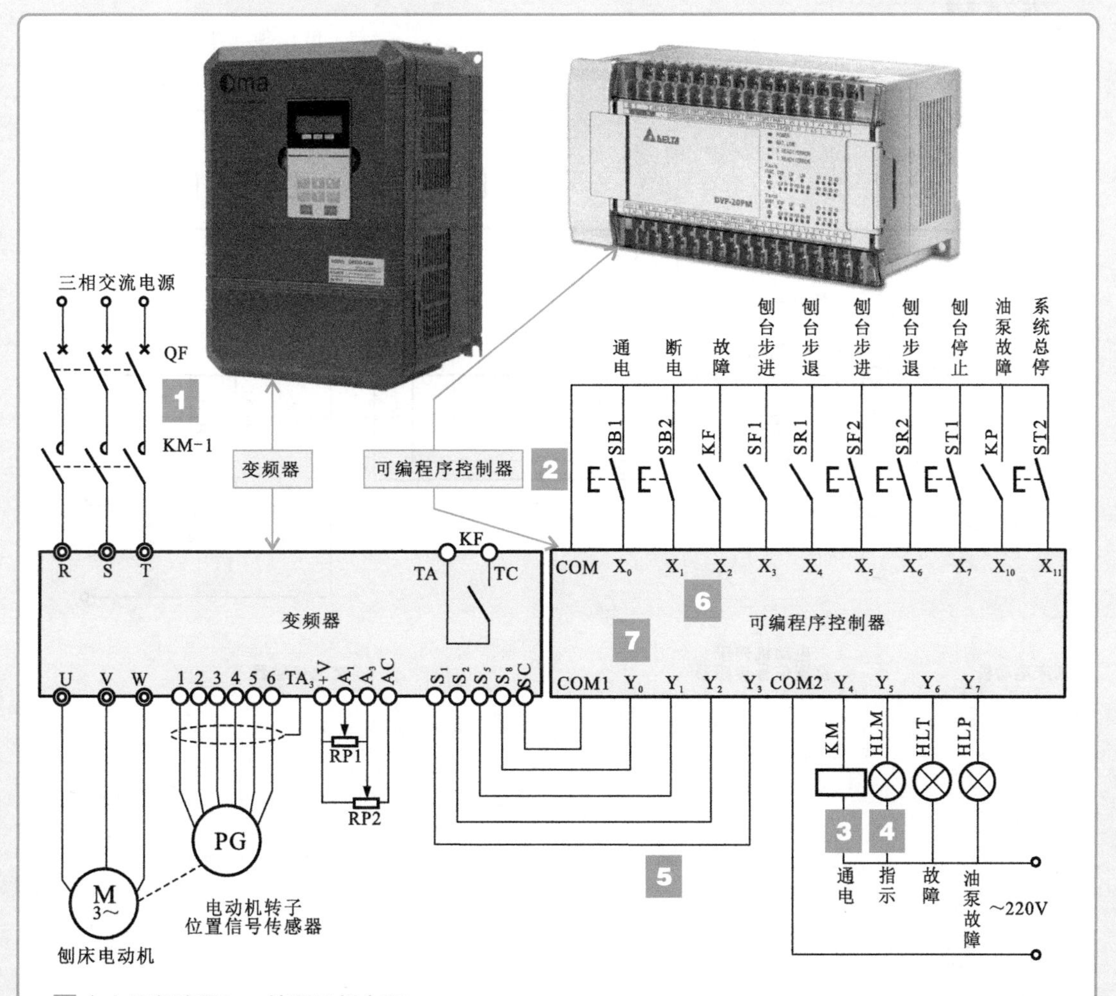

1 合上总断路器QF，接通三相电源。

2 按下通电控制按钮SB1，该控制信号经可编程序控制器的X0端子送入其内部，PLC内部程序识别、处理后，由PLC输出端子Y_4、Y_5输出控制信号。

2 → **3** 交流接触器KM线圈得电，常开主触头KM-1闭合，变频器内部主电路的输入端R、S、T得电，变频器进入待机准备状态。

2 → **4** 电源指示灯HLM点亮，表示总电源接通。

【连续运行起动控制过程（续）】

5 变频器的调速控制端S_1、S_2、S_5、S_8分别与PLC的输出端Y_0～Y_3相连接，即变频器的工作状态和输出频率取决于PLC输出端子Y_0～Y_3的状态。

6 可编程序控制器的输入端子X_3～X_6外接刨床切削控制开关，当操作相应的控制按钮时，可将相应的控制指令送入PLC中。

7 PLC对输入进行识别和处理后，由其控制信号输出端子Y_0～Y_3输出控制信号。

8 PLC输出的控制信号加到变频器的S_1、S_2、S_5、S_8端子上，由变频器输入端子为变频器输入不同的控制指令。

9 变频器执行各控制指令，其内部主电路进入工作状态，变频器的U、V、W端输出相应的变频调速控制信号，控制刨床电动机各种步进、步退的工作状态。

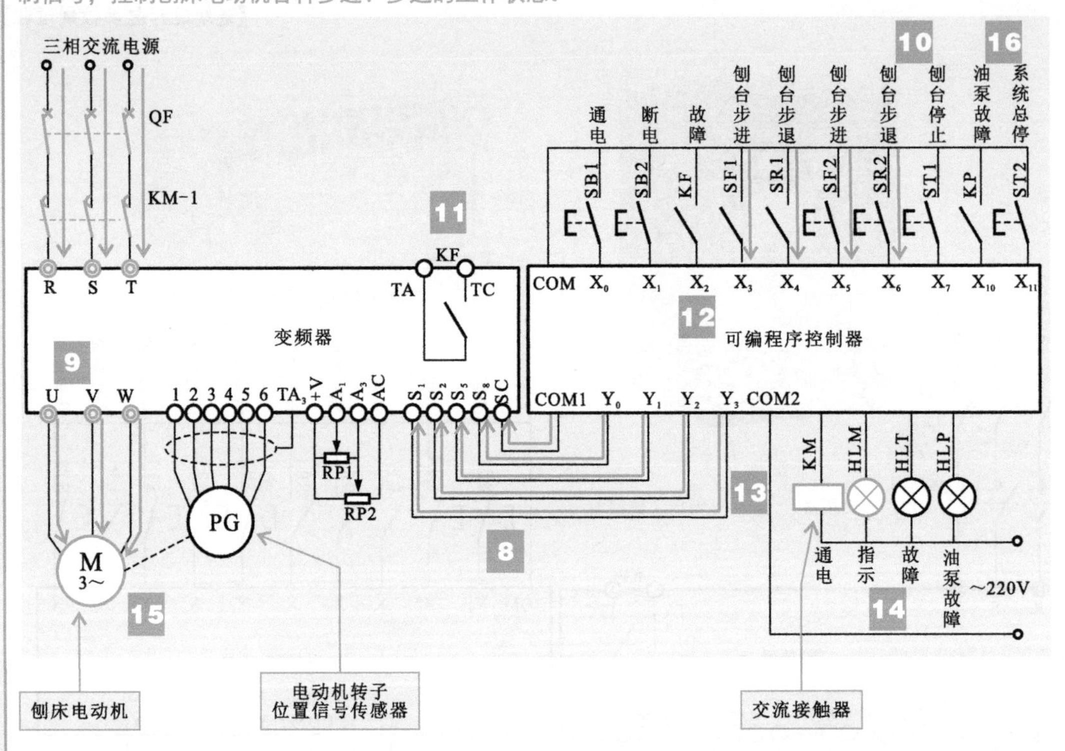

10 按下刨台停止按钮ST1，PLC控制信号输出端子输出停机指令，并送至变频器中，变频器主电路停止输出，刨床在一个往复周期结束之后才切断变频器的电源。

11 一旦变频器发生故障或检测到控制电路及负载电动机出现过载、过热故障时，由变频器故障输出端（即TC、TB端）输出故障信号。

12 常开触头KF闭合，将故障信号经PLC的X_2端子送入其内部，PLC内部识别出故障停机指令，并由输出端子Y_4、Y_5、Y_6输出。

13 控制交流接触器KM线圈失电，交流接触器KM的主触头KM-1复位断开，切断变频器的供电电源，电源指示灯HLM熄灭。

14 故障指示灯HLT点亮，进行故障报警指示。

15 变频器失电停止工作，进而刨台电动机失电停转，实现电路保护功能。

16 另外，当遇紧急情况需要停机时，按下系统总停控制按钮ST2，PLC将输出紧急停止指令，控制交流接触器KM线圈失电，进而切断变频器供电电源（控制过程与故障停机基本相同）。

除此之外，当刨床系统中油泵故障时，继电器KP闭合，PLC将使刨床在往复周期结束之后，停止刨床的继续运行。同时指示灯HLP亮，进行报警（油泵部分控制及检测电路图中未画出）。

8.2.4 变频电路在物料传输中的应用

传输机是一种通过电动机带动传动设备来向定点位置输送物件的工业设备，该设备要求传输的速度可以根据需要改变，以保证物料的正常传送。在传统控制电路中一般由电动机通过齿轮或电磁离合器进行调速控制，其调速控制过程较硬，制动功耗较大，使用变频器进行控制可有效减小起动及调速过程中的冲击并降低耗电量，同时还大大提高了调速控制的精度。

【物料传输机变频控制电路】

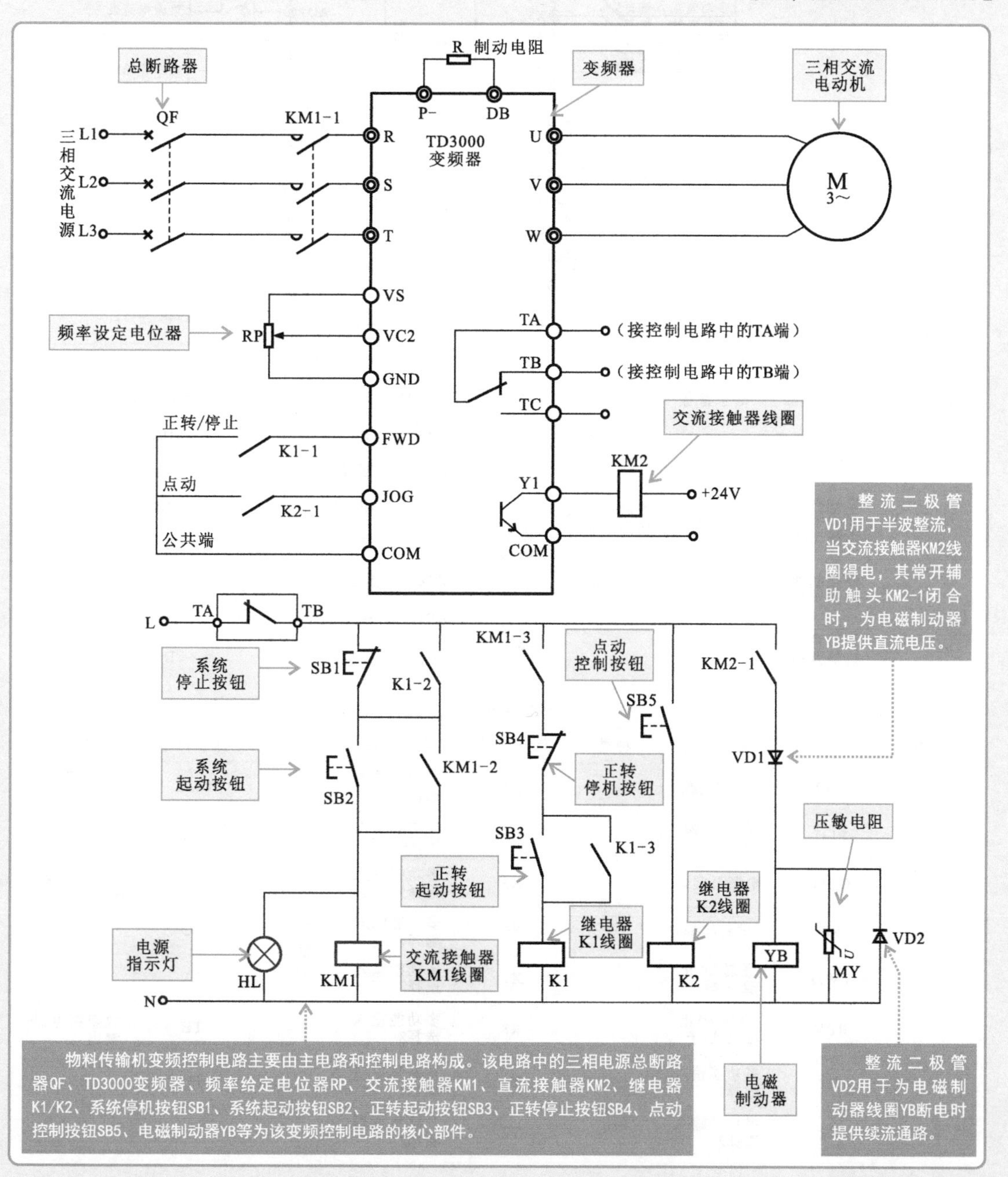

特别提醒

物料传输机中采用的变频器为艾默生TD3000型变频器，该变频器各接线端子配线方法如图所示，各端子功能见表所列。

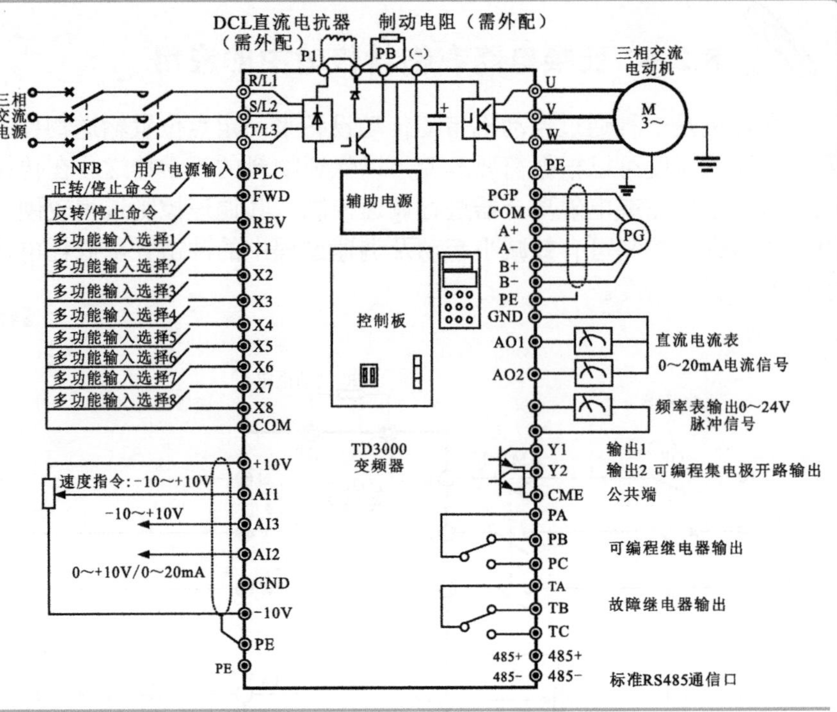

主电路端子

端子符号	端子功能	端子符号	端子功能
R、S、T	三相交流电源输入端子	(+)	直流正母线输出端子
U、V、W	变频器三相交流输出端子输出端子	(-)	直流负母线输出端子
(+)、PB	外接制动电阻预留端子	PE	接地端子
P1、(+)	外接直流电抗器预留端		

控制电路端子

种类	端子符号	端子功能	种类	端子符号	端子功能
通信	485+	通信接口	电源	+10V	+10V电源
	485-	通信接口		-10V	-10V电源
模拟输入	AI1	模拟输入1		GND	内部电源地
	AI3	模拟输入3	码盘信号	A+	码盘信号A
	AI2	模拟输入2		A-	
模拟输出	AO1	模拟输出1		B+	码盘信号B
	AO2	模拟输出2		B-	

控制电路端子

种类	端子符号	端子功能	种类	端子符号	端子功能	种类	端子符号	端子功能
电源	PGP	+24V电源	接点输入	X3	多功能输入选择3	运行状态输出	CME	Y1、Y2输出公共端
	PLC	用户电源输入端		X4	多功能输入选择4		PA	可编程继电器输出
	COM	电源公共端		X5	多功能输入选择5		PB	
屏蔽	PE	屏蔽接地		X6	多功能输入选择6		PC	
接点输入	FWD	正转/停止命令端子		X7	多功能输入选择7		TA	故障继电器输出
	REV	反转/停止命令端子		X8	多功能输入选择8		TB	
	X1	多功能输入选择1	运行状态输出	Y1	开路集电极输出1		TC	
	X2	多功能输入选择2		Y2	开路集电极输出2			

将变频器与外接控制部件相结合，便于识读物料传输机变频控制电路。

【传输机变频起动控制过程的识读】

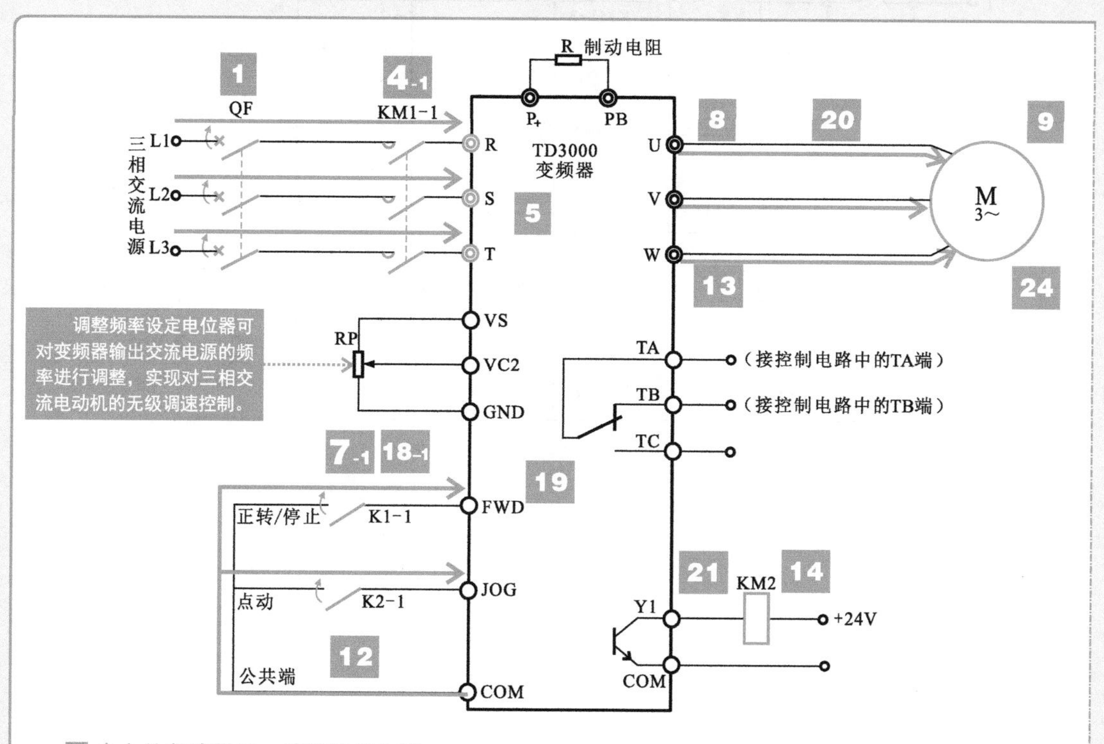

1 合上总断路器QF，接通三相电源。

2 按下起动按钮SB2。

2 → 3 变频指示灯HL点亮。

2 → 4 交流接触器KM1的线圈得电。

4-1 常开触头KM1-1闭合。

4-2 常开触头KM1-2闭合自锁。

4-3 常开触头KM1-3闭合，接入正向运转/停机控制电路。

4-1 → 5 三相电源接入变频器的主电路输入端R、S、T端，变频器进入待机状态。

6 按下正转起动按钮SB3。

7 继电器K1的线圈得电。

7-1 常开辅助触头K1-1闭合，变频器执行正转起动指令。

7-2 常开辅助触头K1-2闭合，防止误操作系统停机按钮SB1时切断电路。

7-3 常开触头K1-3闭合自锁。

7-1 → 8 变频器内部主电路开始工作，U、V、W端输出变频电源。

9 变频器输出的电源频率按预置的升速时间上升至与频率给定电位器设定的数值，电动机按照给定的频率正向运转。

10 当需要变频器进行点动控制时，可按下点动控制按钮SB5。

11 继电器K2的线圈得电。

12 常开触头K2-1闭合。

13 变频器执行点动运行指令。

14 当变频器U、V、W端输出频率超过电磁制动预置频率时，直流接触器KM2的线圈得电。

15 常开触头KM2-1闭合。

16 电磁制动器YB的线圈得电，释放电磁抱闸，电动机可以起动运转。

【传输机变频起动控制过程的识读（续）】

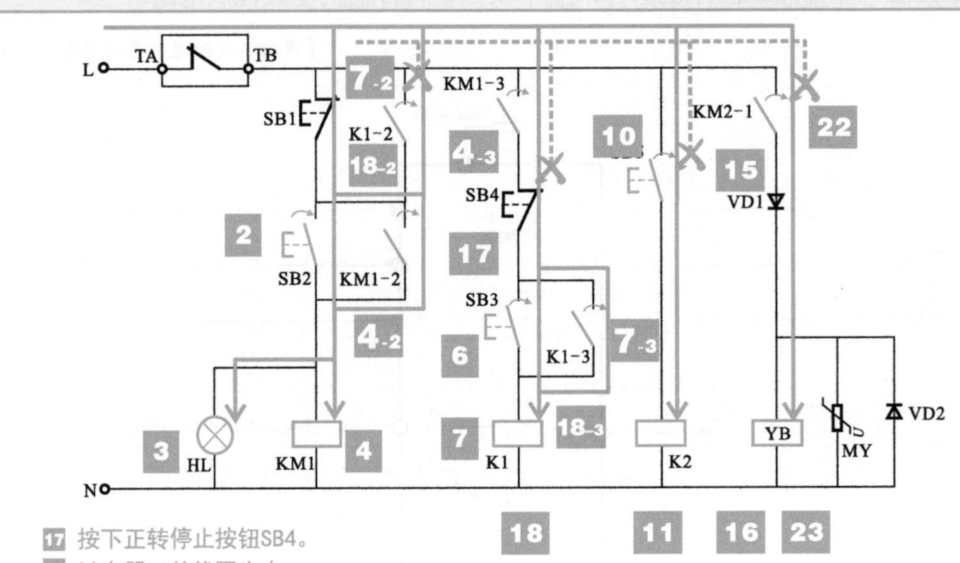

17 按下正转停止按钮SB4。

18 继电器K1的线圈失电。

18-1 常开触头K1-1复位断开。

18-2 常开触头K1-2复位断开解除联锁。

18-3 常开触头K1-3复位断开解除自锁。

18-1 →19 切断变频器正转运转指令输入。

20 变频器执行停机指令，由其U、V、W端输出变频停机驱动信号，加到三相交流电动机的三相绕组上，三相交流电动机转速开始降低。

21 在变频器输出停机指令过程中，当U、V、W端输出频率低于电磁制动预置频率（如0.5Hz）时，直流接触器KM2的线圈失电。

22 常开触头KM2-1复位断开。

23 电磁制动器YB线圈失电，电磁抱闸制动将电动机抱紧。

24 电动机停止运转。

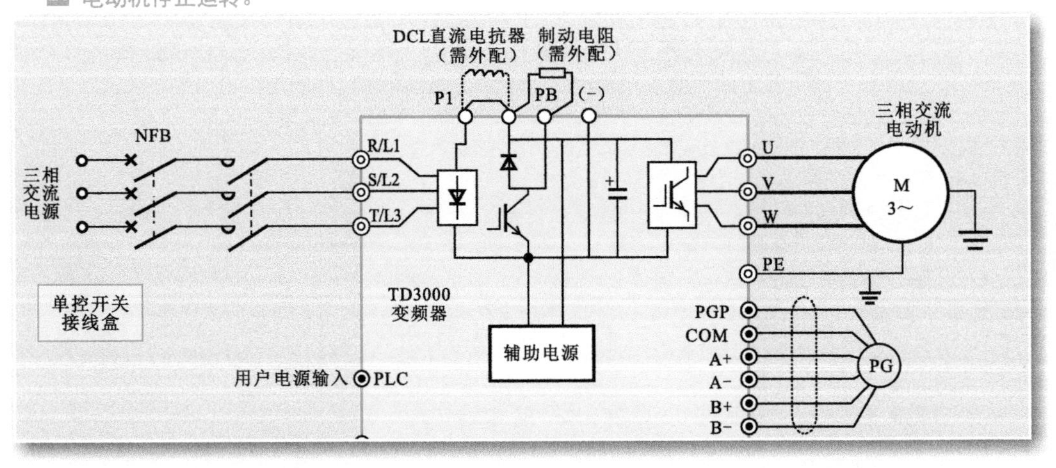

特别提醒

当物料传输机变频调速控制电路出现过载、过电流、过热等故障时，变频器故障输出端子TA与TC短接，变频器执行保护指令。控制电路部分电源被切断，交流接触器KM1线圈失电，同时电源指示灯HL熄灭。另外，该控制电路中的压敏电阻器MY是敏感电阻器中的一种，是利用半导体材料的非线性特性的原理制成的，当外加电压施加到某一临界值时，电阻的阻值急剧变小的敏感电阻器。在该电路中压敏电阻器用于过电压保护。